Ein neues Leseerlebnis

Lesen Sie Ihr Buch online im Browser – geräteunabhängig und ohne Download!

Und so einfach geht's:

- Gehen Sie auf **https://mybookplus.de**, registrieren Sie sich und geben Ihren Buchcode ein, um zu Ihrem Buch zu gelangen
- **Ihren individuellen Buchcode finden Sie am Buchende**

Wir wünschen Ihnen viel Spaß mit myBook+ !

https://mybookplus.de

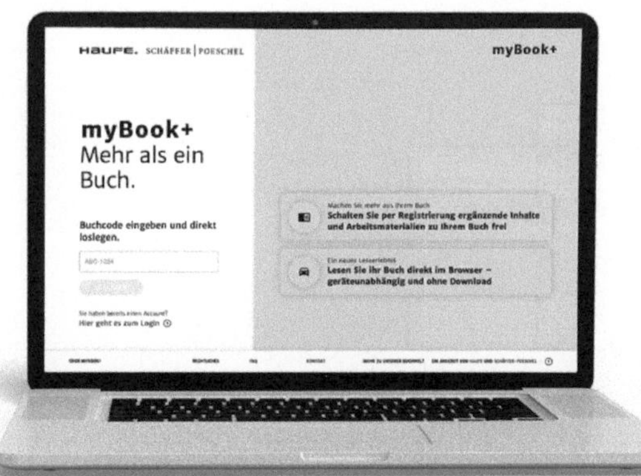

Reinhard Bleiber

Lieferkettencontrolling

Abläufe optimieren und steuern, Risiken minimieren

1. Auflage

Haufe Group
Freiburg · München · Stuttgart

Bibliografische Information der Deutschen Nationalbibliothek

Die Deutsche Nationalbibliothek verzeichnet diese Publikation in der Deutschen Nationalbibliografie; detaillierte bibliografische Daten sind im Internet über http://dnb.dnb.de/ abrufbar.

Print:	ISBN 978-3-648-16863-9	Bestell-Nr. 10881-0001
ePub:	ISBN 978-3-648-16864-6	Bestell-Nr. 10881-0100
ePDF:	ISBN 978-3-648-16865-3	Bestell-Nr. 10881-0150

Reinhard Bleiber
Lieferkettencontrolling
1. Auflage, Juni 2023

www.haufe.de
info@haufe.de

Bildnachweis (Cover): © Chunyip Wong, iStock

Produktmanagement: Dipl.-Kfm. Kathrin Menzel-Salpietro
Lektorat: Helmut Haunreiter

Aus Gründen der besseren Lesbarkeit wird bei Personenbezeichnungen und personenbezogenen Hauptwörtern entsprechend den Empfehlungen des Rats für Deutsche Rechtschreibung und gemäß dem Amtlichen Regelwerk der deutschen Rechtschreibung in diesem Buch die männliche Form im Sinne des generischen Maskulinums verwendet. Entsprechende Begriffe beziehen sich ausdrücklich auf Personen jeglichen Geschlechts. Die verkürzte Sprachform hat nur redaktionelle Gründe und beinhaltet keine Wertung

Inhaltsverzeichnis

Vorwort

Lieferketten waren lange Zeit ein Thema vor allem für große Unternehmen, Konzerne und Gesellschaften. In kleinen und mittleren Unternehmen hingegen wird heute noch oft die Sicherung der Wege, die die benötigten Rohstoffe, Werkstoffe, Bauteile und Produkte bis zum Unternehmen zurücklegen, allein der Einkaufsabteilung überlassen. Das war lange Jahre auch ausreichend. Die Entwicklungen der letzten Monate haben aber gezeigt, dass dies heute nicht mehr genügt.

Bewährte Beziehungen zu wichtigen Lieferanten sind zerbrochen, Container mit dringend benötigten Waren für die Unternehmen sind auf den Transportwegen blockiert, unkalkulierbare Lieferzeiten werden zur Normalität. Die Ursachen sind bekannt: Die Coronapandemie führte und führt noch immer zu Personalengpässen in den liefernden Unternehmen und auf den Transportwegen. Hinzu kommen die politisch entschiedenen Lockdowns, die in vielen Lieferländern, vor allem in China, zu wesentlichen Störungen geführt haben. Darauf trafen dann die faktischen Einschränkungen durch den Krieg Russlands gegen die Ukraine mit den damit verbundenen politisch durchgesetzten Sanktionen.

Zu diesen tatsächlichen Störungen in den Lieferketten kommen neue politische Vorgaben, die aktuell in Form des Lieferkettensorgfaltspflichtengesetz deutsche (und europäische) Unternehmen für die Einhaltung von Menschenrechten und die Berücksichtigung von Umweltschutz in der gesamten Lieferkette verantwortlich machen. Die Entwicklungen im Klimaschutz, die Forderung der Verbraucher nach Nachhaltigkeit und die Sanktionen als politische Waffe gegen unliebsame Staaten, Unternehmen oder Unternehmer bieten ein weites Feld an Gründen, um die Verantwortung in den Unternehmen für das Funktionieren ihrer Lieferketten auf mehrere Schultern zu verteilen.

Gleichzeitig können sich auch kleine und mittlere Unternehmen der steigenden Komplexität der Lieferketten nicht entziehen. Der Preisdruck auf den Märkten zwingt zur Nutzung besonders preiswerter Lieferquellen, die sich meist nur im weit entfernten Ausland finden lassen. Immer mehr Stoffe oder Bauteile werden nur noch in wenigen Gegenden der Welt hergestellt und angeboten. Und selbst, wenn der Einkäufer einen Händler der begehrten Waren in Europa oder in Deutschland findet, bleibt die Lieferkette zum Hersteller in Asien, Afrika oder Lateinamerika bestehen. Denn der Händler selbst beschafft sich seine Produkte von dort, grundsätzliche Risiken bleiben also.

Hinzu kommt die wachsende Erkenntnis, dass sich in den Lieferketten wesentliches Potenzial versteckt. Durch intensive Arbeit an den Lieferketten können Kosten gesenkt, Verbesserungen in den Produkten und Verfahren erreicht und die Abläufe optimiert werden. Voraussetzung ist die Kenntnis der exakten Lieferkette auch für den Nachweis oder die Verbesserung des nachhaltigen Handelns des Unternehmens, ein für immer mehr Kunden und damit für die Marketingabteilungen wichtiger Punkt.

Der allseits beklagte Fachkräftemangel ist nur einer der sichtbaren Gründe dafür, dass Überlegungen zu Lieferketten nicht ausschließlich auf Waren bezogen werden dürfen. Genauso wichtig ist die Versorgung des Unternehmens mit Arbeitskräften und Dienstleistungen. Ebenso entspricht die geordnete Beschaffung von Kapital den Strukturen einer Lieferkette. Die Abhängigkeit der Unternehmen von dem Funktionieren der Lieferketten für alle benötigten Wirtschaftsfaktoren ist stark gestiegen. Die Risiken, die sich aus den komplexen Beschaffungswegen ergeben, können nicht mehr ignoriert werden. Es ist an der Zeit für ein systematisches Lieferkettencontrolling auch in kleinen und mittleren Unternehmen.

Und zum Schluss noch ein Hinweis: Lieferkettencontrolling ist komplex, weshalb sich die einzelnen Themenbereiche häufig gegenseitig durchdringen. Zahlreiche Aspekte spielen daher in unterschiedlichsten Bereichen eine Rolle. Ich habe es als sehr hilfreich erachtet, solche Aspekte nicht nur einmal zu erläutern, sondern sie überall dort, wo sie relevant sind, wiederholt kurz zu skizzieren. Das erleichtert es Ihnen, das Gelesene auch ohne mühsam hin und her blättern zu müssen richtig einzuordnen. Zudem hilft es, wenn Sie zu einem späteren Zeitpunkt lediglich bestimmte Themen nochmals punktuell vertiefen möchten.

Lengerich, März 2023 *Reinhard Bleiber*

Abbildungsverzeichnis

Abkürzungsverzeichnis

BI Business Intelligence
CSR Corporate Social Responsibility
EU Europäische Union
GuV Gewinn- und Verlustrechnung
HGB Handelsgesetzbuch
KI Künstliche Intelligenz
LkSG Lieferkettensorgfaltspflichtengesetz, auch Lieferkettengesetz
MVO Maatschappelijk Verantwoord Ondernemen (Soziale Verantwortung des Unternehmens)
RoW Rest of the World
USA United States of America (Vereinigte Staaten von Amerika)

1 Die Bedeutung von Lieferketten

Jede wirtschaftliche Tätigkeit verbraucht ähnliche Faktoren: Rohstoffe, Werkstoffe, Bauteile und andere Güter werden verarbeitet und gehandelt. Arbeitskräfte und Dienstleister werden eingesetzt. Eigen- oder Fremdkapital finanziert die notwendigen Abläufe. Nur selten sind alle notwendigen Faktoren in einem Unternehmen an einem Ort verfügbar. Der früh entstandene Tauschhandel und vor allem die Industrialisierung mit einer weitgehenden Arbeitsteilung haben zu vielfältigen Liefer- und Abnahmebeziehungen zwischen Unternehmen und Verbrauchern geführt.

Bereits sehr früh wurden Metalle, Holz und andere Waren über weite Entfernungen gehandelt. So wurde z. B. nachgewiesen, dass bereits um 2.500 vor Christus Zinnbarren aus England bis nach Palästina gehandelt wurden. Selbst heute wäre das noch eine durchaus komplexe Lieferkette. Die Regel war jedoch viele Jahrhunderte lang, dass die Faktoren über kurze Wege in die Manufakturen und frühen industriellen Fertigungsstätten gelangten. Störungen in den Lieferbeziehungen wurden durch widerstandsfähige Strukturen in den Lieferketten aufgefangen, Abhängigkeiten der Unternehmen waren gering oder für die Gesamtwirtschaft ohne große Bedeutung.

Eine wesentliche Veränderung in den relativ einfachen, aber resilienten Strukturen brachte die Globalisierung mit sich. Die internationalen Märkte öffneten sich, zunächst für große Konzerne, wenig später auch für kleine und mittlere Unternehmen. Die stetig wachsende Digitalisierung wirtschaftlicher Abläufe in den letzten Jahrzehnten hat es zusätzlich erleichtert, Produkte und Leistungen außerhalb der lokalen und regionalen Märkte zu verkaufen und gleichzeitig die benötigen Güter und Leistungen von internationalen Partnern zu beschaffen. Selbst kleinere Handwerker können sich z. B. über entsprechende digitale Plattformen im Internet Kapital in der ganzen Welt besorgen.

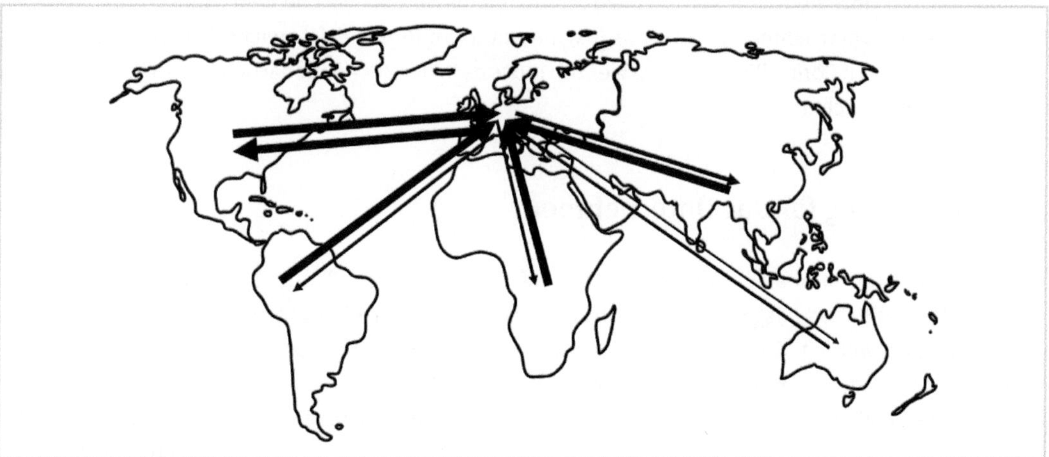

Abb. 1: Globale Beziehungen

Die Globalisierung, verstärkt durch die Digitalisierung, ist ein wichtiger Treiber des weltweit wachsenden Wohlstands – wovon auch die Länder profitieren, die hinsichtlich des Wohlstands weniger privilegiert sind. Grundvoraussetzung für die Nutzung der Vorteile auf allen Ebenen der Zusammenarbeit ist der möglichst reibungslose Ablauf der notwendigen Aktivitäten zwischen den Unternehmen. Die Lieferketten müssen funktionieren, damit weiteres Wachstum möglich ist, der technische Fortschritt weiter geht und letztlich die Menschen in allen beteiligten Ländern profitieren.

Dass die Lieferketten global aus dem Rhythmus geraten können, zeigt die jüngste Vergangenheit. Weltweite, unterschiedlich starke staatliche Reaktionen auf die Coronapandemie haben die Lieferketten auf allen Ebenen gestört. Staatliche Sanktionen als Reaktion auf den Krieg in der Ukraine und die direkten Auswirkungen der kriegerischen Auseinandersetzungen haben bewährte Lieferketten unterbrochen. Das fein aufeinander abgestimmte Räderwerk der globalen Zusammenarbeit funktioniert an vielen Stellen nicht mehr, bereits das vorübergehende Blockieren des Suezkanals aufgrund eines kleinen Fehlers des Kapitäns führt zu wesentlichen Störungen.

Dadurch ist der gewohnte Lebensstandard in den westlichen Industrienationen bedroht, aber auch die Menschen in den anderen Ländern der globalen Wirtschaft leiden. Die Nähereien in Bangladesch beschäftigen keine Arbeiter, wenn die europäischen Modeketten ihre Nachfrage reduzieren. Die chinesischen Wanderarbeiter verlieren ihr Einkommen, wenn Millionenstädte in den Lockdown gehen oder Häfen für mehrere Wochen nicht mehr arbeiten dürfen. Menschen verhungern, wenn der Transport von Getreide aufgrund eines Krieges nicht mehr möglich ist.

Alle Glieder einer Lieferkette werden ihr Möglichstes tun, um Störungen oder gar Unterbrechungen zu vermeiden. Zumindest müssen bei unvermeidbaren Ereignissen die Auswirkungen in den Lieferketten so gering wie möglich gehalten werden. Das geschieht durch Reaktionen in den Unternehmen auf die Vorgänge in den einzelnen Lieferketten. Dazu muss erkannt werden, welche Bedeutung die Lieferketten für das jeweilige Unternehmen haben. Das Instrumentarium für die erfolgreiche Steuerung der Lieferketten findet sich im Controlling, genutzt werden muss es in der Zusammenarbeit mit allen betroffenen Unternehmensbereichen.

1.1 Bedeutung für das Unternehmen

Während die internationalen Lieferketten für die Gesamtwirtschaft aus Sicht der Wirtschaftswissenschaftler positiv sind, ist für eine entsprechende Aussage für ein Unternehmen eine individuelle Betrachtung notwendig. Gerade kleine und mittlere Unternehmen gehören nicht immer zu den freiwilligen Nutzern komplexer Lieferbeziehungen. Doch auch für kleinere Unternehmen kann es sinnvoll sein, internationale Lieferketten zu nutzen. Es gibt eine Reihe von Aspekten, die von Unternehmen – unabhängig von ihrer Größe – im Zusammenhang mit internationalen Lieferketten betrachtet werden sollten:

Kostenzwang: Die Preise für viele Güter und Waren, die aus den typischen Niedrigpreisländern importiert werden, liegen oft weit unter denen für vergleichbare Alternativen aus Deutschland oder aus der

EU. Wenn sich ein deutsches Unternehmen weigert, wichtige Güter und Leistungen in Asien, Afrika oder Lateinamerika einzukaufen, muss es mit einem signifikanten Wettbewerbsnachteil kämpfen.

Hinweis: Echte Kosten berücksichtigen

Die Preisdifferenz zwischen Gütern und Leistungen aus Deutschland oder der EU zu den entsprechenden Alternativen aus Billigpreisländern ist meist nur auf den ersten Blick enorm. In einem späteren Kapitel werden wir sehen, dass zu den üblicherweise verwendeten Kostenbestandteilen wie Einkaufspreis und Transportkosten wesentliche Beträge addiert werden müssen. Problematisch ist dies, da viele der Kostenbestandteile von Risikowahrscheinlichkeiten abhängen, also nur dann tatsächlich anfallen, wenn es zu Störungen kommt.

Gleichzeitig versteckt sich in den komplexen Lieferketten weiteres Potenzial zur Kostensenkung. Denn neben dem Einkaufspreis bestimmen Kosten für Transport, Bearbeitung des Beschaffungsmarktes, Risikominimierung oder Qualitätsprobleme die tatsächlichen Materialkosten. Durch Veränderung der Lieferkette, Vereinfachung oder Optimierung, können möglichst niedrige Kosten erreicht werden.

Konzentration der Quellen (wirtschaftlich): Durch die globalen Lieferketten werden in den Hochpreisländern ganze Branchen vernichtet. Die niedrigen Preise, die für alle Abnehmer durch die globale Zusammenarbeit möglich werden, lassen die Nachfrage nach den teureren Gütern und Leistungen zurückgehen und schließlich ganz versiegen. Die betroffenen Anbieter in Deutschland oder der EU können meist nur begrenzt durch Automatisierung oder Entwicklungsvorsprung reagieren. Letztlich verschwinden die Hersteller vom europäischen Markt. Alle Verbraucher müssen über entsprechende globale Lieferketten ihren Bedarf decken.

Hinweis: Händler verlängern Lieferketten

Nicht jede Bedarfsmenge rechtfertigt den direkten Einkauf der benötigten Güter und Leistungen im globalen Ausland. Dann müssen Händler im eigenen Land oder im benachbarten Ausland eingeschaltet werden, die über lange Lieferketten ein entsprechendes Angebot sicherstellen. Das bedeutet aber, dass zur eigentlichen Lieferkette noch zwei Glieder, der Händler und der zusätzliche Transporteur, hinzukommen. Die Lieferkette wird länger und damit komplexer.

Konzentration der Quellen (natürlich): In den aktuellen Diskussionen wird vorwiegend die Konzentration, die durch die Globalisierung erst entsteht, beklagt. Dabei gibt es immer schon eine natürliche Konzentration der Quellen für Güter und Leistungen. Das Zinnvorkommen in England war vor 4.500 Jahren für viele Menschen und »Unternehmen« die einzige Lieferquelle für dieses Metall. Das ist vergleichbar mit den Seltenen Erden, die aktuell nur an wenigen Stellen auf der Welt gefunden werden. Gebraucht werden sie weltweit. Genauso selbstverständlich ist eine Beschränkung der möglichen Lieferanten für viele Naturprodukte (z. B. Zuckerrohr, Baumwolle, Kartoffeln, Weizen …), da diese nur in bestimmten klimatisch geeigneten Regionen angebaut werden können. Ob die Konzentration der Quellen wirtschaftliche Gründe hat oder durch die Natur vorgegeben wird, ist für Unternehmen gleichgültig. Sie sind gezwungen, die notwendigen Lieferketten aufzubauen.

Nachfragedruck: Die aus dem Ausland stammenden Waren sind nicht unbedingt exakte Kopien der regional oder lokal angebotenen Produkte. Oft enthalten sie zusätzliche Funktionen oder einen durchaus erkennbaren Hinweis zum Ursprung von Design oder Technik. Dies kann von den Kunden der deutschen Unternehmen als Vorteil gesehen werden. Die Nachfrage wird sich auf entsprechende Angebote konzentrieren, das Unternehmen muss reagieren und seine Vorprodukte oder Leistungen aus den entsprechenden globalen Quellen besorgen.

Funktionsfähige Strukturen: Die Globalisierung hat sich über viele Jahre entwickelt, wobei die Geschwindigkeit der Entwicklung in den letzten Jahren zugenommen hat. Im Zuge dieser Entwicklung haben sich die dafür notwendigen Strukturen für Kontakte, Qualitätsbeurteilungen, Transporte usw. gebildet, die sich bewährt haben. Unternehmen, die den Aufwand für einen globale Beschaffung bisher gescheut haben, haben nun die Möglichkeit, diese Wege und Beziehungen kostengünstig zu nutzen. Entsprechende Lieferketten lassen sich in den bereits funktionierenden Strukturen leichter aufbauen. Das reduziert zwar die Risiken innerhalb der Lieferketten, allerdings können die Gefahren niemals vollständig eliminiert werden.

Nachhaltigkeit: Anbieter von Konsumartikeln sind heute gezwungen, Aussagen zur Nachhaltigkeit ihrer Produkte zu machen. Viele Konsumenten verlangen Informationen zu Inhaltsstoffen und deren Beschaffung, die Einhaltung von Umweltschutz und Menschenrechten, die Gewährleistung von Diversität, das nachhaltige Wirtschaften und die Beachtung von Regeln zum Klimaschutz. Ein großer Teil der dafür notwendigen Informationen stammt aus der Lieferkette.

Hinweis: Nachhaltigkeit optimieren

Wenn die Nachhaltigkeit der Produkte eines Unternehmens verbessert werden soll oder muss, spielen die Lieferketten eine wichtige Rolle. Diese zu verändern, kann zur wesentlich besseren Beurteilung dieses immer wichtiger werdenden Faktors beitragen. Die vorhandenen Lieferketten bieten also Potenzial zur weiteren Optimierung der Nachhaltigkeit, z. B. durch Veränderung des Einkaufsortes oder eines Transportweges.

Angebot optimieren: Dank der erweiterten globalen Auswahl an Waren und Dienstleistungen haben potenzielle Kunden in Deutschland und der EU nun auch neue Möglichkeiten, ihr Angebot zu optimieren. Zum einen können die niedrigeren Kosten für die eigene Preiskalkulation genutzt werden, um Marktanteile zu gewinnen oder den Deckungsbeitrag der Produkte zu erhöhen. Zum anderen bieten neue Funktionen in den Bauteilen, neue Rohstoffe und andere Waren die Möglichkeit, neue Produkte herzustellen oder zu handeln. Das hat bereits viele Märkte mit zusätzlichen oder anderen Produkten umgestaltet.

Die Globalisierung hat auf der Beschaffungsseite also nicht nur zu Zwängen geführt. Es gibt auch Vorteile, die internationale Beschaffungsmärkte den Unternehmen jeder Größenordnung bieten. Allerdings sind die Lieferketten bei der internationalen Beschaffung im Vergleich zum lokalen oder regionalen Einkauf von Gütern und Leistungen wesentlich komplexer. Mit zunehmender Komplexität steigt auch das Risiko von Störungen und unzuverlässiger Belieferung. Das erhöhte Störungsrisiko gilt für alle Unternehmensbereiche, aber bei Lieferketten kommt erschwerend hinzu, dass Unternehmen stark von deren einwandfreiem Funktionieren abhängig sind.

Die Gefährdung deutscher Unternehmer durch Probleme in internationalen Lieferketten hat, neben den technischen und wirtschaftlichen Herausforderungen, eine zusätzliche Dimension erhalten. Seit Januar 2023 müssen Unternehmen in Deutschland die Vorgaben des Lieferkettensorgfaltspflichtengesetzes (LkSG) beachten und sicherstellen, dass in der gesamten Lieferkette Standards für Menschenrechte und Umweltschutz eingehalten werden. Die EU hat einen neuen Vorschlag zu diesem Thema veröffentlicht, der weit über die Regelungen des deutschen LkSG hinausgeht. Das zeigt, dass die Entwicklung in diesem Bereich noch nicht abgeschlossen ist, Lieferketten also immer wieder neue Risiken bewältigen müssen.

Hinweis: Betroffene Unternehmen

Seit dem 01.01.2023 gilt das Lieferkettensorgfaltspflichtengesetz für Unternehmen mit mehr als 3.000 Arbeitnehmern. Ab dem 01.01.2024 sinkt diese Grenze auf 1.000 Arbeitnehmer. Obwohl viele kleine und mittlere Unternehmen momentan nicht betroffen sind, sollten sie sich nicht in Sicherheit wiegen. Es ist absehbar, dass sich der Trend zu einer weiteren Verschärfung der gesetzlichen Vorgaben fortsetzen wird, sowohl inhaltlich (wie die EU-Vorschläge zeigen) als auch hinsichtlich der Unternehmensgröße.

Zudem: Wenn kleinere Unternehmen, für die die Verpflichtung gemäß dem Lieferkettensorgfaltspflichtengesetz nicht gilt, an große Unternehmen verkaufen, die sich an die Verpflichtung halten müssen, sollten sie mit entsprechenden Anforderungen rechnen. Die großen Unternehmen werden ihre eigene Verantwortung auf die Lieferanten übertragen. Nicht jedes kleine Unternehmen kann sich dagegen wehren.

Die Vorteile einer komplexen Lieferkette müssen gegen die Kosten für die Sicherung von Zuverlässigkeit, Wirtschaftlichkeit und rechtlicher Zulässigkeit abgewogen werden. Gleichzeitig ist klar, dass die Lieferketten für Güter und Leistungen aus dem entfernten Ausland, aber ebenso für die Beschaffung von Waren, Leistungen, Arbeit oder Kapital in Europa oder weltweit eine hohe und wachsende Bedeutung für Unternehmen jeder Branche und Größe haben. Um dieser Bedeutung gerecht zu werden, muss ein System zur Steuerung der Lieferketten geschaffen werden. Der zu erwartende wesentliche Aufwand dafür ist angesichts der drohenden Gefahren gerechtfertigt. Die Spezialisten für die Steuerung von Unternehmensabläufen, für deren Planung und Überwachung finden sich in der Controllingabteilung.

1.2 Lieferketten im Controlling

In vielen Unternehmen liegt die Verantwortung für Lieferketten beim Einkauf. Dort werden sie jedoch entweder angesichts der gestiegenen Komplexität und der wachsenden Risiken nicht ausreichend professionell gesteuert oder sie verbrauchen einen großen Teil der Zeit der Einkäufer, die diese besser für ihre eigentlichen Aufgaben einsetzen sollten. Es gibt viele Gründe dafür, dass die Beschäftigung mit diesen Lieferbeziehungen im Controlling angesiedelt wird und dort ein systematisches Lieferkettencontrolling aufgebaut wird. Einige Motive, weshalb die Verantwortung für die Steuerung der Lieferketten im Controlling liegen sollte, sind:

Einkaufsaufgabe: Der Einkauf hat die Aufgabe, das Unternehmens mit den benötigten Gütern und Leistungen zu versorgen. Er trägt auch die Verantwortung für die zuverlässige Belieferung. Vom Lieferkettencontrolling, das im internen Rechnungswesen angesiedelt ist, wird die Erledigung dieser Aufgabe unterstützt. Die Verantwortung trägt dennoch der Einkauf, die Strukturen und Daten dazu liefert das Controlling nach gemeinsam vereinbarten Regeln.

Steigende Ansprüche: Die Lieferketten im Unternehmen werden immer komplexer, gleichzeitig steigt die Abhängigkeit der Unternehmen von einer zuverlässigen Belieferung. Fehler in der Steuerung der Lieferbeziehungen sind immer wahrscheinlicher und mit größeren Auswirkungen belegt. Die Ansprüche an ein Lieferkettencontrolling steigen. Diese Aufgabe kann nicht mehr nebenher erledigt werden.

Laufende Aufgabe: Typisch ist, dass sich der Einkauf beim Aufbau einer neuen Lieferbeziehung intensiv mit der Lieferkette und ihren Risiken beschäftigt. Durch die veränderten wirtschaftlichen und politischen Situationen ist das nicht mehr ausreichend. Die Überwachung und die Beurteilung der Lieferkette müssen ständig als laufende Aufgabe durchgeführt werden, um drohende Probleme schnell erkennen zu können.

Nicht nur Einkauf: Die Überlegungen, die zur sicheren Versorgung des Unternehmens mit Gütern und Leistungen angestellt werden, gelten auch für Faktoren, die außerhalb der Einkaufsverantwortung liegen. Auch Dienstleistungen, die in den Fachabteilungen eigenständig organisiert werden (z. B. Wartungsarbeiten, Marketingleistungen), die Beschaffung von Mitarbeitern und die Sicherstellung von ausreichenden finanziellen Mitteln, unterliegen grundsätzlich den gleichen Beschaffungsstrukturen. Diese in einem zentralen System gemeinsam für alle Lieferketten zu betreuen, ist wirtschaftlich vernünftig und geboten.

Abhängigkeiten: Viele Unternehmensbereiche sind davon abhängig, dass die benötigten Güter und Leistungen zuverlässig verfügbar sind. Güter und Handelswaren müssen pünktlich eintreffen, damit die Fertigung nicht stockt bzw. der Vertrieb an seine Kunden liefern kann. Viele Abläufe im Unternehmen werden durch die Lieferketten gesteuert, die Fertigungstiefe wird bestimmt von den Lieferbeziehungen. Diese Abhängigkeiten betreffen nicht den Einkauf, sondern die abhängigen Unternehmensbereiche. Sie müssen also im Lieferkettencontrolling angemessen repräsentiert werden.

Reporting: Das Controlling kann die Berichterstattung zum Lieferkettencontrolling in das bestehende Reporting integrieren. Dadurch wird sichergestellt, dass eine aktuelle Information mit flexiblen Strukturen bereitgestellt wird, die sich den Veränderungen anpassen. Auf diese Weise erhalten nicht nur die für die Beschaffung verantwortlichen Bereiche im Unternehmen angepasste Berichte über die aktuelle Beurteilung der Lieferkette, sondern auch die von ihnen abhängigen Bereiche erhalten ausreichende Informationen.

Potenziale: Lieferketten bergen nicht nur Risiken, sondern auch Potenziale für wesentliche Verbesserungen. In Lieferketten gibt es noch Möglichkeiten zur Kostensenkung. Durch bisher nicht genutzte Güter und Leistungen aus den Lieferketten können neue Produkte und Verfahren im Unternehmen entstehen. Ein weiteres Potenzial liegt in der Optimierung der Ketten selbst. Das Thema Nachhaltigkeit kann durch die Daten der Lieferkette beschrieben werden und deren Verwendung kann als Marketingargument ausgebaut werden. Diese Potenziale werden in den beschaffenden Unternehmensbereichen nicht immer erkannt. Im Lieferkettencontrolling können diese systematisch gehoben werden. Die Steuerung von Abläufen und die damit verbundene Überwachung von Prozessen im Unternehmen sind typische Controllingaufgaben. Daten werden ermittelt, strukturiert, bewertet, überwacht und weitergegeben. In definierten Situationen werden Maßnahmen initiiert und der daraus resultierende Erfolg wird beobachtet. Das alles sind Abläufe, die für ein erfolgreiches und wirtschaftliches Lieferkettencontrolling notwendig sind. Die positiven und negativen Auswirkungen von Lieferketten überschreiten Bereichsgrenzen im Unternehmen. Daher ist eine enge Zusammenarbeit zwischen den betroffenen Abteilungen notwendig. Der Controller übernimmt als Partner der Fachbereiche die Koordinierung und die technische Strukturierung des Lieferkettencontrollings.

1.3 Lieferketten planen

Eine Kernaufgabe des Controllings ist die Planung der wichtigsten wirtschaftlichen Parameter. Im Lieferkettencontrolling ist das nicht anders, obwohl es meist nicht explizit erkannt wird. Die zeitlichen Dimensionen einer Unternehmensplanung gelten auch für die Lieferketten:

Strategie: Mithilfe der Unternehmensstrategie wird das gesamte Unternehmen in die von der Unternehmensleitung gewünschte Richtung gelenkt. Daraus abzuleiten sind die Bereichsstrategien für die unterschiedlichen Unternehmensbereiche, die alle Aktivitäten in den jeweiligen Abteilungen entsprechend den Vorgaben der Unternehmensstrategie steuern. Der Umgang mit Lieferketten muss grundsätzlich gesteuert werden, das geschieht mithilfe einer Strategie zu den Lieferketten. Eine eigene Strategie ist nicht notwendig, da die Vorgaben und Ziele als Teil der Unternehmens- und der Beschaffungsstrategie formuliert werden können. Das Controlling überwacht, ob die für die Lieferketten notwendigen Inhalte als Strategie festgelegt werden.

Beispiel: Typische strategische Inhalte

Ob das Unternehmen globale Bezugsquellen nutzt oder sich auf regionale Anbieter beschränkt, wird auf Strategieebene festgelegt. Angaben über das gewünschte Sicherheitsniveau, d. h. die Risikobereitschaft, werden ebenso auf dieser Ebene festgelegt. Auch die grundsätzliche strategische Entscheidung zu Eigenproduktion oder Fremdbezug hat wesentlichen Einfluss auf die Lieferketten des Unternehmens.

Mittelfristplanung: Aus der Strategie wird eine Planung für einen mittelfristigen Zeitraum abgeleitet. Dabei werden Ziele und Inhalte für die nächsten drei bis fünf Jahre bestimmt. Im Bereich der Lieferketten gibt es Aufgaben, die eine entsprechend lange Vorlaufzeit benötigen. So ist z. B. die Umstellung der globalen Beschaffung auf regionale oder lokale Quellen mit dem Aufbau von Beziehungen, Prüfungen und Vertragsverhandlungen verbunden, was einige Zeit beansprucht.

Budget: Im Budget werden regelmäßig wiederkehrend die nächsten 12 Monate geplant. Für die Lieferketten wird die Entwicklung der Parameter, die zur Beurteilung der Gefährdung notwendig sind, vorhergesagt. Dazu gehören unter anderem die Transportkosten, die verfügbaren Kapazitäten innerhalb der Kette oder die Wahrscheinlichkeit für politische, kriminelle oder wirtschaftliche Störungen. Das Ergebnis sind Prognosen für die Lieferketten, die erwartete Mengen, Kosten und Beschaffung für Güter und Leistungen für die kommenden 12 Monaten umfassen.

Hinweis: Lieferkettenplanung als Teil des Budgets

Das Lieferkettencontrolling ist keine isolierte Aufgabe, sie ist in die üblichen Abläufe aller betroffenen Bereiche integriert. So ist die Jahresplanung der Beschaffungs- und Transportparameter Teil der gewohnten Budgetaufgaben, die zunächst in den Fachbereichen und dann im Controlling erledigt werden.

Forecast: Die Jahresplanung im Budget wird im Planjahr laufend, meist quartalsweise, überprüft. Für die Lieferketten bedeutet dies, dass die Annahmen aus dem Lieferkettenbudget neu gemacht werden. Haben sich die Angebote der genutzten Quellen verändert, die Transportmöglichkeiten und Kommunikationsparameter? Haben sich politische oder wirtschaftliche Rahmenbedingungen geändert, z. B. das Risiko eines Krieges im Erzeugerland? Das Ergebnis, der Forecast, ist die Grundlage weiterer Maßnahmen und Entscheidungen.

Wie weit die Planung der Lieferketten in die Gesamtplanung des Unternehmens integriert ist, zeigt der Kreislauf innerhalb der Planung (vgl. Abbildung 2).

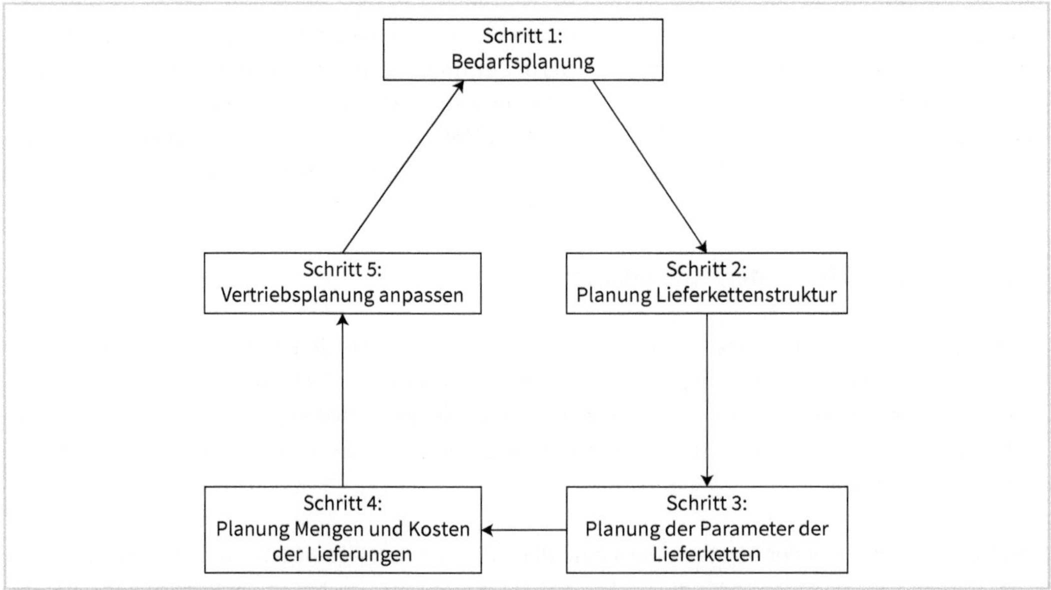

Abb. 2: Kreislauf der Planung

Die Abbildung 2 zeigt den Planungsablauf in fünf Schritten:

Schritt 1: Zunächst werden aus der Vertriebsplanung, der Produktionsplanung und der Bestandsplanung die notwendigen Bedarfe in der Planperiode errechnet.

Schritt 2: Die Bedarfe an Rohstoffen, Werkstoffen, Bauteilen oder Handelswaren stellen die Grundlage dar für die Beschaffungsplanung. Teil der Beschaffungsplanung ist es, die Lieferkettenstruktur so zu planen, dass sie für die Erfüllung der Beschaffungsaufgabe optimal ist.

Schritt 3: Die Parameter der Lieferketten werden geplant. Das führt zu neuen Parametern, die Einfluss auf die Kosten und das Risiko einzelner Beschaffungsvorgänge haben. Dabei kommt es sowohl zu positiven als auch zu negativen Veränderungen gegenüber der Istsituation.

Schritt 4: Die jetzt verfügbaren Mengen und Kosten der benötigten Güter und Leistungen können dazu führen, dass neue Plankalkulationen mit entsprechenden Auswirkungen auf die Verkaufspreise erforderlich werden. Alternativ dazu können Maßnahmen ergriffen werden, um durch veränderte Lieferketten die gewünschten Bedarfe decken zu können. Auch das verursacht Kosten, die sich in der Verkaufspreiskalkulation auswirken.

Schritt 5: Verändern sich die geplanten Verkaufspreise durch die Kosten der geplanten Lieferketten, verändert sich die Vertriebsplanung. Das hat Einfluss auf die Planbedarfe. Der gesamte Prozess wird ab Schritt 1 wiederholt.

Der Planungskreislauf wird dann beendet, wenn sich keine neuen Kosten und Verfügbarkeiten für die errechneten Bedarfe an Gütern und Leistungen mehr ergeben.

Als typische Controllingaufgabe wird die Planung innerhalb der Fachbereiche durch die Controller initiiert, überwacht und ausgewertet. Das gilt auch für die Lieferketten, die sich jedoch in einem Punkt von den Planungsabläufen anderer Prozesse unterscheiden: Wichtige Lieferketten werden permanent überwacht, um Abweichungen vom Plan zu identifizieren. Falls negative Auswirkungen auf die Lieferkette festgestellt werden, kann mit Maßnahmen versucht werden, die entstandenen Abweichungen zu minimieren. So kann z. B. durch die Wahl einer anderen Reederei ein Engpass auf dem Seeweg beseitigt werden.

Die Planung der Lieferketten wird durch vier Gruppen von Parametern bestimmt:

1. **Interne Parameter zur persönlichen Einschätzung:** Mit dem Festlegen der Risikobereitschaft wird ein wichtiger Faktor für die Beurteilung der Sicherheit von Lieferketten vorgegeben. Die Festlegung erfolgt in der Regel durch die Unternehmensleitung. Weitere Parameter werden in der Unternehmensstrategie und den dazugehörigen Bereichsstrategien festgelegt, z. B. eine 2-Lieferanten-Strategie, die maximale Höhe von Lagerbeständen usw.
2. **Interne wirtschaftliche Parameter:** Vielfältiger und praktisch anwendbar sind wirtschaftliche Planungsparameter. Dazu gehören die geplanten Bedarfe, die vorhandenen Kapazitäten für Produktion und Lagerung, die Kapazitäten in der Einkaufsabteilung, die Akzeptanz von Konventionalstrafen auf der Vertriebsseite usw. Es entstehen Vorgaben, die möglichst wirtschaftlich erfüllt werden müssen.
3. **Externe wirtschaftlich Parameter:** Schlechter zu planen sind externe wirtschaftliche Parameter wie Lieferanten, Regionen, Lieferzeiten, Transportwege (mit Kapazitäten z. B. im Hafen), Kosten, Preise, Wechselkurse. Hier entscheidet sich, ob die Vorgaben der internen Parameter wirtschaftlich sinnvoll erfüllt werden können.
4. **Externe politische Parameter:** Ebenso wenig beeinflussbar sind die politischen Parameter, die durch externe Stellen bestimmt werden. Sanktionen aufgrund politischer Differenzen, Exportverbote bedingt durch Knappheit bestimmter Güter oder die Lieferbereitschaft aus Regionen, die durch eine Pandemie betroffen sind, können nur hingenommen werden. In der Planung erscheinen sie mit geschätzten Wahrscheinlichkeiten.

Die Parameter aus der Lieferkettenplanung ergeben erwartete Werte über die Kosten der über die entsprechende Lieferkette bezogenen Güter und Leistungen und über die zu erwartenden Risiken. Damit sind die verantwortlichen Mitarbeiter in der Lage, geeignete Maßnahmen für eine ausreichende und kostengünstige Versorgung des Unternehmens mit den notwendigen Faktoren zu gewährleisten.

- Die Planung einer Lieferkette umfasst alle Parameter, die für die Beurteilung der Lieferketten notwendig sind. Damit wird die erwartete Entwicklung dieser Lieferbeziehung erkennbar.
- Dadurch werden die einzelnen Lieferketten gegenüber der aktuellen Situation bzw. der bisherigen Planung als risikoreicher oder risikoärmer, die Eintrittswahrscheinlichkeiten der Gefahren als höher oder niedriger bewertet.
- In der Folge werden vom Planenden die Lieferketten so verändert, dass sie für das Unternehmen optimal sind. Das ist die Steuerung des Beschaffungsprozesses hin zum Optimum für das Unternehmen.

Hinweis: Risikoreiches Optimum

Das Optimum einer Lieferkette kann für das Unternehmen durchaus negativ sein. Wenn aufgrund der Konzentration der Anbieter eine Beschaffung eines Gutes nur noch in Asien möglich ist, kann eine risikoreiche Lieferkette der einzige Weg sein, um notwendige Mengen zu beschaffen. Dann führt die Planung der Lieferkette zu der Möglichkeit, sich auf die drohenden Risiken einzustellen und das eigene wirtschaftliche Engagement zu beurteilen. In vielen Fällen reichen zusätzliche Vorkehrungen aus, um das Risiko in einen akzeptablen Bereich zu bringen. Das gilt z. B. für die Anforderungen des Lieferkettensorgfaltspflichtengesetzes. Diese müssen erfüllt werden, um weiterhin Güter und Leistungen aus den gewünschten Quellen beziehen zu können. Mit den entsprechenden organisatorischen und vertraglichen Maßnahmen kann das gesetzeskonform erledigt werden.

Durch die Planung und laufende Kontrolle der Lieferketten wird die Steuerung der Aktivitäten im Beschaffungsbereich erreicht. Das Controlling schafft hierfür die notwendigen Strukturen zur Feststellung, Analyse und Überwachung. Das Lieferkettencontrolling nimmt Gestalt an.

2 Lieferketten feststellen

In vielen kleinen und mittleren Unternehmen ist die Bedeutung der Lieferketten für den Unternehmenserfolg noch nicht ins Bewusstsein der Verantwortlichen gelangt. Selbstverständlich gibt es die Strukturen der Lieferbeziehungen in allen Bereichen, sie werden jedoch nur unbewusst in den Entscheidungen zur Beschaffung berücksichtigt. Das birgt die Gefahr einer nicht ausreichenden oder einer übertriebenen Beachtung der enthaltenen Risiken und Chancen. Der erste Schritt zu einem wirksamen Lieferkettencontrolling ist festzustellen, welche Lieferketten vorhandenen sind, und das zu dokumentieren. Das geschieht immer mit Blick auf vorhandene Risiken und Abhängigkeiten sowie auf technische Zwänge, die es aufgrund der Produkte oder Fertigungsverfahren gibt. Aber auch die Potenziale, die in einer Lieferkette stecken, spielen eine Rolle.

Hinweis: Gründe liefern

Der Aufbau von Strukturen für das Lieferkettencontrolling erfordert erheblichen Aufwand für alle Beteiligten. Es ist notwendig, die Motivation für die korrekte Erledigung der Aufgabe aufrechtzuerhalten. Dazu muss von vornherein deutlich gemacht werden, warum dieser Schritt notwendig ist. Die Kenntnisse der Lieferketten mit ihren Risiken und Abhängigkeiten macht Schwachstellen deutlich und hilft, Maßnahmen zur Verbesserung der Situation zu entwickeln. Die Arbeit der Entscheider bei jedem Beschaffungsvorgang wird vereinfacht und trotzdem verbessert, wenn auf ein systematisches Lieferkettencontrolling aufgebaut werden kann. Gleichzeitig beinhalten viele Lieferketten auch Chancen für das Unternehmen hinsichtlich Kosteneinsparungen, Innovationen oder Prozessen. Das sollte als Motivation ausreichend sein.

2.1 Was sind Lieferketten?

Wer zur Beantwortung dieser Frage mit verschiedenen Einkäufern spricht, erhält unterschiedliche Definitionen. Für die einen beschreibt eine Lieferkette den Vorgang von der Bestellung bis zur Bezahlung, andere legen den Fokus auf die notwendigen Transporte. Um eine Lieferkette korrekt beurteilen zu können, ist es notwendig, sie von ihrem Anfang (z. B. von der Rohstoffgewinnung) bis zu ihrem Ende, also zum Eintreffen der Stoffe, Teile, Leistungen etc. im eigenen Unternehmen, zu betrachten. Es geht um die Gesamtheit aller beteiligten Akteure, die von der Rohstoffgewinnung bis zur Herstellung des Endprodukts des Unternehmens zusammenarbeiten.

Hinweis: Gesamte Kette muss sein!

Die Einkäufer beschaffen viele Güter und Leistungen bei Händlern oder Herstellern in der Nachbarschaft. Der Lieferant ist vor Ort, die Lieferkette ist kurz – trotzdem können bei Verzögerungen wichtige Abläufe in Produktion oder Vertrieb betroffen sein. Das gilt nur, wenn die Kette tatsächlich nur bis zum Lieferanten verfolgt wird. Risiken kann es jedoch auch bei der Beschaffung der Güter und Leistungen durch den Lieferanten geben, die dessen Angebot gefährden. Zum Beispiel kann der Ausfall einer Ernte in Lateinamerika dazu führen, dass der Händler keine Ware mehr aus seiner Lieferkette erhält, was wiederum Auswirkungen auf das eigene Unternehmen haben kann. Um diese Risiken zu erkennen und zu minimieren, ist es notwendig, die gesamte Lieferkette zu betrachten. Das gilt auch für mögliche Kosten- und Produktvorteile, die sich oft bereits ergeben, bevor der Lieferant ins Spiel kommt, die dieser aber nicht ohne Weiteres abgeben will.

Inhalt einer Lieferkette: Eine Lieferkette umfasst alle für die Erzeugung, Verarbeitung, den Handel und den Transport von Gütern und Leistungen aktiven Stellen. Für eine umfassende Risikobetrachtung ist es notwendig, alle Aktivitäten in der Kette zu berücksichtigen. So gehört auch das Bezahlen der in der Kette erbrachten Leistungen dazu. Wird diese z. B. aufgrund von politischen Sanktionen oder anderen Gründen unmöglich, kann dies zu Unterbrechungen der Lieferkette führen. Ebenso wie Risken ergeben sich auch Chancen auf allen Stufen der Kette, was deren vollständige Betrachtung notwendig macht.

Kurze Lieferketten werden lang: Wer sich nicht für die Vorprodukte seiner Lieferanten interessiert, wird möglicherweise überrascht, wenn vonseiten der Lieferanten plötzlich die Lieferkette verlängert wird. So verändern sich Wege und Risiken, wenn der bisher in Deutschland produzierende Lieferant von Bauteilen seine Produktion in den globalen Süden verlegt. Nur wer bewusst seine Lieferketten in der Gesamtheit betrachtet und beobachtet, erfährt von dem erhöhten Risiko für Lieferprobleme. Explizit überträgt das Lieferkettensorgfaltspflichtengesetz die Verantwortung für die Einhaltung der Menschenrechte und der Regeln zum Umweltschutz in der gesamten Lieferkette auf das verbrauchende Unternehmen. Gleichzeitig können durch neue Lieferketten Chancen entstehen, die das Unternehmen über den Lieferanten realisieren kann.

Lieferkette für Dienstleistungen: Die Lieferkettenthematik wird in viele Fällen nur auf Rohstoffe, Werkstoffe, Bauteile oder Handelswaren bezogen. Dort sind die Aktivitäten sichtbar. Doch auch Dienstleister verfügen längst über komplexe Lieferstrukturen mit den entsprechenden Risiken. Durch die Digitalisierung wird ein einfaches Erkennen dieser Abläufe unmöglich, die Strukturen sind für den Beschaffer unsichtbar. Ob Dienstleistungen vor Ort oder von fernen Ländern aus erbracht werden, ist nicht mehr zu steuern.

Beispiele: Vielfältige Lieferketten für Dienstleistungen

Nur einige Beispiele für komplexe, oft nicht erwartete Lieferstrukturen für Dienstleistungen:

- Das für die Kundenbetreuung engagierte Callcenter arbeitet mit entsprechenden Einrichtungen im Ausland. Dort werden deutsche Arbeitsschutzgesetze nicht angewendet.
- Für die Unterstützung des Einkäufers beim Einkauf in Taiwan wird eine Agentur in Singapur beauftragt. Die Abstimmung erfolgt in Englisch und mit Übersetzern.
- Die Softwarebetreuung für die individuelle Steuerung einer Maschine wird vom deutschen Anbieter an ein Subunternehmen in Afrika ausgelagert. Der afrikanische Staat ist von Unruhen bedroht.
- Die Wartungsarbeiten an einer Maschine, die vom deutschen Hersteller gekauft wurde, erledigt eine internationale Mannschaft, die auf die passenden Flüge und Einreisemöglichkeiten angewiesen ist.

Lieferkette für Mitarbeiter: Der Faktor Arbeit ist notwendig, um eine Leistung zu erbringen. Da die Mitarbeiter nicht typischerweise »eingekauft« werden, wird die Lieferkette, die sich hinter der Personalrekrutierung verbirgt, oft übersehen. Dienstleister wie Headhunter oder Partner der Arbeitsnehmerüberlassung werden in die Lieferkette integriert. Ansonsten gibt es Printmedien für Personalwerbung und, bereits heute Standard, digitale Plattformen für das Personalmarketing. Grundsätzlich müssen auch die Lieferketten im Personalwesen funktionieren, da Unternehmen stark von der Verfügbarkeit menschlicher Arbeitskraft abhängig sind.

Lieferkette für Kapital: Vergleichbar ist zudem die Situation bei der Kapitalversorgung. Viele Unternehmen erkennen die dahinterliegenden Lieferketten nicht. Dabei ist der laufende Betrieb oder das Wachstum eines Unternehmens ohne Verfügbarkeit von finanziellen Mitteln in Form von Krediten, Eigenkapital oder erwirtschafteten Gewinnen nicht möglich.

Beispiel: Fehlende Kreditlinie

Ein Beispiel dafür, wie schnell sich ein Problem in der Lieferkette für Kapital auf das Unternehmen auswirken kann, liefert ein Hersteller von Gartenprodukten. Die in der Saison verkauften Artikel werden bereits im Herbst und Winter produziert. Da der Verkauf erst später erfolgt, wird der Kauf von Gütern und die Bezahlung der Arbeitskräfte durch einen kurzfristigen Bankkredit vorfinanziert.

Allerdings konnte die bisherige Vereinbarung mit der Bank jedoch plötzlich nicht mehr verlängert werden. Aufgrund einer Schieflage in ihrer Bilanz musste der Staat eingreifen und verlangte als Bedingung für seine Hilfe strengere, das übliche Maß übersteigende Sicherheitsbedingungen bei der Kreditvergabe durch die Bank. Leider konnten diese vom Unternehmen nicht gegeben werden, und eine andere Bank konnte so schnell nicht einspringen. Das stellte das sichere Geschäft im kommenden Frühjahr infrage. Glücklicherweise konnte das Unternehmen durch eine temporäre Geldspritze eines Gesellschafters gerettet werden.

Die Unternehmen sorgen schon immer allein aus Eigeninteresse dafür, dass die wichtigsten Lieferketten bekannt und kontrolliert sind. Jedoch beschränkt sich diese Aktivität auf die offensichtlichen, besonders starken Abhängigkeiten und basiert auf positiven oder negativen Erfahrungen in der Vergangenheit. Doch diese Erfahrungen zählen nur noch bedingt:

Konzentration: Viele Lieferketten haben sich grundlegend geändert. Die Konzentration der Herstellung wichtiger Bauteile auf weltweit nur noch wenige Standorte erschwert die ausreichende Versorgung der Unternehmen in Deutschland. Ein Beispiel dafür ist die Liefersituation für einige Medikamente in den Apotheken.

Reaktionen auf Pandemie: Die weltweiten politischen, zum Teil lokal sehr strikten Reaktionen auf epidemiologische Entwicklungen führen zu wesentlichen Störungen bei der Verfügbarkeit und dem Transport vieler Güter.

Kriegerische Aktivitäten: Nicht mehr für möglich gehaltene kriegerische Aktivitäten in Europa und die darauffolgenden politischen Sanktionen haben Störungen in der Verfügbarkeit von vielen Waren ausgelöst und eine erhebliche Verteuerung von Energie und anderen Faktoren verursacht. Ein Beispiel dafür ist sicher der Krieg in der Ukraine. Die Situation außerhalb Europas ist noch weit gefährlicher. So beeinflusst z. B. die politische Situation am Golf von Aden die Sicherheit der wichtigen Transportwege durch den Suezkanal, der nur durch diese Meerenge möglich ist. Die Gefahr der Piraterie, ausgehend von somalischen Küsten, ist noch immer vorhanden. Der Jemen als zweiter Anrainerstaat befindet sich in kriegerischen Auseinandersetzungen, die immer wieder eskalieren.

Fachkräftemangel: Der überall zu spürende Mangel an qualifizierten Mitarbeitern nicht nur in Deutschland hat Einfluss auf die Lieferfähigkeit und die Preise von Rohstoffen und Waren. Betroffen ist auch der Transportsektor.

Zinsanstieg: Der nach jahrelangen Niedrigzinsen jetzt zu spürende Anstieg der Zinsen gefährdet die Versorgung der Unternehmen mit ausreichendem Kapital. Die Finanzierung von Wachstum oder auslaufenden Krediten wird teurer und in einigen Fällen sicher unwirtschaftlich.

Diese Punkte machen deutlich, dass es notwendig ist, alle Lieferketten für Waren, Dienstleistungen und anderen Faktoren im Unternehmen zu ermitteln, denn nur wenn sie bekannt sind, können sie bewertet werden. Die Ergebnisse werden dokumentiert und mit den im Berichtswesen üblichen Instrumenten dargestellt. Im ersten Schritt, der Ermittlung der Lieferketten, ist eine enge Zusammenarbeit mit dem Beschaffungswesen notwendig. Dort, wo der Einkauf nicht für die Beschaffung der Faktoren zuständig ist (Mitarbeiter, Kapital, viele Dienstleistungen), müssen die verantwortlichen Fachbereiche involviert werden. Die Darstellung der Lieferketten erfolgt hauptsächlich mit den Instrumenten aus dem Controlling.

Jeder Mitarbeiter in der Verwaltung und Technik eines Unternehmens kann ohne Zögern Lieferketten des Unternehmens nennen. Einer Prüfung halten diese Nennungen nicht immer stand, oft werden wichtige Lieferbeziehungen vergessen, da sie zum Tagesgeschäft gehören und bisher niemals Probleme bereitet haben. Unvollständig wird eine solche erste Suche nach Lieferketten, da diese selbst für vergleichbare Faktoren sehr unterschiedlich sein können. Gleichzeitig zeigen selbst einfach erscheinende Ketten eine hohe Komplexität, die oft nicht erkannt wird.

Hinweis: Positive Veränderungen

Lieferketten können sich auch so verändern, dass die Ergebnisse besser sind als vorher. Lieferzeiten können sich durch eine neue Transportstrecke verkürzen, der chinesische Lieferant kann in Deutschland ein Verkaufsbüro eröffnen, was die Kommunikation erleichtert. Solche Chancen für positive Auswirkungen im Unternehmen müssen ebenso schnell wie problematische Veränderungen erkannt werden. Die sich ergebenden Vorteile müssen sofort genutzt werden, um Kosten zu sparen und die Sicherheit zu erhöhen.

2.2 Lieferketten identifizieren

Damit die Steuerung der Lieferketten vollständig ist, müssen alle Lieferketten im Unternehmen gefunden werden. Die bei dem Umgang mit den Lieferbeziehungen oft instinktiv vorgenommene Priorisierung ist auf dieser Stufe im Lieferkettencontrolling noch nicht sinnvoll. Nur wer alle Inhalte kennt, kann eine Reihenfolge für deren Bearbeitung festlegen. Die Gefahr ist groß, dass sonst wichtige, aber auf den ersten Blick unscheinbare Lieferketten vergessen werden.

2.2.1 Lieferketten in den verschiedenen Unternehmensbereichen

Lieferketten gibt es nicht nur im Einkauf, sondern sie können ebenso andere Unternehmensbereiche betreffen. Um eine umfassende Betrachtung der Lieferketten im Unternehmen zu gewährleisten, sollten daher folgende Inhalte berücksichtig werden:

Wichtige Güter: Jedem Einkäufer sollte bekannt sein, welche Rohstoffe, Werkstoffe, Bauteile oder Waren für das Unternehmen besonders wichtig sind. Die Lieferketten für diese Güter sind schnell gefunden, wenn z. B. eine Betrachtung von Einkaufsvolumen (Euro und Menge) herangezogen wird.

Weniger wichtige Güter: Darüber hinaus werden vor allem im Einkauf weitere Rohstoffe, Werkstoffe, Bauteile oder Waren beschafft. Zu diesen Teilen und Hilfsstoffen gehört jeweils mindestens eine Lieferkette, die problematisch werden kann. Sicherlich ist die Gefahr einer wesentlichen Störung meist geringer, die zu befürchtenden Auswirkungen sind daher kleiner. Dennoch kann es bei der Lieferfähigkeit zu bösen Überraschungen kommen. Daher müssen alle Lieferketten auch für solche Güter in das Lieferkettencontrolling einbezogen werden.

Beispiel: Kleinteileservice

Bei der Montage von Einbauküchen werden viele Kleinteile wie Schrauben, Nägel, Muttern, Dübel usw. benötigt. Die Beschaffung und Vorratshaltung dieser Güter wird von manchen Unternehmen, die Montageleistungen erbringen, ausgelagert. Ein Dienstleister liefert dann die Teile und kontrolliert ständig die Bestände. Die Fakturierung der Verbräuche erfolgt monatlich. Eine einfache Lieferkette, die über den Dienstleister bis zu den einzelnen Herstellern der Kleinteile reicht.

Der Dienstleister, der für einen Küchenhersteller tätig war, hat seine Arbeit plötzlich eingestellt, ohne seine Kunden zu informieren. Im Vertrauen auf die Kompetenz des Partners in der Lieferkette gab es weder im Einkauf noch in der Logistik oder der Montageabteilung eine Kontrolle der verfügbaren Bestände. Entdeckt wurde das Problem, als die Montageteams an einem Morgen die Vorräte an Kleinteilen aus dem Lager auffüllen wollten und viele der bisher wenig beachteten Kleinteile nicht verfügbar waren. Erst nach einer improvisierten Einkaufsfahrt des Einkäufers in mehrere Baumärkte konnte die Montagearbeit starten. Ein halber Arbeitstag wurde verschwendet, viele Kunden wurden verärgert. Neue Lieferketten mussten sehr schnell eingerichtet werden.

Energie: Nur in sehr energieintensiven Unternehmen hat sich der Einkauf mit der Lieferkette für Energieträger wie Gas, Öl oder Strom beschäftigt. Kaum jemand wusste, woher der jeweilige deutsche Energielieferant sein Gas oder Öl bezog oder wie der benötigte Strom erzeugt wurde. Das hat sich geändert durch die Energiekrise im Jahr 2022, ausgelöst durch die politischen Sanktionen aufgrund des Ukrainekrieges.

Dienstleistungen: Ein sehr weites und differenziertes Angebot an Dienstleistungen wird in jedem Unternehmen genutzt. Das geht über die Wartungs- und Reparaturarbeiten an den Maschinen in den Bereichen Logistik oder Produktion hinaus. Spediteure fahren für die Logistik, Agenturen beraten die Marketingabteilung, Steuerberater und Wirtschaftsprüfer arbeiten für den Finanzbereich, IT-Dienstleister bieten das Hosting der Websites oder diverse Cloud-Services. Die Abläufe bei der Belieferung mit Dienstleistungen unterscheiden sich nicht von denen bei der Lieferung von Gütern. Dienstleistungen können oft direkt von den verbrauchenden Stellen wie Marketing, Produktion, IT oder Rechnungswesen bestellt werden. Daher sind diese Unternehmensbereiche am Aufbau des Lieferkettencontrollings zu beteiligen.

Mitarbeiter: Der Fachkräftemangel in fast allen Branchen der deutschen Wirtschaft hat klar gemacht, dass auch die Verfügbarkeit des Faktors Arbeit intensiv gesteuert werden muss. Es finden sich Lieferketten, die in der Struktur denen für Gütern und Leistungen ähneln. Verantwortlich für diese Lieferketten ist das Personalwesen.

Kapital: Ein wesentlicher Faktor für das Funktionieren eines Unternehmens ist das verfügbare Kapital. Dabei spielt es keine Rolle, ob es sich um Eigenkapital oder um Fremdkapital handelt. Diese Unterscheidung findet sich erst in der Beschreibung der Lieferketten. Das Rechnungswesen kann beschreiben, welche Wege die Kapitalbeschaffung nehmen kann.

Sonstige Faktoren: Je nach der individuellen Situation eines Unternehmens gibt es weitere Faktoren, die über eine Lieferkette bereitgestellt werden müssen. Dazu gehören z. B. die Verfügbarkeit von Gebäuden, Räumen und Flächen oder Lizenzen, Patente und Markenrechte.

Bereits diese kurze Aufzählung zeigt die Vielfältigkeit der möglichen Lieferketten. Um die notwendige Vollständigkeit zu erreichen, sind intensive Untersuchungen notwendig. Dazu kann der Controller interne Dokumente, vor allem aber den Jahresabschluss nutzen. Dort gibt es die Möglichkeit, entsprechende Abgleiche mit den Werten in der Bilanz und Gewinn- und Verlustrechnung (GuV) zu machen.

Hinweis: Genauigkeit

Um sicherzustellen, dass die identifizierten Lieferketten vollständig sind, ist es notwendig, das Einkaufs- oder Kostenvolumen der Produkte mit den dazugehörigen Lieferketten zu verknüpfen. Diese werden summiert und mit entsprechenden Positionen in den jeweils verwendeten Dokumenten (s. dazu die folgende Tabelle) verglichen. Dabei ist nie eine hundertprozentige Übereinstimmung gegeben. So werden die Einkaufsvolumen der einzelnen Güter mit dem Wareneinsatz verglichen. Möchte man eine genaue Übereinstimmung erreichen, müssten die Bestandsveränderungen berücksichtigt werden, was einen erheblichen Mehraufwand bedeuten würde. Daher ist eine Annäherung möglich und ausreichend, um die Größenordnungen abschätzen zu können.

Die folgende Tabelle zeigt auf, mit welchen internen Dokumenten sich das Finden der Lieferketten und deren Vollständigkeitsprüfung unterstützen lässt.

Faktoren	Dokumente	Bemerkungen
Güter (Rohstoffe, Werkstoffe, Bauteile, Waren, Hilfs- und Betriebsstoffe)	• Bestandslisten • Artikellisten • Stücklisten GuV: Aufwendungen für Roh-, Hilfs- und Betriebsstoffe und für bezogene Waren	Interne Listen aus der IT sollten aktuell gehalten sein, um den Aufwand zu reduzieren. Der Materialeinsatz wird in der Buchhaltung oft differenziert nach Warengruppen gebucht. Tipp: Die Kontodaten der Verbrauchskonten direkt aus der Buchhaltung können daher detaillierter helfen.
Energie	GuV: Aufwendungen für Energieverbrauch Energieverbräuche der Kostenstellen aus der Kostenrechnung	Falls nicht ausgewiesen, entsprechende Konten der Buchhaltung verwenden.
Dienstleistungen	GuV: Aufwendungen für bezogene Leistungen Beratungskosten der Kostenstellen aus der Kostenrechnung	
Mitarbeiter	Stellenbeschreibungen Personalkosten in den jeweiligen Kostenstellen	
Kapital	GuV: Zinsen und ähnliche Aufwendungen Bilanz: Eigenkapital, Fremdkapital Cashflow: Quellen und Verbräuche für Kapital	Differenziert betrachten: • Kapital der Eigentümer • Fremdkapital der Banken und anderer Darlehensgeber • Lieferantenkredite • Rückstellungen
Sonstiges	GuV: Sonstige betriebliche Aufwendungen	Gesamtsumme aus GuV, wobei die Konten der Buchhaltung informativer sind.

Tab. 1: Quellen für das Finden von Lieferketten

Um die Vollständigkeit der aus den Fachbereichen gemeldeten Lieferketten prüfen zu können, werden also vornehmlich Daten aus der Buchhaltung und der Kostenrechnung verwendet. Diese haben den Vorteil, dass sie exakt sind. Gleichzeitig liegen sie im Controlling bereits vor, sodass sie ohne weiteren Aufwand verwendet werden können.

2.2.2 Lieferketten vom Unternehmen bis zu den Ursprüngen

Das Ende einer Lieferkette ist eindeutig bestimmt: das eigene Unternehmen. Wenn die Waren angekommen sind oder die Dienstleistung erbracht ist, ist das Ende der zu betrachtenden Aktionen erreicht. Doch wo beginnt die Lieferkette?

Die Beantwortung dieser Frage bestimmt die Komplexität der Lieferketten. Je weiter die Liefer- und Geschäftsbeziehungen – betrachtet vom eigenen Unternehmen aus bis zu ihrem Beginn – zurückgeht, desto komplexer wird die Lieferkette. Und je komplexer sie ist, desto größer ist der Aufwand für deren

Feststellung und später deren Analyse und Steuerung. Dennoch ist es notwendig, Lieferketten bis zum Ursprung der Rohstoffe bzw. bis zum Beginn der Arbeit für die Dienstleistung zu verfolgen und sie entsprechend aufzubauen.

Wirtschaftlich: Auf jeder Stufe einer Lieferkette können Risiken und Chancen liegen. Überwiegend werden Störungen betrachtet, die eine Belieferung unmöglich oder sehr teuer machen. Der Einkauf von Waren bei einem lokalen oder regionalen Händler vereinfacht sicher die Abwicklung, schützt jedoch nicht vor Problemen innerhalb der Lieferkette. Wenn der Händler seine Waren in China einkauft und von dort aufgrund eines Lockdowns in den Häfen nicht mehr beliefert werden kann, dann ist in der Folge auch die »kurze« Lieferkette zwischen Unternehmen und Händler gestört.

Hinweis: Puffer

Der Handel muss seine »Existenzberechtigung« immer wieder nachweisen. Zu den zentralen Leistungen des Handels gehören die Distributions- und die Lagerfunktion. Damit können Nachfrageschwankungen ausgeglichen werden. Darüber hinaus bittet das Lager eine Chance, wenn Lieferketten gestört sind: Es dient als Puffer, durch den sich die Auswirkung der Störungen innerhalb der gesamten Lieferkette bis zum Unternehmen verzögern kann. Verfügt der Händler über eigene Lagerbestände, kann er diese noch verteilen, bevor sich ein Lieferverzug aus China auswirkt. Im besten Fall ist die Störung der Lieferkette beseitigt, bevor die Lagerbestände des Händlers aufgebraucht sind. Das Unternehmen reduziert u. U. das eigene Risiko etwas, muss aber trotzdem immer die gesamte Lieferkette im Blick haben.

Rechtlich: Das Lieferkettensorgfaltspflichtengesetz bestimmt ausdrücklich, dass die gesamte Lieferkette dem Verantwortungsbereich des Unternehmens am Ende der Kette zugerechnet wird. Das bedeutet nicht, dass der Käufer der Güter und Leistungen die Einhaltung der Menschenrechte und Umweltschutzstandards auf jeder Ebene prüfen müsste, es reicht ein entsprechendes Zertifikat des direkten Partners. Doch muss er in der Lage sein, die Gefährdung einzuschätzen, da Verstöße auch am Anfang der Lieferkette zum erzwungenen Ende dieser Lieferbeziehungen führen können.

Beispiel: Ungültiges Zertifikat

Der Händler in Taiwan weist in einem Zertifikat nach, dass sowohl in seinem Unternehmen als auch bei seinen Vorlieferanten die Menschenrechte gewährleistet und die Umweltstandards eingehalten werden. Die Lieferkette funktioniert gut. Plötzlich werden Verstöße gegen das Kinderarbeitsverbot bei der Ernte des Rohstoffes bekannt. Das Zertifikat des Händlers wird zurückgezogen, eine weitere Belieferung des deutschen Unternehmens wird unmöglich. Die Lieferkette bricht zusammen.

Die Lieferkette für Güter beginnt bereits bei der Rohstoffgewinnung. Schlechte Ernten bedrohen die Lieferfähigkeit, die Qualität und den Preis von Früchten, Getreide usw. und sie werden zu Problemen im Unternehmen führen. Kriegerische Unruhen oder politische Instabilität im Fördergebiet können dazu führen, dass die Gewinnung wichtiger Stoffe, wie z. B. Seltene Erden, gestört wird, und werden damit früher oder später zu Problemen in der Versorgung mit Werkstoffen oder Bauteilen führen. Je früher solche

Störungen durch eine lückenlose Überwachung der Lieferkette bis zu deren Ursprung im Unternehmen bekannt werden, desto besser und schneller kann reagiert werden.

Obwohl die Lieferkette für Güter sehr lang werden kann, ist also die Verfolgung bis zum Ursprung notwendig. Dort liegen nicht nur Risiken, auch Chancen können sich aus den ersten Stufen der Lieferkette ergeben. So kann z. B. die Verlagerung des Einkaufs von Feldfrüchten von einem internationalen Konzern in Asien hin zu einer bäuerlichen Genossenschaft die Nachhaltigkeit der Lieferkette wesentlich verbessern.

Die Lieferketten für Dienstleistungen sind sehr unterschiedlich – je nach Art der Leistung, die erbracht wird. Viele Dienstleistungen werden von Menschen erbracht. In diesen Fällen beginnt die Lieferkette mit der Beschaffung der Mitarbeiter des Dienstleisters. Andere Dienstleistungen umfassen technische Produkte wie z. B. Cloud-Dienste im Internet. Hier gibt es zwei Stränge, die berücksichtigt werden müssen: die Menschen, die diese Technik steuern, und die Technik selbst. Wenn z. B. der Anbieter einer Spezialsoftware in der Cloud keine Fachkräfte für die Betreuung der Technik findet, entsteht ein Risiko für die Verfügbarkeit der Leistungen. Das gilt auch für den Fall, dass die beim Dienstleister eingesetzte Technik nicht mehr von ihren Herstellern unterstützt wird.

Beispiel: Lieferkette für Cloud-Service

Die Lieferkette für die in der Cloud verwendete Spezialsoftware beginnt bei der Mitarbeiterbeschaffung des Herstellers, der dem eigentlichen Softwareanbieter die Systemsoftware liefert. Hinzu kommt die Lieferkette für die Mitarbeiter im Unternehmen des Softwareanbieters und dessen Versorgung mit der notwendigen Technik, die wiederum aus Komponenten besteht, die an den Technikhersteller geliefert werden müssen. Erst wenn diese Faktoren erfüllt sind, kann der Dienstleister an das Unternehmen liefern. Die Komplexität der Lieferkette steigt erheblich.

Hinweis: Individuell entscheiden

Wird in einer Lieferkette tatsächlich jedes Element der für Vorstufen notwendigen fremden Lieferketten berücksichtigt, wird die zu verarbeitende Datenmenge zu groß. Es muss individuell entschieden werden, ob der Beitrag eines einzelnen Beteiligten innerhalb der Kette für das Funktionieren der ganzen Lieferkette entscheidend ist oder nicht. Wenn signifikante Risiken bekannt sind, z. B. die Lage eines verarbeitenden Unternehmens in einem Erdbebengebiet, müssen solche Risiken in die eigene Lieferkette einbezogen werden.

Störungen in der Lieferkette können auf jeder der einzubeziehenden Stufen entstehen. Störungen weiten sich häufig aus, z. B., wenn die schlechte Ernte und daraus resultierende hohe Preise auf finanziell schlecht gestellte Verarbeiter treffen, die die steigenden Einkaufspreise nicht zwischenfinanzieren können. Dadurch verschwinden letztendlich die bekannten Partner vom Markt. Auf der anderen Seite können sich auf anderen Stufen Störungen gegenseitig kompensieren. Das ist etwa der Fall, wenn ein Händler für Zuckerrohr sowohl in Brasilien als auch in Indien und China einkaufen kann. Somit werden politische Risiken und Klimarisiken bereits beim Händler ausgeglichen.

2.2.3 Glieder einer Lieferkette

Eine Lieferkette kann sehr kurz sein, z. B., wenn für eine Mühle das Getreide direkt von Landwirt nebenan bezogen wird. Sie kann ebenso sehr lang sein, wenn z. B. Guarkernmehl indischen Ursprungs von einem niederländischen Händler erworben wird. Im letzteren Fall hat die Lieferkette wesentlich mehr Glieder, abhängig von der Zahl der notwendigen Stufen der Verarbeitung und des Handels. Die Glieder einer Lieferkette können die folgenden Inhalte haben:

Transport: Der Transport der Güter innerhalb einer Lieferkette verbindet zwei beteiligte Stellen miteinander. Das ist nicht zwingend so, es können auch Aktivitäten eines Händlers involviert sein, ohne dass die Güter zum Händler hin und von dort weiter transportiert werden müssen. Der Transport birgt immer großes Risikopotenzial. Es kann Probleme mit den Kapazitäten geben, Unfälle können geschehen, gefährliche Regionen können auf dem Weg liegen. Für die Risikoeinschätzung ist es notwendig, die Transportwege und -mittel zu kennen, um zuverlässige Bewertungen zu erhalten.

Hinweis: Länge des Weges nicht ausschlaggebend

Die Länge eines Transportweges gibt einen Hinweis auf die mögliche Gefährdung der Lieferungen, ist aber nicht unbedingt ausschlaggebend für die finale Beurteilung. So kann ein Transport von Taiwan nach Deutschland bei gleicher Entfernung per Schiff als risikoreicher bewertet werden als per Flugzeug.

Ein wichtiger Baustein der Transportkette ist die letzte Stufe. Das Unternehmen bezahlt für den Transport dann oft selbst, kann die Transportart wählen und den Transporteur aussuchen. Daher besteht hier die größte Wahrscheinlichkeit, dass das Unternehmen selbst die Kontrolle hat. Die Informationen über den aktuellen Stand des Transportes sind verfügbar, die Gefahr von Störungen vorheriger Stufen ist nicht mehr relevant, wenn sich das Gut auf dem Weg ins Unternehmen befindet. Positiv ist zudem, dass über die letzte Transportstrecke die Daten zur Beschreibung der Lieferkette am ehesten vollständig vorhanden sind.

Auch Dienstleistungen müssen zum Unternehmen transportiert werden. Digitale Leistungen müssen ein entsprechendes digitales Netz nutzen können, Berater müssen erreichbar sein oder ihre Mitarbeiter ins Unternehmen schicken können. Die Betrachtung von Transportwegen für Dienstleistungen wird meist vernachlässigt, sie können aber z. B. bei der Nutzung des Internets hohe Risiken aufweisen.

Lagerung: Oft unterscheidet sich die Abfolge rechtlicher Vorgänge vom tatsächlichen Transport der Güter, wenn z. B. eine Zwischenlagerung erfolgt. Diese ist Teil des Transportes, sofern sie von darauf spezialisierten Dienstleistern durchgeführt wird. Die Güter können aber auch beim Erzeuger oder Hersteller so lange gelagert werden, bis sich der Einkäufer im Unternehmen mit den Händlern rechtlich geeinigt hat. Für die Lieferkette ist die Lagerung insofern wichtig, als sie mit unterschiedlichen Risiken verbunden sein kann. Findet sie z. B. in einer gefährdeten Region statt, ist das Risiko hoch, während es gering ist, wenn sich das Lager bereits in Deutschland befindet.

Lieferant: Der Ansprechpartner für das Unternehmen ist der rechtlich verantwortliche Lieferant. Mit diesem wird ein Vertrag geschlossen, der auch die Bedingungen der Lieferung und damit der Lieferkette bestimmt. Gleichzeitig ist der Lieferant das Ende seiner Lieferkette für die Güter und Leistungen, die dann an das Unternehmen geliefert werden. Er bestimmt also die vorherigen Glieder der Kette und somit den Gesamtablauf und das damit verbundene Risiko.

Hersteller: Zu einer Lieferkette können mehrere Hersteller gehören, wobei einer von ihnen das zu liefernde Gut herstellen muss. Weitere zur Kette gehörende Hersteller produzieren wichtige Bauteile, die einen Einfluss auf die Verfügbarkeit und den Preis des Gutes haben. Der letzte Hersteller in der Kette kann gleichzeitig der Lieferant sein.

Beispiel: Mehrere Hersteller

Ein Einzelhändler von Elektrogeräten verkauft Kühlschränke, die er von einem deutschen Unternehmen einkauft. Dieses Unternehmen ist innerhalb der Lieferkette gleichzeitig Lieferant und Hersteller 1 mit einem Produktionswerk in Polen. Im Kühlschrank ist zu dessen Steuerung ein Chip eingebaut, der von einem taiwanesischen Unternehmen hergestellt wird. Wenn dieser Hersteller 2 seine Produktion nicht aufrechterhalten kann, gibt es auch bei Hersteller 1 ein Problem und damit in der gesamten Lieferkette.

Veredler: Die Veredler von Rohstoffen fügen sich technisch in die Lieferkette ein wie ein Hersteller. Strukturen und Risiken sind entsprechend zu bewerten.

Erzeuger: In vielen Lieferketten ist der Erzeuger der Ausgangspunkt der Lieferbeziehungen. Von diesem Erzeuger werden die Rohstoffe wie Getreide, Obst, Metalle usw. gewonnen und in die Lieferketten eingespeist. Doch auch an diesem Punkt gibt es Lieferketten, die einer Prüfung bedürfen. So sind die natürlichen Rohstoffe im Hinblick auf ihre Menge und Qualität abhängig von der Verfügbarkeit von Dünger, landwirtschaftlichen Maschinen bzw. deren Ersatzteilen, von Energie, Arbeitskraft und sie sind oft abhängig von politischen Regeln im Erzeugerland. Die explizite Berücksichtigung dieser Lieferketten des Erzeugers in der eigenen Kette erscheint nur dann sinnvoll, wenn es tatsächliche hohe Risiken gibt. Ansonsten wird das Risiko der Lieferketten des Erzeugers in die allgemeine Risikoeinschätzung übernommen.

Hinweis: Wetter als Teil der Lieferkette

Auch das vom Menschen nicht zu beeinflussende Wetter kann innerhalb einer Lieferkette relevant sein. Der Erzeuger natürlicher Produkte benötigt Regen, Sonnenschein, Wärme usw. für die Produktion seiner Rohstoffe. Das Wetter kann nicht beeinflusst werden, es gibt aber die Möglichkeit, Substitute zu verwenden. Regen kann durch Bewässerung ersetzt werden, in einem Gewächshaus können die Umweltbedingungen kontrolliert werden. Erzeuger ohne solche Möglichkeiten produzieren also mit größerem Risiko für die gesamte Lieferkette.

Hinweis: Chance im Erntegebiet

Große Unternehmen haben bereits vor Jahren begonnen, Rohstoffe auf eigenen Farmen oder in eigenen Minen zu gewinnen. So gibt es einige Kakaofarmen, die großen Schokoladenherstellern gehören und einen großen Teil von deren Nachfrage decken. Das bietet die Möglichkeit, Kontrolle über die Rohstoffe und über die Produktionsumstände zu haben. Für nachhaltiges Handeln mit Berücksichtigung der Menschrechte und des Umweltschutzes ist viel Platz. Kleine und mittlere Unternehmen haben diese Möglichkeit aufgrund der geringeren Mengen, die sie benötigen, nicht. Sie können aber Chancen nutzen, die eine längere Lieferkette bieten kann, und z. B. eine enge Zusammenarbeit mit einer Produktionsgenossenschaft aufbauen. Das ermöglicht es zumindest, größeren Einfluss zu nehmen und bessere Informationen zu erhalten.

Händler: Kleine und mittlere Unternehmen kaufen ihren im Vergleich zu großen Betrieben oft geringen Bedarf an Gütern nicht direkt beim Hersteller, sie nutzen Händler. Diese Art von Partnern kann es an jeder Stelle der Kette geben. Auch viele kleine Erzeuger verkaufen ihre Ernte oder Ausbeute zunächst an Händler. Dies verringert das Risiko der gesamten Lieferkette, da Händler ausgleichend wirken, z. B. die Güter und Leistungen aus mehreren Regionen mischen. Gleichzeitig bilden die Händler ein eigenes Risiko. Wenn sie plötzlich ausfallen, z. B. wegen einer Insolvenz, gehen wichtige Beziehungen verloren. Der Aufbau neuer Beziehungen verlangt Zeit und verursacht Kosten.

Dienstleister: Bei der Belieferung des Unternehmens mit Gütern und Leistungen können Dienstleister an unterschiedlichen Stellen beteiligt sein. Agenturen führen die Kommunikation mit den Herstellern im globalen Ausland, Banken wickeln den notwendigen Zahlungsverkehr ab, das Internet muss verfügbar sein, um die digitalen Beziehungen nutzen zu können. Lassen sich die Dienstleister nicht oder nur eingeschränkt nutzen, kann das Einfluss auf das Funktionieren der Lieferketten haben.

2.2.4 Traditionelle Beschaffungswege untersuchen

Bisher haben wir gesehen, dass ein Unternehmen voller Lieferketten steckt und diese äußerst komplex sind. Hinter dieser Komplexität verbergen sich viele Möglichkeiten und in dieser Menge müssen die mit der Beschaffung betrauten Personen im Unternehmen die eigenen Lieferketten entdecken. Praktisch hat es sich bewährt, dazu die vorhandenen und bekannten Beschaffungswege zu nutzen und sich mit Lieferanten und anderen Partnern auszutauschen.

Hinweis: Subjektivität

Der typische Partner bei der Suche nach den Lieferketten ist der Lieferant. Wenn dieser seine Lieferketten kennt, werden sie um die Stufe des Lieferanten ergänzt und können als eigene Lieferkette verwendet werden. Es ist jedoch nicht sicher, dass der Lieferant seine Ketten korrekt aufgestellt hat und objektiv über Risiken berichtet. Die Daten aus dieser Quelle sind oft subjektiv geprägt, wenngleich nicht immer absichtlich verfälscht.

Aktuelle Beschaffungswege: Als erste Quelle für die Entdeckung der im Unternehmen genutzten Lieferketten dienen die aktuellen Beschaffungswege. Wenn die verantwortlichen Mitarbeiter für das Thema sensibilisiert worden sind, können sie in aller Regel die ersten Ketten identifizieren. Bei wichtigen Faktoren geht das auch über die ersten Kettenglieder hinaus, wie die Praxis zeigt. Darüber hinaus ist Aufwand nötig, um die Lieferkette zumindest grob zu beschreiben.

Frühere Beschaffungswege: Wichtige Informationen zu den Lieferketten können die Beschaffungswege liefern, die früher genutzt wurden. Vor allem die Gründe für die Beendigung der alten Lieferkette geben

Hinweise auf mögliche kritische Stellen. Es lohnt sich, diese genauer anzusehen und in die aktuelle Betrachtung einzubeziehen.

Erfahrungen: Die Lieferkette ist geprägt von der Zusammenarbeit mit Lieferanten, Vorlieferanten, Transporteuren und vielen anderen Beteiligten. Die eigenen Erfahrungen mit diesen Partnern und deren Erfahrungen innerhalb der Beschaffungswege müssen genutzt werden, um die eigenen Lieferketten zu definieren. Die Zusammenarbeit mit diesen Stellen ist ein wichtiger Faktor für die später folgende Beurteilung der Sicherheit einer Lieferkette.

2.2.5 Rangfolgen schaffen

Für die systematische Beobachtung der Gefährdung des Unternehmens, die durch Probleme auf den Beschaffungswegen entstehen, ist es notwendig, jede Lieferkette in die Betrachtung einzubinden. Dennoch ist es notwendig, die vorhandenen Mittel für das Lieferkettencontrolling auf besonders sensible oder besonders wichtige Lieferketten zu konzentrieren. Aus diesem Grund werden die gefundenen Lieferketten in eine Rangfolge gebracht, in der die besonders lohnenden Güter und Leistungen an der Spitze genannt werden.

Hinweis: Gefunden durch Rangfolgenbildung

In der Praxis hilft das Bilden einer Rangfolge immer wieder dabei, vergessene Lieferketten zu entdecken. Wenn z. B. ein Rohstoff an der Spitze der Güter mit hohem Einkaufsvolumen steht, muss dessen Lieferkette bekannt sein. Oft werden gerade solche Güter und Leistungen, die regelmäßig in großen Mengen verbraucht werden, vergessen, da sie so selbstverständlich zur Verfügung stehen. Dieser Nebeneffekt der Rangfolgebildung sollte bewusst genutzt werden. Das gilt aktuell insbesondere für Strom und Gas oder andere Energieträger. Auch die Beschaffung der Dienstleistung »Transport zum Kunden« verdient es, als eine eigene Lieferkette besonders intensiv beobachtet zu werden.

Die Rangfolge kann nach verschiedenen Kriterien gebildet werden. Welche für das Unternehmen die richtige Folge ist, muss individuell bestimmt werden. Hier einige Beispiele:

Eigene Lieferbereitschaft: In den meisten Unternehmen gibt es ein oder mehrere Güter bzw. Leistungen, die unbedingt notwendig sind, um die Lieferbereitschaft der eigenen Produkte zu gewährleisten. So ist z. B. für eine Bäckerei die Hefe für die meisten Produkte unverzichtbar, eine Wirtschaftsprüfungsgesellschaft muss auf Mitarbeiter mit der notwendigen zertifizierten Qualifikation zugreifen können. Ist das nicht gewährleistet, können die Kunden nicht versorgt werden, was zu einem echten Problem werden kann.

Je abhängiger die Leistungserbringung von dem Gut oder der Leistung ist, desto höher erscheint dieses bzw. diese in der Rangfolge. Je mehr Alternativen vorhanden sind, z. B. durch Veränderung der Rezeptur oder durch zusätzliche Lieferquellen, desto weiter hinten in der Rangfolge erscheint das Gut oder die Leistung.

Hinweis: Messung der Abhängigkeit

Zur Messung der Abhängigkeit gibt es unterschiedliche Möglichkeiten.

So kann z. B. eine Einordnung der Güter und Leistungen in eine Skala erfolgen, z. B. von 0 = keine Abhängigkeit über 5 = mittlere Abhängigkeit, aber problemlos ersetzbar, bis zu 10 = vollständige Abhängigkeit.

Eine andere Möglichkeit ist die Einordnung nach Umsätzen oder Deckungsbeiträgen, die mit den von den Gütern und Leistungen abhängigen Endprodukten erzielt werden.

Nur selten entdeckt der Controller keine Möglichkeit, die Abhängigkeit von einem Gut oder einer Leistung mathematisch zu bestimmen. Dann muss eine Einordnung durch Beurteilung erfolgen. Das sollte gemeinsam mit allen beteiligten Unternehmensbereichen durchgeführt werden.

Einkaufsvolumen: Eine einfache Methode zur Bildung einer Rangfolge ist das Einkaufsvolumen der zu beschaffenden Güter und Leistungen. Je größer das Volumen ist, desto stärker wirken sich Störungen in der Lieferkette aus. Daher stehen die Faktoren, die ein großes Einkaufsvolumen aufweisen, an der Spitze der Rangfolge. Ob das für die Berechnungen genutzt Volumen in Euro oder als Menge gemessen wird, muss individuell entschieden werden. Es kann dabei zu wesentlichen Unterschieden in den Ergebnissen kommen, wenn z. B. preisgünstige, leicht zu beschaffende Massengüter in einer Rangfolge nach Mengen die eigentlich wichtigen Güter mit komplexen Lieferketten überholen.

Vertriebsargumente: Nicht immer sind die Produkte mit dem höchsten Umsatz die wichtigsten für das Unternehmen, in manchen Fällen muss das Sortiment bestimmte unverzichtbare Produkte mit geringerem Umsatz enthalten. Die in diese Produkte eingehenden Güter und Leistungen sind ebenso wichtig wie Rohstoffe, die für die Umsatzträger verbraucht werden. Andere Vertriebsargumente stellen die Güter und Leistungen in den Fokus, die in vertraglich versprochene Produkte eingehen. Hat ein Großkunden eine vertragliche Lieferzusage, wird beim Bruch dieser Vereinbarung oft eine hohe Konventionalstrafe fällig.

Transport: Allein der Transport über eine längere Strecke erhöht die Chance auf Probleme innerhalb der Lieferkette. Wenn die Beschaffung von Gütern und Leistungen die Risiken eines langen Transportweges beinhaltet, sollten die entsprechenden Lieferkette vorrangig betrachtet werden. Der Transport wird dabei durchaus nach der Entfernung bewertet, aber auch nach der Dauer und den Kosten.

Ersatzteile: Die Betrachtung der Lieferketten nur auf Güter und Leistungen für die eigenen Produkte zu beschränken, ist falsch. Es gibt darüber hinaus wesentliche Beschaffungsvorgänge, z. B. Ersatzteile für die Produktion oder Waren für die Informationsverarbeitung. Wenn es in den Lieferketten dieser Bereiche Probleme gibt, kann es zu wesentlichen Auswirkungen in der Produktion oder der Verwaltung kommen. Beides ist gefährlich für das eigene Unternehmen.

Zukunft: Die geplante Entwicklung von Vertrieb, Fertigung oder anderen Unternehmensbereichen lässt neue Lieferketten entstehen. So müssen neue Produkte berücksichtigt werden, Investitionsgüter werden beschafft. Die zukünftigen Lieferketten, die bereits aufgrund getroffener Entscheidungen bekannt sind, haben eine hohe Priorität. Die Entwicklung des Unternehmens muss ungehindert möglich sein.

Potenziale: Es lohnt sich, seinen Blick von den Risiken einer Lieferkette hin zu deren Potenziale zu lenken. Gibt es wesentliche Chancen, sollten diese so schnell wie möglich wahrgenommen werden. Versprechen einige Lieferketten lohnende Kostensenkungen, Reduktion der Komplexität oder mehr Nachhaltigkeit, dann müssen sie in der Rangfolge für die Verarbeitung weit oben stehen.

Rechtliche Vorgaben: Lieferketten, die für die Einhaltung rechtlicher Vorgaben notwendig sind, haben ebenfalls eine hohe Priorität. So müssen z. B. Dienstleistungen für die Zertifizierung von Unternehmen pünktlich verfügbar sein. Auch die Bilanz des Unternehmens muss zu einem bestimmten Zeitpunkt vom Steuerberater erstellt und vom Wirtschaftsprüfer bestätigt sein. Banken verlangen für laufende Kredite die regelmäßige Lieferung von Informationen zu festgelegten Zeitpunkten. Notwendige Leistungen dafür, z. B. aus der Cloud, dürfen sich nicht verzögern.

Wenn im Unternehmen weitere Gesichtspunkte für die Priorisierung von Gütern und Leistungen vorhanden sind, sollten diese verwendet werden. Es ist möglich und sinnvoll, einige der Parameter für die Rangfolgenbildung miteinander zu kombinieren, um mehrere Aspekte zu berücksichtigen. Es ist aber auch üblich, mehrere parallele Rangfolgen mit unterschiedlichen Kriterien zu führen und sich insbesondere auf die Einträge an der Spitze der Ranglisten zu konzentrieren.

Beispiel: Volumen und Umsatzanteil

Eine Tischlerei verbraucht (vereinfacht) 5 Rohstoffe, 20 Bauteile und 3 Hilfsstoffe. Um diese Güter in eine Rangfolge zu bringen, wurde zunächst das Einkaufsvolumen in Euro je Gut bestimmt. Das Ergebnis der Sortierung nach den Eurowerten ist in der linken Hälfte der folgenden Abbildung dargestellt. Gleichzeitig wurde jedem der Rohstoffe und Bauteile der prozentuale Anteil des Umsatzes mit Produkten, die dieses Gut enthalten, zugeordnet. Die Hilfsstoffe wurden nicht bewertet. Das Ergebnis finden sich in der rechten Hälfte der untenstehenden Abbildung.

Sortierung: EK-Volumen €				Sortierung: Umsatzanteil %		
EK-Artikel	**Bezeichnung**	**EK-Volumen €**	**Rang**	**EK-Artikel**	**Bezeichnung**	**Umsatzanteil %**
R0003	Rohstoff 3	250.000	1	B0005	Bauteil 5	100 %
B001	Bauteil 12	97.000	2	B0007	Bauteil 7	75 %
B0017	Bauteil 17	97.000	3	R0003	Rohstoff 3	63 %
B0019	Bauteil 19	94.000	4	B0018	Bauteil 18	61 %
B0003	Bauteil 3	90.000	5	B0017	Bauteil 17	55 %
B0007	Bauteil 7	84.000	6	B0019	Bauteil 19	53 %
B0009	Bauteil 9	84.000	7	B001	Bauteil 12	41 %
B0018	Bauteil 18	72.000	8	B0014	Bauteil 14	35 %
R000	Rohstoff 2	63.000	9	B0013	Bauteil 13	35 %
B0014	Bauteil 14	61.000	10	B0009	Bauteil 9	33 %

Sortierung: EK-Volumen €				Sortierung: Umsatzanteil %		
EK-Artikel	**Bezeichnung**	**EK-Volumen €**	**Rang**	**EK-Artikel**	**Bezeichnung**	**Umsatzanteil %**
B000	Bauteil 2	54.000	11	B000	Bauteil 2	33 %
R0001	Rohstoff 1	50.000	12	R0002	Rohstoff 2	25 %
R0005	Rohstoff 5	28.000	13	B0015	Bauteil 15	20 %
B0006	Bauteil 6	22.000	14	B0003	Bauteil 3	18 %
B0020	Bauteil 20	21.000	15	B0016	Bauteil 16	17 %
B0010	Bauteil 10	19.000	16	R0001	Rohstoff 1	15 %
B0015	Bauteil 15	19.000	17	B0006	Bauteil 6	15 %
R0004	Rohstoff 4	17.000	18	B0020	Bauteil 20	10 %
B0004	Bauteil 4	14.000	19	B0010	Bauteil 10	10 %
B0005	Bauteil 5	13.000	20	B0004	Bauteil 4	9 %
B0016	Bauteil 16	12.000	21	B0001	Bauteil 1	7 %
B0001	Bauteil 1	9.000	22	B0008	Bauteil 8	6 %
B0008	Bauteil 8	9.000	23	R0005	Rohstoff 5	5 %
B0011	Bauteil 11	4.000	24	R0004	Rohstoff 4	5 %
H000	Hilfsstoff 2	3.900	25	B0011	Bauteil 11	5 %
B0013	Bauteil 13	3.000	26	H0003	Hilfsstoff 3	0 %
H0001	Hilfsstoff 1	2.500	27	H0002	Hilfsstoff 2	0 %
H0003	Hilfsstoff 3	1.800	28	H0001	Hilfsstoff 1	0 %

Abb. 3: Zwei Listen mit Rangfolgen

Aus jeder Rangliste sollen die oberen 10 Stoffe oder Bauteile besonders intensiv in das Lieferkettencontrolling einbezogen werden. Eine genaue Betrachtung des Ergebnisses zeigt, dass 8 Güter in beiden Listen zu den ersten 10 Einträgen gehören (grau hinterlegt). Interessant ist auch der Spitzenreiter in der Sortierung nach Umsatzanteil. Es ist das Bauteil 5, das mit 13.000 Euro Einkaufsvolumen in der parallelen Auswertung nur auf Rang 20 liegt. Dabei handelt es sich um eine Standardschraube, die tatsächlich in allen Produkten verwendet wird. Im Ergebnis werden die 12 Produkte aus den Spitzenplätzen beider Listen besonders intensiv im Lieferkettencontrolling bearbeitet.

In einer zweiten Betrachtung der gleichen Daten wird eine Bewertung ermittelt, indem das Einkaufsvolumen mit dem Prozentanteil multipliziert wird. Das Ergebnis dient dann zur Ermittlung der Rangfolge und ist in der folgenden Abbildung zu sehen.

Sortierung: EK-Volumen € * Umsatzanteil %					
Rang	**EK-Artikel**	**Bezeichnung**	**EK-Volumen €**	**Umsatz-anteil %**	**Bewertung**
1	R000	Rohstoff 3	250.000	63 %	157.500
2	B0007	Bauteil 7	84.000	75 %	63.000
3	B0017	Bauteil 17	97.000	55 %	53.350
4	B0019	Bauteil 19	94.000	53 %	49.820
5	B0018	Bauteil 18	72.000	61 %	43.920
6	B0012	Bauteil 12	97.000	41 %	39.770
7	B0009	Bauteil 9	84.000	33 %	27.720
8	B0014	Bauteil 14	61.000	35 %	21.350
9	B0002	Bauteil 2	54.000	33 %	17.820
10	B000	Bauteil 3	90.000	18 %	16.200
11	R0002	Rohstoff 2	63.000	25 %	15.750
12	B0005	Bauteil 5	13.000	100 %	13.000
1	R0001	Rohstoff 1	50.000	15 %	7.500
14	B0015	Bauteil 15	19.000	20 %	3.800
15	B0006	Bauteil 6	22.000	15 %	3.300
16	B0020	Bauteil 20	21.000	10 %	2.100
17	B0016	Bauteil 16	12.000	17 %	2.040
18	B0010	Bauteil 10	19.000	10 %	1.900
19	R0005	Rohstoff 5	28.000	5 %	1.400
20	B0004	Bauteil 4	14.000	9 %	1.260
21	B001	Bauteil 13	3.000	35 %	1.050
22	R0004	Rohstoff 4	17.000	5 %	850
2	B0001	Bauteil 1	9.000	7 %	630
24	B0008	Bauteil 8	9.000	6 %	540
25	B0011	Bauteil 11	4.000	5 %	200
26	H0001	Hilfsstoff 1	2.500	0 %	0
27	H0002	Hilfsstoff 2	3.900	0 %	0
28	H000	Hilfsstoff 3	1.800	0 %	0

Abb. 4: Rangfolge mit errechnetem Bewertungswert

Auch hier ergibt sich ein ähnliches Ergebnis, wenn die ersten 12 Einträge der Rangliste verwendet werden. Lediglich das Bauteil 13 wird anstelle des Bauteils 2 als besonders wichtig ermittelt. Andere Kombinationen können zu anderen Abweichungen führen. Wichtig ist es, die für das Unternehmen richtige Rangfolge individuell zu ermitteln. In diesem Beispiel haben neben dem Controlling vor allem die Einkäufer mitgearbeitet.

Mithilfe der Rangfolge der Güter und Leistungen werden die Lieferketten ermittelt, die vordringlich und detailliert bestimmt werden. Grundsätzlich ist es allerdings notwendig, tatsächlich alle im Unternehmen vorhandenen Lieferketten zu finden. Die Priorisierung dient nur dazu, die notwendige Arbeit im Lieferkettencontrolling bereits zu Beginn auf eine breite wirtschaftlich sinnvolle Basis zu stellen. Die Priorisierung wird noch einmal Thema sein, wenn wir uns mit dem Aufbau des Lieferkettencontrollings in der Praxis beschäftigen. Jetzt müssen zunächst die für die Beschreibung der Lieferketten notwendigen Daten ermittelt werden.

2.2.6 Mögliche Datenquellen

Allein das Erkennen und Beschreiben der Lieferketten verlangt bereits eine Unmenge an Informationen. Die spätere Beurteilung von Risiken oder Chancen erfordert noch einmal wesentlich mehr Daten. Viele Annahmen basieren auf dem Bauchgefühl und werden nicht regelmäßig verifiziert. Sie stammen aus ungeprüften, oft unsicheren Quellen. In der Praxis staunen viele Einkäufer oder Beschaffer von Gütern und Leistungen über den Umfang und Inhalt der verfügbaren Informationen und über die sich daraus ergebende Komplexität der Beziehungen, die sich im Rahmen eines systematischen Lieferkettencontrollings ergeben.

Für eine zuverlässige und aktuelle Beschaffung der für die Arbeit mit Lieferketten notwendigen Informationen ist eine systematische Datenerhebung notwendig. Sie ist die Basis für das Lieferkettencontrolling. Mögliche und sichere Datenquellen finden sich in den folgenden Bereichen:

Lieferanten: Der erste Ansprechpartner für Informationen über die Lieferkette eines Gutes oder einer Leistung ist der Lieferant. Dieser sollte die Quellen seiner Produkte und die Wege bis zum Unternehmen kennen. Im Idealfall hat er seine Lieferketten so aufbereitet, dass sie von seinen Kunden übernommen werden können. Hinzuzufügen sind in diesem Fall nur noch die letzten Glieder – also der Lieferant selbst und der notendige Transport vom Lieferanten in das Unternehmen.

Hinweis:

Ein Lieferant hat nur selten ein Interesse daran, seine Lieferketten offenzulegen, da diese seine Geschäftsgeheimnisse darstellen. Mit der Beschreibung schwieriger und risikoreicher Aktivitäten zur Beschaffung der Produkte würde er seine Kunden verunsichern. Außerdem wird er keine Hinweise geben wollen, mit denen der Kunde direkt einkaufen und auf seine Dienste verzichten kann. Nur dann, wenn Probleme auftreten, wird er über seine Schwierigkeiten mit seiner Lieferkette berichten. Die Angaben des Lieferanten sind daher mit Vorsicht zu verwenden, vor allem bei der Einschätzung eventueller Risiken.

Eigene Erfahrungen: Eine wichtige und vor allem zuverlässige Datenquelle für das Lieferkettencontrolling sind die Erfahrungen, die im Unternehmen selbst gemacht werden konnten. So kennt der Personalverantwortliche die Wege, über die Mitarbeiter beschafft werden, der Finanzleiter hat schon mehrmals neue Steuerberater und Wirtschaftsprüfer ausgesucht, in der Marketingabteilung sind die Hintergründe vieler Marketingagenturen bekannt. Am wichtigsten sind die Erfahrungen, die im Einkauf im Laufe der Zeit mit den Lieferketten gemacht wurden.

Hintergrundinformationen über den Weg der Güter und Leistungen ins Unternehmen werden ergänzt um weitere Daten zu aktuellen und früheren Lieferbeziehungen. Diese Daten stammen aus dem bekannten Controlling außerhalb der Abläufe zum Lieferkettencontrolling. Vor allem die Lieferantenbeurteilung kann zur Grundlage einer Beurteilung des Risikos einer Lieferkette werden. Bisherige Probleme in Form von Verspätungen, unzureichenden Qualitäten oder ungeplante Preisentwicklungen können auf mögliche Probleme in der Lieferkette zurückgeführt werden. Sie sind aber auch ein Hinweis darauf, dass durch Veränderungen in der Lieferkette eine Verbesserung hervorgerufen werden kann. Viele statistische Kennzahlen, wie z. B. die Liefertreue, werden automatisch erstellt oder kommen aus dem bestehenden Controllingsystem. Damit stehen diese Erfahrungswerte detailliert und in langen Zeitreihen zur Verfügung. Sie lassen Schlüsse zu auf die Strukturen der Lieferketten, die im Unternehmen genutzt wurden und aktuell genutzt werden.

Erfahrungen Dritter: Die eigenen Erfahrungen sind sehr individuell durch die jeweilige unternehmensbezogene Aufgabe geprägt. Es gibt viele Unternehmen, die ähnliche Erfahrungen gemacht haben. Mitbewerber beschaffen vergleichbare Güter und Leistungen, sind jedoch nicht immer bereit, sich über die Lieferketten mit Konkurrenten auszutauschen. Wenn es jedoch regionale Interessen gibt oder wenn bereits bestimmte Güter gemeinsam eingekauft werden, könnten Erfahrungen aus diesen Quellen die eigenen ergänzen. Außerdem gibt es für viele Rohstoffe, Werkstoffe, Bauteile und Leistungen Nachfrager, die nicht in der gleichen Branche arbeiten. Sie konkurrieren zwar um gleiche Güter auf dem Beschaffungsmarkt oder um gleiche Arbeitnehmer auf dem Arbeitsmarkt, könnten aber eher zu einem Datenaustausch bereit sein als die Mitbewerber auf den Absatzmärkten.

Hinweis: Banken fragen

Auf der Suche nach Unternehmen, die gleiche oder vergleichbare Güter und Leistungen über ihre Lieferketten beschaffen, können Banken hilfreich Antworten geben. Diese kennen aus ihrem Kundenstamm viele Unternehmensgeschichten sehr detailliert. Dazu gehören auch die Lieferketten. Die Bank kann daher oft Kontakt herstellen zwischen Unternehmen mit vergleichbaren Einkaufsstrukturen.

Organisationen: Die individuellen Erfahrungen eines Unternehmens haben einen speziellen Nutzen beim Identifizieren der individuellen Lieferketten. Diese auf das Produkt und das Unternehmen bezogenen Daten werden ergänzt durch weniger spezifische Informationen aus anderen Organisationen. So werden z. B. in Branchenverbänden die individuellen Erfahrungen der Mitgliedsunternehmen zu allgemeinen Aussagen zusammengefasst. Die Wirtschaftsministerien des Bundes und der Länder geben Informationen heraus, ebenso die Finanzministerien von Bund und in den Ländern oder das Auswärtige

Amt in Berlin. Die Industrie- und Handelskammern bieten ihren Mitgliedsunternehmen entsprechende Hilfen.

Die EU bietet vielfältige Informationen über ihre Mitgliedsstaaten, aber auch über die Lieferketten innerhalb der EU und EU-grenzüberschreitend. Viele staatliche und halbstaatliche Initiativen beschäftigen sich mit dem Thema Lieferketten, oft allerdings mit Schwerpunkt auf die Lieferkettensorgfaltspflicht und mit nur sehr allgemein für kleine und mittlere Unternehmen nutzbaren Ergebnissen. Ein Beispiel dafür ist der CSR-Risiko-Check, dessen Nutzen im folgenden Kapitel 2.2.7 »Exkurs: CSR-Risiko-Check« beschrieben wird.

Allgemeine Quellen: In Zeiten digitaler Medien bieten sich über die genannten Quellen hinaus weitere oft unbestimmte Informationsgeber an. Es gibt eine Vielzahl von Nachrichten im Netz und in anderen Medien. Spezielle Vorträge können Informationen vermitteln ebenso wie Webseminare. Viele Daten zu Erzeugern, Herstellern oder Transportwegen gibt es im digitalen Netz.

Für alle Quellen gilt, dass deren Input in die Untersuchung der Lieferketten des Unternehmens nach verschiedenen Kriterien beurteilt werden muss:

- Die Glaubwürdigkeit der erhaltenen Informationen nimmt mit wachsender Entfernung der Quelle zum Unternehmen ab. Die eigenen Erfahrungen sind korrekt, bereits Lieferanten oder Mitbewerber verfolgen eigene Ziele, was eine ungefärbte Weitergabe von Daten schwierig erscheinen lässt. Informationen von unbekannten Websites müssen überprüft werden, bevor sie die Strukturen einer Lieferkette beeinflussen.
- Nur Informationen, die aktuell sind, sind für die Beschreibung der Lieferketten brauchbar. Veraltete Daten führen möglicherweise zu falschen Schlüssen. Die Lieferkette wird falsch dargestellt, darauf aufbauende Entscheidungen können zu schlechten Ergebnissen führen.
- Eng mit der Aktualität verbunden ist die Geschwindigkeit, mit der eine Information das Unternehmen erreicht. Erreicht eine ehemals aktuelle Information über ein Glied in der Lieferkette das Unternehmen erst nach Monaten, ist sie nicht mehr brauchbar, da veraltet. Vor allem bei der späteren Überwachung von Lieferketten spielt dieses Kriterium eine wichtige Rolle.
- Jede Quelle muss auf ihre Abhängigkeit von Aktivitäten innerhalb der Lieferkette hin untersucht werden. Kann die Quelle die berichteten Werte selbst bestimmten, weil sie z. B. die eigenen Kapazitäten berichtet und selbst bestimmt, hat sie immer ein Interesse daran, durch gefärbte Informationen die anderen Teilnehmer zu manipulieren. Eigentlich glaubwürdige und richtige Informationen erhalten so einen Interpretationsspielraum, der bekannt sein muss.

Hinweis: Quellenänderung zulässig

Eine Quelle, die für die Beschreibung einer Lieferkette verwendet wurde, muss nicht für immer Informationen zur Beurteilung der Lieferkette abgeben. Es kann sinnvoll sein, aus unterschiedlichen Gründen, z. B. während einer Krise, eine sehr glaubwürdige, aber langsame Quelle durch eine zu ersetzen, die zwar weniger glaubwürdig, dafür aber schneller verfügbar ist. Ungenauigkeit wird dann durch Schnelligkeit ersetzt, wenn dies dem Unternehmen nützt.

2.2.7 Exkurs: CSR-Risiko-Check

Auch die Politik weiß, dass es für viele kleine und mittlere Unternehmen schwierig ist, die steigenden gesetzlichen Anforderungen z. B. des Lieferkettensorgfaltspflichtengesetzes mit akzeptablem Aufwand zu erfüllen. Darum werden Initiativen, die Unternehmen bei dieser Aufgabe unterstützen sollen, gefördert. Eine dieser Initiativen hat den CSR-Risikocheck entwickelt.

CSR-RISIKOCHECK

Mit den steigenden Anforderungen an Unternehmen in der EU zu den Themen Umweltschutz, Menschenrechte, Nachhaltigkeit und andere, gibt es zunehmend Initiativen, die sich mit diesen Inhalten beschäftigen und oft staatlich gefördert werden. Zielgruppe sind auch die kleinen und mittleren Unternehmen, die mit Informationen und Entscheidungshilfen unterstützt werden sollen. Eine solche Initiative des Bundesministeriums für Arbeit und Soziales ist CSR in Deutschland (www.csr-in-deutschland.de).

CSR ist die Abkürzung für Corporate Social Responsibility und wird in dieser Initiative als »die gesellschaftliche Verantwortung von Unternehmen im Sinne eines nachhaltigen Wirtschaftens« definiert. Dort werden die Rahmenbedingungen und gesetzlichen Vorgaben beschrieben, mit denen Unternehmen in der EU und in Deutschland umgehen müssen. Daher beinhalten die hier gegebenen Informationen, Risikobetrachtungen und Lösungsvorschläge vor allem die Probleme, die bei der Beachtung von Menschenrechten, Umwelt- und Klimaschutz oder nachhaltigem Wirtschaften auftreten können. Darüber hinaus können Hinweise auf wirtschaftliche Problemstellungen in den unterschiedlichsten Staaten und Regionen abgeleitet werden.

Gemeinsam mit der niederländischen Unternehmervereinigung MVO Nederland wird ein CSR-Risiko-Check angeboten (zu finden unter www.mvorisicochecker.nl/de). Dort können schnell und sehr einfach, aber dafür auch nur sehr grob, die Risiken für bestimmte, stark vereinfachte Lieferketten ermittelt werden. Es gibt drei Schritte im Check:

1. Schritt: Aus einer Vorgabe des Programms können Produktgruppen oder Gruppen für Dienstleistungen ausgewählt werden. Als Nächstes erfolgt die Eingabe des Landes, wo diese Güter oder Leistungen ursprünglich entstehen. Es wird also nicht die gesamte Lieferkette eingegeben.
2. Schritt: Das Ergebnis ist ein PDF-Dokument, in dem mögliche Risiken in vier Gruppen dargestellt werden. Die Risikogruppen sind »Faire Geschäftspraktiken«, »Menschenrechte & Ethik«, »Arbeitsrechte« sowie »Umwelt«. Die Risiken werden beschrieben und, wichtig für die Beurteilung, die Quellen werden angegeben.
3. Schritt: Zu jedem Risiko werden für einzelne Produkte oder die jeweilige Produktgruppe mögliche Lösungen in Form von Verhaltensanweisungen für die Unternehmen gegeben.

Die Ergebnisse müssen kritisch verwendet werden. Sie zeigen die möglichen Risiken und Probleme aus der Sicht von Aktivisten oder Organisationen, die sich sehr fordernd mit der Problematik beschäftigen. Die Sicht der Unternehmen spielt nur in geringem Umfang eine Rolle, die Lösungsvorschläge scheinen oft politisch gefärbt zu sein. So werden selbst beim Einkauf bei

deutschen Unternehmen in Deutschland immer mehrere Risikofelder gefunden. Beispiele sind Pressefreiheit, Aushilfstätigkeiten in der Landwirtschaft oder Korruption, die selbst in Deutschland als risikobehaftet angesehen werden. Dennoch kann der CSR-Risiko-Check als Datenquelle für die erste Einschätzung und die Beschreibung von Lieferketten verwendet werden. Das gilt insbesondere, wenn das Unternehmen seine Waren über Händler aus Ländern bezieht, die in der öffentlichen Diskussion als problematisch angesehen werden.
Einen besonderen Nutzen bietet dieses Tool vor allem durch die Möglichkeit der automatischen Aktualisierung der Daten. Dazu muss sich das Unternehmens mit einem entsprechenden Konto registrieren. Dort werden die Produkt-/Lieferland-Beziehungen hinterlegt. Gibt es Veränderungen in den Risiken, erfolgt eine Benachrichtigung über die hinterlegte E-Mail-Adresse. Diese Funktion erleichtert vor allem kleinen und mittleren Unternehmen die Überwachung der Lieferketten, zumindest was die politischen Risiken wie Umweltschutz, Einhaltung der Menschenrechte und Nachhaltigkeit, z. B. nach dem Lieferkettensorgfaltspflichtengesetz, betrifft.
Die Nutzung des CSR-Risiko-Check ist kostenlos.

2.3 Lieferketten dokumentieren

Die Vielfalt der unterschiedlichen Lieferketten macht es notwendig, diese systematisch zu dokumentieren. Jeder, der sich mit Lieferketten beschäftigt, betrachtet diese aus seiner eigenen, durch die individuellen Aufgabe geprägten Perspektive:

- Der **Einkäufer** legt Wert auf Preise, Qualität und Zuverlässigkeit.
- Der **Logistiker** ist eher interessiert an der Erreichbarkeit der Partner, der Abstimmung mit Absender und Empfänger, der Entfernung oder dem Transportmittel.
- Der **Controller** beschäftigt sich mit den Kosten, Chancen, Risiken, Auswirkungen bei Störungen der Lieferkette.
- Die **Unternehmensführung** arbeitet an der Unternehmensstrategie, den Gesamtkosten und der Sicherheit des Unternehmens.

Um die entdeckten Lieferketten für jeden gleichermaßen aussagefähig zu beschreiben und zu verwalten, muss eine Dokumentation nach vorgegebenen Standards erfolgen. Nur so ist gewährleistet, dass alle Lieferketten, gleich welchen Inhaltes, in identischen Strukturen zur Verfügung stehen und schnell auffindbar sind.

Hinweis: Dokumentationspflicht

Um nachweisen zu können, dass sich das Unternehmen mit den Anforderungen des Lieferkettensorgfaltspflichtengesetz gemäß den gesetzlichen Vorgaben beschäftigt hat, ist eine Dokumentation ein möglicher Ansatz. Hier werden die entsprechenden Lieferketten klar und nachvollziehbar dokumentiert und Veränderungen, möglichst Verbesserungen, strukturiert nachgewiesen. Für den Nachweis nachhaltigen Handelns sind die Vorschriften weniger streng, wenn das Unternehmen dies in seiner Selbstdarstellung und in Marketingaktionen behauptet. Aber auch in diesem Fall hilft eine klar strukturierte und eindeutig dokumentierte Darstellung der Lieferketten, um die nachhaltige Beschaffung von Rohstoffen Werkstoffen, Bauteilen und Dienstleistungen zu beweisen.

Die Dokumentation der Lieferketten führt über einheitliche Definitionen dazu, dass sie eindeutig identifiziert werden können. Sie bestimmt den Umfang der zu beachtenden Daten und regelt die Zugriffe vieler Stellen, auch mobil. Außerdem werden einfache, vergleichbare Aussagen möglich.

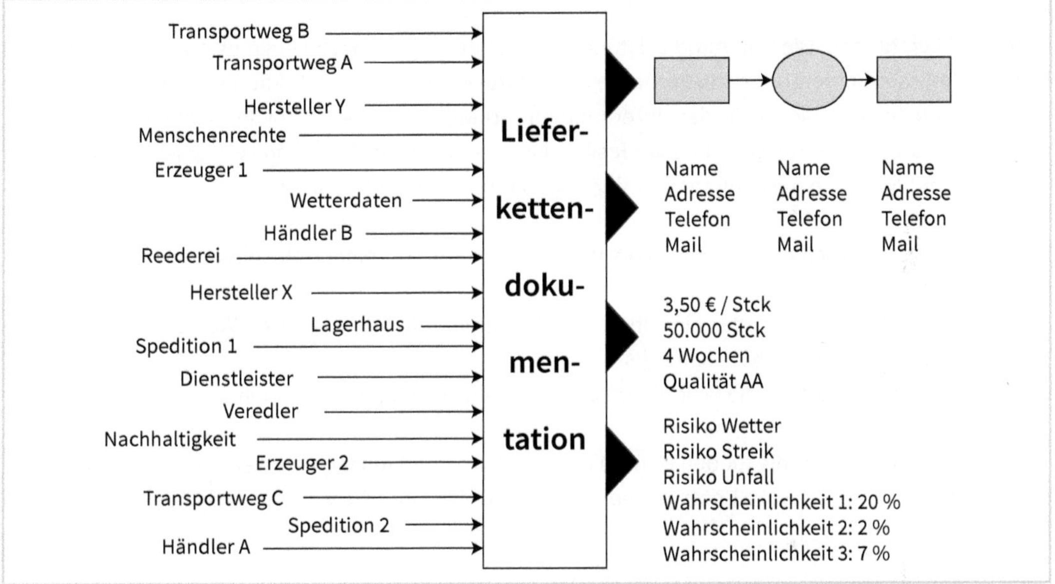

Abb. 5: Struktur entsteht durch Dokumentation

2.3.1 Einheitliche Definitionen festlegen

Zunächst muss sichergestellt werden, dass alle an der Arbeit mit einer Lieferkette beteiligten Personen unter den einzelnen Bezeichnungen dasselbe verstehen. Nur so ist eine schnelle Zusammenarbeit auch in Krisensituationen, in denen unter enormen Zeitdruck Entscheidungen getroffen werden müssen, möglich. Die Definitionen für die einzelnen Glieder und Funktionen einer Lieferkette sind oft individuell vom Unternehmen und dessen Abläufen bestimmt. Sie sollten sich aber wegen der notwendigen Abstimmung mit externen Partnern an allgemeinen Inhalten solcher Definitionen orientieren. Für die wichtigsten Inhalte finden Sie im Folgenden jeweils eine mögliche Definition.

Lieferkette: Eine Lieferkette beschreibt den Weg eines vom Unternehmen benötigten Gutes von der Gewinnung der Rohstoffe über die Verarbeitung bis zur Ankunft im Unternehmen. Beschrieben werden alle Glieder der Kette inklusive der Transporte. Werden keine Güter, sondern Leistungen geliefert, erfolgt die Darstellung der entsprechenden Lieferkette analog.

Hinweis: Umfang der Lieferkette

Der Umfang der Lieferkette, also welche Waren- und Leistungsströme, die außerhalb der eigentlichen Lieferkette stattfinden, berücksichtigt werden, muss individuell festgelegt werden. Wird z. B. bei der Verarbeitung eines Rohstoffes durch einen Vorlieferanten viel Energie benötigt, ist es sicher sinnvoll, dessen Lieferkette für dieses

Gut zumindest grob aufzubauen. Das ist für die spätere Analyse der Lieferkette, für die Risikobetrachtung und generell für eine korrekte Einschätzung notwendig. Spielt das Thema Energie keine ausschlaggebende Rolle für die Arbeit eines Herstellers oder Veredlers, kann dieser Strang unbeachtet bleiben. Die Kriterien für den Einbezug von Lieferketten einer beteiligten Stelle müssen ebenfalls definiert sein.

Güter und Leistungen: Die Güter und Leistungen, die über die jeweiligen Lieferketten ins Unternehmen kommen, müssen eindeutig identifizierbar sein. Die dafür verwendeten Definitionen sind in hohem Maße abhängig von den Produkten, die das Unternehmen verkauft. Für die Auswahl der richtigen Struktur der Lieferketten und für die Einschätzung der Risiken ist es sinnvoll, die Güter und Leistungen einzuteilen in

- Rohstoffe: Natürlich vorkommende oder angebaute Grundstoffe, die geerntet, geschürft oder erzeugt werden.
- Werkstoffe: Verarbeitete Teile, die in die Produkte des Unternehmens eingehen, z. B. veredelte Rohstoffe.
- Bauteile: Halbfertigteile oder einzelnen Funktionsteile, die aus mehreren Werkstoffen bestehen, z. B. die Steuerung eines Kühlschranks.
- Hilfsstoffe: Stoffe, die für die Produktion der Waren notwendig sind, aber eine untergeordnete Rolle im Produkt spielen.
- Betriebsstoffe: Stoffe, die für den Betrieb der Maschinen und Anlagen notwendig sind, z. B. Energie.
- Waren: Produkte, die vom Unternehmen eingekauft und ohne Veränderung verkauft werden, also Handelswaren.

Hinweis: Bedeutung für das Unternehmen

Die Zuordnung eines Gutes zu einer dieser Warengruppen gibt zwar einen Hinweis auf dessen Bedeutung, zwingend ist das jedoch nicht. So kann ein Rohstoff beispielsweise nur in geringen Mengen und austauschbar eingesetzt werden, entscheidend für den Produktionsprozess kann jedoch der Energieverbrauch sein. Die Bedeutung gerade von Energieträgern wie Gas, Öl oder Strom ist in vielen Unternehmen durch die Energiekrise stark gestiegen. Aus diesem Grund ist das Interesse an der Lieferkette und an eventuellen Alternativen ebenfalls gewachsen.

- Dienstleistungen: Es wird ausdrücklich definiert, dass auch Dienstleistungen eine Lieferkette haben, die zu dokumentieren ist.
- Leistungen: Über die Dienstleistungen hinaus werden weitere Inhalte einer Lieferkette definiert, die für das Unternehmen notwendig sind. Darunter fällt die Versorgung des Unternehmens mit Mitarbeitern oder Kapital.

Kettenglieder Typ 1: Die Glieder der Kette bestehen aus den einzelnen Stellen, die sich mit den Gütern in unterschiedlichen Verarbeitungsstufen beschäftigen:

- Erzeuger: Als Erzeuger werden die Stellen bezeichnet, die Rohstoffe gewinnen oder ernten. Die mögliche Bandbreite, von einem Kleinbauern am Amazonas bis hin zu einem internationalen Konzern für die Erzgewinnung, macht deutlich, wie unterschiedlich bereits zu Beginn der Lieferkette die einzelnen Glieder sein können.
- Veredler: Werden Güter nicht wesentlich verändert, sondern verbessert und vorbereitet, wird das Veredelung genannt. Auch hier gibt es eine große Bandbreite möglicher Kettenglieder für das gleiche Produkt. So steht auf der einen Seite die Genossenschaft lateinamerikanischer Bauern, die die Ernte

der Kaffeebohnen säubert und verpackt. Auf der anderen Seite steht der internationale Händler für Kaffeebohnen, der industriell arbeitet.

- Hersteller: Werden die Güter auf ihrem Weg durch die Lieferkette verarbeitet, umgestaltet oder verbraucht, entsteht ein neues Produkt. Unternehmen, die das tun, sind Fertigungsunternehmen und werden als Hersteller definiert.
- Händler: Händler kaufen und verkaufen Güter, ohne sie zu veredeln oder zu verarbeiten. Oft haben sie die Güter nicht in ihrem physischen Besitz, sie vermitteln sie den Kauf nur.
- Dienstleister: Werden keine physisch vorhandenen Waren verkauft, sondern Leistungen, handelt es sich bei dem Lieferanten um einen Dienstleister. Dieser kann für sein Produkt wieder auf Güter zurückgreifen oder auf andere Leistungen Dritter.

Kettenglieder Typ 2: Wichtige Glieder der Lieferkette sind die Transporteure, die für den physischen Transport der Güter von einem Glied der Kette zum nächsten sorgen. Es kann gleiche oder verschiedene Transporteure an mehreren Stellen der Lieferketten geben. Für die Definition sind die folgenden Parameter zu bestimmen:

- Transporteur: Die für den Transport verantwortliche Stelle ist in der Dokumentation festzuhalten. Der Transport kann von einem der Erzeuger, Veredler, Hersteller oder Händler verantwortet werden. Oft ist es aber ein eigenständiger Transporteur, der beauftragt wird. Wer das ist, muss ebenfalls festgehalten werden.

Hinweis: Kriterien für die Auswahl definieren

Bei der Beschreibung der Lieferketten wird der eingesetzte Spediteur meist nicht explizit vorgegeben. Die Entscheidung fällt der Auftraggeber für den jeweiligen Transport. Es sollten allerdings die Kriterien definiert werden, die zu einer Auswahl führen.

- Entfernung: Für die einzelnen Transportwege innerhalb der Lieferkette wird festgehalten, wie groß die Transportentfernungen zwischen den Stufen sind.
- Transportmittel: Ob das Gut per Schiff, Flugzeug, Lkw, Pkw, Bahn usw. transportiert wird, hat Einfluss auf das Risikopotenzial. Daher muss das Transportmittel aus der Definition einer Lieferkette klar hervorgehen.
- Transportweg: Der Transportweg wird durch die tatsächlich zurückzulegenden Wege bestimmt. Das wiederum ist eng verbunden mit der Entfernung und den Transportmitteln.
- Transportweg Dienstleistungen: Auch Dienstleistungen müssen das Unternehmen erreichen. Das kann über den Transport von Menschen, den Mitarbeitern des Dienstleisters, geschehen, die ihre Leistung dann an diesem Ort, z. B. im Unternehmen, erbringen. Für schriftliche Ausarbeitungen und Dokumente wird die Post immer seltener genutzt und wird ersetzt durch digitale Transportwege. Diese werden ebenso von Dienstleistern für digitale Anwendungen, wie Cloud-Services, genutzt und es ist daher wichtig, dies entsprechend zu dokumentieren.

Verfügbarkeit: Ziel einer Lieferkette ist es, das Gut oder die Leistung für das Unternehmen verfügbar zu machen. Am Ende der Lieferkette müssen Güter und Leistungen an dem Ort, an dem sie benötigt werden, vorhanden sein. Die Definition der Verfügbarkeit enthält die folgenden Kriterien:

- Menge: Grundsätzlich muss die benötigte bzw. die über diesen Lieferweg eingekaufte Menge vorhanden sein. Wird zu wenig geliefert, entstehen Risiken. Eine Zuviellieferung ist allerdings auch nicht gewünscht, wobei dadurch meist keine oder nur geringe Probleme entstehen.
- Preis: Über die Lieferkette muss das Gut bzw. die Leistung zu einem wirtschaftlich sinnvollen Preis in das Unternehmen gelangen. Niedrige Preise sind gut für das kaufende Unternehmen, können aber das wirtschaftliche Überleben einzelner Stellen in der Lieferkette und damit die gesamte Kette gefährden. Steigt der Preis für Güter und Leistungen über das wirtschaftlich vertretbare Maß hinaus, sind die Waren für das Unternehmen nicht verfügbar, da sie über die betreffende Lieferkette nicht eingekauft werden können.
- Qualität: Zum Beschaffungsprozess gehört es auch, dafür Sorge zu tragen, dass die Güter und Leistungen in der notwendigen Qualität geliefert werden. Eine geringere als die verlangte Qualität kann zu wesentlichen Problemen bei der Produktion und bei den Kunden führen. Eine bessere als die bisherige Qualität erscheint zunächst unproblematisch, kann allerdings durch Gewöhnung dazu führen, dass die Ansprüche gegenüber den bisherigen steigen.

Risiken: In der späteren Analyse der Lieferketten spiele Risiken eine wichtige Rolle. Was darunter zu verstehen ist, muss für alle gleichbedeutend sein. Daher ist eine Definition notwendig. Darin wird festgehalten, dass ein Risiko alles ist, was die Verfügbarkeit des betreffenden Gutes oder der betreffenden Leistung gefährdet. Die Ursachen für das jeweilige Risiko und dessen Auswirkungen bleiben zunächst unwichtig, die Beurteilung erfolgt später.

Chancen: Lieferketten können wesentliche Chancen eröffnen. Ins Auge fällt zunächst die Möglichkeit, durch eine Veränderung in der Lieferkette den Preis für das Produkt zu senken. Hinzu kommt die Möglichkeit, die Kosten der einzelnen Teile der Lieferkette zu senken. Außerdem gibt es die Chance auf Innovationen durch eine Lieferkette, die neue Rohstoffe, bessere Qualitäten oder verbesserte Bauteile zur Verfügung stellt. Immer wichtiger wird die Möglichkeit, durch neue Lieferketten mehr Nachhaltigkeit in die Beschaffung zu bringen und die Einhaltung der Menschrechte und der Regeln für den Umweltschutz zu gewährleisten.

Wahrscheinlichkeit: Wichtig für die Definition eines Risikos oder einer Chance ist die Wahrscheinlichkeit, mit der dieses Risiko bzw. diese Chance eintritt. Damit wird ein messbarer Wert von Risiko und Chance festgelegt. Die Wahrscheinlichkeit kann entweder mithilfe von Erfahrung und Annahmen geschätzt werden oder, wenn die Voraussetzungen bestehen, echte Daten zu liefern, mathematisch errechnet werden.

Beispiel: Bauchgefühl gegen Mathematik

Ein Risiko innerhalb von Lieferketten für die Zuckerindustrie ist die Abhängigkeit von Menge und Qualität der notwendigen Zuckerrüben vom Wetter während der Wachstumsphase. Die Erfahrungen aus dem vergangenen Winter und die erste Entwicklungen im Frühling sorgen für die subjektive Erwartung einer guten Ernte. Die Wahrscheinlichkeit für den Eintritt des Risikos »Wetter« liegt bei 1 % – das sagt jedenfalls das Bauchgefühl. Wer die weiter zurückliegenden Jahre betrachtet, kann fünf schlechte Wetterlagen in den letzten 20 Jahren erkennen. Die mathematisch zu errechnende Wahrscheinlichkeit für ein schlechte Ernte aufgrund des Wetters liegt damit bei 25 %.

Die Wahrscheinlichkeiten werden nicht fest in der Definition des Risikos bzw. der Chance verankert, sie werden separat definiert und verarbeitet. Der Grund liegt darin, dass das Risiko oder die Chance inhaltlich unverändert ist, die Wahrscheinlichkeit des Eintritts jedoch durch viele Bedingungen verändert werden kann.

> **Beispiel: Energiekosten**
>
> Das Risiko stark steigender Energiekosten war immer vorhanden, die Wahrscheinlichkeit war lange Zeit jedoch sehr gering. Unternehmen, die ihren Energiebedarf (teilweise) an den Energiebörsen decken, kennen das Risiko mit einer wahrnehmbaren Wahrscheinlichkeit, andere nicht. Das hat sich geändert. Stark steigende Energiepreise sind Realität, die Wahrscheinlichkeit für stark steigende Energiekosten ist damit aktuell nahe 100 %.

Die beschriebenen Definitionen werden der Dokumentation der Lieferketten vorangestellt. Sie sind das Arbeitsmittel für die Beschreibung der Lieferbeziehungen, der Lieferwege, der Lieferpartner und der Güter und Leistungen.

2.3.2 Wichtige Informationen an zentraler Stelle sammeln

Inhalte und Bezeichnungen, die zu einer Lieferkette gehören, bleiben selbst bei einer möglichst exakten Beschreibung zuerst einmal ungenau. Der Lieferant ist zunächst nur eine Firmenbezeichnung, ein Weg eine grobe Beschreibung. Die Forderung nach exakten Angaben führt dazu, dass das Erstellen der grundlegenden Beschreibung der Lieferkette langwierig ist. Zudem ist die Beschreibung aufgrund der großen Datenmenge unübersichtlich. Es ist für alle Beteiligten sinnvoller, die klar definierten Inhalte einer Lieferkette an einer zentralen Stelle in der Dokumentation anzugeben. Dort kann jeder die wichtigen Informationen finden, ohne in einer umfangreichen Dokumentation suchen zu müssen. Veränderungen in der Lieferkette, die einen Austausch von Partnern, Wegen, Gütern usw. erfordern, können problemlos an dieser Stelle der Dokumentation nachvollzogen werden, ohne den gesamten Text anpassen zu müssen.

Die folgende Liste zeigt Beispiel für Inhalte, die in der Dokumentation einer Lieferkette an einer speziellen Stelle verwaltet werden sollten:

Partner: In einer Lieferkette können viele beteiligte Stellen enthalten sein. In der Definition heißen diese Erzeuger, Veredler, Hersteller, Händler, Transporteur. Dahinter verbergen sich Unternehmen oder Personen. Diese müssen exakt identifizierbar sein. Daher werden für jeden einzelnen Beteiligten in der Kette folgende Inhalte dokumentiert:

- Bezeichnung des Partners
- Rechtlicher Name des Partners (z. B. mit Rechtsform)
- Rechtlich gültige Adresse
- Adresse des handelnden Teils des Partnerunternehmens (z. B. Werk, Lager, Umschlagplatz)
- Ansprechpartner
- Kommunikationswege und dazugehörige Kontaktdaten (Telefon, Mail ...)

Je weiter der Partner in der Lieferkette vom Unternehmen entfernt ist, desto schwerer wird es, die verlangten Daten zu finden. Verträge gibt es meist nur mit dem letzten Glied der Kette, dem Lieferanten und dem Transporteur für die letzten Transporte. Das macht die Beurteilung von Risiken und Wahrscheinlichkeiten schwerer, muss aber oft hingenommen werden. So ist es z. B. unmöglich, aber auch nicht notwendig, die Namen und Adressen aller Anbauer eines Rohstoffs in Lateinamerika zu kennen, die Daten der Genossenschaft oder des Importeurs müssen genügen.

Orte: Besonders wichtig für die Beschreibung der Lieferkette und deren Risiken sind die physischen Orte, an denen sich die benötigten Rohstoffe, Werkstoffe, Bauteile usw. befinden bzw. wo die Leistung erzeugt wird. Sowohl die grundsätzliche Existenz als auch die Eintrittswahrscheinlichkeit von Risiken und Chancen sind davon abhängig. Die Angaben sollten so exakt wie möglich sein. So kann bei einem Lufttransport der Flughafen für den Abflug und die Ankunft exakt benannt werden, der Erzeugungsort für Kaffeebohnen oft nur sehr grob als Region.

Transportwege: Eng verbunden mit den Orten, an denen sich die Güter und Leistungen während der Belieferung befinden, sind die Transportwege. Diese gibt es zwischen den einzelnen Partnern in der Lieferkette, sie müssen allerdings nicht mit dem Verlauf rechtlicher Eigentumsverhältnisse übereinstimmen, wenn z. B. ein Händler nur ein Vermittler ist. Neben dem Startpunkt und dem Ende des Transportweges ist überdies der dazwischenliegende Weg wichtig, um die Risiken erkennen und beurteilen zu können. Diese Transportwege können sich ändern, und das oft sehr schnell und ohne Vorwarnung. Darum ist in der Beschreibung einer Lieferkette auch ein mögliches Spektrum an Transportwegen erlaubt.

Güter: Auf dem Weg durch die Lieferkette entsteht das vom Unternehmen gekaufte Produkt bzw. die Leistung erst nach und nach. Für die Beschreibung der Lieferkette ist die exakte Festlegung der Rohstoffe und der Zwischenprodukte notwendig. Um zu beurteilen, wie sich Risiken, die im Zusammenhang mit den Rohstoffen und Zwischenprodukten entstehen, auf das Unternehmen auswirken, ist die exakte interne Bezeichnung des in der Lieferkette betrachteten Gutes notwendig.

Bedarfe: Zur genauen Identifikation des im Unternehmen über die Lieferkette ankommenden Gutes oder der erwarteten Leistung ist die exakte Menge des internen Bedarfes anzugeben. Dazu kommen Daten über das vorhandene Angebot am Markt und die Bedarfe von Mitbewerbern oder anderer Branchen. So kann eine Beurteilung der Lieferketten objektiv erfolgen.

Abhängigkeiten: An dieser zentralen Stelle der Identifikationsmerkmale einer Lieferkette werden auch die Abhängigkeiten innerhalb der Kette beschrieben. Auf jeder Stufe der Verarbeitung oder des Transportes gibt es Voraussetzungen für den erfolgreichen Durchlauf der jeweiligen Station in der Lieferkette. Je besser die Abhängigkeiten beschrieben sind, desto besser kann die Lieferkette beurteilt werden.

2.3.3 Inhalt der Dokumentation

Wie umfangreich die Dokumentation einer Lieferkette ist, hängt immer von deren Länge und Komplexität ab. Je länger eine Kette ist, desto mehr Glieder müssen dokumentiert werden. Je größer die Komplexität ist, desto mehr Daten sind vorhanden und müssen dokumentiert werden. Die Dokumentation der Lieferketten ist immer gleich strukturiert, allein schon, um die Arbeit für den Leser der Dokumentationen zu erleichtern.

Definitionen: Zunächst wird dokumentiert, wie die einzelnen Begriffe innerhalb der Lieferkette definiert sind. Um den Umfang zu reduzieren, kann die Sammlung der Definitionen auf die tatsächlich verwendeten Begriffe beschränkt werden. Dafür ist allerdings, wenn Veränderungen neue Begriffe mit sich bringen, dieser Teil des Inhaltes der Dokumentation anzupassen.

Hinweis: Zentrale Definitionen

Um den zeitlichen Aufwand für die Dokumentation von Lieferketten zu reduzieren, kann es sinnvoll sein, eine zentrale Stelle für die Definitionen einzurichten. Dadurch müssen Definitionen nicht bei jeder Lieferkette wiederholt werden, und Aktualisierungen können schneller vorgenommen werden, was die Wahrscheinlichkeit von Fehlern bei der Übertragung verringert. Das verlagert den Aufwand jedoch zu den Lesern der Dokumentationen, da sie sich aus dem zentralen Teil jeweils die Informationen suchen müssen. Das ist für Mitarbeiter, die sich nicht permanent mit den Lieferketten beschäftigen, aufwendig und wird von ihnen daher oft vernachlässigt.

Außerdem wird die Lieferkettendokumentation in Krisensituationen unter dem dazugehörigen Zeitdruck verwendet. Dieser zeitliche Druck ist für die Arbeit mit einem zentralen Definitionsteil ein Hindernis, da Ungewissheit erst durch langwieriges Suchen im zentralen Definitionsteil vermieden werden kann. In digitalen Systemen sollte die Verbindung mit den Definitionen über Links oder andere Verknüpfungen erfolgen, sodass der Zeitaufwand für die Erstellung individueller Definitionsteile je Lieferkette minimiert ist.

Lieferkette: In der Dokumentation wird selbstverständlich die eigentliche Lieferkette dargestellt. Dazu gibt es verschiedene Methoden, die im folgenden Kapitel 2.4 »Lieferketten darstellen« vorgestellt werden. Wichtig ist die Darstellung der gesamten Lieferkette. Wenn es mehrere vergleichbare Lieferbeziehungen für ein Gut gibt, wird in der Praxis oft nur mit einer Lieferkette gearbeitet, für die es dann lediglich unterschiedliche Enden der Kette gibt. Es wird dann auf eine Alternative innerhalb der Kette, z. B. einen zweiten Händler hingewiesen. Diese Vorgehensweise verhindert allerdings, dass jede Lieferkette im Krisenfall vollständig und schnell analysiert werden kann, da die jeweils während der Störung aktuelle Ausprägung der Lieferkette zunächst ermittelt werden muss.

Daten: Alle zu einer Lieferkette gehörenden Daten werden dokumentiert. Die beschriebenen Informationen für eine eindeutige Identifikation von Gliedern in der Kette, von Gütern und Leistungen, von Zwischenprodukten, von Orten und Transportwegen werden der Lieferkette zugeordnet und gemeinsam mit ihr dokumentiert. Folgende Inhalte sind für die Arbeit mit der Dokumentation wichtig:

- die Daten selbst mit eindeutiger Maßangabe,
- die Datenquelle mit exakter Bezeichnung,
- der Zeitpunkt der Erhebung der Daten.

Ergebnisse: In jeder Lieferkettendokumentation muss Platz sein für die Ergebnisse der Analysen, die auf die erste Dokumentation im laufenden Betrieb des Lieferkettencontrollings folgen. Dort werden Risken, Chancen und Wahrscheinlichkeiten ermittelt und Entscheidungen über die Nutzung der Lieferkette getroffen. Diese Ergebnisse und Entscheidungen werden in der Dokumentation festgehalten.

Maßnahmen: Die Nutzung einer Lieferkette kann mit einem zu großen Risiko für das Unternehmen verbunden sein. Diese Situation kann durch bestimmte Maßnahmen zur Risikominimierung verändert werden. Für die Dokumentation dieser Maßnahmen, die zu einer Lieferkette gehören, muss Platz in der allgemeinen Lieferkettendokumentation sein.

Veränderungen: Ergebnisse und Maßnahmen zeigen, dass eine Lieferkette lebt. Sie verändert sich und muss unter neuen Rahmenbedingungen neu bewertet werden. Darum enthält die Dokumentation einer Lieferkette immer auch eine Dokumentation der Veränderungen. Dazu werden die Daten, Ergebnisse und Maßnahmen mit einem Zeitstempel versehen. Bei Veränderungen werden die neuen Daten zusätzlich erfasst, die alten Inhalte bleiben bestehen.

Zeitreihen mit Daten: Durch die Dokumentation auch der vergangenen Werte können Zeitreihen wichtiger Daten aufgebaut werden. In digitalen Systemen geschieht dies innerhalb einer entsprechenden Struktur sehr schnell und ohne zusätzlichen Aufwand. So entstehen zusätzliche Informationen für die Einschätzung möglicher und erwartbarer Entwicklungen in der Zukunft, die bei Entscheidungen über Lieferketten berücksichtigt werden können.

Außerdem muss es möglich sein, leichte Veränderungen der Lieferkette selbst problemlos zu dokumentieren. Wenn z. B. ein Transporteur ausgetauscht wird oder ein Händler den Platz eines anderen einnimmt, verändert sich nicht die gesamte Lieferkette, solange ein solcher Wechsel keine wesentlichen Veränderungen in der Einschätzung der Lieferbereitschaft oder weitere Kosten mit sich bringt. Dann müssen die Daten zu den einzelnen Gliedern ebenfalls mit Veränderungen dokumentiert werden.

Hinweis: Konzentration

Die modernen digitalen Systeme, einschließlich der Systeme zur Dokumentation der Lieferketten, müssen auf Speicherplatz keine Rücksicht mehr nehmen. Die Daten können für mehrere Jahrzehnte, vielleicht sogar für eine technische Ewigkeit, gespeichert werden. Digitale Anwendungen bewältigen diese so entstehenden Datenmengen problemlos, der Mensch verliert schnell die Übersicht. Darum ist es sinnvoll, die Daten regelmäßig zu komprimieren, zumindest für Anwendungen mit menschlichen Nutzern. Unwichtige Veränderungen oder zu alte Daten werden dann zumindest aus der Darstellung für den Menschen gelöscht und durch Durchschnitte ersetzt. Die Nutzung von Künstlicher Intelligenz für die Beurteilung von Lieferketten benötigt dagegen ein weitreichendes digitales Gedächtnis.

2.3.4 Zugriff auf Dokumentation für viele gewährleisten

Eine geregelte und vollständige Dokumentation dient den Ansprüchen vieler Stellen im Unternehmen. Darum muss der Zugriff auf die Lieferkettendokumentation für viele unterschiedliche Nutzer ermöglicht werden. Standard ist für solche Anwendung die Nutzung digitaler Strukturen. Eine analoge Dokumentation der Lieferketten ist ungeeignet, da der Zugriff nicht permanent an vielen Stellen möglich ist und die notwendige Aktualität in analoger Form (z. B. als Papierausdruck) nicht gewährleistet werden kann.

Auch eine digitale Dokumentation der Lieferketten muss die üblichen Anforderungen an digitale Anwendungen erfüllen. Die wichtigsten Punkt dazu sind:

Einheitliches System: An allen Stellen im Unternehmen wird dasselbe System verwendet, um Lieferketten zu erfassen, darzustellen und zu beurteilen. Das spart wesentliche Betreuungskosten und verbessert den Austausch von Informationen und die Zuordnung von Verantwortung. Ist die Gleichheit nicht durchzusetzen, müssen als zweitbeste Lösung zumindest Schnittstellen vorhanden sein, die einen Austausch von Daten ermöglichen. Da dies sowohl zusätzlichen Aufwand bedeutet als auch eine Fehlerquelle darstellt, sollte die Konzentration auf ein zentrales System mit aller Macht durchgesetzt werden.

Berechtigungssystem: Um die vielen zugelassenen Nutzer mit den richtigen Daten zu versorgen, ist ein funktionierendes Berechtigungssystem notwendig. Dabei sollte das für den allgemeinen Zugriff auf die IT-Anwendung eingesetzte System auch für den Zugriff auf die Lieferkettendokumentationen eingesetzt werden, damit nicht unterschiedliche Authentifizierungssysteme genutzt werden müssen. Der Aufwand für den Schutz der Lieferkettendokumentation vor unbefugtem Zugriff ist gerechtfertigt, da viele Lieferketten auch Daten enthalten, die nicht öffentlich gemacht werden sollten, z. B. die Bezugsquellen seltener Stoffe.

Individuelle Sichten: Verbunden mit dem Berechtigungssystem ist die Forderung nach individuellen Perspektiven zu erfüllen. Nutzer der Dokumentation können unterschiedliche Sichtweisen haben, mit denen sie die Lieferketten betrachten. Der Einkäufer konzentriert sich auf Mengen und Preise, die Logistiker auf Transportwege und -mittel, der Controller auf Kosten und Risiken. Darum ist es notwendig, dass in der Darstellung der Lieferkette und den damit verbundenen Daten entsprechende Auswahlmöglichkeiten angeboten werden können. So kann z. B. die Anzeige der in der Dokumentation vorhandenen Werte auf die aktuellen Inhalte beschränkt, die Zeitreihe also ausgeblendet werden, um die aktuelle Situation zu erkennen.

Unterschiedliche Geräte: Die mobile Kommunikation arbeitet mit vielen unterschiedlichen Geräten. Der PC als Arbeitsplatz wird ergänzt durch Tabletts und Smartphones als Datenterminal. Die Dokumentation muss also über verschiedene Endgeräte abgerufen werden können.

Zuverlässiger Zugriff: Digitale Systeme können durch einfache Probleme weitreichend unbenutzbar werden. Eine digitale Datenbank mit allen Dokumentationen der Lieferketten muss immer verfügbar sein. Entsprechende Sicherheitsvorkehrungen müssen eingesetzt und alternative Zugriffswege müssen vorgehalten werden. Dazu gehört eine sichere und regelmäßige Erstellung eines Backups.

Nutzung der Cloud: Wenn die Nutzer der Lieferkettendokumentation räumlich weit verteilt sind, kann sich eine Cloud-Lösung lohnen. Das gilt auch, wenn Speicherplatz und Rechnerkapazität intern gespart werden sollen. Die Cloud löst viele der technischen Voraussetzungen wie Zugriff über unterschiedliche Geräte, Sicherheit und Berechtigungsprüfung. Sie macht aber auch abhängig von der Verfügbarkeit dieses Cloud-Services.

Hinweis: Sicherheit in der Cloud

Grundsätzlich bietet sich die Dokumentation von Lieferketten für die Speicherung und Verwaltung in einer Cloud an. Die Abgabe der Daten an unterschiedliche Endgeräte kann so ebenso zentral erledigt werden wie die Prüfung von Berechtigungen. Hinsichtlich der Zuverlässigkeit des Zugriffs muss allerdings die Abhängigkeit vom Dienstleister für diesen Cloud-Service bedacht werden.

Das Unternehmen baut also für die Dienstleistung des Cloud-Services eine Lieferkette auf. Der Dienstleister stellt dabei ein eigenes Risko dar, da dieser für den Zugriff auf die dort verwalteten Dokumentationen der Lieferketten verantwortlich ist. Das Risiko für die Störung der Verfügbarkeit kann technische, organisatorische oder wirtschaftliche Ursachen haben. So ist es in der Vergangenheit bereits dazu gekommen, dass der Cloud-Service ohne Vorwarnung beendet wurde, da der Dienstleister insolvent geworden ist.

Sollte die Cloud für die Dokumentation der Lieferketten genutzt werden, muss ein mögliches Ausfallrisiko des Cloud-Anbieters berücksichtigt werden. Das geschieht sinnvollerweise durch den Aufbau und die Analyse einer entsprechenden Lieferkette.

2.3.5 Einfache Aussagen formulieren

Ein Bewertungskriterium für eine Lieferkettendokumentation ist die einfache Darstellung der oft komplexen Inhalte. Jeder der unterschiedlichen Nutzer soll die für ihn wichtigen Aussagen, die in einer Lieferkette stecken, möglichst eindeutig erkennen können. Dazu trägt zum einen die Struktur der Dokumentation mit den beschriebenen Inhalten bei. Zum anderen gilt es in der Dokumentation von Lieferketten die folgenden Vorgaben zu beachten:

Übersicht: Die Dokumentation muss den Lesern sowohl in ihrer Darstellung als auch inhaltlich eine klare Übersicht bieten. Dabei hilft es, für die Dokumentation die besprochenen Sichtweisen der einzelnen Nutzer mit ihren unterschiedlichen Aufgaben im Blick zu haben. Wer sich hauptsächlich mit den Transporten der Güter und Leistungen beschäftigt, möchte die diesbezüglichen Informationen auch prominent angezeigt bekommen. Die anderen Inhalte sind im Hintergrund vorhanden und können auf Wunsch des Nutzers ebenfalls verfügbar gemacht werden. Wer z. B. keine Informationen über die Transportwege für die Erledigung seiner Aufgabe benötigt, erhält diese nicht automatisch, kann sie aber anfordern.

Gefahrenausweis: Am Ende wird jede Lieferkette bzgl. ihrer Risiken und erwarteten Gefahren für das Unternehmen bewertet. Der Ausweis dieser Gefahren wird in der Dokumentation so dargestellt, dass er eindeutig wahrgenommen wird. Die Gründe für die jeweilige Risikobewertung sind ebenfalls dokumentiert und für die Beurteilung der Gefahreneinschätzung zugänglich.

Potenziale: Die in einer Lieferketten vorhandenen Potenziale können ebenfalls bewertet werden. Eine entsprechende Darstellung in der Dokumentation muss möglich sein.

Szenarien: Jede Lieferkette wird in unterschiedlichen Szenarien betrachtet und beurteilt. Diese Wenn-dann-Rechnungen werden ebenfalls dokumentiert und für erste, sehr einfache Analysen zur Verfügung gestellt. Dadurch wird die aktuelle Bewertung einer Lieferkette verständlich. Gleichzeitig können einfache Entscheidungen zur Veränderung von Lieferketten bzw. zu deren Bewertung aus den unterschiedlichen Szenarien abgeleitet werden.

Erfahrungen: In der Dokumentation sind auch die Erfahrungen mit einzelnen Lieferketten enthalten. Damit wird es leichter, Entscheidungen für vergleichbare Lieferketten mit vergleichbaren Gütern und

Leistungen mit vergleichbaren Partnern und Transportwegen zu treffen. Die Schlussfolgerungen, die für eine Lieferketten oder einem Teil daraus bereits dokumentiert sind, können auf andere Lieferketten übertragen werden.

Die Dokumentation beschreibt jede einzelne Lieferketten sehr realistisch. Dabei werden beim Erstellen der Dokumentation die Chancen und Risiken zunächst nicht bewertet. Diese geschieht im Zuge der Analyse. Erst dann werden sie in die Dokumentation als definierte Analyseergebnisse aufgenommen. Gleichzeitig liefert die Dokumentation der Kettenglieder wie Transportwege, Risiken, Chancen oder Zahlen einer Lieferkette die Basis für ihre Analyse.

2.3.6 Rechtfertigung der Dokumentation

Das Lieferkettencontrolling ist sehr aufwendig, vor allem, weil die Lieferketten einer steten Veränderung unterliegen. Dabei verändert sich nicht nur die Kette selbst durch neue Transportwege, neue Partner usw. Auch das Umfeld verändert sich laufend, so dass immer wieder neu analysiert und beurteilt werden muss. Dadurch stehen permanent andere, vielleicht neue Lieferketten im Fokus. Die mit der Dokumentation verbundene Arbeit wird leider oft vernachlässigt und muss regelmäßig gerechtfertigt werden. Warum also ist die Dokumentation der Lieferketten so wichtig?

- Um Lieferketten zu analysieren bzw. zu beurteilen, müssen die Lieferketten bekannt sein. Gleichzeitig muss sichergestellt sein, dass die Inhalte der Kette, die dazugehörigen Daten und Abläufe korrekt sind.
- Vergleicht man dokumentierte Lieferketten miteinander, werden aufgrund der einheitlichen Systematik Gemeinsamkeiten und Unterschiede erkennbar. Diese helfen dabei, neue Lieferketten oder veränderte Lieferbeziehungen schnell einzuordnen und zu bewerten.
- Lieferketten verändern sich permanent. Um diese Veränderungen zu planen kann auf die dokumentierten Inhalte zurückgegriffen werden. Langsame Veränderungen einer Lieferkette werden erst durch den Vergleich mit dem dokumentierten Zustand erkennbar.

Beispiel: Händlerwechsel

Der Einkäufer hat für ein Bauteil viele Jahre eine Lieferkette genutzt, die als direkten Partner einen Händler aufweist, der das Gut aus Asien beschafft. Jetzt haben zwei weitere Händler angeboten, das Bauteil zu liefern. Sie verlangen den gleichen Preis und verweisen auf eine größere räumliche Nähe zum Unternehmen. In der Lieferkettendokumentation wird festgestellt, dass alle Händler ihre Waren aus der gleichen Lieferkette beziehen. Einen wesentlichen Vorteil würde der Wechsel also nicht bieten.

Die Auswirkungen von Störungen in einer Lieferkette in Form von Kosten, Lieferausfällen oder Ablaufveränderungen sind zu gewaltig, um sich auf ungenaue Informationen zu stützen. Die Dokumentation mit ihren Regeln und Strukturen sorgt für einheitliche und korrekte Inhalte.

2.4 Lieferketten darstellen

Für schnelle Entscheidungen und grundlegende Analysen im Zusammenhang mit den Lieferketten müssen die Informationen jederzeit und schnell verständlich verfügbar sein. Die Darstellung von komplexen Inhalten ist grundsätzlich eine anspruchsvolle Aufgabe, bei der zwischen verständlicher Aufbereitung und Informationsumfang entschieden werden muss. Je verständlicher eine Lieferkette angezeigt wird, desto mehr Inhalte müssen konzentriert werden. Informationen gehen in der Verdichtung verloren.

Die textliche Beschreibung einer Lieferkette bietet die Möglichkeit, alle Informationen umfassend zu integrieren. Leider ist die Arbeit mit unstrukturierten Texten sehr aufwendig und fehleranfällig. Die Darstellung der Lieferketten in grafischer Form gibt dem Leser schnell einen Überblick, allerdings zu dem Preis, dass viele Informationen verlorengehen. Im Bereich zwischen den beiden Extremen liegt die Darstellung in Tabellenform, die als weiteren Vorteil die Möglichkeit der digitalen Weiterverarbeitung der Daten bietet.

2.4.1 Textliche Darstellung von Lieferketten

In einer textlichen Beschreibung einer Lieferkette können alle Informationen, besondere Vereinbarungen oder individuellen Bedingungen sehr gut dargestellt werden. Eine klare Gliederung des Textes, z. B. nach den Gliedern der Kette, sowie eine über alle Lieferketten gleichbleibende Struktur helfen dabei, die wesentlichen Inhalte der Lieferkette schnell zu erkennen. Allerdings kann vor allem bei komplexen Lieferbeziehungen sehr lange dauern, den umfangreichen Text zu sichten und sich einen Überblick zu verschaffen.

In der Praxis findet man die eine rein textliche Darstellung einer Lieferkette nur sehr selten. Wenn dennoch der Fokus auf dem Text liegt, wird dieser in der Regel durch Grafiken und Tabellen ergänzt. Umgekehrt ist Text als Ergänzung zur tabellarischen und grafischen Darstellung fast immer zu finden. Die Informationen, die durch die Vorgaben der Tabellenstruktur und aufgrund der eingeschränkten Möglichkeiten von Grafiken verlorengehen, werden durch die textliche Beschreibung ergänzt. Diese kann dann komplexe Sachverhalte, individuelle Vereinbarungen usw. vollständig darstellen. In der Tabelle oder der Grafik kann auf den Text hingewiesen werden.

Im Text selbst muss auf eine möglichst knappe Beschreibung Wert gelegt werden. Das muss ebenso vorgegeben werden wie die Gliederung und eine allgemeingültige Struktur. Da verschiedene Personen den Text zur Darstellung der Lieferketten erzeugen, kommt es unweigerlich zu Unterschieden in der inhaltlichen Darstellung und im Stil. Verbindliche Vorgaben über Struktur und Gliederung des Textes kann die gröbsten Unterschiede minimieren. Dennoch kommt es immer wieder zu Verständnisproblemen, wenn die Lieferketten in der Dokumentation per Text beschrieben werden.

Lieferkette Rohstoff: **Zuckerrohr**
interne Artikelnummer: 44771111
Bedarfsmenge 2024: 15.600

1. Erzeugung:
Der Rohstoff Zuckerrohr wird zum Teil aus Brasilien und zum Teil aus China bezogen. Das Verhältnis der Mengen liegt aktuell bei 40 % aus Brasilien und 60 % aus China (2022: 45 % zu 55 %; 2021: 55 % zu 45 %).
Brasilien:
Der Anbau erfolgt durch viele Landwirte in der Region Sao Paulo. Die Arbeitsbedingungen werden vom Händler kontrolliert und als dem westlichen Standard entsprechend beschrieben. Ein Zertifikat liegt nicht vor. Die lokalen Landwirte liefern die Ernte zur Kooperative (Kooperative Zuckerrohr 1, Sao Paulo). Die Kooperative ist der Handelspartner des Veredlers.
Die Risiken für den Anbau des Zuckerrohrs in Brasilien liegen im Wetter, das sich aufgrund des Klimawandels ungünstig entwickelt. Bisher gab es allerdings nur wenig Ausfall durch Wetterlagen, die durch Lieferungen aus anderen Regionen ersetzt werden konnten. Ein weiteres Risiko ist der Preis für Dünger und Energie. Deren Verfügbarkeit ist seit diesem Jahr stark eingeschränkt, was die gesamte Ernte um ca. 20 % reduzieren wird. Es wird erwartet, dass die durch fehlenden Dünger und ungünstige Witterung gekennzeichneten Früchte durch einen Schädlingsbefall geschädigt werden.
Der Einsatz von Zuckerrohr für die Produktion von Bio-Ethanol ist auf einem hohen Niveau. Das hat Einfluss auf die Verfügbarkeit und den Preis des Rohstoffs.
Der Transport des Zuckerrohrs erfolgt von der Kooperative mit eigenem LKW zum Hafen, wo der Rohstoff zwischengelagert wird. Ist eine ausreichende Menge vorhanden erfolgt der Transport vom Hafen Sao Paulo mit Frachtschiffen nach Europa. Je nach Verfügbarkeit werden Westeuropäische Häfen angefahren, die Ware wird auf kleinere Frachter umgeladen und an den Veredler in Maastricht transportiert.
Das Risiko des Transportes liegt in der Verfügbarkeit des LKW der Kooperative, die Qualität des Zwischenlagers ist nicht bekannt. Probleme gibt es mit dem weltweit verfügbaren Frachtraum, der gering ist. Der Transport vom europäischen Hafen über Flüsse und Kanäle nach Maastricht ist abhängig von der Binnenschifffahrt mit steigenden Energiekosten.
Die Kosten für den Rohstoff und den Transport sind nicht bekannt.
China:
Der Anbau in China erfolgt auf großen staatlichen Betrieben. Eine genau Angabe des Erzeugergebietes für einzelne Lieferungen wird nicht gemacht. Bei Bestellung durch den Veredler entscheidet die chinesische Erzeugergesellschaft, welcher Hafen in China als Ausgangspunkt des Transportes gewählt wird. Verantwortliche Verkäufer ist die Guangxi Handelsagentur in Nanning.
Wetterbedingte Risiken wird es auch in Guangxi geben. Welche Auswirkungen dies in der Vergangenheit hatte, wird nicht berichtet. Ebenso sind die Arbeitsbedingungen bei der Erzeugung des Zuckerrohrs unbekannt. Es ist nicht möglich, einen wirklichen Einfluss zu nehmen oder aktuelle Informationen zu bekommen.
Der Transportweg bis zum Hafen in China ist unbekannt. Von dort erfolgt der Transport mit Frachtschiffen nach Europa. Dabei wird der Suezkanal durchquert. Je nach Verfügbarkeit werden Westeuropäische Häfen angefahren, die Ware wird auf kleinere Frachter umgeladen und an den Veredler in Maastricht transportiert.
Das Risiko des Transports liegt in der Öffnung oder Schließung der Häfen in China, wenn es wieder einen Lockdown gibt. Probleme gibt es mit dem weltweit verfügbaren Frachtraum, der gering ist. Der Transport vom europäischen Hafen über Flüsse und Kanäle nach Maastricht ist abhängig von der Binnenschifffahrt mit steigenden Energiekosten.
Die Kosten für den Rohstoff und den Transport sind nicht bekannt.

2. Veredlung:
Die Veredelung erfolgt durch die Maastrichter Afwerking b.v. Industriezone Aan de Sluis. Das Unternehmen ist mehrere Hundert Jahre alt und hat ca. 150 Mitarbeiter. Es ist spezialisiert auf die Sortierung und Verpackung von natürlichen gewachsenen Rohstoffen. Es kauft die Rohstoffe weltweit ein, Zuckerrohr aktuell in Brasilien und China im Verhältnis 40 % zu 60 %. Die verkaufte Ware wird dann ursprungsgenau weitergegeben.

Risiken gibt es, da für die Veredelung Energie verbraucht wird, die aktuell teurer wird. Der Veredler verfügt nicht über große Lagerkapazitäten. Die Ware ist daher in Abhängigkeit von den ankommenden Transporten und der verfügbaren Verarbeitungskapazität lieferbar.
Der Transport erfolgt über Binnenschiffe bis zum Hafen Duisburg. Dort wird auf LKW ungeladen und direkt zum Standort Köln West gebracht und eingelagert.
Die Transportrisiken liegen in der Verfügbarkeit der Frachtkapazität und der Befahrbarkeit der Wasserstraßen. Der LKW-Transport wird ebenso wie der Binnenschifffahrtstransport in Abhängigkeit von den Treibstoffkosten teurer. Die Verfügbarkeit der LKW-Kapazität sinkt, der Transport über die Autobahnen wird aufgrund des Straßenzustands und der Verkehrsdichte unzuverlässig. Das verteuert den Transport wesentlich.
Der Transport vom Veredler ins Werk kostet 23,54€ je Tonne. Die Kosten des Zuckerrohrs ab Veredler sind nicht bekannt.

3. Händler:

Die GmbH kauft das veredelte Zuckerrohr vom Händler Krause Rohstoffhandel KG in Düsseldorf. Dieser hat kein eigenes Lager, die Ware wird direkt vom Veredler ins Werk der GmbH transportiert. Die Krause Rohstoffhandel KG arbeitet mit mehreren Veredlern und Rohstofferzeugern weltweit zusammen, die von uns benötigten Mengen an Zuckerrohr sind eine kleine Menge. Bisher hat die Zusammenarbeit immer reibungslos funktioniert.
Da die Krause Rohstoffhandel KG keine großen Vermögensteile besitzt, könnte es zu Problemen kommen. Der Händler schließt mit der GmbH langfristige Lieferverträge mit fixen Preisen ab. Wenn sich die Preise an den Weltmärkten stark erhöhen, wird der Händler trotz vertraglicher Verpflichtungen nicht liefern können.
Der vereinbarte Preis für das veredelte Zuckerrohr liegt bei 127,54 EUR pro Tonne, exklusive Transport.

Abb. 6: Lieferkette als Text (stark vereinfachtes Beispiel)

2.4.2 Tabellarische Darstellung von Lieferketten

In der textlichen Darstellung ist es schwer, einzelne Informationen sofort zu finden. Es ist erforderlich, den gesamten Text zu lesen, um keine eventuell notwendigen Daten zu übersehen. Diesen wesentlichen Nachteil vermeidet die tabellarische Darstellung der Lieferketten. Die dabei verwendete Tabelle bietet jede Information exakt an den vorgesehenen Stellen. Wer also die Tabellenstruktur kennt, kann sofort die gewünschten Daten finden. Dazu wird eine gemeinsame Tabelle für alle Lieferketten im Unternehmen aufgebaut.

Die Vorteile einer tabellarischen Darstellung sind allen bekannt, die mit einer Tabellenkalkulation arbeiten:

- Es ist möglich, Ansichten der Tabelle zu erzeugen, die eine schnelle Übersicht bieten. Das kann zu einer ersten Orientierung genutzt werden.
- In einer Tabelle stehen die Inhalte an definierten Stellen. Das Auffinden der Daten wird möglich, ohne den gesamten Tabelleninhalt zur Kenntnis nehmen zu müssen.
- Es gibt mächtige Suchfunktionen in der Tabellenkalkulation, die das Finden gewünschter Inhalte erleichtern.
- Die gesamte Tabelle oder Teile der Tabelle können mit geringem Aufwand exportiert und individuell verarbeitet werden.
- Die digital vorliegenden Inhalte der Tabelle können auch digital verarbeitet werden.
- Die Werte in der Tabellenkalkulation können sortiert werden, um Rangfolgen zu bilden.
- Bereits in der Dokumentation der Lieferketten können in einer Tabellenkalkulation Hinweise auf mögliche Probleme gegeben werden. Dazu werden Prüfungen, z. B. der Summe der Lieferdauern, auf Grenzüberschreitungen hin durchgeführt. Das kann automatisch geschehen.

Das folgende Beispiel zeigt vereinfacht drei Lieferketten für das gleiche Gut (XYZ). Die Ketten unterscheiden sich nur im Transportweg 1, der alternativ aus zwei Schiffsfrachten und einer Luftfracht ausgewählt werden kann.

	Name der Lieferkette	XYZ Seeweg 1	XYZ Seeweg 2	XYZ Flug
	Produkt	XYZ	XYZ	XYZ
	Einheit	Stck.	Stck.	Stck.
	Bedarf/Jahr	540.000	540.000	540.000
Transportweg 1	Bezeichnung	See Manila	See Borneo	Flug Manila
	Transporteur	HSSFH	HSSFH	Contor Philippinas
	Adresse	Hamburg Hafen 27	Hamburg Hafen 27	Manila Airport Row 33
	Kontakt	unbekannt	unbekannt	Ms. Carin Johnes +632 87960514
	Transportmittel	Schiff	Schiff	Flugzeug / LKW
	Kosten pro Einheit	0,005 €	0,003 €	0,013 €
	Dauer in Tagen	60	80	5
Veredler	Name	Meier GmbH	Meier GmbH	Meier GmbH
	Adresse	Hamburg Moorfleet 67	Hamburg Moorfleet 67	Hamburg Moorfleet 67
	Kontakt	Herr Werner 040 4561111	Herr Werner 040 4561111	Herr Werner 040 4561111
	Kosten pro Einheit	0,14 €	0,14 €	0,14 €
Transportweg 2	Bezeichnung	Straße	Straße	Straße
	Transporteur	Standard-Transport	Standard-Transport	Standard-Transport
	Adresse	Hamburg Chaussee 21	Hamburg Chaussee 21	Hamburg Chaussee 21
	Kontakt	Frau Lammers 040 7892222	Frau Lammers 040 7892222	Frau Lammers 040 7892222
	Transportmittel	LKW	LKW	LKW
	Kosten pro Einheit	0,003 €	0,003 €	0,003 €
	Dauer in Tagen	2	2	2
Lieferant	Name	Mark Bauer AG	Mark Bauer AG	Mark Bauer AG
	Adresse	Werne/Stockum Ringstr. 47	Werne/Stockum Ringstr. 47	Werne/Stockum Ringstr. 47
	Kontakt	Innendienst 02389 777555	Innendienst 02389 777555	Innendienst 02389 777555
	Kosten pro Einheit	0,87 €	0,87 €	0,87 €

Transportweg 3	Bezeichnung	Straße	Straße	Straße
	Transporteur	Standard-Transport	Standard-Transport	Standard-Transport
	Adresse	Hamburg Chaussee 21	Hamburg Chaussee 21	Hamburg Chaussee 21
	Kontakt	Frau Lammers 040 7892222	Frau Lammers 040 7892222	Frau Lammers 040 7892222
	Transportmittel	LKW	LKW	LKW
	Kosten pro Einheit	0,01	0,01	0,01
	Dauer in Tagen	1	1	1

Abb. 7: Beispiel dreier paralleler Lieferketten als Tabelle (stark vereinfachtes Beispiel)

In dem Beispiel wurde darauf verzichtet, die Risiken und Chancen darzustellen und zu bewerten. Die dazu notwendigen Felder können in die Tabelle für die Lieferkettendokumentation mit den üblichen Funktionen aus der Tabellenkalkulation eingefügt werden. Je nach Interesse des Lesers können andere Funktionen dazu genutzt werden, einzelne Felder ein- und auszublenden.

Erinnern Sie sich bitte an das obige Zuckerrohr-Beispiel, in dem die Lieferkette in reiner Textform dargestellt wurde. Die folgende Darstellung mittels einer Tabelle zeigt, um wieviel übersichtlicher diese tabellarische Form ist. In der Tabelle stehen alle Glieder der Kette untereinander.

	Name der Lieferkette	Zuckerrohr Brasil	Zuckerrohr China
	Produkt	44771111	44771111
	Einheit	Tonnen	Tonnen
	Bedarf / Jahr	15.600	15.600
Erzeuger	Name	Koop. Zuckerrohr 1	staatl. Erzeuger-gesellschaft
	Adresse	Sao Paulo	unbekannt
	Kontakt	unbekannt	unbekannt
	Kosten pro Einheit	unbekannt	unbekannt
	Risiken	Wetter, Schädlinge, Dünger, Bio Ethanol	Wetter, Arbeitsbedingungen
Transportweg 1	Bezeichnung	Land zum Hafen	Land zu Hafen
	Transporteur	Erzeuger	Erzeuger
	Adresse	Sao Paulo	unbekannt
	Kontakt	unbekannt	unbekannt
	Transportmittel	LKW	unbekannt
	Kosten pro Einheit	unbekannt	unbekannt
	Dauer in Tagen	unbekannt	unbekannt
	Risiken	Verfügbarkeit, Zwischenlagerung	unbekannt
Transportweg 2	Bezeichnung	Hafen zu Hafen	Hafen zu Hafen
	Transporteur	Erzeuger	Erzeuger
	Adresse	Sao Paulo	unbekannt
	Kontakt	unbekannt	unbekannt
	Transportmittel	Schiff	Schiff
	Kosten pro Einheit	unbekannt	unbekannt
	Dauer in Tagen	28 - 35	32 - 50
	Risiken	Kapazitäten Häfen, Verfügbarkeit Frachtraum Seeschiffe und Binnenschiffe	Lockdown Häfen in China Kapazitäten Häfen, Verfügbarkeit Frachtraum Seeschiffe und Binnenschiffe

	Name der Lieferkette	Zuckerrohr Brasil	Zuckerrohr China
	Produkt	44771111	44771111
	Einheit	Tonnen	Tonnen
	Bedarf / Jahr	15.600	15.600
Veredler	Name	Maastrichter Afwerking b.v.	
	Adresse	Industriezone Aan de Sluis	
	Kontakt	Herr Karli Frau Lupin Tel.: +3143 8754112	
	Kosten pro Einheit	unbekannt	
	Risiken	Energie, Lagerkapazität	
Transportweg 3	Bezeichnung	Duisburg bis Werk Köln	
	Transporteur	Diverse	
	Adresse	Diverse	
	Kontakt	Frachtkontor Duisburg, Herr Sievers 0175 4693956	
	Transportmittel	Binnenschiff / LKW	
	Kosten pro Einheit	23,54 €	
	Dauer in Tagen	4	
	Risiken	Verfügbarkeit Binnenschiff, Schiffbarkeit Wasserstraßen, Verfügbarkeit LKW, Treibstoffkosten, Autobahnverkehr	
Lieferant	Name	Krause Rohstoffhandel KG	
	Adresse	Düsseldorf Herr Krause	
	Kontakt	Frau Richter 0179 4789333 richter@Krauserohstoff.de	
	Kosten pro Einheit	127,54	
	Risiken	Finanzkraft Händler	

Abb. 8: Lieferkette als Tabelle (stark vereinfachtes Beispiel)

Die Lieferkette ist – verglichen mit der reinen Textform – in der Tabelle wesentlich übersichtlicher dargestellt: Auf den ersten Blick fällt auf, wieviel Unbekanntes die Lieferquelle in China birgt. Das könnte ein wesentliches Problem werden für den notwendigen Nachweis entsprechend dem Lieferkettensorgfaltspflichtengesetz oder wenn Nachhaltigkeit bewiesen werden soll. Der Vorteil der Tabelle, Daten auf einen Blick erfassen zu können, hat allerdings seinen Preis: Es gehen durch die stark strukturierte Darstellung Informationen verloren. So ist die Beschreibung der Risiken hier zwar in Stichpunkten möglich, ein beschreibender Text weist dagegen wesentlich differenziertere und inhaltlich ausführlichere Informationen aus.

Verbunden mit den Werkzeugen, die in einer Tabellenkalkulation vorhanden sind, bringt diese Form der Aufbereitung dem Controlling besonders viele Vorteile. Wenn die Werte in den Tabellen mit den Standardfunktionen weiterverarbeitet werden können, lassen sich umfangreiche Auswertungen automatisieren und in das Reporting der Lieferketten integrieren.

2.4.3 Grafische Darstellung von Lieferketten

Eine grafische Darstellung kann selbst komplexe Inhalte schnell verständlich darstellen. Dazu werden die Informationen aus einem Text in Formen, Farben und Bezeichnungen umgesetzt. Dadurch entsteht ein verdichteter Überblick über die Gesamtsituation. Das gilt auch für Lieferketten.

- Die grafische Darstellung von Lieferketten bietet auch den Lesern, die nur selten mit dem Thema der Lieferwege zu tun haben, eine klare und kompakte Darstellung des Sachverhaltes. Das fördert auch bei nur selten mit Lieferketten befassten Mitarbeitern das Verständnis für die Prozesse in der Kette.
- Die Grafik einer Lieferkette bietet allen Lesern der Dokumentation einen Überblick über die Kettenglieder und den Ablauf der Güterbewegung bzw. der Leistungserbringung. Zusammenhänge werden erkannt und können in der Arbeit mit der Lieferkette berücksichtigt werden.

Es gibt viele Möglichkeiten, Lieferketten als Grafiken darzustellen. Das beginnt bei einfachen, manuell erstellen Abfolgen von Feldern und Pfeilen und reicht bis zu verknüpften und automatisiert erstellten Diagrammen. Gleichgültig, welche Form der grafischen Darstellung gewählt wird, es müssen immer einige Grundsätze befolgt werden, die insbesondere in der Darstellung von Lieferketten die optimale Nutzung der Grafiken ermöglichen:

Stetigkeit: Beim Aufbau von grafischen Darstellungen der Lieferketten muss eine Stetigkeit bei der Nutzung von grafischen Elementen, Farben, Symbolen usw. gewährleistet sein. Alle Grafiken von Lieferketten enthalten die gleichen Gestaltungselemente, damit das Verständnis für die Inhalte auch tatsächlich sicher geweckt werden kann und es nicht zu Verwechselungen oder Fehlinterpretationen kommt. Die Regeln für den Aufbau der Grafiken müssen bekannt und Teil der Definition sein.

Beschränkung: Die Arbeit mit Grafiken verführt dazu, die vielfältigen Möglichkeiten von Formen, Farben oder Symbolen großzügig auszunutzen. Das Bild der Lieferketten darf jedoch nicht überladen sein. Es besteht die Gefahr, dass durch zu viele in den grafischen Elementen versteckte Informationen der Überblick verloren geht. Eine Beschränkung auf wenige aber deutliche Zeichen ist in der Darstellung von Lieferketten erfolgreicher.

Anpassungsfähigkeit: Die Grafik muss in ein System eingebettet sein, das eine einfache Anpassung des Bildes an Veränderungen und neu gewonnene Erkenntnisse möglich macht. Das ist z. B. bei rein manuellen Systemen mit hohem Aufwand verbunden. Da Lieferketten regelmäßig überarbeitet werden müssen, entsteht für die Anpassung ein gewisser Aufwand. Fehlt die Anpassungsfähigkeit im System, mit dem die Lieferkettendokumentation erstellt wird, entsteht die Gefahr, dass kleinere, unwichtig erscheinende Anpassungen vermieden werden. Die Grafik dokumentiert nicht mehr die reale Situation.

Ergänzung: Zu jeder grafischen Darstellung einer Lieferkette sind ergänzend Tabellen und Texte vorhanden, damit detaillierte Aussagen getroffen werden können. Das Vorhandensein dieser Ergänzungen muss in der Grafik erkennbar sein. Der Zugriff darauf ist schnell und einfach zu gewährleisten.

Werden diese Grundsätze befolgt, ist die grafische Darstellung in der Dokumentation von Lieferketten ein großer Vorteil. Gerade die linearen Abläufe innerhalb der Lieferkette lassen sich in einem Diagramm anschaulich darstellen. Die Chancen der Nutzung von Grafiken in der Dokumentation von Lieferketten müssen allerdings mit einigen Nachteilen erkauft werden. Diese können, wenn sie bekannt sind, bei der Gestaltung berücksichtigt werden. Die wichtigsten Vor- und Nachteile der grafischen Darstellung vor allem in der Lieferkettendokumentation sind:

- Die Grafik ermöglicht einen schnellen Überblick über die gesamte Lieferkette. Zusammenhänge werden schnell erkannt.
- In die Grafik können Warnungen z. B. vor langen Lieferwegen oder Wetterrisiken eingebracht werden, die beim ersten Blick auffallen.
- Der Aufwand für die Nutzung vorhandener Grafiken ist gering.
- Der Aufwand für die Einrichtung und den ersten Aufbau der Grafiken ist dagegen hoch.

Hinweis: Visualisierungssoftware

Für die Erstellung von Grafiken jeder Art gibt es Software zur Visualisierung von Sachverhalten einschließlich von Lieferketten. Es gibt Softwareanbieter, die eine Software nur für die grafische Darstellung von Lieferketten im Programm haben. Ob die Nutzung dieser Angebote sinnvoll ist, muss sich in einer Wirtschaftlichkeitsrechnung erweisen. Letztendlich muss die Entscheidung, welche Software verwendet wird, individuell auf Basis der persönlichen Einschätzung der Nutzer betroffen werden.

- Die grafische Darstellung eines Sachverhaltes bewirkt in aller Regel einen Verlust an Informationen, die in einer Tabelle oder in einem Text noch verfügbar sind. Das trifft insbesondere auf Lieferketten zu, die oft sehr komplex und individuell geprägt sind. Die Verdichtung wichtiger Inhalte auf ein Symbol oder eine Farbe kann zu Fehleinschätzungen führen.
- Bilder werden vom Leser der Dokumentation subjektiv interpretiert. Das bietet Raum für eine bewusste oder unbewusste Manipulation der grafischen Darstellung zugunsten einer gewünschten Wirkung. So kann die Veränderung einer Skala für Zeit oder Kosten zu einer Veränderung der Wahrnehmung der dargestellten Werte führen. Das kann erwünscht sein, führt aber oft zu Unsicherheit beim Leser der Grafik.
- Wird eine Grafik auf einem kleinen Bildschirm dargestellt, können viele Details nicht erkannt werden. Da Darstellungen der Lieferketten von vielen verschiedenen Menschen genutzt werden, ist auch die Nutzung von Smartphones oder kleinen Tabletts zu erwarten. Grafische Darstellungen komplexer Inhalte auf kleinstem Raum werden dadurch problematisch.

Das bereits in der textlichen und tabellarischen Darstellung verwendete Beispiel der Lieferkette für Zuckerrohr wird im Folgenden in zwei Alternativen dargestellt. Im Vergleich wird deutlich, dass bereits die Wahl der Grafikdarstellung Einfluss auf die im Bild erkennbaren Inhalte hat (vgl. Abbildung 9).

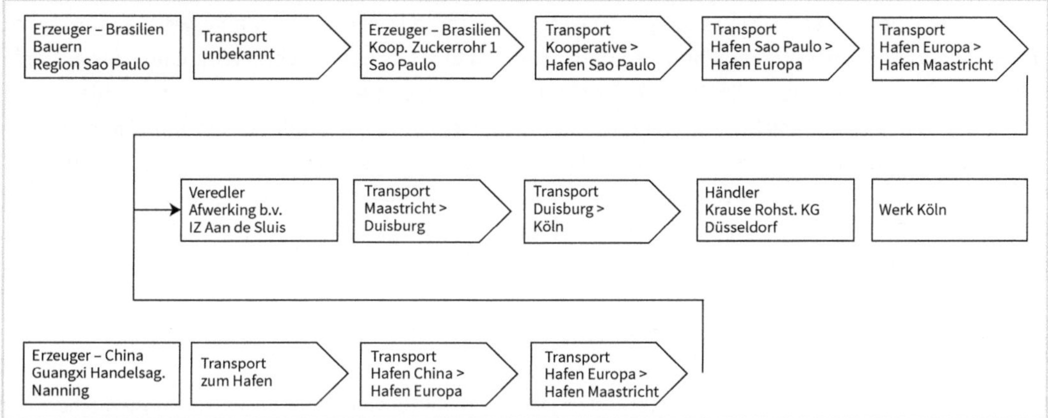

Abb. 9: Lieferkette als Grafik, Version 1 (stark vereinfachtes Beispiel)

Die erste Version zeigt die beteiligten Stellen innerhalb der Lieferkette in einem Kasten, die Transporte werden als Pfeile dargestellt. Platz für detaillierte Informationen gibt es nicht, Risiken werden nicht angesprochen. Informationen darüber könnten z. B. mithilfe von Farben oder Symbolen integriert werden, aber auch dann würde das keine exakte Aussage bieten. Außerdem werden die beiden Quellen des Rohstoffs nicht sofort erkannt. Klar wird die durch die Nutzung von zwei Quellen steigende Komplexität der Lieferkette. Dass der Transport vom Veredler direkt zum Werk Köln des Unternehmens ohne physischen Umweg über den Händler führt, wird erst dann klar, wenn der fehlende Transport zwischen Händler und Werk Köln auffällt. Das ist in Abbildung 10 anders.

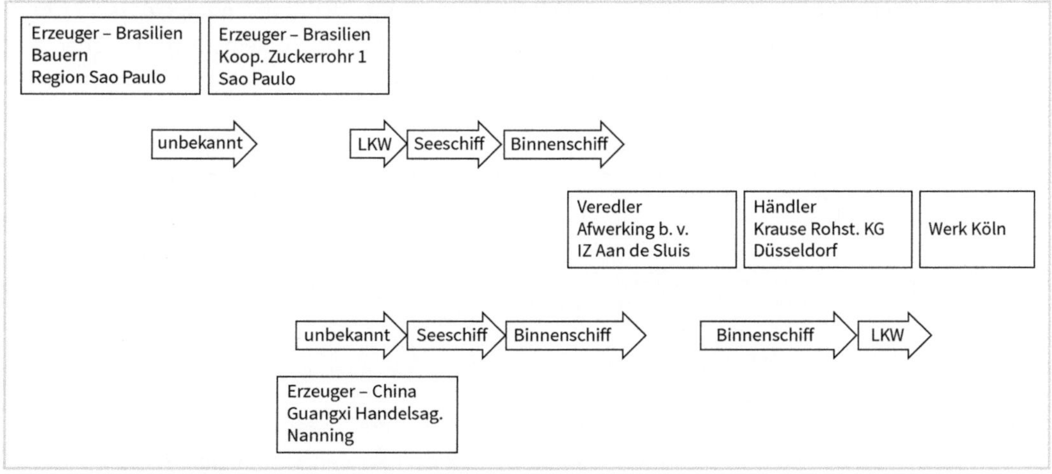

Abb. 10: Lieferkette als Grafik, Version 2 (stark vereinfachtes Beispiel)

In der zweiten Alternative sind die Beteiligten wieder in Kästen dargestellt. Der Transport wird in einer eigenen Zeile im kleineren Format hinzugefügt. Schnell wird die Komplexität des Transportes sichtbar, auch die direkte Lieferung des Veredlers an das Werk Köln ist auffällig.

Welche Form die grafische Darstellung der Lieferketten in der Dokumentation verwendet wird, wird bestimmt von den persönlichen Vorlieben des verantwortlichen Entscheiders. Wird eine spezialisierte Software gewählt, gibt diese die Form vor. Kann frei entschieden werden, sind die unterschiedlichen Anforderungen zu berücksichtigen. Liegt der Schwerpunkt auf langen Lieferketten mit unterschiedlichen und risikobehafteten Transportwegen, dann ist eine Version sinnvoll, in der Transporte getrennt dargestellt werden. Geht es in der Beurteilung der Lieferbeziehungen hauptsächlich um die Qualität der Partner, dann kann eine Version mit eher versteckten Transporten die bessere Wahl sein.

2.4.4 Erkennbarkeit und Vergleichbarkeit

Durch die grafische Darstellung von Lieferketten können Strukturen und einzelne Funktionen eindeutig dargestellt werden. Die Verwendung von Grafiken in der Dokumentation verfolgt zwei Ziele:

1. Das Verständnis für die jeweilige Lieferkette soll gefördert werden. Die Prozesse in den Lieferketten werden durch die Grafiken klar dargestellt. Die Partner müssen erkennbar sein. Die grafische Darstellung soll die Komplexität einer Lieferkette eindeutig zeigen.
2. Die grafische Ausführung der Lieferkettendokumentation soll einen schnellen Vergleich mehrerer Lieferketten miteinander möglich machen. Die Komplexität lässt sich ebenso vergleichen wie die Länge und Direktheit von Lieferketten.

Beispiel: Schwerpunkt Händler

In Abbildung 11 sind zwei Lieferketten für ein Produkt abgebildet. Die obere Lieferkette besticht durch einen günstigen Preis. Der erste Eindruck des Vergleichs beider Grafiken zeigt, dass die obere, preiswertere Kette wesentlich komplexer ist. Sie lässt daher mehr Probleme, also ein höheres Risiko erwarten. Grund sind mehrere Händler, die nicht nur die Abläufe erschweren, sondern auch zusätzliche Transporte benötigen.

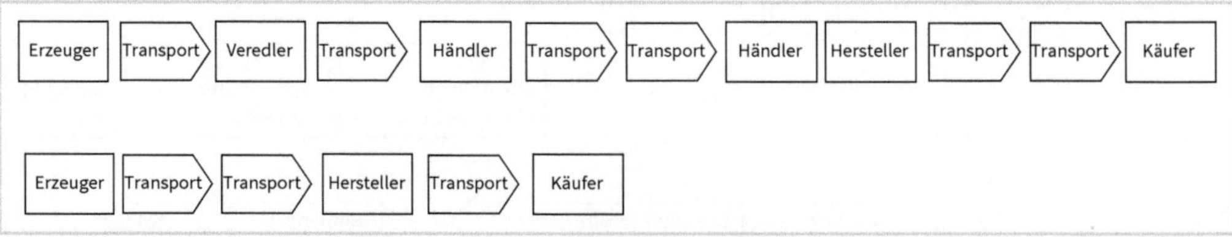

Abb. 11: Vergleich zweier Lieferketten

Auf jeden Fall lässt allein der Vergleich der Lieferketten in der grafischen Darstellung eine nähere Untersuchung notwendig erscheinen. Vor allem muss geklärt werden, warum der Preis am Ende der langen Lieferkette trotz mehrerer profitorientierter Händler und zusätzlicher Transporte günstiger sein kann als der direkte Bezug in der unteren Lieferkette.

Diese Möglichkeit, potenzielle Problemfelder direkt zu erkennen, liefert weder die textliche noch die tabellarische Darstellung. Die Beschreibung der Lieferkette in Textform verlangt, dass immer große Teile des Textes gelesen werden müssen. Um nicht immer alles lesen zu müssen, ist eine sehr eng vorzugebende Struktur der textlichen Darstellung notwendig. Das wiederum macht den Vorteil der Flexibilität von Texten zunichte.

Ist eine Tabelle entsprechend strukturiert, kann sie die Komplexität der Lieferkette sichtbar machen. In der Regel sind die Tabellen jedoch auf eine digitale Nutzung der Inhalte ausgerichtet. Um einen Überblick zu bekommen, muss man auch solche Tabellen intensiv lesen, wenngleich man dabei zielgerichteter vorgehen kann als bei reinem Text.

Darstellung	Flexibilität	Grad der Detailliertheit	Übersichtlichkeit	Digitale Verwendbarkeit	Aufwand Erstellung der Dokumentation	Aufwand Nutzen der Dokumentation
textlich	hoch	hoch	niedrig	schwierig	gering	hoch
tabellarisch	hoch	mittel	mittel	gut	gering	mittel
grafisch	mittel	niedrig	hoch	schwierig	hoch	gering

Tab. 2: Übersicht Darstellungsformen und ihre Eigenschaften

Hinweis: Tabelle als Grundlage

Die manuelle Erzeugung von Grafiken ist sehr aufwendig und lohnt nur in kleinen Organisationen. Eine Software zur Visualisierung von Inhalten kann auch große Mengen an Lieferketten wirtschaftlich in Grafikform darstellen. Sie arbeitet mit Daten, aus denen die Grafiken erzeugt werden. Diese Daten werden in Tabellen erfasst. Somit ist in vielen Fällen die tabellarische Darstellung der Lieferketten die Voraussetzung für ihre grafische Darstellung.

Um die Vorteile aller drei Formen der Darstellung von Lieferketten nutzen zu können, werden in der Dokumentation idealerweise alle drei verwendet. Sie ergänzen sich, wenn

- die detaillierte textliche Beschreibung schwieriger Sachverhalte mit einer tabellarischen oder grafischen Darstellung verbunden werden kann,
- alle strukturierten Daten und mathematischen Werte in übersichtlichen Tabellen erfasst werden,
- die grafische Darstellung für den globalen Überblick und erste Eindrücke für die Beurteilung der Lieferkette erstellt werden.

2.4.5 Transparenz schaffen

Eine gute Dokumentation der Lieferketten schafft Transparenz. Der für die Beschaffung des Gutes oder der Leistung verantwortliche Mitarbeiter kann sehr tief in die Abläufe einsteigen und Risiken sowie Chancen, z. B. für Preissenkungen, erkennen. Leser der Dokumentation, die nicht unmittelbar für die Beschaffung verantwortlich sind, wie z. B. der Controller, werden neben den Abläufen und Inhalten der einzelnen Lieferketten auch unternehmensweite Inhalte erkennen können. Die Kosten, die dafür entstehen, eine solche Transparenz zu schaffen, werden durch Erkenntnisse, die kurz- mittel- und langfristig zu Verbesserungen in Struktur und Abläufen führen, gerechtfertigt.

Mit bekannten und dokumentierten Lieferketten wird es möglich,

- zu viel Konzentration zu erkennen (z. B. Konzentration auf einen Lieferanten, einen Lieferweg, eine Erzeugerregion),
- zu wenig Konzentration zu erkennen (z. B. Synergien bei gleichen Transportwegen unterschiedlicher Güter),
- externe Veränderungen zu erfassen (z. B. bei der sukzessiven Steigerung von Lieferzeiten oder bei Verlagerung von Erzeugerorten)
- eigene Veränderungen zu planen (z. B. Verlagerung der aktuell in Asien genutzten Lieferquellen zurück nach Europa),
- umfangreiche Analysen zu Risiken und Chancen durchzuführen (z. B. Verkürzung der Lieferkette durch Ausschalten von Händlern, Reaktion auf wetterbedingte Risiken).

Transparente Lieferketten sind unerlässlich für die Steuerung vieler Unternehmensprozesse, insbesondere im Bereich der Beschaffung. Nur durch die Kenntnis der Abläufe können diese optimiert, gelenkt und überwacht werden. Die Ermittlung und Dokumentation der Lieferketten, mit welchen Mitteln auch immer, ist daher grundlegende Voraussetzung für eine dringend notwendige Optimierung der Beschaffungsprozesse im Unternehmen.

3 Lieferketten analysieren

Aufgrund der intensiven Beschäftigung mit den Lieferbeziehungen sind die Lieferketten jetzt bekannt. Darüber hinaus sind sie inzwischen dokumentiert. Während ihres Identifizierens und Dokumentierens wurden die Abläufe innerhalb der Lieferketten von deren Beginn bis zur Belieferung des Unternehmens systematisch beschrieben. Auf diese Weise wurden auch bisher übersehene Tatbestände und ihre positiven oder negativen Einflüsse auf die Abläufe erkannt. Doch das alles ist nicht ausreichend, da zumeist noch viele Aspekte übersehen werden.

Im nächsten Schritt geht es daher darum, die Lieferketten genau zu analysieren. Es ist notwendig, Annahmen, Erfahrungen und Bauchgefühl durch systematische Untersuchungen und belastbare Ergebnisse zu ersetzen. Das gilt sowohl für Risiken als auch für die Potenziale, die eine Lieferkette eröffnet.

Risiken: Das Hauptaugenmerk bei der Betrachtung von Lieferketten liegt in der Regel auf den Risiken. Diese sind nicht immer sofort erkennbar, können aber leicht beschrieben werden. Vor allem die Abhängigkeiten des Unternehmens vom Funktionieren der Lieferketten müssen insbesondere angesichts der seit einigen Jahren erfahrbaren Probleme ernst genommen werden. Aufgabe des Lieferkettencontrollings ist es, die Problemfelder zuverlässig und eindeutig zu identifizieren und zudem ihre wirtschaftliche Auswirkung zu erkennen. Das geschieht mittels der Analyse der Lieferketten.

Potenziale: Jede Lieferkette verfügt über Potenziale, die zum Vorteil des Unternehmens gehoben werden müssen. Ein klarer Vorteil ist die Versorgung des Unternehmens mit den benötigten Gütern und Leistungen. Darüber hinaus werden im Analyseteil des Lieferkettencontrollings weitere Chancen erkannt. Um diese nutzen zu können, müssen sie eindeutig identifiziert und dargestellt werden.

Ein großer Vorteil des Lieferkettencontrollings ist die Tatsache, dass durch die analytische Betrachtung der Lieferketten die Risikobereiche besser erkannt werden als durch die eher zufällige Bearbeitung der risikoreichen Abläufe in unterschiedlichen Unternehmensbereichen. Dadurch können wirksame Maßnahmen zur Risikobekämpfung rechtzeitig vorbereitet oder ergriffen werden. Hinzu kommt die von Zufall und subjektiver Meinung unabhängige Beurteilung von Potenzialen in einzelnen Lieferketten, die in Summe die Risiken zumindest teilweise aufwiegen können.

Bei der Analyse der Lieferketten werden

- individuelle Risiken erkannt und bewertet,
- individuelle Chancen erkannt und bewertet,
- Schwachstellen gefunden und bewertet,
- Alternativen definiert und bewertet.

3.1 Risiken feststellen

Jeder Unternehmer geht geschäftsfeldspezifische Risiken ein. Derjenige, der die Risiken am besten beherrscht, ist der erfolgreichere Unternehmer im Markt. Zur Unterstützung dieser unternehmerischen Aufgabe gibt es ein Werkzeug, das Risikomanagement. Auch die aus den Lieferketten resultierenden Risiken müssen beherrscht werden, sie gehören in das Risikomanagement und nutzen die gleichen Instrumente wie das Controlling.

Im ersten Schritt der Analyse von Lieferketten werden die enthaltenen Risiken festgestellt. Dazu werden die grundsätzlichen Möglichkeiten der Risikoentstehung beschrieben und die jeweils zugrundeliegenden Ursachen ermittelt. So können jeder einzelnen Lieferkette ihre individuellen Risiken zugeordnet werden. Der einem Risiko beigemessene Wert bzw. die von ihm ausgehende Gefahr wird durch die Eintrittswahrscheinlichkeit bewertet. Da die individuelle Gefahr auch mit der Notwendigkeit der Nutzung einer Lieferketten zusammenhängt, gehört zur Risikobewertung immer die Berücksichtigung möglicher Alternativen. Beginnen wir also mit der Beschreibung der Risikoarten und ihren Ursachen.

3.1.1 Welche Risiken gibt es?

Auf der Suche nach den Risiken einer Lieferkette muss bekannt sein, welche Folgen das Eintreten des Risikos für das Unternehmen hat. Davon zu trennen sind die Gründe für diese Gefahren, die als Ursachen dann den einzelnen Lieferketten zugeordnet werden können. Die Antwort auf die Frage nach den Risken und deren Folgen muss vollständig sein, sodass alle Gefahren, die aus einer Lieferkette für das Unternehmen resultieren können, erfasst werden.

Unabhängig von der Ursache des Risikos ist die Vielfalt an Risikotypen begrenzter als allgemein angenommen. Wir können Risiken mit produktbezogenen, unternehmensbezogenen und gesellschaftspolitischen Folgen unterscheiden.

Produkt: Die produktbezogenen Folgen der Risiken fallen den verantwortlichen Beschaffern als Erstes ein, wenn nach den Folgen von Störungen in einer Lieferkette gefragt wird:

- Der bestellte Rohstoff, die Werkstoffe, Bauteile, Waren oder andere Leistungen werden nicht pünktlich geliefert. In diesem Zusammenhang muss zwischen dem **vollständigen Ausfall** einer Lieferung und deren verspäteten Eingang unterschieden werden. Ob und welche Unterschiede bestehen, liegt an der individuellen Situation im Unternehmen. Für die spätere Beurteilung der Risikofolge ist es wichtig, z. B. zwischen einer Verschiebung von wenigen Tagen, einer Wartezeit von einigen Wochen oder dem Totalausfall zu unterscheiden.

Hinweis: Unterscheidung wichtig

Hier wird besonders deutlich, dass zwischen der Ursache, die einem Risiko zugrunde liegt, und der Folge des Eintretens dieses Risikos unterschieden werden muss. In diesem Fall gibt es lediglich eine begrenzte Anzahl von Folgen: die der Verspätung bzw. des Totalausfalls. Es gibt aber eine Vielzahl von Ursachen, die zu diesen Folgen führen können. So kann eine Ernte schlecht gewesen sein, die Nachfrage nach den Zwischenprodukten zu hoch, die Transportkapazität zu niedrig. Oder das transportierte Gut geht durch einen Unfall unter. Für die Folge, und die damit verbundene Auswirkung auf das Unternehmen, ist die Ursache unwichtig, für die Risikobeurteilung ist sie ausschlaggebend.

- Der Ausfall einer Lieferung ist ein Mengenproblem mit der Liefermenge Null. Nicht ganz so dramatisch erscheint eine Lieferung mit zu **geringer Menge**. Dabei kommt es jedoch zu den gleichen Problemen wie bei einem Totalausfall, nur etwas später, wenn die zu geringe Menge aufgebraucht ist. Die Lieferkette kann im Gegensatz zu einer Unterlieferung im Unternehmen am Ende auch zu einer Überlieferung führen, was Probleme in der Logistik und in der Verwendung nach sich zieht.
- Der Preis für ein Gut oder eine Leistung kann sich dramatisch verändern. Für die Risikobetrachtung ist die wahrscheinlichere Möglichkeit einer **Preissteigerung** ausschlaggebend, da unerwartete Preiserhöhungen häufig auftreten. Preissteigerungen über eine feste Vereinbarung hinaus sind weniger üblich, werden aber immer wieder festgestellt. Die Preisveränderung hat Auswirkungen auf die Kosten und damit letztlich auf die notwendigen Verkaufspreise.
- Die Qualität von Gütern und Leistungen schwankt. Besonders bei Rohstoffen, aber auch bei verarbeiteten Waren, kann sich ein Problem in der Lieferkette auf die Qualität auswirken. Das hat Folgen für die Weiterverarbeitung im Unternehmen. Bei Lieferungen mit zu **geringer Qualität** ist das erkennbar. Ebenso kann eine Qualität, die der gewünschten überlegen ist, zu Problemen führen, z. B. dann, wenn dadurch die Arbeitsgänge in der Fertigung angepasst werden müssen.
- Auch **Beschädigungen** des Gutes innerhalb der Lieferkette kommen in der Praxis immer wieder vor. Dabei wird eine zunächst den Anforderungen entsprechende Ware auf dem Transportweg oder bei der Verladung beschädigt. Dauert ein Transport zu lange, kann es zu einer Überalterung kommen, z. B. bei landwirtschaftlichen Produkten oder modischen Gütern. Auch das führt zu Problemen.

An dieser Stelle ist es wichtig, die Lieferketten realistisch zu betrachten. In vielen Fällen können erwartete Folgen, wie ausfallende oder zu geringe Lieferungen, Qualitätsprobleme oder Beschädigungen, durch höhere Bestellmengen oder Sicherheitsbestände ausgeglichen werden. Das verändert jedoch nicht die Risikobeschaffenheit der Lieferkette. Es handelt sich vielmehr um vorbeugende Maßnahmen zur Verbesserung der Risikosituationen, die die Risikoeinschätzung verändern. Die Umsetzung der Maßnahmen sollte aber erst nach der intensiven Analyse erfolgen.

Unternehmen: Kleine und viele mittlere Unternehmen müssen sich mit den Folgen von Lieferkettenproblemen beschäftigen, die sich aus den begrenzt vorhandenen Kapazitäten im Mitarbeiterbereich und aus begrenzten finanziellen Mitteln ergeben.

- Es gibt **Missverständnisse** zwischen dem Unternehmen und den Lieferanten im Ausland, die auf fehlerhaften Übersetzungen oder Kulturunterschieden beruhen. Dies ist zum einen die Ursache vieler produktbezogener Folgen, wenn z. B. aufgrund eines Übersetzungsfehlers die falsche Ware geliefert wird. Zum anderen entstehen höhere Personalkosten, wenn die fehlenden Personalkapazitäten in den Beschaffungsbereichen aufgebaut werden müssen. Das verursacht Kosten.
- Der Käufer von Gütern und Leistungen hat Rechte gegenüber dem Lieferanten. Diese in Deutschland oder der EU durchzusetzen, ist mit wenigen Hürden versehen. Anders kann es bei Lieferanten

aus Ländern außerhalb der EU sein. Allein die **Rechtsunterschiede** zu China, Taiwan, Südafrika oder Chile zu kennen, ist aufwendig. Die eigenen Rechte dann auch gegen einen durch lokales Recht geschützten Lieferanten durchzusetzen, ist oft wirtschaftlich unmöglich. Vor allem den kleinen Unternehmen fehlen dazu die notwendigen finanziellen Mittel. Als Folge kommt es zu Unsicherheit im Unternehmen und zu Mehrkosten, z. B. für eine Rechtsschutzversicherung.

Hinweis: Verschiebung der Risiken auf Lieferanten

Viele Unternehmen umgehen diese unternehmensbezogenen Folgen, indem sie bei einem Händler in Deutschland oder der EU einkaufen. Dabei verschieben sie die Risiken mit den entsprechenden Folgen lediglich. Der Importeur hat jetzt die Aufgabe, Missverständnisse zu vermeiden und rechtliche Sicherheit zu schaffen. Das gelingt den meisten Händlern aufgrund ihrer Konzentration auf einige Produkte und Regionen, ganz auszuschließen sind diese Probleme aber nicht. Für die Übernahme dieser Risiken erhält der Händler seine Margen. Wenn die Probleme auftreten und der Händler nicht in der Lage ist, sie auszugleichen, wird das Unternehmen dennoch getroffen. Die Qualität des Händlers muss daher ein Auswahlkriterium für dessen Beauftragung sein.

Gesellschaft: Deutsche Unternehmen müssen in ihren Lieferketten zunehmend mit weiteren Risikofolgen rechnen, die mit der gesellschaftspolitischen Entwicklung zusammenhängen. Diese Risiken wurden bisher oft nicht beachtet.

- Ein Verstoß gegen das **Lieferkettensorgfaltspflichtengesetz** kann zu einer Verurteilung durch deutsche Gerichte führen. Das hat Folgen für die Liquidität, da eine Strafe zu erwarten ist. Das hat auch, zumindest im Wiederholungsfall, Folgen für die Geschäftsführung, deren Eignung gerichtlich in Zweifel gezogen werden kann.
- Über die rechtlichen Folgen hinaus haben Verstöße gegen Menschenrechte oder die Missachtung des Umweltschutzes in der Lieferkette auch Folgen im Markt. Private Konsumenten werden die Nachfrage nach den Produkten des Unternehmens, das mit Verstößen gegen **gesellschaftspolitische Erwartungen** in den Schlagzeilen steht, reduzieren. Gewerbliche Abnehmer werden die Gefahr, mit diesem Unternehmen in Zusammenhang gebracht zu werden, vermeiden und ebenfalls nach Alternativen suchen.
- Eng verbunden damit ist das Thema der Nachhaltigkeit. Wer Lieferketten nutzt, die nicht den Ansprüchen der modernen Gesellschaft zu **nachhaltigem Handeln** erfüllen, wird immer öfter als gewerblicher Lieferant oder vom Einzelhandel gemieden. Menschenrechte und Umweltschutz sind dabei nur Teilbereiche, es geht um den nachhaltigen Umgang mit Ressourcen jeglicher Art. Das lässt einen weiten Interpretationsspielraum für immer neue und weitergehende Forderungen mit wesentlichen Folgen für viele deutsche Unternehmen zu. Das bietet aber auch die Chance, die Lieferkette durch ein systematisches Lieferkettencontrolling wirksam zu steuern, und so die Ansprüche an die Nachhaltigkeit zu erfüllen.

Hinweis: Forderungen ernst nehmen

Die verantwortlichen Manager müssen die Forderungen ihrer Kunden zur Nachhaltigkeit ernst nehmen. Selbst wenn diese dem einen oder anderen Manager als überzogen und unangemessen erscheinen sollten, ist eine solche persönliche Meinung für die Abnehmer der Produkte unerheblich. Wenn der Kunde Nachhaltigkeit fordert, wird er dies am Markt durchsetzen. Alle Marktteilnehmer müssen darauf reagieren und unter anderem die Lieferketten entsprechend ausrichten. Die Folge ist sonst, dass sie am Markt verlieren.

3.1.2 Welche Ursachen haben die Risiken?

Wenn Risiken eingetreten sind, mögen die Folgen für das Unternehmen auf wenige Situationen beschränkt werden können, die Ursachen für die Risiken jedoch nicht. Es gibt eine nicht überschaubare Anzahl von Gründen, weshalb es zu Problemen in den Lieferketten kommen kann, was eine vollständige Berücksichtigung aller Ursachen unmöglich macht – und zwar schon allein aus wirtschaftlichen Gründen. Hinzu kommt, dass immer wieder Risiken verschwinden, aber auch immer wieder neue Risiken hinzukommen. Oft spielt dabei die aktuelle Situation in einer Region, die von der Lieferkette durchquert wird, eine Rolle.

Beispiel: Chaos auf den Flughäfen

Wer hätte es z. B. bis Sommer 2022 für möglich gehalten, dass der Flug von Monteuren für die Wartung wichtiger Fertigungsanlagen nicht pünktlich durchgeführt werden kann? Chaotische Verhältnisse nicht nur auf deutschen Flughäfen haben so die Lieferketten für erforderliche Dienstleistung gestört, was in vielen Unternehmen zu Problemen bei der Nutzung von wichtigen Maschinen geführt hat.

Es ist nicht möglich, eine abschließende Aufzählung aller Ursachen für das Eintreten von Risiken in den Lieferketten anzubieten. Die folgenden Beschreibungen möglicher Ursachen sind die häufig vorkommenden Gründe für Störungen und helfen bei der Einordnung der eigenen Lieferkettenrisiken. In der folgenden Aufzählung werden mehrmals politische Einschränkungen genannt, die jedoch alle unterschiedlichen Ursachen darstellen. Da diese verschiedenen Ursachen für die kommende Beurteilung wichtig sind, werden sie im Folgenden jeweils separat aufgeführt.

Hinweis: Keine Einflussnahme

Allen Ursachen ist gemeinsam, dass es keine Möglichkeit für die Unternehmen gibt, sie zu beeinflussen. Es ist unmöglich, die Wetterbedingungen zu verändern oder in die politische Situation eines Landes einzugreifen. Es gibt Maßnahmen, die die Folgen mindern, dazu kommen wir allerdings erst nach der Analyse der Lieferketten.

Wettereinflüsse: Ganz zu Beginn vieler Lieferketten stehen natürliche Rohstoffe, deren Wachstum vom Wetter abhängig ist. Zu feuchte, zu trockene, zu heiße oder zu kalte Perioden haben Einfluss auf die Menge und Qualität des verfügbaren Rohstoffs. Die natürlich wachsenden Rohstoffe sind davon zwar besonders betroffen, aber es trifft sie nicht allein. Es kann an jeder Stelle der Lieferkette zu Wetterkatastrophen kommen, die dann vielleicht die Produktionsanlage eines Bauteileherstellers zerstören oder den Transport verhindern.

Das Wetter ist regional und kurzfristig, das Klima ist global und langfristig. Störungen kann es beispielsweise beim Anbau von Feldfrüchten aufgrund des Wetters geben, bei der Weiterverarbeitung in Fabriken aufgrund von Taifunen oder etwa beim Transport auf hoher See durch einen Wirbelsturm. In den meisten Fällen ist der Klimawandel nicht der unmittelbare Verursacher solcher Ereignisse. Aber er wird dazu führen, dass Störungen der Lieferkette durch das lokale Wetter vermehrt auftreten werden. Darauf müssen sich die Verantwortlichen für die Lieferketten einstellen.

Politische Einschränkungen 1 – Sanktionen: Sanktionen sind ein häufiges Mittel, wenn ein Staat wie Deutschland oder die USA oder eine Staatengemeinschaft wie die EU ihre Missbilligung staatlicher Aktionen anderer Länder ausdrücken wollen. Da nicht oder nur in geringem Maße militärisch eingegriffen werden soll, werden Handelsbeziehungen des sanktionierten Staates gestört. Erlebt hat die Staatengemeinschaft dies beim Angriff Russlands auf die Ukraine oder beim Atomstreit mit dem Iran. Betroffen sein können dabei ganze Staaten, bestimmte Produktgruppen oder Dienstleistungen. Aber es werden auch Sanktionen gegen bestimmte Personen verhängt.

Sanktionen machen die Nutzung vieler Lieferketten schwieriger oder gar unmöglich. Die Folgen werden in vielen Fällen von dem Unternehmen getragen, das Güter oder Leistungen beziehen will. Die jeweils aktuellen Sanktionen sind unmittelbar vor einer Bestellung zu prüfen, neue Sanktionen können erfolgreiche Lieferketten brechen lassen.

Hinweis: Wirksamkeit

Nur selten lässt sich ein Staat durch Wirtschaftssanktionen tatsächlich von seinem Weg abbringen. Ein Beispiel dafür sind die Sanktionen, die von den USA gegen alle am Bau von Nord Stream 2 beteiligten Unternehmen und Unternehmer verhängt wurden. Die Pipeline wurde mit Verspätung und Mehrkosten für das bauende Konsortium fertiggestellt. Letztlich haben die Sanktionen lediglich vorhandene Lieferketten zerstört, die durch neue ersetzt wurden. Dass Nord Stream 2 nicht in Betrieb ging, liegt nicht an den unwirksamen Sanktionen, sondern am gestoppten Genehmigungsverfahren aufgrund der Vorbereitungen des russischen Überfalls auf die Ukraine.

Politische Einschränkungen 2 – Handelskriege: Sanktionen sind nicht nur ein probates Mittel in kriegerischen Auseinandersetzungen, sondern auch zur Durchsetzung wirtschaftlicher Ziele. In solchen Fällen werden unfaire Aktionen der Gegenseite mit Zöllen, Einfuhrbegrenzungen oder zusätzlichen oft schikanösen Anforderungen an gehandelte Produkte beantwortet.

Wie schnell solche oft unverständlichen Aktionen verhängt werden können, hat Donald Trump als Präsident der USA gezeigt, als er seine heimische Industrie durch Zölle und Beschränkungen, die nichts anderes als Sanktionen waren, gegen Importe aus der EU und aus China schützen wollte. Wer die Entwicklung vor allem in Russland und China betrachtet, entdeckt Anzeichen für weitere Handelskriege, mit denen politische Ziele durchgesetzt werden sollen.

Politische Einschränkungen 3 – Gesundheit: Die Coronapandemie hat 2020 und 2021 zu vielen Einschränkungen vonseiten der Politik geführt. Lockdowns, Geschäftsschließungen, Maskenpflichten sind unangenehme, aber im wirtschaftlichen Ausmaß begrenzte Störungen. Staaten wie Südkorea oder China haben wesentlich drastischer reagiert und ganze Regionen gesperrt. Solche Reaktionen haben erhebliche Auswirkungen auf die Lieferketten. Rohstoffe können nicht geerntet werden, Fabriken produzieren nicht, Häfen sind geschlossen. Dass die Coronapandemie nicht die letzte weltweite Gesundheitskrise sein wird, ist allgemeiner Konsens.

Politische Einschränkungen 4 – Kriegerische Auseinandersetzungen: Sanktionen sind eine eher indirekte Auswirkung kriegerischer Auseinandersetzungen. Sehr direkt verursacht der Krieg zwischen Staaten oder innerhalb eines Staates darüber hinaus weitere Störungen in der Lieferkette. So werden Felder, Minen oder Fertigungsanlagen im Kampf zerstört oder durch die kriegsbedingten Umstände unbenutzbar. Transportwege brechen zusammen, Wartezeiten an den Grenzen sind noch eine vergleichsweise milde Auswirkung.

Hinweis: Nicht nur Güter

Zwischenstaatliche Auseinandersetzungen oder bürgerkriegsähnliche Zustände führen nicht nur zu Problemen beim Warenfluss und im Hinblick auf die Verfügbarkeit von Gütern. Auch Menschen können nicht reisen oder im schlimmsten Fall sogar sterben. Das stört die Lieferketten für Dienstleistungen. So kann z. B. ein Wartungsteam für Erntemaschinen, das in der Ukraine stationiert ist, während der Auseinandersetzung mit Russland das Land nur schwer verlassen. Geplante Arbeiten in den Fabriken weltweit sind unmöglich. Die Lieferkette für diese Dienstleistung ist gestoppt.

Politische Einschränkungen 5 – Gesellschaftspolitik: In Deutschland ist das Lieferkettensorgfaltspflichtengesetz ein weiterer Schritt zur Umsetzung der gesellschaftspolitischen Forderungen nach Einhaltung der Menschenrechte sowie der Vorgaben zum Umweltschutz und zur Nachhaltigkeit im unternehmerischen Handeln. Auch in der EU gibt es entsprechende Vorschriften, andere Länder folgen. Diese Entwicklung führt immer zu Störungen der vorhandenen Lieferketten. Es ist das Ziel, dass Lieferungen aus Regionen gestoppt werden, in denen die Menschenrechte nicht beachtet werden oder der Umweltschutz keine oder nur eine untergeordnete Rolle spielt. Lieferketten, die insgesamt z. B. wegen der Transporte nicht nachhaltig sind, sollten ersetzt werden durch nachhaltigere Lieferbeziehungen. Die Gesellschaftspolitik ist somit Ursache für viele Störungen der Lieferketten.

Verfügbarkeit von Arbeitnehmern: Nicht nur in Deutschland herrscht ein bisher nicht gekannter Fachkräftemangel. Auf der ganzen Welt werden Produktionen reduziert oder ganz ausgesetzt, weil Menschen für die notwendigen Arbeiten fehlen. Das hat Auswirkungen auf die Lieferketten deutscher Unternehmer. Betroffen ist dabei nicht allein das weit entfernt liegende Ausland als Lieferquelle, selbst in Deutschland wird aufgrund fehlender Fachkräfte in vielen Branchen weniger erzeugt. Das hat Auswirkungen auf langjährige und bisher für sicher gehaltene Lieferketten.

Transportprobleme: Die Lieferketten sind in hohem Maße abhängig von den Transporten zwischen den einzelnen Kettengliedern. Dabei können die Transportwege nicht nur gestört werden, wenn sie durch Regionen führen, die von kriegerischen Auseinandersetzungen betroffen sind, oder durch den Shutdown eines ganzen Hafens. Weltweit sind Transportkapazitäten knapp, nicht nur für Transporte über weite Entfernungen, sondern auch für solche mit dem LKW über die Autobahn. Die Konkurrenz um Seefracht-Container oder Lkw-Kapazitäten hat die Preise stark steigen lassen. Zusätzlich leidet die Transportbranche in Europa unter einem Mangel an Fahrern. All diese Faktoren, wie der Mangel an Kapazitäten und Fahrern sowie die dadurch entstehenden hohen Preise, können zu einer unwirtschaftlichen und unzuverlässigen Lieferkette führen.

Beispiel: Keine Lieferkette ist sicher

Ein Beispiel dafür, wie eine für sicher gehaltene Lieferkette durch Transportprobleme zum Problemfall werden kann, findet sich in der Nähe von Lüdenscheid. Dort benötigt ein Unternehmen jeden Tag große Mengen an Ammoniak für chemische Prozesse. Der Lieferant hat sein Lager nur wenige Kilometer entfernt. Die Belieferung erfolgt just in time, die Chemikalie wird nicht gelagert. Diese Lieferkette wurde ganz bewusst gewählt, um eine sichere Belieferung zu garantieren.

Im Dezember 2021 wurde diese Lieferkette plötzlich gestört. Die Autobahnbrücke, auf der die A45 in der Nähe von Lüdenscheid ein Tal überquert, wurde ohne Vorwarnung gesperrt. Da der Transportweg der Lieferkette entlang dieses Autobahnabschnitts führte, mussten plötzlich mehrere Stunden Fahrtzeit für die Silotankzüge einkalkuliert werden, anstatt der üblichen 30 Minuten. Durch die nicht planbaren Staus auf den Umgehungsstraßen von Lüdenscheid war eine pünktliche und zuverlässige Anlieferung nicht mehr garantiert. Die zuvor sichere Lieferkette wurde somit zu einem risikobehafteten Prozess. Dementsprechend teure Maßnahmen wurden erforderlich, die für eine geordnete Anlieferung sorgten.

Unfälle: Selbst Lieferketten, die von den bisher beschriebenen Ursachen verschont sind, können durch unerwartete Situationen gestört werden. Unfälle können immer vorkommen. Beispielsweise kann auf dem Transportweg der Lkw verunfallen, das Containerschiff kann sich im Suezkanal festfahren, es gibt Unfälle in einer Fertigung oder ganz am Anfang der Lieferkette bei der Erzeugung des Rohstoffes, etwa. durch den Bruch eines Staudamms in der Nähe einer Mine. Unfälle sind nicht planbar und zeichnen sich nicht ab. Die Auswirkungen auf die Lieferkette sind daher umso größer.

Qualitätsprobleme: Die Qualität von Gütern wird nicht nur durch unbeeinflussbare Faktoren wie das Wetter bestimmt. Auch das Know-how bei der Verarbeitung und der angemessene Umgang mit den Stoffen und Materialien sorgen für die gewünschte Qualität. Das Verständnis darüber ist in vielen Teilen der Lieferkette jedoch nicht sehr ausgeprägt. Darum kommt es immer wieder zu Verarbeitungsmängeln, die ihren Ursprung an unterschiedlichen Stellen der Lieferkette haben. Die detaillierten Ursachen dafür sind sehr vielfältig und individuell. Bei längeren Geschäftsbeziehungen kann der Grund für solche Probleme meist gut eingeschätzt werden. Die Lieferantenbeurteilung ist ein ausgezeichnetes Instrument, um solche Ursachen für Lieferkettenprobleme zu identifizieren.

Digitalisierung: Die Digitalisierung des Beschaffungsprozesses ist die Voraussetzung dafür, dass globale Lieferketten möglich sind und funktionieren. Auf der anderen Seite drohen Gefahren, die bei analogen Abläufen unbekannt sind. So kann der Ausfall der IT-Versorgung in einem Teil der Lieferkette dazu führen, dass die gesamte Struktur gestört wird. Je mehr Stellen an der Lieferkette beteiligt sind und digitale

Technik nutzen, desto größer ist die Gefahr, dass Hacker erfolgreich in die Systeme eindringen können und damit die Lieferkette stören. Außerdem ist die Versorgung mit digitaler Infrastruktur nicht in allen Teilen der Welt so zuverlässig wie in Westeuropa.

Rechtssituation Partner: In die Lieferketten ist eine große Zahl von Unternehmen eingebunden, die als Partner der deutschen Unternehmen ihre Aufgabe bei der Herstellung und Belieferung mit Rohstoffen, Bauteilen oder Handelswaren erfüllen. Die Zusammenarbeit ist oft geprägt von persönlichem Engagement der beteiligten Menschen und wird bestimmt von den im jeweiligen Unternehmen vorhandenen Entscheidungsfreiheiten und Strategien. Das kann sich sehr schnell und ohne Vorwarnung ändern.

Wenn z. B. das Management eines Herstellers wechselt und die neue Unternehmensführung andere Ziele verfolgt als ihre Vorgänger, wird die bestehende Lieferkette mit dem deutschen Unternehmen u. U. unwichtig und für diesen somit problematisch. Der Verkauf ganzer Unternehmen führt oft zu Veränderungen in der Unternehmenskultur und den Unternehmenszielen, was wiederum Auswirkungen auf die Lieferkette haben kann, bei denen ein Veredler, der mit dem deutschen Unternehmen verbunden ist, verkauft wird.

Hinweis: Nicht nur negativ

Veränderungen in der rechtlichen Struktur oder im Management eines in die Lieferketten eingebundenen Partners muss nicht nur negativ sein. Durch neue Eigentümer oder Führungskräfte kann sich die Lieferkette auch verbessern. So kann der Partner vielleicht zusätzliche Beziehungen für seine Arbeit nutzen und damit besser und schneller werden. Neues Kapital kann zu verbesserten Maschinen in der Herstellung führen, die eine Belieferung zuverlässiger und die Qualität besser machen. Solche Auswirkungen sind zwar selten, können aber dazu führen, dass sich die Beurteilung einer Lieferkette wesentlich verbessert.

Liquidität des Käufers: Vor allem bei Lieferketten, die weit ins Ausland führen, ist die Bezahlung der gewünschten Güter und Leistungen durch den Käufer zu sichern. Üblich sind Akkreditive, ein Versprechen einer Bank, bei Vorliegen bestimmter Voraussetzungen den Kaufpreis zu zahlen. Die Bank verlangt, neben Gebühren, dafür eine entsprechende Bonität des Unternehmens. Kann der Käufer der Waren diese nicht nachweisen, wird das Akkreditiv nicht eröffnet, Vorauszahlungen können nicht geleistet werden. Damit bricht die Lieferkette zusammen. Ursache dafür ist also fehlende Liquidität bzw. Bonität des Käufers.

Liquidität des Partners: Nicht allein der Käufer von Gütern und Leistungen muss für die Lieferung bezahlen, auch alle anderen Glieder in der Kette müssen ihre wirtschaftlichen Aktivitäten finanzieren. Der Landwirt muss Saatgut und Dünger kaufen, der Hersteller muss am Ende seiner Lieferkette Rohstoffe, Material und Mitarbeiter bezahlen. Falls ein Partner in der Kette nicht über ausreichende Liquidität verfügt, kann die Lieferkette brechen. Das gilt auch für die Transportunternehmen, die Frachten, Treibstoffe und Personal bezahlen müssen.

Hinweis: Auswirkungen von Liquiditätsproblemen

Wenn ein Partner aus der Kette finanzielle Probleme hat, ist die Wirkung auf die Lieferkette unterschiedlich stark. Sie reicht von verspäteten Lieferungen bis zu deren vollständigem Ausfall. In der Praxis kommt es bei Liquiditätsproblemen leider immer wieder zu kriminellen Handlungen, die vom Partner vorgenommen werden, um die Lieferung zu retten. So werden falsche Produkte oder eine schlechte Qualität geliefert. Wird ein Liquiditätsproblem innerhalb der Kette bekannt, muss über eine Veränderung der Lieferbeziehungen nachgedacht werden.

Diese kleine Auswahl beispielhafter Ursachen für das Eintreten von Risiken in einer Lieferkette zeigt deren große Bandbreite. Neben der Vielfältigkeit muss mit ständigen Veränderungen gerechnet werden. Bisherige Ursachen für Störungen verschwinden oder verlieren an Bedeutung, neue Ursachen entstehen. Die Beobachtung der Lieferketten hinsichtlich dieser Risikoursachen bleibt eine ständige Aufgabe.

3.1.3 Risiken der individuellen Lieferkette zuordnen

Die Aufgabe, aus dem unüberschaubaren Vorrat an Ursachen der Risiken diejenigen zu identifizieren, die auf eine bestimmte Lieferkette einwirken, hats sich als sehr aufwendig erwiesen. Die Arbeit kann aber durch die gewählte Klassifikation und eine systematische Vorgehensweise vereinfacht werden. Die Einteilung in Ursachengruppen bietet den Verantwortlichen die notwendige Übersicht. Es ist jedoch absolut notwendig, die Risiken den individuellen Lieferketten zuzuordnen.

Diese Zuordnung von Risiken und ihren Ursachen kann auf unterschiedliche Weise geschehen. Viele Aspekte werden intuitiv erkannt, das Bauchgefühl und die Erfahrungen der Beschaffer helfen bei einer ersten Zuordnung. Dann muss die notwendige Vollständigkeit durch weitere systematische Arbeit erreicht werden. Dazu kann eine Matrix verwendet werden.

Wie Sie in Abbildung 12 erkennen, werden in den Spalten die Ursachengruppen eingetragen, die Zeilen bilden die einzelnen Stationen der Lieferkette ab. In den Feldern wird für die jeweiligen Ursachengruppen und Stationen der Lieferkette die mögliche Ursache eingetragen.

Beispiel: Risiken in Asien (1)

Das Unternehmen kauft Bauteile, deren Rohstoffe in den Ländern Bangladesch, Myanmar und Thailand gewonnen werden. Die Veredelung erfolgt vor Ort in der Erzeugerregion, die Verarbeitung wird von zwei chinesischen Produktionsunternehmen durchgeführt. Der Import nach Deutschland ist Teil der Aufgabe eines Händlers. Abbildung 12 zeigt die vereinfachte Darstellung der Ursachenmatrix.

Ursachenmatrix für Produkt:			XYZ			Lieferkette:		See 1 Manila				
	Wetter	Pol1: Sanktionen	Pol2: Handelskrieg	Pol3: Gesundheit	Pol 4: Krieg	Pol 5: Nachhaltigkeit	Arbeitnehmer	Transportprobleme	Unfälle	Qualitätsprobleme	Digitalisierung	Liquidität
Lager ↑												
Transport ↑								Kapazität LKW				
Händler ↑												
Transport ↑						Luftfracht hin und wieder		Kapazität Seecontainer				
Hersteller 2 ↑			China	China			ungelernte Kräfte		alte Maschinen	alte Maschinen		
Transport ↑			China	China								
Hersteller 1 ↑	Versorgung mit weiteren Rohstoffen		China	China			Fachwissen			Knowhow	nicht stabil	
Transport ↑		Sanktionen Staatsbahn	China	China								
Veredler ↑									hohe Anfälligkeit	Hilfsmittel	keine IT	
Transport ↑					Aufstände							
Erzeuger	Trockenheit				Aufstände	Kinderarbeit?						

Abb. 12: Ursachenmatrix Südostasien

Vor allem im Bereich der Rohstofferzeugung in Südostasien und bei der Verarbeitung in China ergeben sich Ursachen für Risiken. So sind der Transport und die Verarbeitung in China durch politisches Handeln bedroht. Handelskriege mit China sind ebenso möglich wie Sperrungen von Fabriken oder Häfen aus gesundheitlichen Gründen. Im Bereich der Erzeugung in Myanmar drohen Aufstände und Bürgerkrieg. Außerdem ist die Forderung nach dem Ausschluss von Kinderarbeit bei der Rohstoffgewinnung nur schwer zu erfüllen. Weiterhin ist fehlendes Fachwissen ein Qualitätsthema, alte Maschinen beim Hersteller 2 haben Einfluss auf die Qualität und erhöhen zudem die Gefahr von Unfällen, was Auswirkungen auf die Produktion haben kann.

Nach dem Hersteller 2 gibt es vor allem Transportrisiken, da Kapazitäten für Seefracht-Container und für den Lkw-Transport knapp und teuer sind. Das führt auch dazu, dass hin und wieder eine Mindestmengen von Bauteilen per Luftfracht nach Deutschland geschickt werden. Das wirkt sich negativ auf die Nachhaltigkeit aus.

Das Beispiel verdeutlicht, dass eine einfache Matrix genutzt werden kann, um unterschiedlichste Risiken innerhalb komplexer Lieferketten übersichtlich darzustellen. Vergleichbare Güter und Leistungen, gleiche Ursprungsregionen, gleiche Rohstoffe oder gleiche Transportwege führen dazu, dass eine vorhandene Matrix kopiert und dann angepasst werden kann. Wenn beispielsweise das Unternehmen aus obigem Beispiel ein zweites ähnliche Bauteil von denselben Erzeugerländern, aber über einen anderen Händler bezieht, kann der größte Teil der Matrix verwendet werden.

Hinweis: Matrix ist Dokumentation

In der Ursachenmatrix wird die Lieferkette detailliert dargestellt. Dieser Teil kann also dazu genutzt werden, die Angaben auszuweiten und damit eine komplette Darstellung der Kette zu erhalten. Die Matrix ist immer auch ein Teil der Lieferkettendokumentation.

Das Instrument der Tabelle kann dazu verwendet werden, die Arbeit mit der Zuordnung von Risikoursachen zu Lieferketten zu vereinfachen. Dazu werden weitere Tabellen mit grundsätzlichen Ursachen für jeweils einen Gesichtspunkt angelegt. Trifft dieser Punkt auf eine Kette zu, kann der entsprechende Inhalt übernommen werden. So kann es z. B. eine Tabelle geben, die für bestimmte Regionen die Risiken festhält, eine andere wird für bestimmte Händler oder bestimmte Transportwege aufgebaut.

Beispiel: Tabelle wichtiger Regionen

Abbildung 13 zeigt das Beispiel einer Ursachenmatrix, die für jede Region die Risikoursachen enthält. Diese können in die jeweilige Lieferkette übernommen und individuell angepasst werden.

Ursachenmatrix Regionen

Region	Wetter	Pol1: Sanktionen	Pol2: Handelskrieg	Pol3: Gesundheit	Pol 4: Krieg	Pol 5: Nachhaltigkeit	Arbeitnehmer	Transportprobleme	Unfälle	Qualitätsprobleme	Digitalisierung	Liquidität
China		möglich bei Krieg	China	China	mit Taiwan?		fehlendes Knowhow	Kapazität Seecontainer	teilw. veraltete Maschinen	teilw. veraltete Maschinen	nicht stabil	
Bangladesch						Kinderarbeit?			hohe Anfälligkeit		nicht stabil	
Myanmar		Sanktionen Staatsbahn			Aufstände	Kinderarbeit?			hohe Anfälligkeit		keine IT	
Thailand	Trockenheit											

Abb. 13: Tabelle mit Ursachenmatrix Regionen

> Versierte Nutzer von Tabellenkalkulations-Programmen können innerhalb der Tabelle eine Verlinkung vornehmen, mit der die Zuordnung automatisiert werden kann.

3.1.4 Risiken bewerten

Ein Risiko ist immer mit einer gewissen Unsicherheit verbunden. Das bedeutet, dass es zwar nicht eintreten muss, eine Bedrohung aber dennoch existiert. Ist es bereits eingetreten, stellt es eine Hürde dar, die es zu bewältigen gilt. Das ist im Hinblick auf die Lieferketten bekannt und wird entsprechend berücksichtigt. Wir beschäftigen uns an dieser Stelle mit ungewissen Gefahren, die mit einer ebenso ungewissen Wahrscheinlichkeit eintreten.

- Liegt diese Wahrscheinlichkeit des Eintritts eines Risikos bei 0 (= 0 %), dann ist es kein Risiko mehr. Es kommt niemals zu dieser Störung.
- Liegt diese Wahrscheinlichkeit des Eintritts eines Risikos bei 1 (= 100 %), dann ist es ebenfalls kein Risiko mehr. Die Störung wird auf jeden Fall eintreten.

Die Risiken wurden festgestellt und den Lieferketten zugeordnet. Jetzt besteht die Aufgabe darin, diesen möglichen Störungen eine Eintrittswahrscheinlichkeit zuzuordnen. Dann können sie von den verantwortlichen Entscheidern bewertet werden. Je größer die Wahrscheinlichkeit ist, dass die Ursache des Risikos eintritt, desto gefährlicher ist die Situation für die betreffende Lieferkette. Für die Berechnung der Wahrscheinlichkeiten gibt es grundsätzlich zwei Möglichkeiten:

1. In der Wahrscheinlichkeitstheorie, ein Teilgebiet der Mathematik, wird mithilfe von mathematischen Regeln das zufällige Geschehen mit Eintrittswahrscheinlichkeiten bewertet. Voraussetzung dafür ist die Verfügbarkeit ausreichender Beschreibungen der Situation mit messbaren Werten.
2. Die subjektive Einschätzung der Eintrittswahrscheinlichkeit eines Risikos beruht auf Erfahrungen und Informationen, die dem Entscheider vorliegen. Dazu können auch mathematisch berechnete Wahrscheinlichkeiten gehören. Diese Daten werden subjektiv vom Menschen beurteilt und zu einer ebenso subjektiven Einschätzung »zusammengefügt«.

3.1.4.1 Mathematische Wahrscheinlichkeitsberechnung

Je mehr Risiken durch mathematisch zu berechnende Wahrscheinlichkeiten bewertet werden können, desto häufiger können autonom arbeitende Verfahren eingesetzt werden. Das reduziert den Aufwand vor allem für die spätere kontinuierliche Beobachtung der Lieferketten und das autonome Erkennen von Veränderungen der Gefahrenlage. Darum ist es sinnvoll, möglichst viele Parameter zu identifizieren, die man in mathematischen Wahrscheinlichkeitsberechnungen einbeziehen kann.

Hinweis: Keine Verdrängung subjektiver Einschätzung

Das Lieferkettencontrolling ist eine sehr aufwendig Aufgabe, vor allem wenn es viele und komplexe Lieferbeziehungen gibt. In der Praxis wird daher eine wirksame autonome Unterstützung der umfangreichen Aufgaben gewünscht. Das führt leider immer wieder dazu, dass wichtige, subjektiv zu beurteilende Tatbestände im Hinblick auf zugrunde liegenden Ursachen von Risiken zugunsten einfacher mathematischer Annahmen verdrängt werden. Das ist jedoch nicht optimal. Die stetige Weiterentwicklung von KI wird in Zukunft mehr und mehr dazu führen, dass die KI-Systeme komplexe Entscheidungen im Hinblick auf die Risiken in Lieferketten treffen können. Es ist hier Aufgabe des Controllers, darauf zu achten, dass dennoch alle notwendigen Einflussgrößen für die Eintrittswahrscheinlichkeit eines Risikos berücksichtigt werden, selbst wenn dies zusätzlichen Aufwand bedeutet.

Liefertreue: Eine wichtige Kennzahl im Supply-Chain-Management ist die Liefertreue eines Lieferanten. Dort wird festgehalten, wie oft ein vereinbarter Liefertermin in der Vergangenheit überschritten wurde. Daraus kann dann auf die Liefertreue, also die Wahrscheinlichkeit für eine verspätete Lieferung in der Zukunft, geschlossen werden.

Beispiel: Lieferverzögerungen

Der Lieferant für ein wichtiges Bauteil ist ein langjähriger Partner. Er liefert in der Regel vereinbarungsgemäß, in den vergangenen Jahren gab es jedoch regelmäßig signifikante Lieferverzögerungen. Jährlich gibt es 5 Lieferungen, von denen in den letzten drei Jahren jeweils eine Lieferung wesentlich zu spät kam. Daraus kann auf eine Wahrscheinlichkeit für das Risiko einer verspäteten Lieferung von 0,2 ausgegangen werden:

1 verspätete Lieferung / 5 Lieferungen * 100 = 20 %

Diese Kennzahl »Liefertreue« wird in den digitalen Materialwirtschaftssystemen wesentlich detaillierter berechnet. Sie wird bewertet mit der Länge der Verspätung und der Anzahl der verspätet gelieferten Bauteile. Dazu wird die in Abbildung 14 gezeigte Tabelle genutzt.

Lieferant **ABC**
Produkt **XYZ**

Jahr	Lieferung	Menge	Soll Tage	Ist Tage	Versp. Tage	Menge * versp. Tage
2022	1	7.914	30	32	-2	-15.828
	2	3.140	30	31	-1	-3.140
	3	9.125	30	51	-21	-191.625
	4	5.874	30	39	-9	-52.866
	5	6.874	30	33	-3	-20.622
2021	1	5.214	30	32	-2	-10.428
	2	5.700	30	31	-1	-5.700
	3	7.122	30	52	-22	-156.684
	4	5.000	30	28	0	0
	5	6.001	30	31	-1	-6.001
2020	1	4.861	30	30	0	0
	2	5.148	30	34	-4	-20.592
	3	6.751	30	48	-18	-121.518
	4	4.817	30	29	0	0
	5	5.423	30	31	-1	-5.423
		88.964			-6,9	-610.427
					-23%	

Abb. 14: Tabelle Liefertreue

Die Zahlen zeigen, dass es tatsächlich in jedem Jahr eine Lieferung mit signifikanter Verspätung gegeben hat. Aber auch die anderen Lieferungen waren fast immer unpünktlich. Um daraus die durchschnittliche Verspätung zu berechnen, wird in einer Hilfsspalte die Menge mit den verspäteten Tagen multipliziert. Die Summe dieser Werte (hier -610.427 Tage) wird durch die Summe der Bestellmengen dividiert. Es ergibt sich ein Wert von durchschnittlich 6,9 verspäteten Tagen. Wird dieser Wert zur vereinbarten Lieferzeit von 30 Tagen in Beziehung gesetzt, ergibt sich eine Verspätungswahrscheinlichkeit von 0,23 oder 23 %.

Ob diese Berechnung sinnvoll ist, um den Ausfall einer Lieferung als Risiko zu bewerten, muss wieder individuell entschieden werden. Hier liegen beide Werte, 0,2 aus der allgemeinen Bewertung und 0,23 aus der detaillierten Bewertung, eng beieinander. In der Praxis finden sich jedoch auch viele Beispiele mit wesentlichen Abweichungen.

In der gesamten Lieferkette gibt es an vielen Stellen einzelne Lieferbeziehungen, die eigene Werte hinsichtlich der Liefertreue aufweisen. Liefert z. B. der Landwirt pünktlich an den Veredler oder der Veredler pünktlich an den Hersteller? An diesen Stellen die Risiken zu kennen, macht eine aussagefähige

Bewertung der gesamten Lieferkette möglich. Es ist jedoch schwer, die für die Berechnung der mathematischen Wahrscheinlichkeit notwendigen Daten zuverlässig und vor allem mit vertretbarem wirtschaftlichem Aufwand zu bekommen.

Qualität: Die Wahrscheinlichkeit, dass die Ursache für ein Qualitätsrisiko auftritt, kann vergleichbar dem Lieferausfall mathematisch ermittelt werden. Dabei werden die in der Vergangenheit gelieferten qualitativ mangelhaften Produkte ins Verhältnis gesetzt zur Gesamtmenge der gelieferten Waren. Das so entstehende Verhältnis kann als Wahrscheinlichkeit für eine Lieferung mit falscher Qualität verwendet werden.

Qualitätsprobleme können auf vielen Stufen der Lieferkette entstehen. Darum wäre es hilfreich, die Ursachen für die fehlerhafte Qualität bereits dort, wo sie entstehen, zu kennen und einzuschätzen. Auch hier gilt wieder, dass es sehr schwer ist, die dafür notwendigen Informationen aus der Lieferkette zuverlässig und korrekt zu bekommen.

Preisentwicklung: Hohe Preise für Güter und Leistungen können zum Problem einer Lieferkette werden. Mithilfe der Wahrscheinlichkeitstheorie kann versucht werden, die zukünftige Preisentwicklung eines Produkts und ebenso Preisschwankungen von Vorprodukten oder Transportleistungen vorherzusagen. Dazu werden u. a. Abhängigkeiten der Preisentwicklung, einschließlich möglicher Auswirkungen von Veränderungen in anderen Parametern wie Nachfrage, Rohstoffpreise, Energiepreise und Jahreszeiten, untersucht. Anhand dieser Erkenntnisse können Zusammenhänge erkannt und deren Eintrittswahrscheinlichkeiten bestimmt werden.

Missernten: Faktisch kann festgestellt werden, wieviel Missernten es in den vergangenen Jahren gegeben hat. Daraus kann eine Wahrscheinlichkeit ermittelt werden, die rein mathematisch ist und keine Ursachen berücksichtigt. Das kann nur ein Hilfsmittel sein, weil Abhängigkeiten z. B. vom Wetter, von der Verfügbarkeit von Dünger, von Aufständen in der Region usw. nicht berücksichtigt sind. Diese Abhängigkeiten können nur ungenau oder mit unwirtschaftlichem Aufwand ebenfalls mathematisch mit Wahrscheinlichkeiten versehen werden. Daher ist die Größe »durchschnittliche Anzahl von Missernten in den letzten Jahren« nur verwendbar als Grundlage für weitere Einschätzungen. Ohne die Berücksichtigung der besonderen Einflüsse kann dieser Wert nur ungenau sein. In einem solchen Fall besteht die Gefahr für die Verdrängung einer subjektiven Einschätzung der Eintrittswahrscheinlichkeit durch mathematische Wahrscheinlichkeitsrechnungen, mit der ein Verlust an Genauigkeit einhergeht.

Arbeitnehmerverfügbarkeit: Die Verfügbarkeit von Arbeitnehmern lässt sich vor allem dann bewerten, wenn eine ausreichend große Anzahl von Daten aus der Vergangenheit vorliegt. Wenn in den letzten Jahren Arbeitnehmer knapp waren, lässt sich mathematisch ein Durchschnitt errechnen, der als Grundlage für die Wahrscheinlichkeit von nicht besetzten Stellen in der Zukunft dient.

Praktisch lässt sich für jedes Risiko und für jede Risikoursache berechnen, wie oft es jeweils durchschnittlich eingetreten ist. Daraus eine Wahrscheinlichkeit für die Zukunft zu errechnen, ist verführerisch einfach, führt jedoch nicht immer zum Ziel.

- So fehlt in der einfachen Wahrscheinlichkeitsberechnung der Preisentwicklung die Dimension Zeit: Wie häufig sind die einzelnen Parameter eingetreten bzw. wie war die zeitliche Entwicklung im Hin-

blick auf deren Eintreten? Wurde die Zahl der Vorfälle in der jüngsten Vergangenheit größer, so ist die Wahrscheinlichkeit für eine Wiederholung in der Zukunft größer als der Durchschnitt. Das gilt im umgekehrten Fall der sinkenden Ereigniszahlen selbstverständlich analog ebenfalls.
- In den Formeln zur Berechnung der Werte werden positive Entwicklungen mit negativen Daten verrechnet. So verwenden viele IT-Systeme für die Berechnung der Liefertreue eine Formel, die auch eine verfrühte Lieferung in die Summen einbezieht und dadurch die negative Entwicklung abmildert. Doch selbst, wenn nur einmal eine Lieferung signifikant zu spät kommt, helfen kleine positive Vorkommnisse in der Vergangenheit nicht dabei, die Folgen zu verarbeiten.
- Die Wahrscheinlichkeitsberechnung beschäftigt sich nur mit einem endgültigen Ereignis. Dessen möglicherweise vielfältigen Ursachen gehen dabei unter. Das hat das Beispiel der Wahrscheinlichkeit für Missernten gezeigt. Die komplexen Zusammenhänge der Ursachen können nicht oder nur unter erhöhtem Aufwand mathematisch abgebildet werden.

3.1.4.2 Subjektive Wahrscheinlichkeitsberechnung

Bei vielen Ursachen von Störungen in einer Lieferkette fehlen die Voraussetzungen für eine mathematische Wahrscheinlichkeitsberechnung nach den Regeln der Wahrscheinlichkeitstheorie. In einigen Fällen ist es jedoch möglich, zumindest eine grobe mathematische Wahrscheinlichkeit zu ermitteln und diese als Grundlage für die subjektive Einschätzung der Situation zu verwenden. Dazu werden zusätzliche Faktoren berücksichtigt:
- Die Eintrittswahrscheinlichkeit eines Risikos ist immer abhängig von der aktuellen Situation am Ort des Ablaufs. Wenn z. B. die mathematische Wahrscheinlichkeit aufgrund von Ernteausfällen in den letzten Jahren bei 0,2 liegt, die aktuellen Wetterwerte jedoch gut bis optimal sind, wird die subjektive Einschätzung der Wahrscheinlichkeit für einen wetterbedingten Ernteausfall niedriger liegen. Die aktuelle Situation verändert den Blick auf die Vergangenheit.
- Das persönliche Sicherheitsbedürfnis spielt eine wichtige Rolle bei der subjektiven Einschätzung von Risikowahrscheinlichkeiten. Personen, die risikofreudig sind, schätzen drohende Gefahren geringer ein als Personen, die vorsichtig sind. Die weite Spanne zwischen Risikofreude über Risikoneutralität bis zu Risikoaversion lässt Spielraum für viele unterschiedliche Wahrscheinlichkeitsannahmen.

Hinweis: Regeln aufstellen

Damit diese weite Spanne der Risikoeinschätzungen im Unternehmen nicht zu völlig unterschiedlichen Ergebnissen bei der Schätzung von Wahrscheinlichkeiten führt, werden von der Unternehmensführung Regeln vorgegeben. Diese können für einzelne Bereiche (z. B. Rohstoffbeschaffung, Mitarbeiterverfügbarkeit) gelten oder für das gesamte Unternehmen geltende Vorgehensweisen festlegen. Dann müssen sich risikofreudige Entscheider zurücknehmen und ängstliche Entscheider finden mehr Rückhalt für optimistische Einschätzungen. Die Aufstellung und vor allem die Vermittlung dieser Regeln ist sehr individuell zu gestalten.

Eine Regel könnte darin bestehen, dass eine Wahrscheinlichkeitseinschätzung für bestimmte Risiken immer von mehreren Personen durchgeführt werden muss. Dann muss bei der Besetzung der entsprechenden Stellen darauf geachtet werden, dass die Mitarbeiter eine unterschiedliche Risikobereitschaft haben. Durch eine ausgewogene Verteilung von risikofreudigen und risikoscheuen Mitarbeitern kann das Gesamtrisiko im Unternehmen reduziert werden. Das Lieferkettencontrolling stellt so konkrete Anforderungen an die Mitarbeiterauswahl.

- Die mathematische Wahrscheinlichkeitsberechnung konzentriert sich auf die aktuelle Situation und verwendet häufig Vergangenheitswerte. Für das Lieferkettencontrolling sind Einschätzungen sowohl für die aktuelle Situation als auch für die Zukunft notwendig, um Lieferketten optimal planen zu können. Unter Verwendung von zusätzlichen Daten und Einschätzungen entstehen so subjektive Wahrscheinlichkeiten für das gleiche Risiko mit sich entwickelnden Werten über kurz-, mittel- und langfristige Zeiträume.

Hinweis: Bewertung von Auswirkungen

Weder die mathematische Wahrscheinlichkeitsberechnung noch die subjektive Wahrscheinlichkeitseinschätzung allein kann die Auswirkungen eines Risikos für das Unternehmen klar bewerten. Dazu ist die Kenntnis der Abhängigkeit von der Lieferkette notwendig. Damit beschäftigen wir uns im nächsten Kapitel. An dieser Stelle wird ganz bewusst auf die neutrale Bewertung von Risiken und Wahrscheinlichkeiten abgestellt. Das muss allen Entscheidern bei der Festlegung der subjektiven Wahrscheinlichkeit klar gemacht werden. Nur so ist eine echte Einordnung möglich.

Die subjektive Ermittlung von Wahrscheinlichkeiten ist abhängig von vielen Informationen und Einschätzungen. Naturgemäß sind die subjektiven Einschätzungen nicht immer auch objektiv. Einfluss auf das Ergebnis haben folgende Faktoren:

Daten: Die Grundlage für die subjektive Berechnung von Eintrittswahrscheinlichkeiten der Risiken in Lieferketten sind selbstverständlich die Informationen, die dem Entscheider vorliegen. Diese stammen aus den unterschiedlichsten Quellen, auf die man nicht immer in gleichem Maße vertrauen kann, wie wir bereits gesehen haben. An dieser Stelle liegt der Fokus nicht auf Daten über Güter und Leistungen, deren Erzeugung und Verarbeitung und deren Transport. Hier geht es um die Informationen über die Risiken, deren Ursachen und die dafür bestimmenden Parameter.

Fremde Einschätzungen: Viele Stellen geben ihre eigenen Einschätzungen zur Entwicklung von Risiken ab. So verfügen Verbände über Informationen zu den Einschätzungen von Ernten, Logistikverbände zu der Einschätzung der Sicherheit und der Kapazitäten von Transportwegen. Wichtig ist es, nicht nur die Einschätzung in der eigenen Branche zu suchen. Auch die Verbände und Institutionen in den Branchen der Lieferanten und Vorlieferanten, der Erzeuger und der Transporteure geben jeweils Risikoeinschätzungen ab.

Eigene Einschätzungen: Die Daten aus den unterschiedlichen Quellen und die fremden Einschätzungen der Risikolage werden gepaart mit Erfahrungen zur eigenen Einschätzung. Je mehr Informationen und Fremdbeurteilungen vorliegen, desto fundierter wird die daraus entstehende eigene Bewertung von Risiken und deren Eintrittswahrscheinlichkeit.

Risikobereitschaft: Die eigene Risikobereitschaft gibt, selbst wenn sie durch Regeln des Unternehmens eingegrenzt wird, den letztlichen Ausschlag für das Nennen einer Wahrscheinlichkeit hinsichtlich des Eintretens der jeweiligen Risiken in der Lieferkette. Der Einfluss dieses Faktors führt unbewusst zu positiven oder negativen Einschätzungstendenzen.

Hinweis: Fähigkeit des Mitarbeiters

Zu den notwendigen Fähigkeiten eines Mitarbeiters, der Risiken in der Lieferkette bewerten muss, gehört die möglichst realistische Einschätzung der Wahrscheinlichkeiten. Ist er zu vorsichtig, gehen Chancen verloren, ist er zu risikofreudig, kommt es zu Problemen in der Lieferkette. Beides ist ab einem gewissen Ausmaß problematisch bei der Beurteilung der Mitarbeiterbefähigung – was sich auch in der Beurteilung durch die vorgesetzten Stellen wiederfindet.

Agilität der Lieferkette: Lieferketten müssen flexibel an auftretende Probleme angepasst werden. Die verantwortlichen Beschaffer reagieren beispielsweise eigenständig auf Probleme eines Transportweges durch die Wahl anderer Angebote. Das macht die Lieferkette resilient gegen bestimmte Risiken, erschwert aber gleichzeitig deren weitere Risikobeurteilung. Mithilfe der subjektiven Wahrscheinlichkeit kann eine solche Agilität der Lieferkette berücksichtigt werden.

Stresstests: Risiken einer Lieferkette können auch in einem gesicherten Umfeld getestet werden. So kann der plötzliche Wegfall eines Transporteurs oder eine plötzlich fehlende Menge an Vorprodukten simuliert werden. Diese Simulation kann als praktische Übung mit den Partnern in der Kette ausgeführt werden. Oftmals erfolgt ein theoretischer Stresstest, der zudem die Möglichkeit bietet, unterschiedliche Ausprägungen eines Risikos zu prüfen. Die Testergebnisse fließen in die subjektive Wahrscheinlichkeitsschätzung ein.

Die subjektive Bestimmung der Eintrittswahrscheinlichkeit ist sehr komplex. Am Ende steht eine individuelle Einschätzung, der Weg dahin muss nachvollziehbar sein. Es liegt in der Natur der Sache, dass die geschätzte Wahrscheinlichkeit nur selten mit der späteren Realität übereinstimmt. Dennoch muss im Laufe der Zeit die Einschätzung möglichst nah an der tatsächlichen Realisation von Risiken liegen.

Hinweis: Abweichungen begründen

Kommt es zu großen Abweichungen zwischen der angenommenen Wahrscheinlichkeit und dem tatsächlichen Eintritt einer Entwicklung, dann muss es dafür Gründe geben. Diese müssen gefunden werden, damit bei der nächsten subjektiven Einschätzung diese Erfahrung korrekt berücksichtigt werden kann. In manchen Fällen ist es leicht, eine Begründung zu finden. Dass Energie knapp werden könnte, ist bis zur Energiekrise sicherlich mit einer sehr geringen Wahrscheinlichkeit angenommen worden. Und dennoch haben wir diese Situation seit Beginn des Jahres 2022. Grund dafür sind die Sanktionen, die sich aus dem Ukrainekrieg ergeben haben. Das konnte niemand voraussehen. In anderen Fällen muss hingenommen werden, dass das Eintreten eines Risikos nicht begründet werden kann. Warum ausgerechnet der Kapitän bzw. die Kanallotsen das Containerschiff Ever Given im März 2021 im Suezkanal festgefahren haben, und das nicht mit einem anderen Schiff passiert ist, lässt sich nicht erklären.

Die Tatsache, dass gleiche Sachverhalte bei der Wahrscheinlichkeitsberechnung für Risiken in Lieferketten bei unterschiedlichen Menschen zu sehr unterschiedlichen Bewertungen führen können, zeigt die Praxis jeden Tag. Der unterschiedliche Informationsstand, eine individuelle Sichtweise und verschiedene Einschätzungen führen zu großen Abweichungen, was im Unternehmen zu Problemen führen kann. Damit möglichst einheitliche Ergebnisse erreicht werden und diese so korrekt wie möglich sind, ist Hilfe notwendig. Die Einschätzung von Eintrittswahrscheinlichkeiten von Risiken in Lieferketten gehört nicht zu den Hauptaufgaben der Mitarbeiter aus dem Einkauf, der Logistik und anderen beschaffenden Stellen. Professionelle Hilfe kommt aus dem Controlling.

- Das Controlling schafft eine einheitliche Datenbasis, die allen betroffenen Entscheidern zur Verfügung steht. Die Daten darin sind geprüft und für alle gleich.
- Mit regelmäßigen Meetings oder anderen Kommunikationsmitteln wird ein Informationsaustausch zwischen den Mitarbeitern zu den Risiken, von denen Lieferketten betroffen sein können, ermöglicht.
- Gemeinsam mit der Unternehmensführung werden vom Controlling Vorgaben gemacht, die die Risikobereitschaft bei den Risikoeinschätzungen betreffen. So können u. a. Risiken mit einer Wahrscheinlichkeit von kleiner als 0,05 ignoriert oder von größer als 0,9 als realisiert angenommen werden.
- Die subjektiven Wahrscheinlichkeiten sollen, wenn möglich, gemeinsam mit dem Controlling festgelegt werden. Damit stehen Einkäufer, Logistiker oder andere Kollegen mit Beschaffungsaufgaben nicht allein da, der Prozess der Festlegung wird transparent, Hilfen können direkt gegeben werden.

3.1.4.3 Zeitreihe der Wahrscheinlichkeiten

Unabhängig davon, ob die Eintrittswahrscheinlichkeit mathematisch oder subjektiv ermittelt wurde, ist von großer Bedeutung, dass sie möglichst realitätsnah ist. Diese wichtige Aufgabe wird durch eine weitere Forderung erschwert: Die Forderung, bereits bei der Planung Veränderungen zu berücksichtigen. Zunächst wird die Wahrscheinlichkeit für die aktuelle Situation bestimmt. Um die Lieferketten in die Unternehmensplanung einzubeziehen, bedarf es einer mittel- und langfristigen Planung der Veränderung der Risiken und ihrer Eintrittswahrscheinlichkeiten.

- Bei der Risikoplanung und den Risikoeintrittswahrscheinlichkeiten werden grundsätzlich dieselben Datenarten wie bei der aktuellen Einschätzung verwendet. Allerdings werden diese Daten h auf die Zukunft ausgerichtet und dementsprechend also ebenfalls geschätzt oder prognostiziert. Da sich die Plandaten unterschiedlich entwickeln können, gelten für die einzelnen Werte wiederum Eintrittswahrscheinlichkeiten. Das fügt der bereits vorhandenen Komplexität der Wahrscheinlichkeitsberechnung eine weitere Ebene hinzu.
- Die unterschiedliche Entwicklung von Daten und daraus resultierenden Wahrscheinlichkeiten können in mathematischen Systemen sehr gut abgebildet werden. Es muss darauf geachtet werden, dass tatsächlich alle variablen Werte mit Zukunftsannahmen versehen sind.
- In der subjektiven Wahrscheinlichkeitsberechnung werden die ungewissen Entwicklungen der Daten ebenso subjektiv berücksichtigt, wie die gesamte Vorgehensweise subjektiv geprägt ist. Durch die Zusammenarbeit mit dem objektiven Controlling wird eine Fokussierung auf das gewünschte Ergebnis erreicht.

Die durch die kurz-, mittel- und langfristige Planung von Risiken in einer Lieferkette entstehenden Zeitreihen lassen zeitbezogene Faktoren sichtbar werden. Vergleicht man diese mit vergangenen Zeitreihen, können zusätzliche Informationen für die Wahrscheinlichkeitsberechnungen gesammelt werden. Das Ergebnis ist immer eine Prognose der dort erwarteten Risiken und ihrer Eintrittswahrscheinlichkeit in der Lieferkette.

Ursachenmatrix für Produkt: XYZ Lieferkette: See 1 Manila

	Wetter		Pol1: Sanktionen		Pol2: Handelskrieg		Pol3: Gesundheit		Pol 4: Krieg		Pol 5: Nachhaltigkeit		Arbeitnehmer		Transportprobleme		Unfälle		Qualitätsprobleme		Digitalisierung		Liquidität	
Lager																								
↑																								
Transport															Kapazität LKW	2%								
↑																								
Händler																								
↑																								
Transport											Luftfracht hin und wieder	0%			Kapazität Seecontainer	5%								
↑																								
Hersteller 2					China	10%	China	15%					ungelernte Kräfte	5%			alte Maschinen	8%	alte Maschinen	15%				
↑																								
Transport					China	10%	China	15%																
↑																								
Hersteller 1	Versorgung mit weiteren Rohstoffen	10%			China	10%	China	15%					Fachwissen	10%					Knowhow	10%	nicht stabil	5%		
↑																								
Transport			Sanktionen Staatsbahn	2%	China	10%	China	15%																
↑																								
Veredler																	hohe Anfälligkeit	5%	Hilfsmittel	2%	keine IT	15%		
↑																								
Transport									Aufstände	10%														
↑																								
Erzeuger	Trockenheit	15%							Aufstände	10%	Kinderarbeit?	25%												
25%		15%		2%		10%		15%		10%		25%		10%		5%		8%		15%		15%		0%

Abb. 15: Ursachenmatrix mit Wahrscheinlichkeiten

3.1.4.4 Gefährdung einer Lieferkette berechnen

Bisher haben wir die Eintrittswahrscheinlichkeiten von Risiken jeweils nur auf der Ebene von einzelnen Ursachen betrachtet. Es gibt kann aber bei jeder Lieferkette verschiedene Risiken mit unterschiedlichen Ursachen geben. Eine Gesamtwahrscheinlichkeit für den Eintritt eines Risikos ist schwer festzulegen. Klar ist zumindest, dass nicht alle Wahrscheinlichkeiten der bestehenden Risiken addiert werden können. Sonst dürfte fast jede Lieferkette mit 100%iger Wahrscheinlichkeit den Risiken zum Opfer zu fallen. Um die Wahrscheinlichkeit für eine Gefährdung der gesamten Lieferkette auszudrücken, muss wieder subjektiv geurteilt werden.

Zunächst muss ein Überblick über die Gesamtsituation der Lieferkette geschaffen werden. Dazu bietet es sich an, die bereits bekannte Ursachenmatrix zu verwenden. Diese wird je Ursachengruppe um eine Spalte erweitert. Dort, wo Ursachen eingetragen sind, wird in dieser Spalte jeweils die dazugehörige Wahrscheinlichkeit für den Eintritt dieses Risikos eingetragen.

Dann kann die höchste Wahrscheinlichkeit für eine Risiko dieser Lieferkette ermittelt werden. In der unteren Zeile wird die höchste Wahrscheinlichkeit der Ursachengruppe ermittelt, aus diesen Maxima wiederum errechnet sich der höchste Wert für die gesamte Lieferkette. In der obigen Tabelle ist das eine Wahrscheinlichkeit von 25 % für die dargestellte Lieferkette.

Beispiel: Risiken in Asien (2)

Die Lieferkette in der obigen Tabelle wird also mit einer Wahrscheinlichkeit von 25 % gestört. Das ist ein relativ hoher Wert, der die Nutzung dieser Lieferkette infrage stellt. Die hohe Wahrscheinlichkeit betrifft die Gruppe »Pol5: Nachhaltigkeit«, weil dort mit 25%iger Sicherheit mit Kinderarbeit zu rechnen ist. Wenn Nachhaltigkeit und Einhaltung der Menschenrechte durch weit entfernt arbeitende Erzeuger wichtige Faktoren für das Unternehmen sind – da Sie durch das Lieferkettensorgfaltspflichtengesetz ohnehin dazu verpflichtet sind, die entsprechenden Regeln einzuhalten –, muss die Lieferkette kritisch gesehen werden. Die anderen Risiken bilden ein Maximum von 15 %, ein wesentlich günstigerer Wert.

Die endgültige Einordnung der Lieferkette hinsichtlich der Risikoeinschätzung erfolgt wieder durch eine subjektive Entscheidung eines oder mehrerer Stellen im Unternehmen. Ausgangspunkt ist die maximale Wahrscheinlichkeit für eine Ursache in der Lieferkette. In die Entscheidung einbezogen werden muss auch die Anzahl der unterschiedlichen Risiken, denn je mehr Risiken vorhanden sind, desto größer ist die Gefahr, dass sich zumindest eines davon realisiert.

Bespiel: Risiken in Asien (3)

In der Ursachentabelle zum letzten Beispiel gibt es in den Ursachenspalten »Pol2: Handelskrieg« und »Pol3: Gesundheit« jeweils vier Risiken, die mit der Lage der Hersteller 1 und 2 in China zusammenhängen. Es wird also befürchtet, dass es in Verbindung mit China in Zukunft zu Störungen der Lieferkette durch einen Handelskrieg zwischen China und Europa (10 % Wahrscheinlichkeit) und durch gesundheitspolitisch bedingte Handlungen (z. B. Lockdown) mit einer 15%igen Wahrscheinlichkeit kommt. Diese vier Ursachen führen im Grunde zu einem Gesamtrisiko und dürfen auch nur als solches in die Gesamtbewertung einfließen. Für die Übersicht ist es notwendig, diese Ursachen für jedes Glied der Kette festzustellen.

3.1.5 Alternativen ermitteln

Wie stark ein Risko die gewünschte Belieferung eines Unternehmens tatsächlich bedroht, hängt zudem davon ab, ob es Alternativen gibt. Wenn es eine komplette Alternative zur Lieferkette des betreffenden Gutes gibt, kann diese möglicherweise im Krisenfall genutzt werden. Unabhängig davon, wie viele und welche der Abläufe und Partner in einer Lieferkette gegen eine Alternative ausgetauscht werden, es handelt sich immer um eine andere Lieferkette. Die Dokumentation der ursprünglichen Lieferkette kann verwendet und abgeändert werden, bei der Risikobeurteilung können die unveränderten Teile der Lieferkette auch unverändert betrachtet werden. Aber das Ergebnis nach dem Einsatz von Alternativen für Partner und Abläufe ist immer eine eigene Lieferkette.

Ziel der Suche nach Alternativen für eine Lieferkette ist es immer, die Risiken einer nicht optimalen Belieferung zu senken. Da betrifft auch den Einkaufspreis und die Nebenkosten, die auf dem Weg des Gutes in das Unternehmen entstehen. Eigentlich sollten alle Stellen, die mit der Beschaffung von Gütern und Leistungen für das Unternehmen beschäftigt sind, das Ziel haben, Bedrohungen zu reduzieren.

Hinweis: Einfluss beschränkt

Die Entscheidung, eine vollständig andere Lieferkette für die Beschaffung eines bestimmten Gutes oder einer bestimmten Leistung zu verwenden, trifft der Entscheider im Unternehmen. Soll jedoch nur ein Teil einer Lieferkette ausgetauscht werden, z. B. die Verwendung von Rohstoffen aus Indien, da die Gefahr von involvierter Kinderarbeit gering ist, anstatt Rohstoffe aus Myanmar zu beziehen, da hier das Risiko für diesen Menschenrechtsverstoß groß ist, ist dessen Einfluss beschränkt. In der Regel wird sich ein Händler oder Hersteller nicht vorschreiben lassen, wo und wie er seine Vorprodukte beschafft. Wenn der Einfluss z. B. durch eine erhebliche Mengennachfrage des Unternehmens groß genug ist, können vielleicht entsprechende Zertifikate verlangt werden. Es dürfte jedoch auch im Interesse der Händler und anderen Partner in der Kette sein, dass die Lieferkette den Ansprüchen der deutschen oder westeuropäischen Abnehmer entspricht. Insoweit könnte ein beschränkter Einfluss geltend gemacht werden.

Die Alternativen können ganz unterschiedliche Inhalte haben:

Alternative Lieferketten: Der drastischste Fall einer Alternative besteht darin, ist die gesamte Lieferkette gegen eine andere auszutauschen. Das gewünschte Gut oder die benötigte Leistung werden über vollkommen andere Wege beschafft. Händler, Hersteller, Veredler oder Erzeuger sind nicht identisch, ebenso wenig die Transportwege. Möglich ist dies bei standardisierten Produkten, die an vielen Orten hergestellt werden, ebenso wie bei verwendeten, vergleichbaren Rohstoffen aus verschiedenen Regionen der Welt, für die es vollständige Alternativen gibt.

Wahrscheinlicher ist jedoch, dass am Ende der Lieferkette zwar ein anderer Hersteller oder Händler steht, dieser jedoch seine Vorprodukte, Waren und Leistungen über die gleichen Wege erhält, wie der Partner in der ursprünglichen Lieferkette. Das kann die Risiken, die auf der letzten Stufe bestehen, reduzieren, nicht aber die Risiken, die für die Erzeugung und die vielen Transportwege auf den vorherigen Stufen gelten.

Alternative Partner: Die alternativen Lieferketten entstehen also weitaus häufiger durch einen Austausch von Stellen innerhalb der Kette. Das kann z. B. der Händler am Ende der Kette sein, aber auch der Erzeuger am Anfang. Während das Kettenglied mit direktem Kontakt zum Unternehmen relativ einfach auf Drängen des Unternehmens gewechselt werden kann, geht das, je näher am Beginn der Lieferkette, nur mit Zustimmung und vor allem mit der Umsetzung durch andere Beteiligte. Vereinfacht wird die Situation, wenn der Händler unterschiedliche Güter aus unterschiedlichen Lieferketten anbietet. So kann das Unternehmen beispielsweise zwischen Zuckerrohr aus Indien, China oder Brasilien wählen und somit eine andere Lieferkette verwenden. Letztlich handelt es sich jedoch um andere Produkte, die gekauft werden.

Unabhängig von den Gründen für einen Austausch eines Partners in der Lieferkette ist dies nur sinnvoll, wenn sich dadurch die Risiken (auch in Form von Kosten) reduzieren. Das kann auch vorteilhaft für andere Stellen in der Lieferkette sein. Gerade kleine und mittlere Unternehmen haben jedoch oft wenig Einfluss auf die Partner in der Kette und in den meisten Fällen wird gibt es keine Kontakte zwischen dem Unternehmen und den anderen Stellen in der Lieferkette.

Alternative Transporte: Die Art und Weise der erforderlichen Transporte innerhalb einer Lieferkette hängen ab von den Standorten der Partner, zwischen denen transportiert werden muss, und vom Produkt. Das Produkt ist gegeben, die Partner in der Regel auch. Eine enge Zusammenarbeit zwischen den einzelnen Stellen in der Kette kann zu einem gemeinsamen Transportkonzept führen. Das wiederum kann Vorteile für alle Beteiligten haben.

Darüber hinaus hat das Unternehmen nur Einfluss auf die letzte Strecke zum Unternehmen selbst. Es kann z. B. bestimmen, ob die Güter per Schiff oder Flugzeug aus Asien geliefert werden sollen, manchmal vielleicht den Schifffahrtsweg oder die Flugroute festlegen. Bei Transporten in Europa sind als Transportmittel noch Lkw, Binnenschiffe oder die Bahn möglich. Doch in der Praxis gibt es selten eine tatsächliche Wahl. Die Kosten und die technischen Gegebenheiten bestimmen die kurzfristige Entscheidung für einen Transportweg.

Hinweis: Einfluss beschränkt

Selbst bei der Wahl eines alternativen Transportwegs kann der Einfluss des eigenen Unternehmens auf der letzten Strecke eingeschränkt sein. Die Technik, wie ein Gleisanschluss, oder die Lager an einem Binnenhafen engen die Wahl des Transportmittels ein. Die grundsätzliche Entscheidung, ob die Beschaffung regional oder global erfolgt, hat einen großen Einfluss auf alternative Transportwege. Wenn ein schweres Gut in großen Mengen in Asien eingekauft wird, gibt es oft keine wirtschaftlich sinnvolle Alternative zu einem Seetransport. Selbst wenn ein Händler eingeschaltet und das Gut nicht selbst vom Unternehmen direkt in Asien eingekauft wird, bleibt der entsprechende Transportweg in der Lieferkette erhalten. Die Risiken bleiben.

Alternative Transportwege bleiben fast immer nur Theorie. Eine Ausnahme bildet eine Initiative der chinesischen Regierung, die schon seit Jahren eine neue Seidenstraße aufbaut. Dort sollen auch Massengüter nicht mehr über den Seeweg verfrachtet werden, sondern der Bahntransport soll genutzt werden. Darum werden die notwendigen Bahnstrecken ausgebaut, Binnenhäfen mit viel Engagement des chinesischen Staates erweitert und Umschlagsplätze eingerichtet. Trotz vieler Kritik an der Kreditpolitik zur Unterstützung der an der Seidenstraße liegenden Länder arbeitet die chinesische Regierung beharrlich an diesem Projekt. Dadurch wird ein Transportweg über Land von China bis nach Spanien aufgebaut. Dieser kann bereits heute in vielen Fällen eine Alternative zum Seeweg darstellen.

Alternative Zeiten: Risiken innerhalb einer Lieferkette können sich im Verlauf der Zeit regelmäßig verändern. So ist z. B. die Beschaffung von natürlich wachsenden Gütern in der Erntezeit problematisch, da die Qualität der Ernte und die Menge des Ernteguts noch nicht feststehen. Es gibt also Qualitäts- und Mengenrisiken. Wenn die Lieferkette so aufgebaut wird, dass die Belieferung mit einigem Abstand zur Erntezeit erfolgen kann, sind diese Risiken geringer. Solche Wartezeiten können mit einem eigenen Lagerbestand überbrückt werden.

Alternative Mengen: Jeder Einkäufer kennt die Situation, dass sich sein Bedarf in Bestellmengen niederschlägt, die durch Mindestmengen, Verpackungseinheiten oder andere Restriktionen bestimmt sind. Kleine Mengen werden oft beim Händlern gekauft, große direkt beim Hersteller. Somit gibt es eine Abhängigkeit zwischen der Menge, die von einem Gut oder einer Leistung benötigt wird, und der wirtschaftlichsten Lieferkette. Wenn die Bestellmenge verändert wird, stehen für die alternativen Mengen andere Lieferketten zur Verfügung.

Beispiel: Europa und Asien

Ein typisches Beispiel für alternative Mengen mit unterschiedlichen Lieferketten sind immer Güter, die sowohl in Europa als auch in Asien hergestellt werden. Können große Mengen eingekauft werden, lohnt sich der Aufwand für die lange Lieferketten nach China, Indien oder ein anderes asiatisches Land. Können nur kleine Mengen bestellt werden, wird das Gut in Deutschland oder im benachbarten Ausland eingekauft. Bestimmend ist nicht nur der Bedarf. Mit einer kurzen Lieferkette kann eine laufende Versorgung aufgebaut werden, die trotz vielleicht höherer Einkaufspreise Vorteile durch geringere Nebenkosten wie günstigere Frachten aufweist. Vor allem aber kann der Lagerbestand kleiner gehalten werden, wodurch weniger Güter zu finanzieren sind. Ist genug Lagerplatz vorhanden und stehen ausreichende finanziellen Mittel zur Verfügung, um den Bestand zu finanzieren, kann sich das Unternehmen über eine lange Lieferkette mit Asien verbinden. Ist das nicht der Fall, nutzt der Beschaffer die kürzere Lieferkette aus der Region.

Hinweis: Bedarfsmenge beeinflussen

Die Menge eines Gutes oder einer Leistung, die nachgefragt wird, lässt sich nicht nur über Bestände und deren Finanzierung steuern. Alternative Mengen können auch durch interne Veränderungen entstehen, z. B. durch die Verwendung gleicher Bauteile in unterschiedlichen Produkten. Dazu muss die Entwicklungsabteilung die Stücklisten anpassen und eventuell weitere Veränderungen vornehmen. Ziel ist es, durch größere Mengen bestimmter Rohstoffe, Werkstoffe, Bauteile oder Waren die Kosten zu optimieren. Dazu gehört auch, die Risiken innerhalb der Lieferkette zu senken, wenn durch alternative Mengen risikoreiche Lieferketten durch sicherere Beziehungen ersetzt werden können.

Das gilt im Übrigen auch für viele Dienstleistungen, die vom Unternehmen eingekauft werden. So kann der Bedarf an Instandhaltungsleistungen verringert werden, wenn die Leistung der Maschinen reduziert werden kann. Das ermöglicht u. U. die Verwendung einer globalen Lieferkette, die längere Planungsvorläufe hat als eine regionale Alternative. Andere Dienstleistungen, wie die Prüfung des Jahresabschlusses durch Wirtschaftsprüfer oder die Abgabe der Steuererklärung durch einen Steuerberater, können nur minimal im Hinblick auf die Menge verändert werden.

Alternative Qualitäten: Der Preis und vor allem die Einsetzbarkeit von Gütern und Leistungen wird bestimmt durch deren Qualität. Das Unternehmen stellt Mindestanforderungen an die Güte, will allerdings auch keine überflüssige Qualität bezahlen. Alternative Qualitäten der verlangten Rohstoffe, Werkstoffe, Bauteile oder Waren führen zu alternativen Gütern und Leistungen. So kann ein natürlicher Rohstoff mit niedriger Qualität vielleicht in Asien, der gleiche Rohstoff mit hoher Qualität in Afrika eingekauft werden. Ist es möglich, die verlangte Qualität zu variieren, öffnet sich die Möglichkeit, zwischen unterschiedlichen Lieferketten zu wählen.

Alternative Faktoren: Die Lieferkette kann unverändert bleiben und trotzdem weniger risikoreich sein, wenn es gelingt, in der Kette andere Produktionsfaktoren zu verwenden. Wenn z. B. der Veredler vor Ort nicht mehr Gas als Energiequelle nutzt, sondern Sonnenenergie, dann verändern sich die Risiken. Wenn der Erzeuger dazu gebracht wird, keine Kinder bei der Ernte zu beschäftigen, sinkt die Gefahr des Verstoßes gegen das Lieferkettensorgfaltspflichtengesetz. Chancen zur Optimierung der Lieferketten bieten sich immer in folgenden Bereichen: Energie, beschäftigte Menschen, Produktionsverfahren, Kommunikation (z. B. durch mehr Digitalisierung) und grundsätzliche Umfeldbedingungen (z. B. Hygiene, Arbeitszeiten, Lagerbedingungen …).

Die für risikoärmere Lieferketten notwendige Veränderung der Faktoren ist für kleine und mittlere Unternehmen allein nur schwer durchzusetzen, da deren Nachfragemacht zu gering ist. Dabei helfen Gesetze wie das Lieferkettensorgfaltspflichtengesetz. Das verpflichtet alle Abnehmer der Güter und Leistungen auf bestimmte Veränderungen zu bestehen. Will der Lieferant weiterhin an deutsche und europäische Kunden verkaufen, muss er die verlangten Veränderungen durchführen, um die allgemein gültigen Anforderungen erfüllen zu können. Durch das Gesetz wird die Nachfragemacht gebündelt, zumindest in dem im Gesetz beschriebenen Bereich.

Diese Aufzählung von möglichen alternativen Bestandteilen der unterschiedlichen Lieferketten zeigt, dass die Eintrittswahrscheinlichkeit von Risiken auch durch das Verhalten und die Anforderungen des Unternehmens bestimmt sind. Kleine Veränderungen können Risiken wirksam verringern, oft sind größere Anpassungen von eigenen Bedarfen, anderen Verarbeitungswegen oder Verwendungsstrukturen notwendig, die allerdings nicht kurzfristig umzusetzen sind und einer Abstimmung mit den Fachbereichen und der Unternehmensleitung bedürfen.

Die Suche nach möglichen Alternativen mit positivem Einfluss auf die Risiken einer Lieferkette lohnt sich vor allem da, wo das Risiko in der Lieferkette hoch ist. Empfehlenswert ist es dabei, den Einkaufspreis als Risiko zu betrachten, denn ist er hoch, wird das Unternehmen nicht mehr zu marktgerechten Preisen anbieten können. Die folgende Checkliste betrachtet die erfolgversprechendsten Stellen für die Suche nach alternativen Lieferketten:

Checkliste: Suche nach alternativen Lieferketten		
Suche in anderen Lieferketten	Erläuterung	✓
Vergleichbare Güter und Leistungen	Es existieren oft vergleichbare Lieferketten, die nicht identisch sind, aber auch genutzt werden können. Grundsätzlich gilt, dass das gemeinsame Nutzen einzelner Glieder in verschiedenen Lieferketten eine bessere Kontrolle ermöglicht, was das Risiko verringert.	
Gleiche Herkunftsregionen	Wenn unterschiedliche Güter und Leistungen aus den gleichen Regionen der Welt bezogen werden, bieten sich verschiedene Möglichkeiten der Optimierung. Die in einer Lieferkette gemachten Erfahrungen können in eine andere übernommen werden und somit eine Alternative bilden. Für viele Aufgaben können die gleichen Partner genutzt werden.	
Gleiche Transportwege	Lieferketten, die in der gleichen Weltregion beginnen, haben meist vergleichbare Transportwege. Diese können gebündelt werden und somit als alternative Lieferkette Vorteile eröffnen, die über den reinen Transportpreis hinausgehen. So wächst der Einfluss auf den Transporteur, und es ergeben sich zusätzliche Transportmittel und -wege mit wirtschaftlichen Vorteilen.	
Lange Transportwege	Ein Indiz für mögliches Optimierungspotenzial sind lange Transportwege. Über Bestellmenge, Bestellzeitpunkt, akzeptierte Lieferdauer oder Transportkosten kann in vielen Fällen eine alternative Lieferkette mit geringeren Risiken geschaffen werden.	
Gleicher Lieferant	Haben mehrere Produkte des Unternehmens den gleichen Lieferanten, also die gleiche letzte Stufe vor der Ankunft im Unternehmen, sind daher oftmals die Lieferketten vergleichbar. Gibt es hier Unterschiede hinsichtlich des Risikos, kann eine Vereinheitlichung beim Lieferanten zu günstigeren Alternativen führen.	
Gleiches Lieferangebot	Werden verwandte Produkte im Unternehmen verwendet, kann die Prüfung des Angebots der jeweiligen Händler zu Verbesserungen führen. Oft haben die Händler auch die verwandten Produkte im Lieferangebot. Durch eine Vereinheitlichung der Lieferquelle können alternative Lieferketten zu wesentlichen Vorteilen in der Risikoberechnung führen.	
Gleiche Partner in der Kette	In unterschiedlichen Lieferketten können die Partner vor dem letzten Lieferanten identisch sein. Gleiche Erzeuger werden über unterschiedliche Händler involviert, gleiche Vorlieferanten sind in verschiedenen Ketten vorhanden. Oft werden die Transporte von den gleichen Partnern durchgeführt, obwohl unterschiedliche Produkte in unterschiedlichen Lieferketten betroffen sind. Gelingt hier eine Zusammenlegung, entstehen alternative Lieferketten mit vielleicht günstigerer Risikosituation.	

Tab. 3: Checkliste alternative Lieferketten

Hinweis: Überbetrieblicher Vergleich

Bei der Suche nach alternativen Lieferketten spielt der Vergleich mit vorhandenen Lieferbeziehungen eine wichtige Rolle. Im Unternehmen selbst ist sicher im Laufe der Zeit eine Vereinheitlichung der Lieferwege und Partner gelungen, da dies allein bereits die Kostensituation verbessert. Daher lohnt es sich, über die Unternehmensgrenzen hinauszuschauen und einen überbetrieblichen Vergleich der Lieferketten nach den obigen Checkpunkten durchzuführen. Es gilt also, andere Unternehmen mit vergleichbaren Gütern und Leistungen, vergleichbaren Bedarfen, Herkunftsregionen für Güter und Leistungen usw. zu finden. Profitieren können alle am Vergleich beteiligten Unternehmen.

Wenn der direkte Vergleich mit einem konkurrierenden Unternehmen nicht möglich ist, lassen sich oft Alternativen finden. Viele Güter werden nicht nur in einer Branche eingesetzt, Erfahrungen aus einer bestimmten Region können auch dann helfen, wenn die bezogenen Güter nicht identisch sind. Bei der Suche nach solchen Vergleichsunternehmen helfen die Banken, die Handelskammern oder Unternehmervereinigungen.

3.1.6 Nachhaltigkeit und Sorgfaltspflichten

Das Lieferkettensorgfaltspflichtengesetz und die zunehmende Forderung nach Nachhaltigkeit seitens der Konsumenten schafft für viele Unternehmen zusätzliche Risiken, die sich auf die Lieferketten auswirken. Der Gesetzgeber hat erkannt, dass es nicht praktikabel ist, auf allen Stufen einer Lieferkette die Einhaltung aller Regeln zu den Menschenrechten und zum Umweltschutz tatsächlich zu überprüfen. Daher können die meisten Anforderungen durch die Vorlage von Zertifikaten erfüllt werden.

Das Unternehmen lässt sich von seinem Lieferanten ein Zertifikat vorlegen, in dem bestätigt wird, dass in dessen eigenen Lieferketten alle gesetzlichen Anforderungen bzw. die Forderungen nach Nachhaltigkeit erfüllt sind. Dieser Lieferant gibt die Erklärung ab, weil auch er wiederum von seinen eigenen Lieferanten, also den Vorlieferanten, gleichlautende Erklärungen vorliegen hat. Das geht so weiter bis zum Anfangspunkt der Lieferkette, an dem der Erzeuger seinem Veredler die Einhaltung der Forderungen des deutschen Kunden bestätigt.

Die Risiken, die in dieser Kette von Zertifikaten und Versicherungen vorhanden sind, sind vielfältig, können aber in wenigen Gruppen zusammengefasst werden:

Verstöße innerhalb der Lieferkette: Viele Lieferketten sind lang und erstrecken sich um die halbe Welt. Nicht jeder, der daran beteiligt ist, kann die erforderliche Erklärung abgeben. Wenn eine Mine beim Schürfen von Metallen die Umwelt durch giftige Abwässer schädigt, ist die Abgabe einer Versicherung, dass der Umweltschutz beachtet wird, nicht möglich. Auch Kinderarbeit oder Korruption gehören in vielen Regionen der Welt zum täglichen Leben. Wer nachweisen muss, dass er den Vorgaben des Lieferkettensorgfaltspflichtengesetzes nachkommt, muss seine Lieferketten verändern. Es gibt allerdings Ausnahmen – beispielsweise, wenn es keine Alternativen gibt und der Rohstoff oder das Bauteil unabdingbar ist –, die bei Lieferketten ohne Alternativen greifen. Die Inanspruchnahme dieser Ausnahmeregelungen muss sorgfältig geprüft werden.

Ungültige Zertifikate: Von den Zulieferern und Unternehmen, die sich über den ganzen Globus verteilen, werden Zertifikate erwartet. Das Risiko ist groß, dass die vom Kunden gewünschten Zertifikate ausgestellt werden, ohne dass in Wirklichkeit die erforderlichen Standards tatsächlich erfüllt werden. Nicht überall auf der Welt gibt es ein funktionierendes System, um die zertifizierten Unternehmen zu überprüfen, um zu prüfen, ob die Zertifikate korrekt ausgestellt wurden und um die Zertifikate zu überwachen. Bei der Risikoprüfung der Lieferkette muss daher auch die Vertrauenswürdigkeit des Partners bzgl. der Versicherung, sich an die Einhaltung der Menschenrechte und des Umweltschutz zu halten, bewertet werden. Wenn sich das Zertifikat als falsch erweist, muss unverzüglich mit der Veränderung der Lieferkette reagiert werden.

Entzogene Zertifikate: Ähnlich ist die Situation, wenn ein zunächst gültiges Zertifikat aufgrund von Verstößen gegen die Vorgaben entzogen wird. Zur notwendigen sofortigen Reaktion kommt dann noch das Risiko eines Skandals hinzu, der die Verstöße gegen die Menschenrechte oder gegen den Umweltschutzgedanken öffentlich macht und u. U. mit dem Unternehmen in Verbindung bringt. Das betrifft auch den Gedanken der Nachhaltigkeit. Alle Bemühungen des Unternehmens, vor seinen Kunden die eigenen Anstrengungen für nachhaltiges Handeln nachzuweisen, werden bei einem Skandal aufgrund von Verstößen gegen Menschenrechte und Umweltschutzvorgaben zerstört.

Keine Vorbereitung: Die Vorgaben des Lieferkettensorgfaltspflichtengesetzes gelten aktuell nur für große Unternehmen mit mehr als 3.000 Mitarbeitern (ab dem 01.01.2024 mehr als 1.000 Mitarbeitern). Doch das kann und wird sich aller Voraussicht nach ändern und kleinere Unternehmen einbeziehen. Darauf sollten diese vorbereitet sein.

Anforderung von Kunden: Noch wichtiger ist, dass auch kleinere und mittlere Unternehmen auf eine wesentlich frühere Anwendung des Gesetzes vorbereitet sind. Wenn ein großes Unternehmen die Produkte des kleineren kaufen soll, benötigt es die Gewissheit, dass auch die Lieferkette des kleinen Unternehmens den Vorgaben entspricht. Das heißt, der große Kunde wird von dem kleinen Unternehmen das entsprechende Zertifikat verlangen. Der Hinweis auf die nicht erreichte Unternehmensgröße wird in diesem Fall nicht ausreichen, da der Kunde Gewissheit haben möchte, dass seine Anforderungen erfüllt werden und daher das Zertifikat verlangen wird.

Jede Lieferkette, die gegen die Vorschriften des Lieferkettensorgfaltspflichtengesetzes verstößt, ist also mit einem Risiko von 100 % behaftet. Sie ist nicht mehr nutzbar. Bei Verstößen gegen die Nachhaltigkeit gibt es ebenfalls hohe Risikowahrscheinlichkeiten. Der Spielraum für Entscheidungen pro oder contra einer Lieferkette, die den Ansprüchen an die Nachhaltigkeit nicht genügt, ist jedoch größer. Noch ist das Thema des nachhaltigen Handelns oft lediglich im Marketing angesiedelt, nur Themen daraus, wie Menschenrechte oder Umweltschutz, unterliegen gesetzlichen Vorschriften. Nicht nachhaltiges Handeln verstößt grundsätzlich noch nicht gegen Gesetze, nicht erfüllte Versprechungen an Kunden aber werden am Markt bestraft.

3.2 Chancen entdecken

Wo Risiken bestehen, gibt es auch Chancen. Andernfalls würden Unternehmen keine risikobehafteten Lieferketten nutzen. Lieferketten, vorhandene und neue, bieten aus Sicht von Unternehmen Potenzial zur Verbesserung der Lieferbeziehungen. Doch nur selten suchen die beschaffenden Fachleute explizit die möglichen Vorteile, die günstigeren Beschaffungspreise einmal ausgenommen: Denn der Fokus im Einkauf und anderen beschaffenden Fachbereichen liegt auf den Risiken der Lieferketten. Aufgabe auch des Controllings ist es, diese Potenziale verbesserter Lieferbeziehungen mithilfe des Lieferkettencontrollings aufzudecken. Chancen kann man nur wahrnehmen, wenn man sie kennt.

3.2.1 Welche Chancen gibt es?

Das Potenzial der Lieferketten ist ebenso breit gefächert wie das der Risiken. Ob eine neue oder veränderte Lieferkette positive Auswirkungen haben wird, hängt sehr stark von der individuellen Situation des Unternehmens ab. Zentrale Aufgabe einer Lieferkette ist die Versorgung des Unternehmens mit den benötigten Gütern und Leistungen. Diese Tatsache gilt es durch die Gestaltung von Lieferketten zu optimieren.

Einkaufspreise: Durch zusätzlich mögliche Lieferketten entsteht ein breiteres Angebot für ein Gut oder eine Leistung. Das Unternehmen kann daraus seinen Lieferanten wählen. Zwar ist der Preis der zu bestellenden Güter und Leistungen ein wichtiger Faktor, doch müssen Qualität und Zuverlässigkeit in die Entscheidung einbezogen werden. Neue Lieferketten bieten zwar häufig den Zugriff auf günstigere Einkaufspreise. Um die Preise jedoch vergleichbar zu machen, müssen die unterschiedlichen Kosten der Lieferkette wie Transport oder Zertifizierung berücksichtigt werden.

> **Beispiel: Von regional nach global**
>
> Noch immer gibt es viele kleine und mittlere Unternehmen, die eine globale Beschaffung gerade erst entdecken. Dem Einkauf von Bauteilen, Waren oder Rohstoffen in Deutschland oder dem benachbarten Ausland werden Lieferketten aus Asien, Afrika oder Lateinamerika gegenübergestellt. Die Einkaufspreise sind in globalen Lieferketten erfahrungsgemäß wesentlich niedriger als bei den regionalen Anbietern. Ob dieses Potenzial für das Unternehmen tatsächlich verwirklicht werden kann, entscheiden die Kosten, die durch die jeweiligen Lieferketten entstehen.

Kosten: Jede Lieferkette verursacht Kosten. Grundsätzlich verursachen lange Lieferketten höhere Kosten als kurze. In jeder Lieferketten steckt das Potenzial zur Kostensenkung. Wenn z. B. Transportwege neu definiert und Transporteure ausgetauscht werden, entstehen neue Lieferketten. Mit diesen entsteht die Chance, die Kosten für die Nutzung der Lieferkette zu senken. Das gilt auch dann, wenn der eigentliche Einfluss des Unternehmens auf die Lieferketten gering ist. Denn meist kaufen kleine und mittlere Unternehmen ihre Güter und Leistungen aus Asien oder einem anderen Ort der globalen Märkte über einen Händler. Die Kosten der Lieferkette verstecken sich daher in dessen Angebotspreisen. Wird eine neue Lieferkette mit einem Händler installiert, der einen optimierten Beschaffungsprozess nutzt, sollte sich das in den letztlich zu zahlenden Einkaufspreisen widerspiegeln.

Abläufe: Bestimmte Lieferketten werden von den Unternehmen bereits seit vielen Jahren verwendet. Die Erfahrungen und dort etablierten Abläufe können genutzt werden, um vergleichbare Güter und Leistungen oder Lieferungen anderer Waren aus gleichen Regionen abzuwickeln. Eine vorhandene Lieferkette mit den erprobten Abläufen kann so teilweise kopiert werden und die Chance auf eine sichere neue Lieferkette bieten.

Hohe Kosten entstehen auch durch komplexe Abläufe in den Lieferketten. Gleichzeitig ist Komplexität sehr risikoreich. Durch neue Lieferketten kann versucht werden, die Abläufe zu vereinfachen und so die Chance zu nutzen, die Belieferung sicherer zu gestalten. Die dazu notwendigen Kostenvergleiche werden im Controlling mit dort bekannten Instrumenten erledigt.

Beispiel: Reshoring

Die Lieferkettenprobleme der letzten Zeit – ausgelöst etwa durch Lockdowns in China während der Coronapandemie, Störungen der Transportwege oder Handelssanktionen – haben zu einem Umdenken in Teilen der europäischen Industrie und des Handels geführt. Unternehmen, die ihre Fertigung u. a. nach China ausgelagert haben, prüfen die Rückverlagerung nach Deutschland oder in die EU. Dieses Reshoring verändert die Lieferketten dramatisch. Kleine und mittlere Unternehmen haben meist keine eigene Produktion in China oder an anderen Orten aufgebaut, sie haben zum Teil die eigene Produktion in Deutschland durch den globalen Einkauf ersetzt. Die Lieferketten sind entsprechend komplex. Das Reshoring bedeutet in diesen Fällen, entweder wieder eine eigene Produktion aufzubauen oder Lieferanten in Deutschland oder der EU zu finden.

Zum Zeitpunkt der Entscheidung für den Bezug von Gütern und Leistungen aus weit entfernten Ländern waren die Risiken nicht sehr hoch. Die Chancen der niedrigen Beschaffungskosten in den globalen Lieferketten mussten genutzt werden. Aktuell hat sich die Risikolage verändert. Neue Lieferketten mit europäischen Herstellern bieten die Chance, die Abläufe zu vereinfachen und damit mehr Sicherheit zu schaffen.

Innovationen: Neue Lieferketten bieten Zugriff auf neue, bisher nicht genutzte Güter und Leistungen. Diese können im Unternehmen zu neuen Produkten, verbesserten Produkten oder optimierten Fertigungsverfahren führen. So können z. B. verbesserte Bauteile mit zusätzlichen Funktionen die Qualität des eigenen Produktes verbessern und damit auch neue Kunden gewonnen werden. Doch dieses Potenzial haben nicht nur globale Lieferketten, obwohl in den letzten Jahren viele Erfahrungen mit technischen Innovationen aus den Ländern der globalen Hersteller gemacht worden sind, vor allem aus China. Eine regionale Lieferkette kann trotz hoher Einkaufspreise durch die Nutzung neuer Entwicklungen ebenfalls ein hohes Innovationspotenzial aufweisen.

Nachhaltigkeit und soziale Standards: Aktuell werden soziale Standards und Nachhaltigkeit für deutsche und europäische Unternehmen immer wichtiger. Die Kenntnis der Lieferketten ist Voraussetzung für die Einschätzung, wie hoch die Betroffenheit ist. Lieferketten beinhalten nicht nur das Risiko, dass sie den Anforderungen von nachhaltigem Handeln und der Beachtung von Menschenrechten und Umweltschutz nicht gerecht werden können. Die Chancen auf diesem Gebiet liegen vor allem darin, Problemfelder zu erkennen und darin Verbesserungen zu erreichen.

In den Lieferketten steckt sehr viel Potenzial, das zum Vorteil des Unternehmens genutzt werden kann. Aufgabe des Lieferkettencontrollings ist es, dieses aufzuzeigen und systematisch bei der Entdeckung und Bewertung zu unterstützen.

3.2.2 Wie werden Chancen entdeckt?

Um das Potenzial in den Lieferketten zu entdecken, ist eine intensive Beschäftigung mit der Materie notwendig. Neben den offensichtlichen Chancen, wie der Verschlankung einer Kette, ergeben sich viele versteckte Möglichkeiten für positive Entwicklungen nach den individuellen Gegebenheiten des Unternehmens. Dabei liegt das Potenzial nicht immer nominell in einer Lieferkette, die gerade betrachtet wird: Vielmehr ergeben sich die Chancen oft im Vergleich mit anderen Lieferketten, die dann die bisherigen ersetzen oder Anlass für deren Anpassung werden. Die wichtigsten Ansatzpunkte bei der Suche nach Chancen sind:

Güter und Leistungen: Vergleichbare Güter und Leistungen sollten auch vergleichbare Lieferketten haben. Die Abläufe von der Erzeugung bis zur Lieferung an das Unternehmen werden für verwandte Einkaufsprodukte miteinander verglichen. Gibt es Unterschiede in Risiko oder Kosten, kann durch Anpassung der jeweils schlechteren Lieferkette ein wesentlicher Vorteil erreicht werden. Warum sollte z. B. ein elektronisches Bauteil aus deutscher Produktion stammen, wenn bereits ein vergleichbares Bauteil aus China beschafft wird? Beides hat sicher Gründe und damit Vorteile, doch das kann auch für die jeweils andere Lieferkette gelten. Nur eine detaillierte Prüfung kann das Potenzial einer Veränderung entdecken.

Regionen: Was für vergleichbare Güter und Leistungen gilt, gilt ebenso für vergleichbare Regionen. Güter und Leistungen, die aus Asien bezogen werden, sollten vergleichbare Lieferketten aufweisen. Ist das nicht der Fall, muss untersucht werden, ob einer Angleichung der Abläufe für das Unternehmen vorteilhaft ist. Gleichzeitig kann der Hinweis auf hohe Risiken in einer Region die anderen Lieferketten aus derselben Region beeinflussen. Potenzial zur Verbesserung entsteht, wenn alle Lieferketten einer betreffenden Weltgegend überprüft werden.

Partner: Durch das Lieferkettencontrolling wird deutlich, welche Partner wie Erzeuger, Veredler, Hersteller, Händler und Transporteure an den Lieferketten des Unternehmens beteiligt sind. Dabei gibt es zwei Gesichtspunkte, die Potenzial zur Verbesserung beschreiben:

1. Tauchen bestimmte Namen von Partnern immer wieder auf, kann eine Zusammenlegung von Lieferketten für verschiedene Güter und Leistungen vorteilhaft sein. Wenn z. B. mehrere Bauteile vom gleichen Hersteller in China stammen und über einen Händler in Europa eingekauft werden, kann ein direkter Einkauf in China ohne Einschaltung des Händlers positive Ergebnisse erzielen.

2. Gibt es in den einzelnen Lieferketten unterschiedliche Partner mit gleichen Funktionen, liegt Potenzial in der Vereinheitlichung. Werden die Aufgaben aus mehreren Lieferketten auf einen der Partner konzentriert, kann das positive Auswirkungen auf Kosten und Risiken haben.

Transportwege: Lange und komplexe Transportwege bieten oft Potenzial zur Vereinfachung und damit zu geringeren Kosten und Risiken. Chancen sind also in Lieferketten zu erwarten, die viele und/oder lange Transportwege aufweisen.

Kosten: Ein wichtiger Ansatzpunkt bei der Suche nach Verbesserungspotenzial in den Lieferketten sind die Kosten, die durch Beschaffung und Transport entstehen. Lieferketten mit hohen Gesamtkosten werden detailliert untersucht. Bietet das Lieferkettencontrolling positionsbezogene Kosteninformationen, lassen die Lieferketten mit vergleichsweise hohen Kosten in einer Position die größten Chancen auf Kostensenkungen erwarten.

Kosten spielen auch bei der Beschaffung selbst eine Rolle. Durch Einrichtung und Nutzung einer Lieferkette entstehen Kosten, die im Vergleich zu vorhandenen Lieferketten niedriger oder höher sein können. Dazu zählen u. a. Kosten für die Kommunikation mit den Partnern in der Kette, Kosten für die Information über die Märkte im Ausland oder Kosten für die Abwicklung mit Dokumenten, Akkreditiven usw. Obwohl diese Kostenarten in den meisten Unternehmen als Gemeinkosten gebucht werden, entstehen sie im direkten Zusammenhang mit einer bestimmten Lieferkette. Potenzial zu Kostensenkungen ist u. U. vorhanden.

Risiken: Dort, wo Risiken hoch sind, gibt es wesentliches Potenzial zur Verbesserung durch eine Risikoreduktion. Lieferketten mit hohen Risiken (insgesamt oder in einzelnen Positionen) werden daher ebenso individuell untersucht. Gelingt es, die Risiken zu senken, gibt es die Chance auf geringere Kosten in der Lieferkette, möglicherweise können auch Maßnahmen zur Risikoüberwachung und Risikoabwehr entfallen.

Innovationen: Die Einschätzung von Innovationspotenzial ist anspruchsvoll. Erfahrung mit einzelnen Herstellern oder mit Herstellern aus einer Region können helfen, gezielt nach positiven Entwicklungen zu suchen. Dazu müssen mehrere Unternehmensbereiche je nach Inhalt der Lieferkette an der Einschätzung beteiligt werden. Die Entwicklungsabteilung definiert die Innovationen, der Vertrieb beurteilt die Marktreaktionen, die Beschaffung beschreibt mögliche Quellen und das Controlling bewertet das Potenzial.

Bedarfe: Die Lieferketten von Gütern und Leistungen, für die ein hoher Bedarf besteht, liefern bei der Nutzung ihrer Chancen den höchsten Erfolg. Die Suche nach Verbesserungspotenzial in den Lieferketten sollte daher bei großen Bedarfen, also bei hohen Einkaufsvolumen, beginnen.

Lieferzeiten: Lange Lieferzeiten verlangen entsprechende Maßnahmen wie hohe Bestände und/oder eine enge Taktung der Lieferungen. Beides verursacht Kosten und beinhaltet hohe Risiken. Die Suche nach Verbesserungspotenzial in den Lieferketten sollte daher bei langen Lieferzeiten intensiviert werden.

Hinweis: Kombinationen

Im Unternehmen finden sich viele Lieferketten, die sowohl zu Gütern und Leistungen mit hohen Bedarfen führen als auch lange Lieferzeiten haben und hohe Kosten verursachen. In solchen Ketten, die mehrere der genannten Eigenschaften auf sich vereinen, ist die Chance auf Vorteile durch die Lieferketten (neue oder alte) am höchsten.

3.2.3 Chancen bewerten

Die Risiken einer Lieferkette führen dann, wenn sie eintreten, mit Gewissheit zu einer Störung der Lieferkette. Wenn Chancen identifiziert wurden, realisieren sie sich demgegenüber nicht unbedingt zu 100 Prozent. Der Erfolg kann weit unterhalb des erwarteten Wertes liegen, aber auch darüber. Das ist bei der Bewertung der Chancen, analog zur Bewertung der Risiken, zu bedenken. Die Angabe einer solchen Eintrittswahrscheinlichkeit, die erst in der späteren Beurteilung zu einem Euro-Betrag führt, ist eine kontextgebundene Interpretation, mithin nicht vollständig objektivierbar.

Beispiel: Preisreduktion

Ein neuer Lieferant bedeutet immer auch eine neue Lieferkette. Ein neuer Lieferant bietet immer auch die Chance auf Verhandlungen über die Preise für Güter und Leistungen. Doch wie hoch ist die Wahrscheinlichkeit für eine Preisreduktion?

Das kann wieder mit einer mathematisch errechneten Prozentzahl ermittelt werden. Wenn bei den letzten zehn Lieferantenwechsel in sieben Fällen eine Preisreduktion erreicht werden konnte, dann kann die Wahrscheinlichkeit mit 70 % angenommen werden. Die Rechnung kann differenzierter durchgeführt werden, indem die Zahlen auf Produktgruppen oder Beschaffungsregionen bezogen werden. In den meisten kleinen und mittleren Unternehmen fehlt dann allerdings eine ausreichende Datengrundlage.

Die Alternative zur mathematischen Berechnung ist die subjektive Einschätzung. Dabei verwenden Fachleute ihre Erfahrungen für die Beschaffung und verfügen somit über detailliertere Informationen. Wenn der bisherige Lieferant als teuer gilt, ist die Wahrscheinlichkeit für eine Preisreduktion hoch, da sich durch neue Lieferketten preiswertere Quellen erschließen lassen. Wenn der mögliche neue Lieferant als preiswert gilt oder seine Marktanteile ausbauen will, dann kann ebenfalls eine Preisreduktion erwartet werden. Wenn es bereits Verhandlungen mit den Partnern der möglichen neue Lieferkette gegeben hat, kann die Möglichkeit niedrigerer Preise besser eingeschätzt werden. Auch Erfahrungen mit neuen Lieferketten in der Vergangenheit spielen bei der subjektiven Einschätzung mit.

Die subjektive Einschätzung von Wahrscheinlichkeiten für die Umsetzung von Chancen einer Lieferkette wird anhand einer Matrix, vergleichbar mit der Ursachenmatrix bei der Risikobewertung, unterstützt. Abbildung 16 zeigt beispielhaft, wie das aussehen kann. Die Vorgehensweise ist mit der für Risiken beschriebenen identisch.

Chancenmatrix für Produkt:					XYZ						Lieferkette:		See 1 Manila					
	Güter und Leistungen		Regionen		Partner		Transport-wege		Kosten		Risiken		Innova-tionen		Bedarfe		Lieferzeiten	
Lager																		
↑																		
Transport											bessere Disposition	30%					zuverlässig	2%
↑																		
Händler					Konzentra-tion auf einen	10%			EK-Preise reduzieren	5%	Zuverlässig-keit	10%			steigend	5%		
↑																		
Transport							sehr lang	20%	optimierte Zeiten	10%	Verkürzung / Zusammen-legung	40%			steigend	5%	verkürzt	5%
↑																		
Hersteller 2					Direktbezug	2%					bekannter Partner	15%			steigend	5%	bessere Disposition	5%
↑																		
Transport							sehr lang	15%										
↑																		
Hersteller 1																		
↑																		
Transport			gemeinsamer Transport	10%														
↑																		
Veredler	vergleichbare Qualitäten	15%									bessere Informa-tionen	15%						
↑																		
Transport																		
↑																		
Erzeuger	Konzentration auf einen Rohstoff	4%	Konzentra-tion auf eine Region	5%							Kontrolle Nachhaltig-keit usw.	20%	neue Sorten	5%				

Abb. 16: Chancenmatrix

Die in die Matrix einzutragenden Chancen sind auf die Verwendung der entsprechenden Lieferkette zu beziehen. So werden z. B. durch die Verwendung der dargestellten Lieferkette und durch mit dem Produkt verbundene steigende Bedarfe bei dem Händler, dem Hersteller 2 und dem Transport zwischen diesen beiden Partnern Chancen erwartet. Diese werden mit einer Wahrscheinlichkeit von 5% angenommen. Die durch diese Lieferkette mögliche Verkürzung der Transportwege und Zusammenlegung mehrerer Produkttransporte führt mit einer Wahrscheinlichkeit von 40% zu einem Vorteil für das Unternehmen.

Es ist nicht sinnvoll, die Wahrscheinlichkeiten für die Chancen zu einem Gesamtwert für die Lieferkette zusammenzufassen. Die Wahrscheinlichkeiten gelten immer nur für das einzelne Ereignis, die Auswirkungen daraus können jedoch addiert werden. Darum ist erst später, nach der Bewertung der einzelnen Potenziale mit Euro, ein Gesamtwert sinnvoll.

3.3 Beurteilen der Lieferketten

Das Leben ist voller Risiken, das gilt ganz besonders für die unternehmerische Tätigkeit. Es geht immer darum, die Risiken zu beherrschen, sie zu minimieren und die richtigen Reaktionen darauf zu finden. Nicht jedes erkannte Risiko stellt auch eine reale Bedrohung dar. Das gilt auch für Lieferketten, die mit unzähligen Gefahren versehen sind. Nicht jedes Risikoereignis bringt unbedingt unlösbare Probleme mit sich. Vielmehr kann mit entsprechenden Maßnahmen reagiert werden. Die Situation mag dabei zu einem wirtschaftlichen Schaden im Vergleich zur Situation ohne das eigetretene Problem führen, existenzbedrohend sind nicht alle Risiken.

Besonders wichtig ist es, bei der Beurteilung der Risiken in Lieferketten auf das reale Bedrohungspotenzial zu achten, denn:

- Risiken, die als zu wichtig eingeschätzt werden, führen zu Maßnahmen, die nicht notwendig sind. Das verursacht Kosten, die nicht notwendig sind, und das stört die Abläufe im Unternehmen. Insgesamt werden Ressourcen verschwendet.
- Risiken, die fälschlicherweise vernachlässigt werden, können im Eintrittsfall wesentliche Störungen und Kosten verursachen. Das Unternehmen gerät in Zugzwang und muss schnell und ungeplant reagieren, um die Auswirkungen zu bekämpfen. Das ist immer teurer als eine vorweggenommene und geplante Reaktion mit vorbereiteten Maßnahmen.

Auf diese Problematik wird bereits mit der Vergabe unterschiedlicher Wahrscheinlichkeiten für die verschiedenen Risiken reagiert. Jetzt müssen noch die tatsächlichen Auswirkungen, die bei Eintritt einer Störung entstehen, ermittelt werden. Dadurch werden Risiken trotz gleicher Wahrscheinlichkeiten unterschiedlich wichtig für das Unternehmen.

Beispiel: Ausfallwahrscheinlichkeit 10%

Ein Unternehmen bezieht zwei Bauteile über einen Händler aus südafrikanischer Produktion. Beide Produkte haben die gleiche Lieferkette. Beide Lieferketten haben aufgrund von Transportrisiken und Risiken des politischen Umfeldes eine Ausfallwahrscheinlichkeit von 10%. Maßnahmen müssen ergriffen werden.

Das erste Bauteil wird in großen Mengen benötigt, da es in fast jedem Produkt des Unternehmens verbaut wird. Ist dieses Bauteil nicht vorhanden, müsste die Produktion gestoppt oder zumindest gedrosselt werden, da Alternativen auf dem Markt nur begrenzt verfügbar sind. Auf dieses Risiko wird reagiert, indem ein hoher Sicherheitsbestand aufgebaut wird. Außerdem sind die Aufträge für dieses Bauteil sehr eng getaktet und überwacht.

Das zweite Bauteil stammt vom gleichen Hersteller in Südafrika und wird über die gleichen Transportwege geliefert. Allerdings sind die benötigten Mengen sehr gering. Diese könnten auch auf dem Markt in Europa problemlos beschafft werden, jedoch wären die Kosten dafür etwas höher. Das Bauteil wird nur in wenigen Produkten eingesetzt, die Auswirkungen auf den Umsatz bei fehlender Lieferfähigkeit wären begrenzt. Maßnahmen sind trotz des gleichen Ausfallrisikos wie beim ersten Bauteil nicht notwendig.

Im nächsten Schritt wird daher festgestellt, wie abhängig das Unternehmen vom Funktionieren der Lieferkette ist. Auch das muss wieder systematisch, geplant und vollständig geschehen. Die Unterstützung des Controllings bietet sich an.

3.3.1 Abhängigkeiten bewerten

Wie groß die Abhängigkeit eines Unternehmens von einer Lieferkette ist, muss immer individuell und immer wieder neu beurteilt werden. Verschiedene Unternehmen mit vergleichbaren Lieferketten können unterschiedlich abhängig sein. Daher kann die Einschätzung der Abhängigkeit nicht von anderen externen Stellen übernommen werden. Hinzu kommt, dass sich die Abhängigkeit im Laufe der Zeit langsam oder auch plötzlich verändern kann. Daher wird die Abhängigkeit regelmäßig neu bewertet.

Beispiel: Mit und ohne Lager

Zwei Unternehmen in benachbarten Industriegebieten haben das gleiche Produktprogramm und vergleichbare Fertigungsverfahren. Beide kaufen wichtige Bauteile für die elektronische Steuerung in der Ukraine ein, die Lieferketten sind identisch. Nach dem temporären Ausfall des Herstellers im Kriegsgebiet nach dem russischen Angriff zeigte sich, dass trotz identischer Umstände die Abhängigkeit von dem Funktionieren der Lieferkette unterschiedlich war.

Das eine Unternehmen hat die relative Nähe zur Ukraine genutzt, um Lagerbestände abzubauen und auf eine Just-in-time-Belieferung umgestellt. Als die Lieferkette unterbrochen war, musste die Produktion sofort eingestellt werden, Sicherheitsbestände gab es nicht. Die Abhängigkeit war groß. Kunden haben die Beziehung zu dem Unternehmen abgebrochen und Konkurrenzprodukte gekauft.

Das andere Unternehmen hatte einen Lagervorrat des wichtigen Bauteils für fast zwölf Monate aufgebaut. Durch diese Maßnahme kam es bei der Störung der Lieferkette durch den Ukrainekrieg nicht zu Ausfällen in der Produktion, die Abhängigkeit war gering. Da der ukrainische Hersteller die Produktion inzwischen wieder aufgenommen hat, ist es nicht zu einer spürbaren Störung gekommen. Das hat die Beziehung zu den vorhandenen Kunden dieses Unternehmens gefestigt, neue Kunden konnten gewonnen werden.

Beispiel: Saisonabhängigkeit

Ein Unternehmen stellt Gartengeräte her, die in wetterabhängigen saisonalen Spitzenzeiten verkauft werden. Produziert werden diese Geräte direkt vor und zu Beginn der Saison. Entsprechend zeitig werden die Bestände für wichtige Rohstoffe und Bauteile eingekauft. Ist ein Container mit Bauteilen aus China dann plötzlich zusätzliche Wochen unterwegs, kann in der Hochzeit der Saison nicht produziert und verkauft werden. Die Abhängigkeit vom Funktionieren der Lieferkette ist hoch. Kommt diese Störung in einer Zeit, in der die Fertigung bedingt durch die Saisonalität nur schwach ausgelastet ist, ist die Abhängigkeit geringer, da die Auswirkungen geringer sind.

Individuelle Prüfungen sind aufwendiger als ein genereller Abgleich mit vorgegebenen Werten. Um den Aufwand für die Bearbeitung jeder Lieferkette im Controlling zu optimieren, wird eine systematische Vorgehensweise durch Abarbeiten einer Liste möglicher sachlicher, zeitlicher und finanzieller Abhängigkeiten vorgeschlagen. Das stellt auch sicher, dass bei der Prüfung vollständig alle Möglichkeiten berücksichtigt werden.

Hinweis: Abhängigkeiten und Maßnahmen

Abhängigkeiten des Unternehmens von bestimmten Lieferketten können reduziert werden. Zumindest sorgen bestimmte Maßnahmen dafür, dass die Auswirkungen von Störungen in der Kette minimiert werden. Diese Maßnahmen gehören zur Lieferkette, sind dort zu dokumentieren und mit ihren Kosten zu berücksichtigen. Unter diesen Bedingungen sinkt die zu berücksichtigende Abhängigkeit.

Die folgenden Listen erheben nicht den Anspruch auf Vollständigkeit. Sie geben aber einen Überblick über die wichtigsten Gründe, die bei der Beurteilung der Abhängigkeit des Unternehmens von einer Lieferkette berücksichtigt werden müssen. Vor der Verwendung dieser Beispiele in der Praxis müssen individuelle Punkte, die Abhängigkeiten schaffen können, ergänzt werden.

3.3.1.1 Liste sachlicher Abhängigkeiten

Die Liste der sachlichen Abhängigkeiten enthält eine Vielzahl von Gründen, die bei einer Störung in der Lieferkette wesentliche Auswirkungen haben können. Dabei geht es vor allem um Punkte, die sich auf die zu liefernden Güter und Leistungen und die in der Kette vorhandenen Partner beziehen. Immer dort, wo sich der beschriebene Zustand zeigt, sollte nach Abhängigkeiten gesucht werden.

Güter und Leistungen ohne Alternative: Alternativen für die in der Lieferkette beschriebenen Güter und Leistungen bestimmen den Grad der Abhängigkeit. Wenn es z. B. sehr einfach ist, ein Bauteil gegen ein anderes auszutauschen, reduziert sich die Abhängigkeit von der Lieferkette. Im Störungsfall wird das alternative Teil besorgt und verbaut. Es kommt nur zu geringen Störungen. Gibt es keine Alternative zu den Rohstoffen, Werkstoffen, Bauteilen, Waren oder Dienstleistungen, ist die Abhängigkeit von der Lieferkette tendenziell hoch.

Verderbliche Güter und Leistungen: Güter können einen Zeitaspekt in sich tragen. Wenn sie zu spät kommen, sind sie weniger oder gar nicht mehr nutzbar für das Unternehmen. Das betrifft vor allem landwirtschaftliche Produkte, die möglichst frisch sein sollten. Das Mindesthaltbarkeitsdatum spielt in der Lebensmittelindustrie und bei den Pharmaunternehmen eine wichtige Rolle, da bei zu spät gelieferten Chargen an Rohstoffen und Zwischenprodukten eine Verarbeitung nur noch sehr eingeschränkt möglich ist. Auch andere Güter können bei Verzögerungen in der Lieferkette »verderben«. Modische Artikel z. B. lassen sich nur in der jeweiligen Saison verkaufen. Selbst technische Produkte treffen auf weniger Nachfrage, wenn sie veraltet sind. Störungen in den Lieferketten solcher Güter haben Auswirkungen, die eine Abhängigkeit des Unternehmens von diesen Lieferketten vermuten lassen.

Hinweis: Verdorbene Dienstleistungen

Der Steuerberater, der die Steuerbilanz und die Steuerklärung des Unternehmens nach dem Abgabedatum bereitstellt, liefert ein »verdorbenes« Produkt. Der Berater, der seine Ergebnisse nach dem Termin der internen Entscheidung liefert, kommt für das Unternehmen zu spät. Auch Lieferketten für Dienstleistungen können also wesentliche Probleme durch verdorbene Produkte mit den entsprechenden Auswirkungen und Abhängigkeiten bereiten.

Lieferant ohne Alternative: Wenn die benötigten Güter und Leistungen nur von einem Lieferanten bezogen werden können, gibt es im Störungsfall keine Ausweichmöglichkeit. Die Abhängigkeit von diesem Lieferanten ist hoch. Das wirkt sich auf jede Lieferkette aus, in der dieser Lieferant vorkommt. Bei der Beurteilung der Abhängigkeit spielt es keine Rolle, ob der Lieferant tatsächlich die einzige Option ist oder ob das nur aus praktischen Gründen der Fall ist. Wenn es andere potenzielle Lieferanten gibt, diese aber nicht an das Unternehmen liefern können oder wollen, hat das Unternehmen keine Wahl.

Hinweis: Mehrere Gründe erhöhen Abhängigkeit

Schon die ersten Punkte der Prüfliste zeigen eine wichtige und notwendige Überlegung bei der Bestimmung der Abhängigkeit von einer Lieferkette auf. Wenn ein alternativloser Lieferant auf ein alternativloses Gut trifft, steigt die Abhängigkeit von der Lieferkette enorm. Im Vergleich dazu führt ein alternativloser Lieferant für ein Gut, das problemlos substituiert werden kann, nur zu einer geringen Abhängigkeit. Dieses Zusammenspiel muss mit allen möglichen Parametern der Abhängigkeit beachtet werden.

Partner in der Kette ohne Alternative: Nicht nur der Lieferant als letztes Glied und als direkter Ansprechpartner des Unternehmens in der Lieferkette kann alternativlos sein. Grundsätzlich kann jedes Kettenglied einzigartig sein. Wenn der Lieferant vom alleinigen Hersteller eines Vorproduktes kauft, führt dessen Ausfall zu vergleichbaren Problemen in der Lieferkette. Auch hier fehlen Güter und Leistungen im Unternehmen mit den entsprechenden Auswirkungen. Die Abhängigkeit ist hoch, da eine Alternative nicht vorhanden ist.

Hinweis: Gesamte Lieferkette ist wichtig

Die Abhängigkeit des Unternehmens von einer funktionierenden Lieferkette kann also nicht allein mit Betrachtung der letzten Stufe eingeschätzt werden. Auch das Funktionieren der anderen Stellen wie der Erzeuger, Veredler, Hersteller und Transporteure bestimmen die Risiken. Es ist also unabdingbar, die Lieferketten – so weit wie praktisch und wirtschaftlich möglich – bis an den Beginn zurückzuverfolgen und einzuordnen.

Lieferant in vielen Lieferketten: Die Konzentration auf möglichst wenige Lieferanten führt im Einkauf zu weniger Arbeit und zu einer größeren Verhandlungsmacht. Gleichzeitig steigt die Abhängigkeit von diesem Lieferanten wesentlich. Und mit der Abhängigkeit von dem Lieferanten kommt es zu Abhängigkeiten von jeder Lieferkette, in der dieser Lieferant vorkommt. Das mag für die einzelne Lieferkette jeweils nur geringe Auswirkungen haben. Da aber gleichzeitig die Kette für viele Güter oder Leistungen zusammenbricht, entsteht zusammengenommen doch ein großes Problem. Gibt es also einen Lieferanten mit hohem Liefervolumen und vielen Gütern oder Leistungen, sollten die betroffenen Lieferketten bei der Bestimmung der Abhängigkeit besonders beurteilt werden.

Notwendige Wartung: Ein Beispiel dafür, dass auch Lieferketten für Dienstleistungen zu einer hohen Abhängigkeit des Unternehmens von dem Funktionieren führen können, sind Wartungsarbeiten. Diese sind zwar im Gegensatz zu Reparaturen planbar, können aber nicht beliebig verschoben werden. Vor allem im Bereich der Fertigung sind Verzögerungen spürbar und können zu wesentlichen Auswirkungen führen. Wenn die Wartung nur durch eine bestimmte Stelle, z. B. den Hersteller der Anlagen, erfolgen kann, dann entsteht eine große Abhängigkeit des Unternehmens von dem korrekten und problemfreien Ablauf in der Lieferkette.

Notwendige Dienstleistung: Es gibt viele Dienstleistungen, auf die das Unternehmen angewiesen ist. Der Internetshop wird von einem Provider gehostet, der Zugriff auf die in der Cloud gespeicherten Daten erfolgt in Abhängigkeit von der Funktionalität des entsprechenden Dienstleisters. Berater und Agenturen erbringen Leistungen, die im Unternehmen nicht oder nicht mehr erbracht werden können, weil dazu die Zeit und das Know-how fehlen. Von vielen der für diese Dienstleistungen verantwortlichen Lieferketten ist das Unternehmen abhängig.

Beispiel: Prüfung des Jahresabschlusses

Für Unternehmen ab einer bestimmten Größe ist gesetzlich vorgeschrieben, dass der Jahresabschluss von einem zugelassenen Wirtschaftsprüfer zu prüfen ist (§ 316 HGB). Besonders für Aktiengesellschaften hat eine verspätete oder falsche Abgabe des testierten Abschlusses wesentliche Auswirkungen. Das hat im Jahr 2022 die Adler Group S.A., eine in Luxemburg börsennotierte Gesellschaft, erfahren. Nach der Verweigerung des Testats für den Jahresabschluss 2021 durch die Wirtschaftsprüfungsgesellschaft KPMG konnte lange kein Wirtschaftsprüfer für den Abschluss 2022 gefunden werden. Die Angst der infrage kommenden Dienstleister, in eventuellen negativen Schlagzeilen verantwortlich gemacht zu werden, war zu groß. Die zu erwartenden Auswirkungen eines fehlenden Testats zeigen die Abhängigkeit der angeschlagenen Adler Group S.A. von einer funktionierenden Lieferkette für die Wirtschaftsprüfung.

Beispiel: Wartung eng getaktet

Die kontinuierliche Produktion in einem Unternehmen der Lebensmittelindustrie wird geplant einmal im Jahr für ein Wochenende heruntergefahren. Dieser Produktionsstopp wird dazu genutzt, möglichst viele Wartungsarbeiten parallel durchzuführen. In diesem Jahr stellte sich erst nach Beginn des komplexen Ablaufs zum Stopp der Anlagen heraus, dass die Wartungsmonteure für die wichtige Tiefkühleinheit nicht kommen würden. Der Abflug aus den USA konnte aufgrund eines Pilotenstreiks nicht pünktlich erfolgen. Die Dienstleister trafen erst am Montagmorgen ein, als die Maschinen längst wieder laufen sollten. Der durch diese Störung in der Lieferkette verursachte Schaden betrug mehrere Hunderttausend Euro und zeigte die enorme Abhängigkeit des Unternehmens vom Funktionieren aller Elemente in der Lieferkette.

Um alle Problemfelder, die im Unternehmen eine Abhängigkeit von Lieferketten schaffen können, adressieren zu können, wird eine Liste erstellt. Deren Schwerpunkt liegt auf der Identifikation von möglichen Problemen, die sich aus Störungen in den Lieferketten ergeben:

Problemfeld	Produkt	Lieferkette	Auswirkungen	Abhängigkeit
Güter und Leistungen ohne Alternative				
Verderbliche Güter und Leistungen				
Lieferant ohne Alternative				
Partner in der Kette ohne Alternative				
Lieferant mit vielen Gütern				
Notwendige Wartung				
Notwendige Dienstleistung				

Tab. 4: Liste der sachlichen Problemfelder

Diese Liste zeigt die Struktur der Informationssammlung für die Bewertung von Abhängigkeiten. Sie scheint sehr klar und eindeutig zu sein, verliert diese Übersichtlichkeit jedoch bereits sehr schnell. Dazu sind nur die Einträge weniger Produkte und Lieferketten notwendig.

Beispiel: Komplexität

Wie schnell die Liste der sachlichen Problemfelder unübersichtlich wird, zeigt die folgende Liste, gefüllt mit nur fünf Produkten und Lieferketten.

Problemfeld	Produkt	Lieferkette	Auswirkungen	Abhängigkeit
Güter und Leistungen ohne Alternative				
Verderbliche Güter und Leistungen	XYZ	Manila See	fehlende Produkte	hoch
	XXX	Caro Lkw	fehlende Produkte	mittel
	YYY	Bayreuth Lkw	hohe Preise	gering
Lieferant ohne Alternative	XXY	Singapur Flight	fehlende Produkte	hoch
	XXY	Singapur Flight	Produktionsstopp	hoch
Partner in der Kette ohne Alternative	XYZ	Manila See	fehlende Produkte	hoch
Lieferant mit vielen Lieferketten	XXX	Caro Lkw	fehlende Produkte	mittel
Notwendige Wartung	W1X34	Polen Flight	Produktionsstopp	hoch
Notwendige Dienstleistung				

Tab. 5: Liste der sachlichen Problemfelder, beispielhaft gefüllt

Die Komplexität der ausgefüllten Liste steigt mit weiteren Produkten und Lieferketten, die berücksichtigt werden müssen. Selbst wenn für einzelne Produktgruppen eigene Listen geführt werden, ist die Liste als weitere Entscheidungsgrundlage selbst in kleinen Unternehmen nur sinnvoll einzusetzen, wenn dazu die Ordnungsfunktionen der Tabellenkalkulation (Sortieren, bedingte Formatierung etc.) genutzt werden können. Sie hilft jedoch, für einzelne Ketten von dem Produkt und der Lieferkette über die erwarteten Auswirkungen bei der Störung Einsicht in die Abhängigkeiten zu erhalten.

Da die sachlichen Abhängigkeiten noch durch zeitliche und finanzielle Abhängigkeiten ergänzt werden, steigt die Komplexität weiter. Ein Mittel zur Bewältigung der Aufgabe, die Abhängigkeiten zu bewerten, ist eine Liste, die nicht nach den Problemfeldern, sondern nach Produkten oder Lieferketten sortiert ist. Diese werden wir bei der Beschäftigung mit den zeitlichen Abhängigkeiten kennenlernen, ist aber auch auf die sachlichen Abhängigkeiten anwendbar.

3.3.1.2 Liste zeitlicher Abhängigkeiten

Auf dem Weg zur Bewertung der Abhängigkeiten von Lieferketten muss auch die Komponente der Zeit berücksichtigt werden. Die Auswirkungen von Störungen innerhalb der Kette können wesentliche Unterschiede aufweisen, wenn sie zu unterschiedlichen Zeiten auftreten. Dabei lässt sich Zeit nicht immer allein in Tagen oder Wochen bemessen. Auch Mengen lassen sich in Zeit umrechnen.

Kritische Bestände: Die Auswirkungen bei Störungen einer Lieferkette sind immer auch abhängig vom noch vorhandenen Bestand der Güter. Je länger dieser Vorrat für die Verwendung in Produktion oder Verkauf reicht, desto geringer sind die Abhängigkeiten vom Funktionieren der dazugehörigen Lieferkette.

Die zur Verfügung stehende Zeit lässt sich unterschiedlich exakt berechnen. Der einfachste Weg ist die Feststellung des durchschnittlichen Verbrauchs je Zeiteinheit (Tag, Woche, Monat) und die Division der vorhandenen Bestandsmenge durch diesen Wert. Das Ergebnis ist dann die verfügbare Reichweite in der gewählten Zeiteinheit.

Beispiel: Durchschnittlicher Verbrauch

Bei einem Bestand von 6.000 Stück und einem durchschnittlichen Verbrauch von 500 Stück pro Tag reicht der Bestand für 12 Tage, an denen gefertigt wird:

$$\text{Reichweite} = 6.000 \text{ Stück} / 500 \text{ Stück pro Tag} = 12 \text{ Tage}$$

Diese Berechnung der Reichweite eines Bestandes ist ausreichend genau, wenn der Verbrauch relativ gleichmäßig ist. Schwankt der Verbrauch des Gutes sehr stark, kann nur eine detaillierte Verbrauchsplanung feststellen, wie lange ein vorhandener Bestand ausreicht.

Wenn Güter grundsätzlich einen niedrigen Bestand aufweisen, sind die Abhängigkeiten tendenziell höher als bei Gütern, die regelmäßig einen hohen Bestand haben. Bei der Beantwortung der Frage nach den üblichen Beständen eines Gutes hilft die Verwendung von Daten aus der Vergangenheit. Auswirkungen haben Parameter wie Sicherheitsbestände, Bestellrhythmus oder durchschnittliche Bestellmenge.

Kritische Nachfrage: Schwankt die Nachfrage nach den Produkten des Unternehmens unplanbar, ist das eine Herausforderung für die Disposition der für die Herstellung der Produkte benötigten Güter und Leistungen. Bei Handelswaren, die aus der betrachteten Lieferkette kommen, ist die Auswirkung noch direkter. Je weniger planbar und je unregelmäßiger die Nachfrage ist, desto höher ist die Abhängigkeit von dem Funktionieren der Lieferkette.

Bestellungen müssen u. U. verändert werden, wenn die Nachfrage sich anders entwickelt als geplant. Mengen müssen erhöht oder verringert werden, Liefertermine bereits beauftragter Mengen werden vorgezogen. Neue Bestellungen müssen zeitlich vorgezogen und schnell abgewickelt werden. Das funktioniert bei gut etablierten und bei flexiblen Lieferketten. Je kritischer die Nachfragen und ihre Schwankungen sind, desto größer ist die Abhängigkeit von der Reaktionsgeschwindigkeit innerhalb der Lieferkette.

Kritischer Ersatz: In den meisten Fällen ist die Beschaffung von Ersatzgütern oder Ersatz für Leistungen möglich. Dafür muss das Unternehmen vor allem Zeit einplanen, bis die neuen Lieferketten stehen. Diese Zeit muss überbrückt werden. Je kritischer der Ersatz ist, desto länger dauert er, desto größer sind die Auswirkungen von fehlenden Lieferungen durch die betrachtete Lieferkette. Die Abhängigkeit steigt mit der Schwierigkeit, einen Ersatz für das Gut oder die Leistung zu finden und geliefert zu bekommen.

Saisongeschäft: Sachlich sind saisonale Produkte durch die Gefahr des Verderbs bedroht. Zeitlich ist die Abhängigkeit dadurch zu bestimmten, dass die Produkte zu spät kommen können oder nachbearbeitet werden müssen. Unter Umständen geht dadurch eine gesamte Saison verloren, da die später gelieferten korrekten Güter und Leistungen nicht mehr gewinnbringend eingesetzt werden können. Je mehr ein Produkt von einem saisonalen Verkauf betroffen ist, desto größer ist die Abhängigkeit von der Lieferkette und ihrem pünktlichen Funktionieren.

Kritische Termine: Die Verkaufssaison ist nur ein zeitlicher Eckpunkt in der Planung des Unternehmens. Die zeitliche Verfügbarkeit setzt sich von den Verkaufsprodukten über die Stücklisten in die Rohstoffe, Werkstoffe, Bauteile und Waren um. Andere Zeitpunkte betreffen vor allem die Fertigungsabläufe, die zu bestimmten Zeiten bestimmte Güter und Leistungen beanspruchen. Ein typisches Beispiel ist der Produktionsstopp in einer kontinuierlichen Fertigung. Zu diesem lange geplanten und vorbereiteten Termin müssen Dienstleistungen wie Wartung oder Umbauten erbracht werden. Hilfs- und Betriebsstoffe müssen pünktlich vorhanden sein. Gibt es solche Zeitvorgaben, müssen die betroffenen Güter und Leistungen besonders pünktlich über die Lieferkette ins Unternehmen gelangen. Fehler würden die große Abhängigkeit durch wesentliche Kostensteigerungen und Lieferprobleme zeigen.

Die Liste der zeitlichen Abhängigkeiten zeigt die gerade beschriebenen Problemfelder auf. Sie kann und muss u. U. erweitert werden, um individuelle Tatbestände zu berücksichtigen. Im Aufbau ist diese Liste vergleichbar mit der Liste der sachlichen Abhängigkeiten.

Problemfeld	Produkt	Lieferkette	Auswirkungen	Abhängigkeit
Kritische Bestände				
Kritische Nachfrage				
Kritischer Ersatz				
Saisongeschäft				
Kritische Termine				

Tab. 6: Liste der zeitlichen Problemfelder

Diese Liste der zeitlichen Problemfelder wird, ebenso wie die der sachlichen Problemfelder, schnell unübersichtlich. Sie kann aber als zentrale Sammelstelle für alle Produkte und Lieferketten dienen. Um eine bessere Handhabbarkeit für die praktische Arbeit zu erreichen, kann eine Tabelle pro Lieferkette aufgestellt werden.

Liste Abhängigkeiten für Produkt:						
Lieferkette	kritischer Bestand	kritische Nachfrage	kritischer Ersatz	Saisongeschäft	kritische Termine	Abhängigkeit

Tab. 7: Liste der zeitlichen Problemfelder nach Produkt und Lieferkette

Beispiel: Luft- und Seeweg

Wird die Liste der zeitlichen Problemfelder für jeweils ein Produkt und die dazugehörigen Lieferketten ausgefüllt, zeigt sich ein übersichtlicheres Bild. Allerdings wird so die Übersicht über die Gesamtlage im Unternehmen erschwert.

Liste Abhängigkeiten für Produkt:			**XYZ**			
Lieferkette	kritischer Bestand	kritische Nachfrage	kritischer Ersatz	Saisongeschäft	kritische Termine	Abhängigkeit
Manila See	ja	ja	nein	nein	nein	mittel
China See	ja	ja	nein	nein	nein	mittel
China Luft	nein	nein	nein	nein	nein	gering

Tab. 8: Liste der zeitlichen Problemfelder nach Produkt und Lieferkette, beispielhaft gefüllt

Beispiel: Kritischer Ersatz

Ein Unternehmen aus der Lebensmittelindustrie bezieht einen exakt definierten Rohstoff über einen Lieferanten. Dieser Rohstoff ist die Grundlage aller Produkte, die das Unternehmen herstellt und verkauft. Der im Falle eines Problems in der aktuellen Lieferkette notwendig werdende Ersatz lässt sich nicht leicht finden. Ein zweiter möglicher Lieferant fällt aus, da dieser sich mit dem Unternehmen im Rechtsstreit über vergangene Lieferungen befindet. Damit ist die Zeit, die für die Ersatzsuche überbrückt werden müsste, länger als es ohne Rechtsstreit der Fall wäre. Der Einkäufer schätzt, dass mindestens sechs Wochen bis zu einer adäquaten Belieferung vergehen, sechs Wochen, in denen das Unternehmen nicht produzieren könnte. Das ist existenzbedrohend für das Unternehmen, die Abhängigkeit von der Lieferkette ist sehr hoch.

Beispiel: Kritische Nachfrage

Das Unternehmen aus der Lebensmittelbranche sitzt am Ende einer Veredelungskette dieses Rohstoffes, der aus einer bestimmten Region in China stammt. Zum Teil wirbt das Unternehmen sogar mit der Verwendung eines Rohstoffes aus dieser Region, da dieser für hohe Qualität bekannt ist. Hier besteht die Gefahr, dass politische Maßnahmen gegen die Bevölkerung in dieser Region zu Reaktionen bei den Kunden führen. Ein zeitlich begrenzter Nachfragerückgang ist dann zu erwarten. Der Einkauf müsste eine andere Quelle für den Rohstoff finden und nutzen, die Fertigung müsste ihre Verfahren auf die anderen Qualitäten des Rohstoffs umstellen, das Marketing würde mit anderen Werbeaussagen reagieren müssen. Das alles verursacht Kosten und wird dennoch den Umsatzverlust nicht vollständig verhindern können. Die Abhängigkeit vom Funktionieren der Lieferkette ist auch in diesem Fall sehr hoch.

3.3.1.3 Liste finanzieller Abhängigkeiten

Letztlich haben alle Formen der Abhängigkeit von dem Funktionieren einer Lieferkette einen finanziellen Aspekt. Gleichzeitig gibt es auch Abhängigkeiten, deren Auswirkungen sich nur in finanzieller Sicht erkennen lassen. In allen Bewertungen von Lieferkettenrisiken ist es notwendig, den finanziellen Faktor auch explizit zu betrachten, da dieser von den am Lieferkettencontrolling beteiligten Personen schnell eingeordnet werden kann.

Einkaufspreise: Am Ende einer jeden Lieferkette muss das Gut oder die Leistung mit einem bestimmten Einkaufspreis bezahlt werden. Dieser ist vom Markt abhängig, reagiert aber auch auf Veränderungen oder Störungen in der Lieferkette. Führt z. B. ungünstiges Wetter zu einer schlechten Ernte, steigen die Preise bereits am Beginn der Lieferkette. Knappe Energie oder fehlende Mitarbeiter können die Kosten der Veredler oder der Hersteller von Zwischenprodukten erhöhen. Das wird kurzfristig Einfluss auf die Einkaufspreise haben.

Auch Störungen der Lieferkette ohne einen direkten Preisbezug haben Einfluss auf die Höhe der Einkaufspreise. Wenn Alternativen genutzt werden müssen, sind die Preise in der Regel höher als die Preise, die für Güter und Leistungen aus der bisherige Lieferkette gezahlt werden müssten. Wäre dies nicht so, hätte der Einkäufer bereits ohne Druck durch die Störungen in der Lieferkette den Wechsel vollzogen und die günstigeren Einkaufspreise der Alternative genutzt.

Gleichgültig, ob die Einkaufspreise aufgrund einer Störung der Lieferkette steigen oder die steigenden Preise die Störung an sich sind, es verschlechtert sich die Kostensituation des Unternehmens. Bei wichtigen Gütern und Leistungen und hohen Preissteigerungen kann es zu einer gefährlich hohen finanziellen Abhängigkeit des Unternehmens von der Lieferketten kommen.

Transportpreise: Die Transportpreise sind ein wichtiger Bestandteil der Beschaffungskosten, neben den Einkaufspreisen. Wichtige Lieferketten lassen durch die intensive Betrachtung erkennen, dass an vielen Stellen Transporte notwendig sind. Kommt es dabei aufgrund fehlender Kapazitäten bei Lkw-Frachten oder Seecontainern oder wegen langer Wartezeiten in den Seehäfen zu Problemen, werden sich die Preise für die Transportleistung erhöhen. Diese werden Einfluss auf die verlangten Einkaufspreise haben, da dort die Transporte eingerechnet werden müssen. Auch die letzte Etappe auf dem Transportweg zum abnehmenden Unternehmen wird sich verteuern. Zusätzliche Kosten entstehen, die das Unternehmen direkt bezahlen muss, wenn dieser letzte Abschnitt des Transportweges in eigener Regie stattfindet. Je nach Höhe der erwarteten zusätzlichen Transportkosten entsteht eine u. U. hohe finanzielle Abhängigkeit.

Beschaffungskosten: Wenn es in einer Lieferkette zu Störungen kommt, steigt in der Krise die Kommunikation zwischen den Partnern. Neue Abstimmungen müssen getroffen werden, Alternativen werden gesucht. Das bedeutet, dass Dienstleister wie Übersetzer und Agenturen genutzt werden und neue Einkaufsaktivitäten wie Messebesuche und Lieferantenaudits notwendig werden. Das bedeutet wieder zusätzliche Kosten, auch wenn diese oft in den Gemeinkosten versteckt werden. Da alle Aktivitäten unter dem Zeitdruck der Lieferkrise durchgeführt werden müssen, sind die Kosten erfahrungsgemäß besonders hoch. Ein finanzieller Schaden entsteht, der eine hohe Abhängigkeit von einer problemlosen und störungsfreien Lieferkette aufzeigt.

Maßnahmen: Die erkannten Risiken in den Lieferketten können zum Teil durch entsprechende Maßnahmen reduziert werden. Hohe Risiken erfordern dann oft aufwendige Maßnahmen, die wesentliche Kosten verursachen. Je höher das Risiko einer Lieferkette ist, desto mehr Maßnahmen müssen eingeführt werden, desto höher sind die dadurch entstehenden Kosten. Die finanzielle Abhängigkeit steigt. Hinzu kommt das Risiko, dass die Maßnahme nicht oder nicht ausreichend wirkt und weitere Maßnahmen notwendig werden. Das System von Maßnahmen, deren Überwachung und Korrektur verursachen erhebliche Kosten.

Finanzsituation: Selbst leichte Veränderungen innerhalb der Lieferkette können wesentliche Preis- und Kostensteigerungen verursachen. Das ist unerwünscht, weil es den Gewinn reduziert, aber nicht existenzbedrohend, wenn ausreichend finanzielle Mittel zur Verfügung stehen, um entweder die zusätzlichen Kosten zu tragen oder entsprechende Maßnahmen für alternative Lieferketten bezahlen zu können. Auch die Möglichkeit, die Kostensteigerungen durch korrespondierende Preissteigerungen an die eigenen Kunden weiterzugeben, hilft dabei, diese Störungen in den Lieferketten zu bewältigen. Doch diese komfortable Situation, vor allem die Weitergabe an die Kunden, findet sich nicht in allen Unternehmen. So ist in Unternehmen, deren Finanzsituation angespannt ist, die Abhängigkeit von den Lieferketten höher als in finanziell gut ausgestatteten Unternehmen.

Beispiel: Sicherheitsbestände

Lange Lieferketten gehen oft einher mit langen Lieferzeiten. Das Risiko einer Verspätung oder des Ausfalls einer Lieferung ist hoch. Das wird in vielen Unternehmen ausgeglichen durch hohe Sicherheitsbestände, die im Falle einer Störung in der Lieferkette den Entscheidern etwas Zeit verschaffen. Sicherheitsbestände verursachen allerdings Kosten für die Lagerung, die Finanzierung und die aufwendigere Disposition. Es entsteht eine finanzielle Abhängigkeit von jeder Lieferkette, die Sicherheitsbestände benötigt, um ein akzeptables Risikoniveau zu erreichen.

Beispiel: Angespannte Finanzen

Die beispielhafte Lieferkette für Rohstoffe aus Brasilien ist aufgrund der politischen Sanktionen wegen der Feuerrodung des Regenwaldes zusammengebrochen. Das kaufende Unternehmen könnte eine neue Lieferkette mit einer Quelle auf Kuba aufbauen. Die von dort kommenden Rohstoffe und deren Erzeuger müssten allerdings zertifiziert werden, da ein großer Teil der Produktion an einen großen internationalen Konzern mit entsprechender Zertifizierungsforderung verkauft wird. Aufgrund der angespannten Finanzlage des Unternehmens können die notwendigen Reisen zu Audits und Prüfungen, die unabhängigen Prüfer, die Übersetzer und andere Nebenkosten nicht bezahlt werden. Jetzt zeigt sich durch die angespannte Finanzsituation die hohe Abhängigkeit des Unternehmens vom Funktionieren der alten Lieferkette.

> Durch die fehlende Zertifizierung konnte der Großkunde nicht mehr beliefert werden. Der drohende Umsatzverlust und die drohende Konventionalstrafe hätten das Aus des Unternehmens bedeutet. Die Rettung erfolgte durch den Großkunden, der an einer weiteren Belieferung durch das Unternehmen interessiert war. Auch hier gab es eine Abhängigkeit vom Funktionieren der Lieferkette. Der Kunde bezahlte die Kosten für die Zertifizierung und alle damit verbundenen Nebenkosten. Als Ausgleich erhielt er einen langfristigen Liefervertrag mit Preisen, die leicht unter den Marktpreisen liegen.

Auch die finanziellen Abhängigkeiten werden in einer Liste gesammelt, damit sie geordnet abgearbeitet werden können. Es gibt ebenfalls beide Möglichkeiten, die Liste für das gesamte Unternehmen oder eine Liste je Gut oder Leistung aufzustellen. Die beiden folgenden Abbildungen zeigen jeweils die leere Liste, die es auszufüllen gilt.

Problemfeld	Produkt	Lieferkette	Auswirkungen	Abhängigkeit
Einkaufspreise				
Transportpreise				
Beschaffungskosten				
Maßnahmen				
Finanzsituation				

Tab. 9: Liste der finanziellen Abhängigkeit für alle Produkte und Lieferketten

Liste Abhängigkeiten für Produkt:						
Lieferkette	**Einkaufspreise**	**Transportpreise**	**Beschaffungskosten**	**Maßnahmen**	**Finanzsituation**	**Abhängigkeit**

Tab. 10: Liste der finanziellen Abhängigkeit für ein Produkt

3.3.2 Abhängigkeiten systematisch erkennen

Die beispielhaften Listen sachlicher, zeitlicher und finanzieller Abhängigkeiten zeigen, wie unübersichtlich die Situation bereits in einfach strukturierten Beschaffungsbereichen im Unternehmen sein kann. Um die notwendige Sicherheit in den Lieferketten möglichst umfänglich garantieren zu können, muss eine Struktur geschaffen werden, die alle Abhängigkeiten auch tatsächlich erkennt. In der Praxis hat es sich bewährt, diese Aufgabe in einem abteilungsübergreifenden Team zu erledigen. Die Teammitglieder kommen aus drei Gruppen:

1. Ein Controller übernimmt die Leitung des Teams. Dieser verfügt über Zugang zu allen notwendigen Informationen und kennt Instrumente, um die notwendigen Berechnungen vorzunehmen. Außerdem nimmt der Controller eine neutrale Position ein und kann zwischen den übrigen Bereichen vermitteln.
2. Mitarbeiter aus dem Einkauf dürften am stärksten in allen Lieferketten des involviert sein. Sie liefern die detailliertesten Informationen zu den Beziehungen und können diese beurteilen. Wenn andere Unternehmensbereiche bestimmte Güter und Leistungen selbstständig, also ohne Einfluss des Einkaufs, beschaffen, müssen diese bei den jeweiligen Lieferketten an der Suche nach Abhängigkeiten teilnehmen. Dazu gehören beispielsweise das Marketing, wenn Agenturen selbstständig beauftragt werden, und die Fertigung, wenn Hilfs- und Betriebsstoffe dort eingekauft oder Wartungs- oder Reparaturaufträge vergeben werden.
3. Als dritte Gruppe neben Controllern und Beschaffern sind die Unternehmensbereiche zu beteiligen, die mutmaßlich von Störungen der Lieferkette betroffen sind. Hier wird durch die in den Unternehmensbereichen vorhandenen Abläufe bestimmt, wie hoch der Grad der Abhängigkeit von der Lieferkette ist. Diese Abläufe sind Controllern und Beschaffern oft nicht bekannt. Typische Bereiche, die zu beteiligen sind, sind Fertigung, Logistik, Vertrieb und Finanzen. Da alle Auswirkungen der Störungen einer Lieferkette letztendlich auch finanzielle Seiten haben, spielt die Kostenrechnung eine wichtige Rolle.

Grundsätzlich wird jede Lieferkette hinsichtlich ihrer Abhängigkeit betrachtet. Da dies bereits in kleinen Unternehmen mit vergleichsweise wenigen Kaufteilen und zu beschaffenden Leistungen eine immense Aufgabe sein kann, ist eine Priorisierung angebracht. Die Vorgehensweise dazu wird im folgenden Kapitel beschrieben.

Hinweis: Aktualisierung

Die Feststellung der Abhängigkeit vom Funktionieren einer Lieferkette ist keine einmalige Aufgabe. Die Beschreibung der Abhängigkeit muss stets aktuell sein. Daher wird eine regelmäßige Prüfung durchgeführt. Diese ist weniger aufwendig, da nur festgestellt wird, ob sich grundlegende Faktoren verändert haben. Ist das der Fall, muss die Abhängigkeit neu definiert werden. Ad hoc muss die Abhängigkeit neu bestimmt werden, wenn plötzlich Parameter starken Veränderungen unterliegen und sich die Abhängigkeiten erhöht haben (z. B. durch neue Fertigungsverfahren, die weniger flexibel sind).

Die Aktualisierung ist nicht nur notwendig, um Verschlechterungen rechtzeitig zu erkennen. Auch Verbesserungen, also ein Rückgang der Abhängigkeit, müssen möglichst schnell festgestellt werden. Dann können u. U. teure Maßnahmen reduziert werden.

Bei der systematischen Suche nach Abhängigkeiten von bestimmten Lieferketten geht es um die Beantwortung von zwei Fragen:

1. Was geschieht im Unternehmen, wenn das Gut oder die Leistung aus der Lieferkette nicht mehr verfügbar ist?
2. Was geschieht im Unternehmen, wenn das Gut oder die Leistung zwar verfügbar, aber teurer als bisher ist?

In der Frage 1 stehen die Technik und die sachlichen Auswirkungen im Vordergrund, in der Frage 2 geht es vorwiegend um finanzielle Auswirkungen. Allerdings sind beide Bereiche miteinander verbunden und überschneiden sich. Kumulierte Auswirkungen aus beiden Fragekomplexen sind möglich, sogar normal. Es ist notwendig, die Antworten auf eine zeitliche Basis auszurichten, also jeweils eine kurz- und eine langfristige Störung zu bewerten. So wird die Abhängigkeit deutlicher und kann sachgerecht bestimmt werden.

3.3.2.1 Ausfall der Lieferung

Wenn das Gut oder die Leistung aus der Lieferkette ausfallen, können sich für das abnehmende Unternehmen verschiedene Auswirkungen ergeben.

Produktionsstopp: In Fertigungsunternehmen führt der Ausfall wichtiger Rohstoff oder Bauteile in vielen Fällen zu einem Stopp der Produktion. Das ist besonders problematisch, wenn eine kontinuierliche Fertigung außerplanmäßig heruntergefahren werden muss. Immer aber kommt es zu nicht ausgelasteten Maschinen und damit zu nicht gedeckten Fixkosten z. B. für Abschreibungen. Es gibt einige Möglichkeiten, die Situation zu nutzen. So können Instandhaltungsmaßnahmen vorgezogen werden oder die Produktion wird verlangsamt, solange noch Bestände des betreffenden Gutes vorhanden sind. Dadurch können u. U. Kosten gespart werden, die Stückkosten steigen jedoch. Das Ergebnis der Arbeit ist auf keinen Fall optimal, da nicht geplant.

Hinweis: Ursachen für Ausfall

Der Ausfall von Gütern und Leistungen entsteht nicht allein dann, wenn Lieferungen ganz oder teilweise ausfallen. Selbst wenn die bestellten Produkte geliefert wurden, können diese eine unzureichende Qualität aufweisen. Der Einsatz ist dann nicht möglich, was die gleichen Auswirkungen hat wie eine tatsächlich nicht ausgeführte Lieferung. Also verursachen Lieferketten mit dem Risiko einer unzureichenden Qualität der Güter und Leistungen die gleiche Abhängigkeit wie die Ketten, in denen ein tatsächlicher Lieferausfall droht.

Hängt nicht die gesamte Produktion an den fehlenden Gütern und Leistungen, kann die Produktionsplanung vielleicht umgestellt werden. Damit wird eventuell das Problem des Leerstandes in der Fertigung vermieden, die Produkte, die von den Gütern und Leistungen der gestörten Lieferkette betroffen sind, können allerdings nicht gefertigt werden. Das hat Auswirkungen auf die Lieferfähigkeit (siehe nächster Punkt). Die Umplanung verursacht direkten Aufwand. Hinzu kommt, dass eine Umplanung immer nur einen schlechteren Plan erzeugen kann als den ursprünglichen. Dieser war optimiert worden und muss jetzt den Störungen der Lieferkette angepasst werden.

Grundsätzlich kann festgehalten werden, dass ein notwendiger Produktionsstopp als Reaktion auf eine Störung in einer Lieferkette eine hohe Abhängigkeit von dieser Lieferkette anzeigt. Reicht eine Umplanung aus, um auf fehlende Güter und Lieferungen zu reagieren, ist die Abhängigkeit zwar geringer, aber ebenfalls vorhanden. Für eine endgültige Bestimmung des Grades der Abhängigkeit müssen die finanziellen Auswirkungen berechnet werden.

Ist die zu berücksichtigende Störung nach kurzer Zeit behoben, ist auch der Produktionsstopp begrenzt. Kann die Produktionsplanung kurzfristig der Störsituation angepasst werden, ist ein kurzfristiger Ausfall vielleicht ohne großen Aufwand zu überbrücken, die Abhängigkeit ist dann nicht sehr hoch. Je länger die Lieferkette nicht funktioniert, desto größer ist der zu erwartende Schaden. Besteht bei der betrachteten Lieferkette das Risiko eines längeren Lieferausfalls, dann ist die Abhängigkeit des Unternehmens von dieser Lieferkette hoch. Ist sogar ein langfristiger oder dauerhafter Ausfall zu befürchten, steigt die Abhängigkeit weiter.

Probleme mit der Lieferfähigkeit: Fehlende Handelswaren führen direkt zu einer Unfähigkeit des Unternehmens, die eigenen Kunden mit Waren zu beliefern. Fehlen Rohstoffe oder Vorprodukte für die eigene Herstellung, kommt es über den Produktionsstopp zu diesen Lieferproblemen. Bestände an Fertigwaren im Unternehmen können die Lieferfähigkeit einige Zeit aufrechterhalten. Da diese Puffer in der Regel aus wirtschaftlichen Gründen nicht sehr hoch sind, kommt es meist schnell zu einem Lieferproblem. Dabei hat die fehlende Lieferfähigkeit mehrere, unterschiedlichen Wirkungen:

- Wenn das Unternehmen allein den Folgen der Störung in seiner Lieferkette ausgesetzt ist, wird es sowohl kurz- als auch langfristig Kunden und damit Umsatz verlieren. Kurzfristig, weil es keine Produkte liefern kann; langfristig, weil Kunden sich andere Lieferanten suchen.
- Wenn die gesamte Branche unter der Störung einer Lieferkette leidet und das Unternehmen besser bzw. länger liefern kann als die Mitbewerber, kann diese Situation langfristig vorteilhaft sein. Die Kunden erleben das Unternehmen als kompetenter als die Mitbewerber. Kurzfristig verliert das Unternehmen dennoch Umsatz, da die Produkte fehlen.
- Wenn die gesamte Branche unter der Störung einer Lieferkette leidet und das Unternehmen früher bzw. heftiger betroffen ist als die Mitbewerber, verliert das Unternehmen langfristig. Die Kunden suchen sich Lieferanten, die in Krisenzeiten kompetenter sind. Dazu kommt der kurzfristige Umsatzverlust.

Fehlende Liquidität: Durch den Umsatzverlust fehlen dem Unternehmen Einnahmen. Die Liquidität leidet, was meist sofort spürbar ist. Es gibt einige Kostenarten, die nicht anfallen, z. B. Versandkosten und Transportkosten zum Kunden oder Fertigungs- und Verpackungskosten, soweit sie variabel sind. Der Teil dieser eingesparten Kosten, der Auszahlungen bewirkt, verbessert die verfügbaren Finanzmittel. Immer aber leidet die Liquidität unter dem Ausfall von Lieferungen. Das kann kurzfristig gefährlich für das Überleben des Unternehmens werden. Je geringer der finanzielle Freiraum des Unternehmens ist, desto höher ist die Abhängigkeit von der Lieferkette.

Sinkender Umsatz: Kurzfristig wird der erzielte Umsatz des Unternehmens niedriger, da Produkte nicht verfügbar sind und damit auch nicht verkauft werden können. Selbst wenn das Problem in der Lieferkette gelöst ist und Güter und Leistungen wieder geliefert werden, kann es noch Auswirkungen auf den Verkauf der Produkte geben. Kunden, die ihre bestellten Waren nicht erhalten haben, orientieren sich hin zu anderen Lieferanten. Marktanteile gehen verloren. Die Lieferkettenstörung verursacht langfristige Umsatzrückgänge, das verlorene Vertrauen muss mit harter Arbeit im Vertrieb zurückgewonnen werden.

Teure Alternativen: Um seine Kunden möglichst lange beliefern zu können, wird das Unternehmen Alternativen suchen. Diese sind aber immer schlechter als der ursprüngliche Lieferplan, ansonsten wäre die Alternative ja früher herangezogen worden. Nicht jeder Kunde wird mit dem alternativen Angebot zufrieden sein. Außerdem verursachen die Alternativen zusätzliche Kosten. Vor allem, wenn die gesamte Branche betroffen ist, werden mögliche Alternativen sehr teuer, da sie von allen betroffenen Anbietern am Markt genutzt werden.

Immer dann, wenn bei der Störung einer Lieferkette eine Produktionsstopp droht, die Lieferfähigkeit bedroht ist, Liquidität im signifikanten Umfang fehlen wird, langfristiger Umsatzverlust zu befürchten ist und/oder mit teuren Alternativen zu rechnen ist, entsteht eine hohe Abhängigkeit.

Während der Ausfall von Lieferungen durch Probleme in einer Lieferkette relativ schnell Auswirkungen auf den Umsatz mit den Kunden hat, muss das im zweiten Themenkomplex, der Verteuerung der Lieferungen, nicht zwangsläufig so sein.

3.3.2.2 Verteuerung der Lieferung

Wenn das Gut oder die Leistung zwar verfügbar, aber teurer ist als bisher, können sich für das abnehmende Unternehmen verschiedene Auswirkungen ergeben.

Steigende Kosten: Wenn sich die Beschaffungskosten für bestimmte Güter oder Leistungen aus einer Lieferkette erhöhen, dann hat das selbstverständlich Einfluss auf die Herstellungskosten der Produkte des Unternehmens. Das lässt den Deckungsbeitrag der betroffenen Produkte sinken, was letztlich zu einem sinkenden Gewinn des Unternehmens führt. Wenn also steigende Kosten in signifikantem Umfang zu erwarten sind, lassen sich auch hohe Abhängigkeiten von der Lieferkette finden.

Steigende Verkaufspreise: Um die steigenden Kosten zu kompensieren, können diese an den Markt weitergegeben werden. Die Verteuerung der Lieferungen aus einer Lieferkette führt dann zu steigenden Verkaufspreisen. Das gibt zunächst die Möglichkeit, die steigenden Kosten zu kompensieren. Mittel- und langfristig verschlechtert das die Stellung des Unternehmens am Markt. Sind auch die Mitbewerber gezwungen, aus ähnlichen Gründen die Preise anzuheben, wird das gesamte Marktvolumen geringer, da sich die Kunden eine Alternative suchen. Ist das Unternehmen allein betroffen, werden einige Kunden zu Mitbewerbern gehen. Müssen also steigende Kosten für die Güter und Leistungen einer Lieferkette durch ebenfalls steigende Verkaufspreise kompensiert werden, ist eine hohe Abhängigkeit zu befürchten.

Sinkende Liquidität: Steigende Kosten für Güter und Leistungen aus der Lieferkette lassen mehr liquide Mittel für die Beschaffung abfließen. Das senkt die Liquidität. Gelingt es, dies kurzfristig durch die Weitergabe der Kostensteigerung an den Markt abzufedern, bleibt immer noch eine Lücke zwischen Geldausgang für den Einkauf und Geldeingang aus dem Verkauf, die finanziert werden muss.

Hinweis: Wesentliche Lücke

Die Lücke zwischen der Bezahlung einer Lieferung von Gütern oder Leistungen und der Bezahlung durch die Kunden des Unternehmens kann durchaus wesentlich sein. Zum einen werden Lieferungen aus dem entfernten Ausland oft mit einer Vorauszahlung z. B. per Akkreditiv bezahlt. Zum anderen verlangen Kunden immer längere Zahlungsziele. So kann eine Lücke von mehreren Monaten durch Lieferzeit, Verarbeitungszeit, Versandzeit und Zahlungsfrist entstehen. Außerdem geht ein Teil der Lieferung in das Lager. Dieser teurere Bestand muss noch länger finanziert werden. Für Unternehmen mit engen finanziellen Spielräumen kann so eine hohe Abhängigkeit von der Lieferkette und ihrem Funktionieren vorhanden sein.

Teure Alternativen: Bei verteuerten Lieferungen kann das Unternehmen nach Alternativen, z. B. anderen Quellen, anderen Stoffe, suchen. Auch hier gilt wieder: Diese Alternativen sind immer teurer, da sie sonst nicht bloß die Alternative wären. Dabei dürfen nicht nur die direkten Kosten der anderen Güter oder Leistungen beachtet werden. Alternative Einkäufe können auch Auswirkungen in der Produktion haben, wenn etwa die Verarbeitung aufgrund von Abweichungen z. B. in der Qualität oder den Abmessungen komplexer ist oder langsamer erfolgen muss. Bei Handelswaren sind Alternativen meist nicht vollkommen identisch. Das bietet den Kunden hinreichend Grund für Preisverhandlungen, gerechtfertigt oder nicht.

Bei der Suche nach signifikanten Abhängigkeiten sind die Güter und Leistungen, die bei einer Verteuerung zu signifikanten Kostensteigerungen mit schwieriger Weitergabe an den Markt führen, besonders zu untersuchen. Das gilt auch, wenn Liquiditätsprobleme zu befürchten und teure Alternativen zu erwarten sind.

Grundlage für die Beurteilung der Risiken ist also neben der Eintrittswahrscheinlichkeit vor allem die Abhängigkeit des Unternehmens von der jeweiligen Lieferkette. Die Abhängigkeit ist dann hoch, wenn wesentliche Auswirkungen von potenziellen Störungen zu erwarten sind. Diese Wirkung ist für die Einschätzung der Abhängigkeit zu berechnen. Das ist nicht immer einfach, da die tatsächlich realistisch zu erwartenden Auswirkungen eingeschätzt werden müssen. Die Szenario-Analyse ist ein Hilfsmittel aus dem Controlling, mit dem dies so zuverlässig wie möglich geschehen kann.

3.3.2.3 Szenario-Analyse

Die sichere Bestimmung von Abhängigkeiten fällt vielen am Lieferkettencontrolling beteiligten Personen schwer. Dazu müssen die Auswirkungen der Entwicklung bei Störungen der Lieferkette bestimmt und auf ihre Bedeutung für das Unternehmen hin untersucht werden. Da die grundlegenden Werte in der Zukunft liegen und in den meisten Fällen keine ausreichende Erfahrung mit Krisensituationen vorhanden sind, bietet das Controlling das Instrument der Szenario-Analyse an. Mit der Szenario-Analyse kann, auch in vereinfachter Form, die mögliche Wirkung der Störung in der Lieferkette quantifiziert und systematisch ermittelt werden.

Hinweis: Dokumentation

Die Vorgehensweise der Szenario-Analyse eignet sich sehr gut dazu, den Weg zur Entscheidung über die zu verwendende Abhängigkeit zu dokumentieren. Das gibt den Betroffenen die Sicherheit, ihre Entscheidung auch später noch nachvollziehen zu können, wenn andere als die vorhergesagten Ergebnisse eintreffen. So gibt die Dokumentation die Möglichkeit, aus den früheren, sich als falsch erwiesenen Entscheidungen zu lernen. Kommt es zur Störung in der Lieferkette und entstehen daraufhin im Unternehmen Entwicklungen, die sich von den vorhergesagten unterscheiden, kann in vielen Fällen die Ursache für die Abweichung in der Dokumentation erkannt werden.

Die Festlegung auf einen Wert der Auswirkungen, gleichgültig ob in Euro oder Mengen, wird durch die Vielzahl von möglichen Entwicklungen erschwert. Ziel ist es, aus den erkannten Möglichkeiten die wichtigsten herauszufinden und in einer Grafik darzustellen. Für die vereinfachte Nutzung des Instrumentes sind drei Schritte notwendig:

Schritt 1: Bestimmung von Worst und Best Case: Im ersten Schritt werden die Randpunkte für die Szenario-Entwicklung bestimmt. Dazu wird eine bestmögliche Entwicklung im Störungsfall definiert (Best Case) und eine im schlechtesten Fall mögliche Entwicklung festgelegt (Worst Case). Wenn es gelingt, weitere Fälle zu definieren, die zwischen den beiden Extremen liegen, hilft das bei der Entscheidung. Es muss jedoch bei einer überschaubaren Zahl von Fällen bleiben.

Es ist hilfreich, die Schätzung der einzelnen Entwicklungen zunächst für die direkte Auswirkung der Störung vorzunehmen und dann erst die daraus sich ergebenden Auswirkungen auf der übergeordneten Ebene im Unternehmen zu planen. Dazu ist dann Fachwissen aus nachgelagerten Bereichen notwendig.

Beispiel: Vom Einkaufspreis zum Deckungsbeitrag

Es kommt zu einer Störung in der Lieferkette für einen Rohstoff. Die Beschaffungskosten inkl. des Einkaufspreises erhöhen sich um einen angenommenen Prozentsatz. Dieser wird für verschiedene Fälle zwischen 5 % und 50 % angenommen. Daraus ergibt sich durch weitere Berechnungen im Controlling eine Veränderung der Deckungsbeiträge einzelner Verkaufsprodukte. Daher müssen die Verkaufspreise erhöht werden, was zu einem Nachfragerückgang führt, der vom Vertrieb eingeschätzt wird. Daraus wiederum errechnet das Controlling den absoluten Deckungsbeitrag für das Produkt in Euro. Das ist der Zielwert für die Szenario-Analyse.

Als Best Case wird für den Fall einer Störung in der Lieferkette eine Steigerung von 5 % angenommen, als Worst Case eine von 50 %. Als wahrscheinlichster Fall (Center Case) wird eine Steigerung von 20 % erwartet. Im Best Case wird der Verkaufspreis nicht angepasst, die steigenden Kosten gehen zu Lasten des Unternehmens, dafür bleibt der Absatz gleich. Im Center Case werden die

Preise etwas angehoben, im Worst Case müssen die Preise erheblich nach oben korrigiert werden. Preisanpassungen haben in dieser Rechnung immer einen Einfluss auf die abgesetzte Menge, was wiederum neben dem Deckungsbeitrags-Verlust durch die Kostensteigerung den absoluten Deckungsbeitrag für dieses Produkt reduziert.

Schritt 2: Bestimmung der Zeitreihen: Um die Abhängigkeit des Unternehmens von einer Störung der Lieferkette realistisch beurteilen zu können, reicht die Betrachtung des ersten Augenblicks nicht aus. Mit der Zeit entwickelt sich die Situation weiter, wobei am Anfang nicht klar ist, ob dies für das Unternehmen positiv ist oder negativ. So können als Reaktion auf Preissteigerungen die Verkaufspreise nicht immer sofort angepasst werden, erste Lieferprobleme können noch überbrückt werden. Nur selten ist die Entwicklung in den Szenarien linear. Mit diesem zeitbezogenen Controlling-Instrument kann die individuelle Entwicklung jedes Szenarios korrekt dargestellt werden.

Beispiel: Von Zeitpunkt t0 zu Zeitpunkt t3

Für das obige Beispiel werden die absoluten Deckungsbeiträge für vier Zeitpunkte berechnet. Den Beginn macht t0 mit dem aktuellen Stand, der ohne die Störung zu erwarten ist. Dann werden zeitlich verschoben Aktivitäten angestoßen, die in diesem Fall in der Anpassung des Verkaufspreises bestehen. Für den Best Case werden keine Preise erhöht, das gilt auch für die beiden anderen Fälle im Zeitpunkt t1. Der Vorlauf für Preiserhöhungen ist zu lang, um sofort zu reagieren. Für den Center und den Worst Case erfolgt eine leichte Preisanpassung zu t2 und eine weitere Erhöhung zu t3. Immer hat das einen Absatzverlust zur Folge, der aber im absoluten Deckungsbeitrag durch die Erhöhung teilweise kompensiert wird. Die folgende Tabelle zeigt die vom Controller berechneten Werte.

Deckungsbeitrag absolut in Euro	t0	t1	t2	t3
Best Case	450.000	397.500	397.500	397.500
Center Case	450.000	240.000	294.000	312.000
Worst Case	450.000	60.000	110.000	120.000

Tab. 11: Entwicklung des absoluten Deckungsbeitrages

Der Deckungsbeitrag, der absolut mit dem Produkt verdient wird, sinkt im Beispiel von 450.000 Euro vor der Lieferkettenstörung auf 397.500 Euro im besten und auf 120.000 Euro im schlechtesten Fall. Dabei gibt es im Verlauf der Zeitreihe eine Erholung der zunächst schlechten Werte im Center und Worst Case.

Schritt 3: Grafische Darstellung: Um die in der Realität oft sehr großen Datenmengen der einzelnen Entwicklungen richtig erkennen und einschätzen zu können, wird die Szenario-Analyse in einer Grafik fortgeführt. Dabei bilden der Best Case und der Worst Case die Grenzen, zwischen denen sich die Möglichkeiten anbieten. Es fällt den Entscheidern leichter, aus der Grafik entsprechende Schlüsse zu der wohl am wahrscheinlichsten eintretenden Möglichkeit zu ziehen.

Beispiel: Erwartungen im oberen Bereich

Die mit den ersten beiden Schritten skizzierte Situation wird in der Abbildung 17 dargestellt.

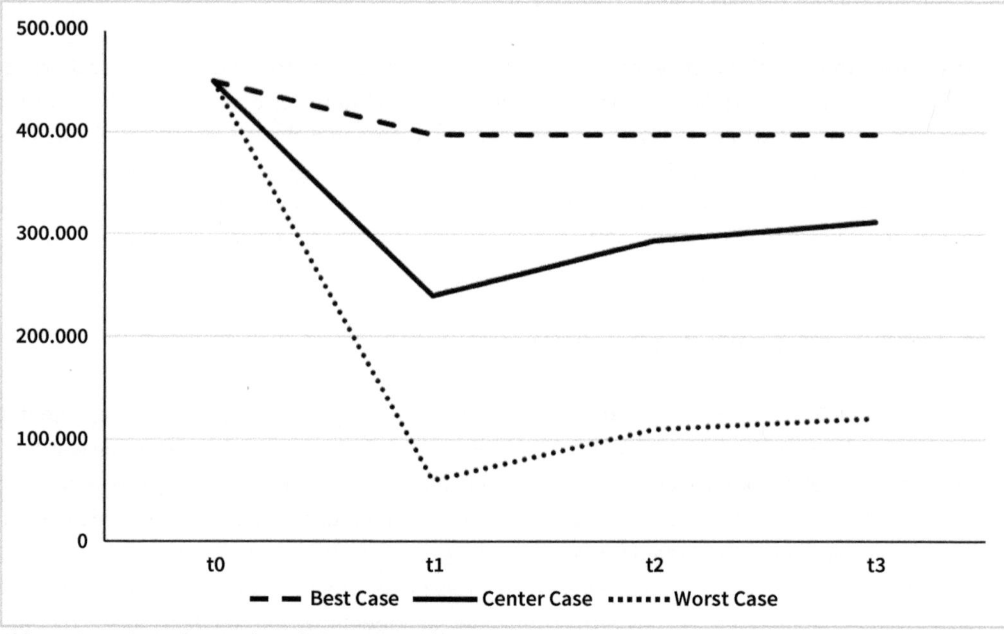

Abb. 17: Szenario-Analyse Deckungsbeitrags-Entwicklung

Zwischen der gepunkteten und der gestrichelten Linie sind alle Werte denkbar. Die Grafik zeigt auch die Dramatik, mit der sich die Störung der Lieferkette durch die Beschaffungspreiserhöhung auf das Unternehmen auswirkt. Es verliert im schlechtesten Fall dauerhaft über 300.000 Euro Deckungsbeitrag. Dennoch wurde die Abhängigkeit des Unternehmens von dem Funktionieren dieser Lieferkette auf einen mittleren Wert festgelegt, da Werte zwischen dem Best Case und dem Center Case als wahrscheinlich angenommen wurden. Der Verlust von ca. 100.000 Euro Deckungsbeitrag wird als normales unternehmerisches Risiko angesehen.

Beispiel: Risiko Lieferung aus Taiwan

In diesem Praxisbeispiel stellt das deutsche Unternehmen Bauteile für die Automobilindustrie her. Es gibt nur wenige unterschiedliche Produkte. In jedem dieser Bauteile ist ein individuell entwickelter Chip enthalten, der in Taiwan hergestellt wird. Aufgrund der sich verändernden globalen politischen Lage in Asien hat das Unternehmen eine Neubewertung seiner Lieferketten vorgenommen. Es wird befürchtet, dass die Lieferungen dieses Chips durch politische Aktionen oder durch Sanktionen gefährdet ist. Auch eine Liefermengenreduktion aufgrund von Transportproblemen ist denkbar.

Im Best Case werden während der angenommenen Störung ca. 15 % der Chips nicht geliefert. Der Worst Case beschäftigt sich mit einem vollständigen Lieferstopp. Als wahrscheinlich wird ein Wert von 25 % Fehlmenge angenommen. Als wichtigster Parameter für die Bewertung der einzelnen Szenarien wird die Liquidität des Unternehmens berechnet, da diese das Überleben des Unternehmens bestimmt. Als Startwert zum Zeitpunkt t0 wird der Wert der verfügbaren Finanzmittel auf 1,0 Mio. Euro festgelegt.

Berechnungen der einzelnen Auswirkungen der fehlenden Einnahmen, der fehlenden Auslastung und der Absatzprobleme haben den in Abbildung 18 dargestellten Verlauf für die drei Szenarien ergeben.

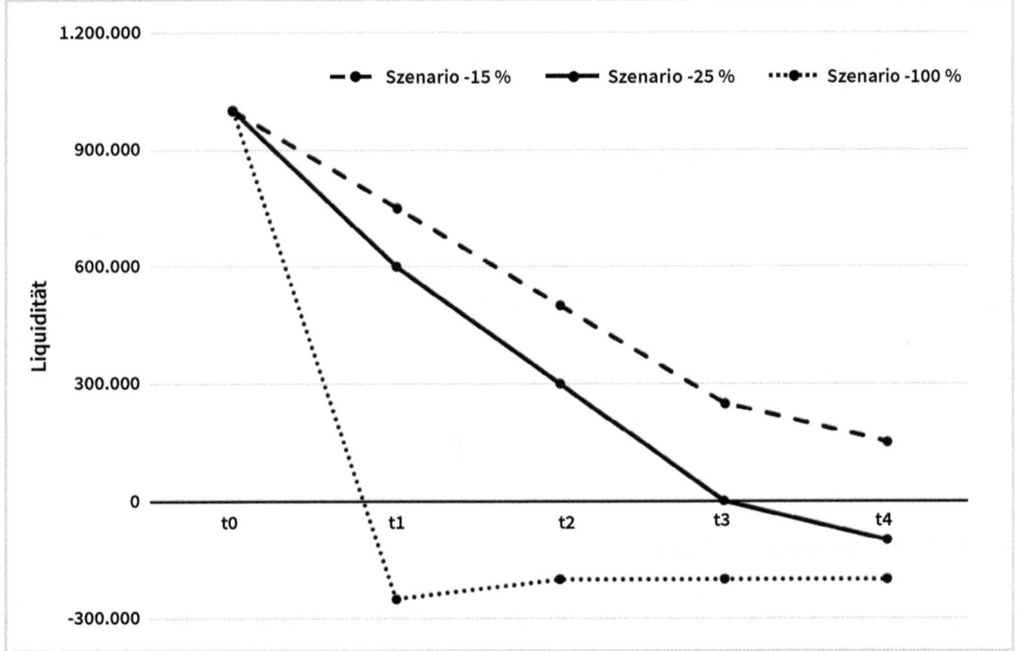

Abb. 18: Szenario-Analyse Liquidität

Es zeigt sich eine sehr hohe Abhängigkeit des Unternehmens von den Lieferungen aus Taiwan. Fällt die Lieferung komplett weg, ist das Unternehmen bereits zum ersten untersuchten Zeitpunkt zahlungsunfähig. Selbst wenn 75 % der benötigten Chips geliefert werden, sinkt die Liquidität mittelfristig unter null. Werden 15 % der benötigten Mengen nicht geliefert, dauert der Eintritt der Zahlungsunfähigkeit etwas länger, scheint aber auch unabwendbar zu sein. Aufgrund der hohen Abhängigkeit wurde diese Lieferkette mit dem dazugehörigen Controlling zur Chefsache. Maßnahmen zur Verringerung der Auswirkungen wurden getroffen. Die Lösung von der Abhängigkeit des deutschen Unternehmens vom Hersteller des Chips in Taiwan wird jetzt angestrebt.

Die Beurteilung der Abhängigkeit eines Unternehmens von einer Lieferkette bietet wie schon die Risikoeinschätzung viel Raum für subjektive Einschätzungen. Oft werden aufgrund fehlender Informationen

Durchschnittswerte angenommen und unrealistische Annahmen für Wahrscheinlichkeiten und mögliche Maßnahmen einbezogen. Zugleich geraten die zu treffenden Maßnahmen so in den subjektiven Einfluss der Entscheider, etwa durch ihre eher vorsichtige oder mehr offensive Mentalität. Das Controlling kann hier zumindest in der Beurteilung der Abhängigkeiten objektivieren.

Hinweis: Auswirkungen der Einschätzungen

Die Praxis zeigt, dass bereits die Kenntnis der fachlichen Annahmen über die Auswirkungen von Lieferkettenstörungen auf Erfolgskennzahlen wie Gewinn, Deckungsbeitrag oder auch Liquidität zu einer wesentlich realistischeren Sichtweise führt. Das zu erreichen, ist ein Ziel des Lieferkettencontrollings.

Neben der Szenario-Analyse sind auch andere Verfahren üblich. Dabei spielen Statistiken, Erfahrungen, Expertenrat oder schlechte Beispiele aus der Praxis (Worst Practice) eine Rolle. Mit der Szenario-Analyse ist ein systematisches Vorgehen bei der Bewertung der Abhängigkeit verbunden. Außerdem können hier mathematische Verknüpfungen, soweit sie tatsächlich vorhanden sind, berücksichtigt werden. Welche der Methoden, die einen unterschiedlich hohen Aufwand mit sich bringen, im Einzelfall angewendet wird, entscheidet die individuelle Situation.

Ziel ist es, für jede Lieferkette die Abhängigkeit des Unternehmens im Falle einer Störung zu kennen, gleichgültig, ob diese sachliche, zeitliche oder finanzielle Ursachen hat. Nicht immer kann diese Abhängigkeit in Euro beziffert werden, es gibt kein einheitliches Maß der Abhängigkeit. Bewährt hat sich eine Einteilung in Abhängigkeitsklassen, die individuell unterschiedlich definiert werden. In der Praxis finden sich Einteilungen der Lieferketten in solche mit keiner, geringer, mittlerer oder hoher Abhängigkeit. Auch die Verwendung numerischer Klassen wie 0 = keine Abhängigkeit bis 10 = hohe Abhängigkeit sind üblich, geben aber den Anschein von mathematisch zu berechnenden, relativen Abständen. Das ist nicht immer gegeben oder sinnvoll.

3.3.3 Lieferketten priorisieren

Wir haben bereits mehrfach betont, dass tatsächlich alle Lieferketten in das Lieferkettencontrolling einzubeziehen sind. Gleichzeitig haben wir einen erheblichen Aufwand für die Beschreibung, Dokumentation, Risikofeststellung oder Bestimmung der Abhängigkeiten erkannt. Eine Priorisierung der Lieferketten scheint sinnvoll, um bereits zu Beginn der Arbeiten im Lieferkettencontrolling überdurchschnittliche Erfolge erzielen zu können. Der typische Ablauf bei der Erledigung aller Aufgaben und bis zur vollständigen Berücksichtigung aller Lieferketten ist:

Auswahl: Eine erste Sichtung der vorhandenen und vielleicht sogar bereits dokumentierten Lieferketten im Unternehmen ergibt einige für das Unternehmen besonders wichtige Lieferbeziehungen, die mit hoher Priorität bearbeitet werden sollten:

- Bei vielen Lieferketten kann der Grad der Abhängigkeit grob eingeschätzt werden, ohne detailliert eine Bestimmung vorzunehmen. Wichtige Rohstoffe, unverzichtbare Dienstleistungen sind den Verantwortlichen bekannt. Hier gilt es, die Abhängigkeit genauer zu bestimmten.
- Viele Güter und Leistungen, die vom Unternehmen eingekauft werden, sind standardisiert und am Markt breit verfügbar. Die dazugehörigen Lieferketten können zu Beginn vernachlässigt werden.

Hinweis: Veränderungen beobachten

Die Priorisierung enthält wieder Annahmen und subjektive Einschätzungen, die oft auf Erfahrungen beruhen. Veränderungen bei der Bedeutung von Parametern führen immer auch zu veränderten Einschätzungen, die sich außerhalb des Erfahrungsschatzes bewegen. Daher muss bei Veränderungen wichtiger Parameter (z. B. Energieverfügbarkeit und Energiepreise) auch die Priorisierung der Lieferketten neu durchgeführt werden.

- Gibt es viele vergleichbare Lieferketten, wenn z. B. viele verschiedene Rohstoffe aus einem Land importiert werden, so sollte zumindest eine dieser Lieferketten mit einer hohen Priorität versehen werden. Ergeben sich hohe Abhängigkeiten, müssen auch die vergleichbaren Lieferketten geprüft werden. Außerdem kann, unabhängig von Risiken und Abhängigkeiten, das Ergebnis des Lieferkettencontrollings von einer auf viele vergleichbare Ketten übertragen werden.

Abhängigkeit: Für die Lieferketten mit einer hohen Priorität wird die beschriebene Szenario-Analyse durchgeführt. Es ist selbstverständlich auch möglich, die Abhängigkeit von diesen priorisierten Lieferketten auf einem anderen Weg als durch die aufwendige Szenario-Analyse festzustellen. Auf jeden Fall wird jede priorisierte Lieferketten hinsichtlich der Abhängigkeit des Unternehmens bewertet.

Verständnis: Durch diese Arbeit mit den priorisierten Lieferketten wächst das Verständnis der betroffenen Entscheider. Sie können wesentlich schneller und zuverlässiger subjektive Einschätzungen der Risiken und den sich daraus ergebenden Abhängigkeiten abgeben. Die Zusammenhänge zwischen den Folgen gestörter Lieferketten, ihren möglichen Gegenmaßnahmen und den dadurch entstehenden Auswirkungen im Unternehmen werden erkannt und können auf andere Lieferketten übertragen werden.

Alle Lieferketten: Dieses Verständnis kann dazu benutzt werden, die nicht priorisierten Lieferketten realistisch zu beurteilen. Es werden sich Lieferketten zeigen, die aufgrund erkannter Fehleinschätzungen doch eine detaillierte Beurteilung mit Wahrscheinlichkeitsrechnung und Ermittlung der Abhängigkeiten erhalten müssen. Es wird viele Lieferketten geben, die mit einer groben Einschätzung auskommen, die aber aufgrund der Erfahrung mit dem Lieferkettencontrolling genau genug ist. Und es existieren Lieferketen, die weder zu kritisch noch zu unwichtig für eine Bearbeitung sind. Diese werden im darauffolgenden Schritt bearbeitet.

Hinweis: Vorsicht bei Verstoß gegen das LkSG

Die Vorschriften des Lieferkettensorgfaltspflichtengesetz betreffen das gesamte Einkaufsvolumen eines Unternehmens. Die Abhängigkeit von den Lieferketten, die durch Nichtbeachtung der Menschenrechte und des Umweltschutzes betroffen sein könnten, ist hoch. Zwar sind alle Strafen der Bedeutung der Verstöße angepasst, aber die Wirkung auf die Konsumenten ist oft unerwartet hoch. So können auch Verstöße in der Lieferkette unwesentlicher Güter und Leistungen zu starken negativen Reaktionen führen. Der Überlegung, solche unbedeutenden Lieferketten durch weniger optimale, aber gesetzeskonforme zu ersetzen, sollte nachgegangen werden. Das verringert die Abhängigkeit durch die Gefährdung aufgrund eines Verstoßes gegen das Lieferkettensorgfaltspflichtengesetz. Diese Vorgehensweise zu initiieren, ist die Intention des Gesetzgebers.

3.3.4 Gefährdungsanalyse

Alle Lieferketten sind nun hinsichtlich der Abhängigkeiten und der Risiken bewertet. Werden diese Einzelwerte miteinander verbunden und als Gesamtheit interpretiert, entsteht ein Bild der aktuellen Gefährdung des Unternehmens durch Störungen von Lieferketten. Dabei muss berücksichtigt werden, dass durch die Verdichtung von Werten, hier die Zusammenfassung zu einer Gesamtgefährdung, immer wieder Informationen verlorengehen. Die Beurteilung der Lieferkette wird auf zwei Parameter, die Eintrittswahrscheinlichkeit des immanenten Risikos und die Abhängigkeit des Unternehmens vom Funktionieren der Lieferkette, reduziert. Die Komplexität der Strukturen und die subjektiven Elemente in der Beurteilung werden unsichtbar.

Durch die Federführung der Controlling-Abteilung im Lieferkettencontrolling muss sichergestellt werden, dass jede individuelle Bewertung einer einzelnen Lieferkette Einfluss auf die Gefährdungsanalyse des Gesamtunternehmens hat. Die Daten zur Bewertung der Gesamtlage müssen entsprechend mit dem Gesamtstatus verknüpft werden. Die Gefährdungsanalyse muss als Ergebnis einen schnellen Überblick über die Situation des gesamten Unternehmens geben. Dazu gibt es unterschiedliche Möglichkeiten, die im Lieferkettencontrolling aus den vorhandenen Daten konzentrierte Informationen ermitteln. Zwei davon werden im Folgenden vorgestellt: Kennzahlen und Portfolio-Analyse.

3.3.4.1 Gefährdungskennzahlen

Für eine schnelle Information werden im Unternehmen vielfältige Kennzahlen verwendet. Diese kumulieren durch vorgegebene Abläufe Einzelwerte zu einer einzigen Zahl. Dabei entsteht, wie bei jeder Kennzahl, ein Informationsverlust. Dieser muss durch die Möglichkeit ausgeglichen werden, die Kennzahl im Bedarfsfall aufzulösen und ihre Berechnung nachzuvollziehen. Dabei werden dann Zwischenergebnisse oder Einzelwerte aus der Kennzahlenberechnung zugänglich gemacht.

Die Praxis nutzt unterschiedlichste Kennzahlen, die den individuellen Bedürfnissen angepasst sind. Dabei werden Wahrscheinlichkeiten, Einkaufsvolumen, Abhängigkeitsgrade usw. verwendet. Wichtig ist bei dem Aufbau einer Kennzahl, dass sie wichtige Veränderungen auch korrekt widerspiegelt. Wenn sich die Gefährdung einer Lieferkette erhöht, muss sich die Kennzahl entsprechend dem Gewicht der Lieferkette im Gesamtunternehmen ebenfalls verschlechtern, eine Verbesserung der Risikosituation wird ebenfalls in der Kennzahl positiv dargestellt. Im Folgenden wird ein Ablauf vorgestellt, der drei Gefährdungskennzahlen mit aufeinander aufbauenden Aussagen ergibt.

Beispiel: Gefährdungskennzahl 1–3

Das Beispiel aus der Praxis eines kleinen Unternehmens aus der Maschinebaubranche ist stark vereinfacht, damit die Aussagen auch verständlich nachvollzogen werden können. Im Beispiel wurden alle Lieferketten untersucht und mit einer Wahrscheinlichkeit für den Eintritt einer Störung bewertet. Gleichzeitig wurde die Abhängigkeit von dem Funktionieren dieser Lieferkette festgestellt und in die Grade 0–10 eingeteilt. Das Ergebnis findet sich in den ersten beiden Spalten der folgenden Tabelle.

Zeitpunkt t0 Lieferkette	Wahrscheinlichkeit	Abhängigkeit	Kennzahl Gefährdung 1	EK-Volumen EURO	Kennzahl Gefährdung 2
XYZ	0,10	8	0,80	150.000	120.000
XXX	0,15	5	0,75	85.000	63.750
YYZ	0,30	7	2,10	410.000	861.000
ZZA	0,05	5	0,25	12.000	3.000
YYY	0,19	3	0,57	18.000	10.260
YXZ	0,09	2	0,18	512.000	92.160
XXA	0,35	2	0,70	210.000	147.000
ZZZ	0,12	1	0,12	54.000	6.480
ZAZ	0,05	0	0,00	35.000	0
AAA	0,05	4	0,20	241.000	48.200
Unternehmen			**0,57**	1.727.000	**1.351.850**
Kennzahl **Gefährdung 3**					**0,78**

Tab. 12: Lieferketten mit Gefährdungskennzahlen

Eine erste Gefährdungskennzahl ergibt sich, indem die Wahrscheinlichkeit mit dem Abhängigkeitsgrad multipliziert wird. So erhält man pro Lieferkette die Kennzahl **Gefährdung 1**. Diese wird für das Gesamtunternehmen errechnet, indem die Summe aller Kennzahlen 1 der Lieferketten durch die Anzahl der Lieferketten dividiert wird. Für das Gesamtunternehmen ergibt sich im Beispiel ein Wert von 0,57. Dieser entfaltet seine Wirkung allerdings erst im Vergleich. Wird die Rechnung für die Kennzahl im Zeitablauf wiederholt, zeigt sich, ob sich die Gefährdungslage des Unternehmens verbessert oder verschlechtert hat. Der Vergleich der Kennzahl Gefährdung 1 mit dem Wert eines vergleichbaren Unternehmens zeigt, ob das Unternehmen besser oder schlechter aufgestellt ist als jenes.

Die Kennzahl Gefährdung 1 wertet jede Lieferkette gleich. Es erscheint sinnvoll, eine Bewertung der Kennzahl in Abhängigkeit vom Einkaufsvolumen, das über diese Lieferkette abgewickelt wird, vorzunehmen. Die Kennzahl 1 wird mit dem Einkaufsvolumen der Lieferkette multipliziert. Dabei entsteht pro Lieferkette ein Zwischenwert ohne eine bestimmte Einheit, der in der äußerst rechten Spalte der obigen Tabelle angegeben ist. Die Summe dieser Werte kann als Kennzahl **Gefährdung 2** wichtige Aussagen machen. Veränderungen in Eintrittswahrscheinlichkeit, Abhängigkeit und Einkaufsvolumen werden abgebildet.

Diese Kennzahl erscheint aussagefähig und verständlich, hat aber einen wesentlichen Nachteil: Sie steigt allein durch ein wachsendes Einkaufsvolumen an. Das kann zu Fehlinterpretationen führen. Darum setzt die Kennzahl **Gefährdung 3** den Wert in Bezug zum gesamten Einkaufsvolumen. Das Ergebnis in der Beispieltabelle ist ein Wert von 0,78. Dieser berücksichtigt alle vorherigen Werte der Kennzahl Gefährdung 2, schließt aber Einflüsse des wachsenden Einkaufsvolumens aus. Zuverlässig werden allerdings wachsende Volumen in gefährdeten Lieferketten berücksichtigt.

Die Kennzahlen wurden über drei Perioden ermittelt und beinhalten sowohl Veränderungen in den Eintrittswahrscheinlichkeiten als auch Anpassungen der Abhängigkeitsgrade sowie eine Steigerung der Einkaufsvolumen. Die Entwicklung wird Abbildung 19 angezeigt.

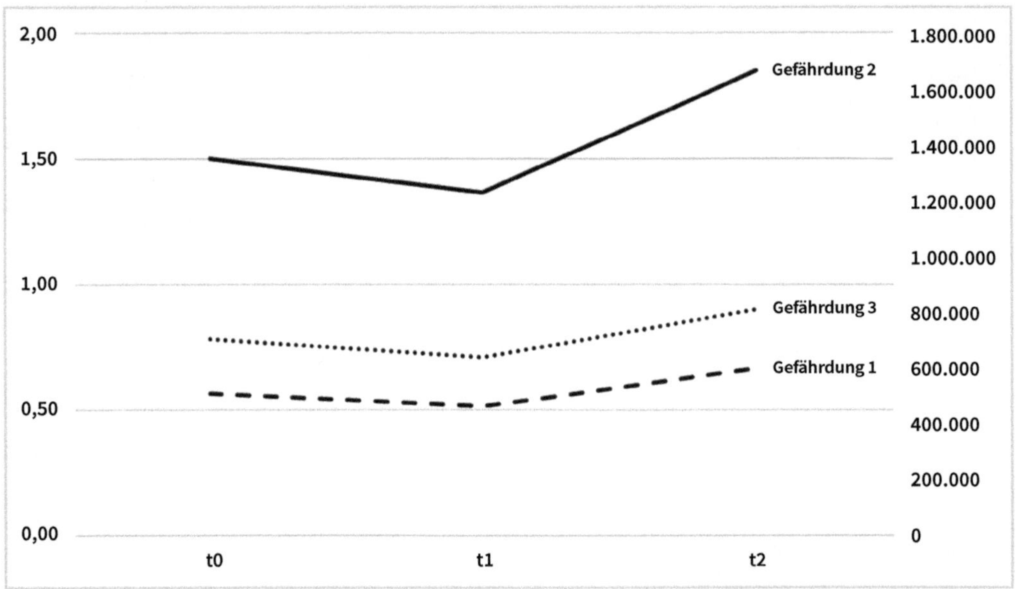

Abb. 19: Verlauf der Gefährdungskennzahlen 1–3

Es zeigt sich, dass alle drei Kennzahlen die Veränderungen der Gefährdung in gleicher Richtung, aber mit unterschiedlichem Ausmaß darstellen. Das Controlling hat sich für die Kennzahl Gefährdung 3 entschieden, da diese vor allem die Entwicklung der Einkaufsvolumen berücksichtigt. Ein Vergleich mit den vergangenen Perioden hat gezeigt, dass der Wert von 0,8 eine noch vertretbare Gefährdung darstellt. Gleichzeitig kann aus der Berechnung der Kennzahl auch die Entwicklung der anderen Werte zur Verfügung gestellt werden. Steigt die Kennzahl über 0,8, dann können diese Werte zur Analyse der Ursachen verwendet werden.

Hinweis: Gewichtung

Bei der Berechnung der Gefährdungskennzahlen müssen immer viele Lieferketten unterschiedlicher Bedeutung für das Unternehmen berücksichtigt werden. Besonders wichtige Lieferwege, die sich nicht unbedingt aus den Einkaufsvolumen oder anderen Parametern ergeben, können dabei durch eine Gewichtung hervorgehoben werden. Dabei werden alle Lieferketten mit einem Faktor versehen. Je bedeutender die Lieferkette ist, desto höher ist dieser Faktor, unbedeutende Lieferketten erhalten nur geringe Werte. Der Controller achtet darauf, dass diese Gewichtung nicht allein auf subjektiven Einschätzungen beruhen, sondern möglichst objektiviert werden.

Wie so viele andere Kennzahlen auch erhalten die Gefährdungswerte erst dann eine echte Aussagekraft, wenn sie in einer Zeitreihe betrachtet werden können. Erst mit der Erfahrung aus der Vergangenheit kann eine korrekte Beurteilung von Veränderungen in den Gefährdungskennzahlen erfolgen. Ohne den Vergleich werden Veränderungen oft falsch eingeschätzt, die Gefährdung dadurch u. U. weiter erhöht.

3.3.4.2 Portfolio-Analyse

Kennzahlen verdichten die vorhandenen Werte zu einem Wert. Dabei gehen detaillierte Informationen verloren, ähnlich wie bei der grafischen Darstellung von Sachverhalten. In der Portfolio-Analyse wird die grafische Darstellung verwendet, um entsprechende Analyseergebnisse zu erhalten. Dabei kann die Grafik sowohl auf einer aggregierenden Ebene mit geringer Detaildarstellung als auch auf einer Ebene mit große Detailtreue verwendet werden. Dazu werden Parameter wie Maßstab, Anzahl der Elemente oder Beschriftung der Elemente angepasst, um die Gefährdungslage im Unternehmen zu ermitteln.

Die Portfolio-Analyse verwendet eine Grafik mit zwei Achsen. Für die Feststellung der Gefährdung werden dazu die Eintrittswahrscheinlichkeit (hier auf X-Achse) der Störung in der Lieferkette und die Abhängigkeit (hier auf Y-Achse) eingesetzt. Beide Achsen weisen steigende Werte auf, beginnend im Schnittpunkt der Achsen. Für jede Lieferkette erfolgt eine Markierung auf der Zeichnungsfläche der Grafik, der Punkt wird aus der jeweiligen Eintrittswahrscheinlichkeit und der Abhängigkeit gebildet. Als dritte Dimension kann die Markierung unterschiedlich groß gemacht werden, z. B. in Abhängigkeit von dem Einkaufsvolumen. Das Ergebnis ist beispielhaft in Abbildung 20 dargestellt.

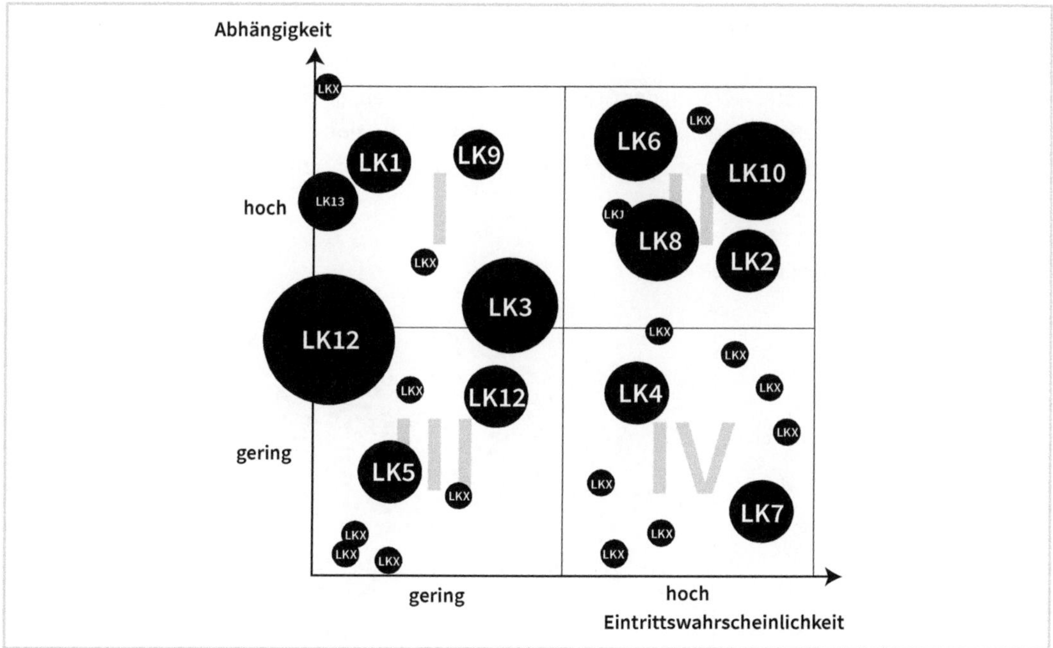

Abb. 20: Portfolio-Analyse Lieferketten

Die Grafik zur Portfolio-Analyse lässt Schwerpunkte und Problembereiche erkennen. In Abbildung 20 zeigt sich, dass es Lieferketten mit signifikantem Einkaufsvolumen im Bereich hoher Abhängigkeiten und hoher Eintrittswahrscheinlichkeiten für Risiken gibt (LK2, LK6, LK8, LK10) Gleichzeitig gibt es eine Vielzahl von Lieferketten, die zwar geringe Eintrittswahrscheinlichkeiten für Risiken aufweisen, aber eine hohe Abhängigkeit beinhalten. Dieses grafische Ergebnis ist ein Aufruf zur intensiven Beschäftigung mit den betroffenen Lieferketten.

Daraus ergeben sich auch die Aufgaben, die sich mit der Portfolio-Analyse im Rahmen der Gefährdungsanalyse unterstützen lassen:

1. Überblick zu Beginn
   In der Praxis gibt die Grafik der Portfolio-Analyse einen ersten Überblick über Handlungsbedarf. Es zeigt sich deutlich, ob eine Gefahr besteht und welche Lieferketten diese auslösen.
2. Planung von Veränderungen
   Anhand der Grafik und der Interpretation der einzelnen Quadranten in der grafischen Darstellung können Handlungsalternativen zur Verbesserung der Gefahrenlage geplant werden.
3. Kontrolle der Veränderungen
   Der Vergleich zweier Grafiken, die zu unterschiedlichen Zeitpunkten erstellt wurden, zeigt die Veränderungen der einzelnen Lieferketten im Spannungsfeld zwischen Abhängigkeit und Eintrittswahrscheinlichkeit.
4. Aktuelle Darstellung
   Die Portfolio-Analyse kann auch dazu verwendet werden, den aktuellen Gefährdungszustand durch Störungen in der Lieferkette darzustellen. Sie kann einen Überblick unter Einbezug aller Lieferketten geben und wird damit Teil der permanenten Überwachung.

Beispiel: aktueller Überblick

Wenn viele Hundert Lieferketten in der Grafik dargestellt werden, dann kann die aktuelle Verwendung darin bestehen, einen Überblick über die globale Situation zu geben. Wenn z. B. in der wöchentlichen Berichterstattung das folgende Bild auftaucht, dann sollte der Verantwortliche reagieren.

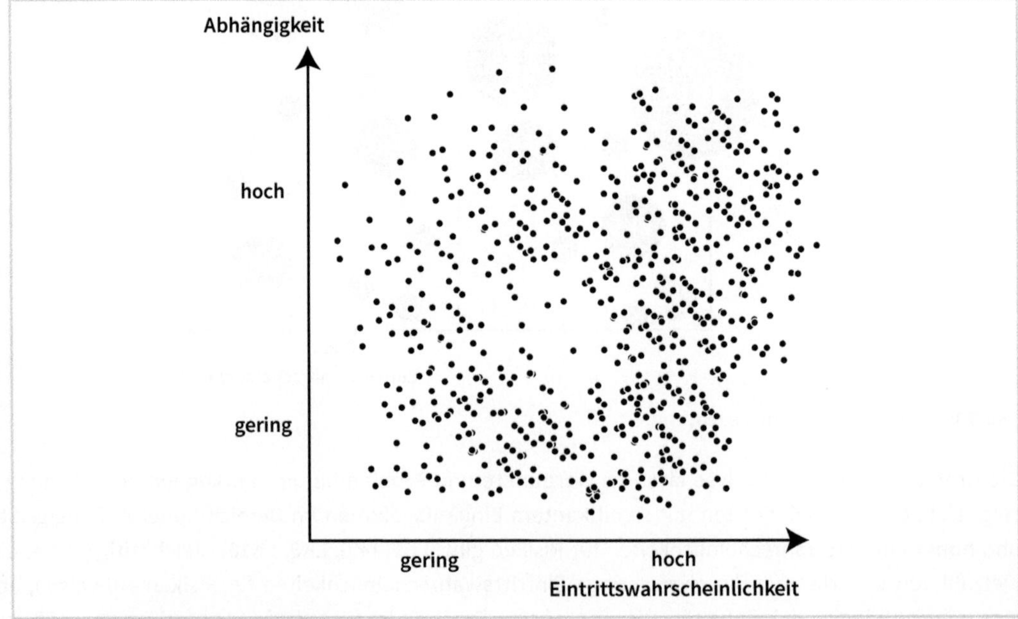

Abb. 21: Portfolio-Analyse mit jeder Lieferkette

> Die in Abbildung 21 gezeigt Situation ist nicht akzeptabel. Es gibt wesentlich zu viele Punkte im Bereich der hohen Abhängigkeit mit hoher Eintrittswahrscheinlichkeit. Der verantwortliche Leser der Grafik sollte reagieren.

Für die Interpretation der grafischen Darstellung in der Portfolio-Analyse ist die typische Einteilung der Grafik in vier (oder mehr) Felder hilfreich. In der Praxis verbreitet ist die Verwendung von vier Quadranten (vgl. oben Abbildung 20).

Quadrant I: Der Quadrant I ist gekennzeichnet durch geringe Eintrittswahrscheinlichkeiten der Risiken und hohe Abhängigkeiten von der Lieferkette. Typische Güter, deren Lieferketten sich hier finden, sind wichtige Rohstoffe, die über kurze Wege in der Region oder im benachbarten Ausland eingekauft werden. Oft werden Lieferketten für Dienstleistungen, z. B. Handwerker, die aus der Region eingekauft werden, in diesem Quadranten abgebildet. Sie haben ein geringes Risiko mit geringer Eintrittswahrscheinlichkeit, sind aber für das Funktionieren der Unternehmensabläufe notwendig.

Lieferketten, die sich im Quadranten I befinden, sind zwar nicht kritisch. Es sollte dennoch versucht werden, die Abhängigkeit des Unternehmens zu verringern. Werden dazu geeignete Maßnahmen erfolgreich durchgeführt, wandert der Eintrag für diese Lieferkette in der Matrix der Grafik nach unten. Ziel ist der Quadrant III.

Quadrant II: Lieferketten, die eine hohe Abhängigkeit des Unternehmens aufweisen und gleichzeitig Risiken mit einer hohen Eintrittswahrscheinlichkeit beinhalten, finden sich im Quadranten II. Sie bilden die größte Bedrohung für das Unternehmen. Es handelt sich oft, aber nicht ausschließlich, um wichtige Rohstoffe, Werkstoffe oder Bauteile, die über komplexe Lieferketten global beschafft werden. Dienstleistungen, die z. B. für die Fertigungsanlagen notwendig sind und durch Personen aus dem entfernten Ausland erbracht werden müssen, haben typischerweise eine Lieferkette, die in diesem Quadranten abgebildet wird. Hinzu kommt, dass das Einkaufsvolumen der betroffenen Güter oft sehr hoch ist, ein Grund für die hohe Abhängigkeit.

Der Quadrant II ist der Bereich, der die kritischsten Lieferketten beinhaltet. Es müssen dringend Maßnahmen unternommen werden, um die Lieferketten weniger risikoreich zu machen und die Abhängigkeit zu reduzieren. Beides gemeinsam zu erreichen ist nicht immer möglich. Wenn z. B. ein Unternehmen Produkte aus nur einem Rohstoff herstellt, ist die Abhängigkeit nicht oder nur geringfügig zu reduzieren. Dann ist es Aufgabe des Lieferkettencontrollings, Maßnahmen zu finden, die die Lieferkette sicherer machen. Kann die Abhängigkeit verringert werden, sinkt der Eintrag der entsprechenden Lieferkette in der Grafik nach unten, in den Quadranten IV. Wird die Eintrittswahrscheinlichkeit für eine Störung in dieser Lieferkette reduziert, wandert der Eintrag nach links in den Quadranten I.

Quadrant III: Eine geringe Abhängigkeit und geringe Eintrittswahrscheinlichkeit für Risiken definieren den Quadrant III. Hier werden sich viele Lieferketten mit geringem Einkaufsvolumen wiederfinden. Standardteile und leicht zu beschaffende Güter und Leistungen, die bei Problemen die Unternehmensprozesse nicht stören, sind typisch. Auch die Grundversorgung mit Energie, Kommunikationsmitteln oder

Mitarbeitern hatte bis zur Energiekrise hier eine beruhigende Abbildung der dazugehörigen Lieferketten. Eine Positionierung in diesem Quadranten ist unkritisch.

Maßnahmen zur Verringerung der Abhängigkeit oder der Eintrittswahrscheinlichkeit sind kaum sinnvoll. Lediglich Lieferketten, die am Rand des Quadranten abgebildet werden, lohnen den dazugehörigen Aufwand. So kann verhindert werden, dass diese in gefährlichere Quadranten abwandern.

Quadrant IV: Eine hohe Eintrittswahrscheinlichkeit trifft in Quadrant IV auf eine als gering eingeschätzte Abhängigkeit. Ein Beispiel für eine Lieferkette, die diese Parameter typisch aufweist, ist der Kauf von standardisierten Bauteilen direkt in China. Es ist wahrscheinlich, dass diese Lieferkette durch politische Aktionen des chinesischen Staates und durch Probleme im Transport hin und wieder gestört wird. Da es sich aber um Standardteile handelt, die schnell ersetzt werden können, gibt es nur eine geringe Abhängigkeit.

Die in diesem Quadranten IV abgebildeten Lieferketten sollten durch geeignete Maßnahmen sicherer gemacht werden. Der Eintrag in der Grafik wandert dann nach links in den unkritischen Quadranten III.

Diese Definitionen der einzelnen Quadranten erlauben es, die Gefährdung des Unternehmens sowohl durch eine einzelne Lieferkette als auch durch die Gesamtheit der Lieferketten schnell und zuverlässig einzuschätzen. Liegen viele Lieferketten mit hohen Einkaufvolumen im Quadranten II, dann sind dringend allgemeine Maßnahmen zu Verbesserung erforderlich. Liegt die Konzentration im Bereich der Quadranten I und III, dann kann sich das Lieferkettencontrolling mit den wenigen Lieferketten in den kritischen Bereichen befassen.

Die Aufteilung der Fläche der Grafik kann individuell geändert werden. Mehr Bereiche, z. B. neun Felder, sind ebenso möglich, wie unterschiedlich große Bereiche. Auch müssen es nicht unbedingt rechteckige Bereiche sein, die für die Beurteilung definiert sind. Wichtig ist, dass für die Reaktion auf das Auftauchen einer Lieferkette in einem kritischen Bereich grundsätzliche Maßnahmen und die notwendige Reaktion geregelt sind.

Beispiel: Individuelle Bereiche

Für die individuelle Nutzung der Portfolio-Analyse kann die Fläche der Grafik in unterschiedliche Bereiche mit entsprechend angepassten Definitionen und Maßnahmen geteilt werden.

Abbildung 22 zeigt das Ergebnis einer Portfolio-Analyse mit vier rechteckigen, unterschiedlich großen Bereichen:

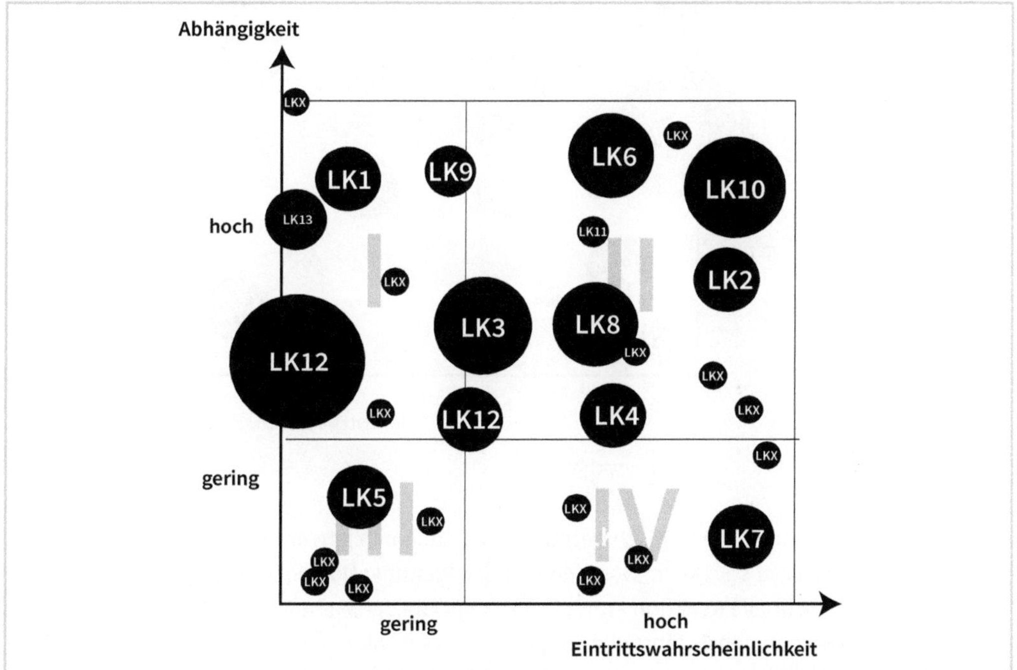

Abb. 22: Beispiel-Grafik mit unterschiedlich großen Bereichen

Der kritische Bereich II wurde gegenüber den obigen vier Feldern wesentlich vergrößert, der unkritische Bereich III verkleinert. Diese Aufteilung der Fläche führt zu mehr kritischen Lieferketten mit einer höheren Bedrohung. Entsprechend viele Maßnahmen müssen erledigt werden. Das Unternehmen, das diese Aufteilung wählt, ist eher risikoscheu und möchte eine höhere Sicherheit erlangen.

Abbildung 23 zeigt die Aufteilung der Fläche in diagonale Bereiche.

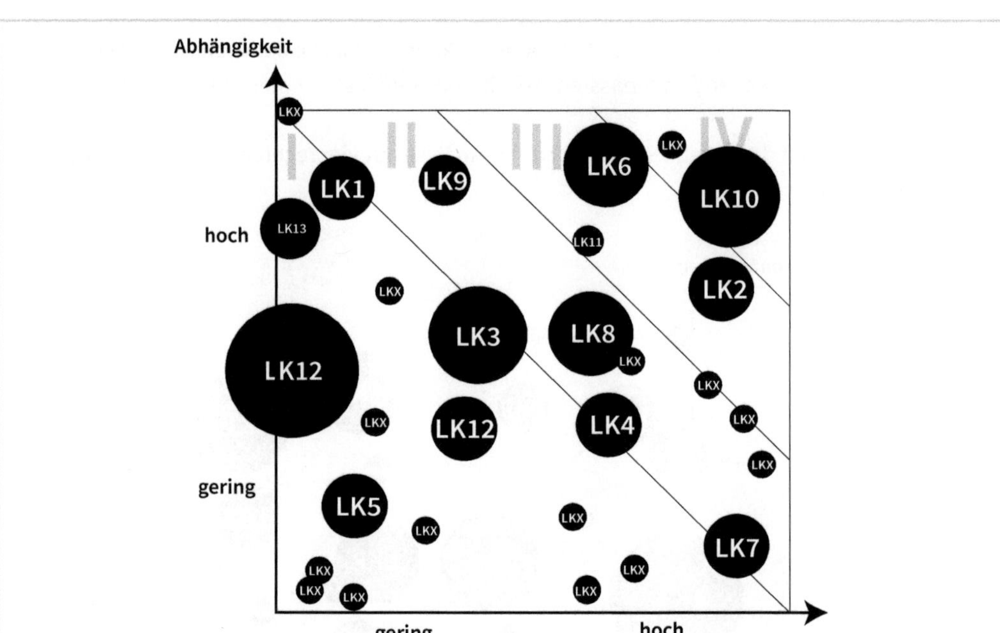

Abb. 23: Beispiel-Grafik mit diagonalen Bereichen

Der Bereich I wird hier als unkritisch betrachtet, Maßnahmen gibt es nur im Ausnahmefall. Der sehr kritische Bereich IV ist sehr klein, was eine schnelle Identifikation der dort abgebildeten Lieferketten und eine schnelle Reaktion ermöglicht. Der Erfolg der Maßnahmen ist schnell ablesbar. Der Grad der angenommenen Gefährdung steigt von Bereich I über II und III zu IV.

Die Portfolio-Analyse kann für mehr als die Darstellung der aktuellen Gefährdungslage verwendet werden. Werden mehrere Grafiken in der zeitlichen Folge betrachtet, zeigt sich sowohl die Entwicklung der Gefährdung der einzelnen Lieferketten als auch die des Gesamtunternehmens. Es kann beobachtet werden, ob und wie sich die Lage aller Ketten verändert. Dabei kann die Bewegung einzelner Lieferketten über mehrere Perioden hinweg verfolgt werden.

Hinweis: Inhalt reduzieren

Wenn die Veränderungen einzelner Lieferketten im Fokus stehen, kann eine Auswahl der beobachteten Lieferketten oder eine Auswahl der Lieferketten mit großem Einkaufsvolumen helfen. Die anderen Ketten werden ausgeblendet, dann können die zu beobachtenden Inhalte besser erkannt werden. Das ist aber nur dann zulässig, wenn eine Gesamtbetrachtung aller Lieferketten parallel erfolgt, da sonst eine unerwartete Entwicklung der unwichtigen Lieferketten verpasst werden könnte.

Beispiel: Veränderungen in der Grafik

Die Abbildung 20 mit den vier quadratischen Feldern dient als Beispiel für die Darstellung von Veränderungen. Das Ergebnis zeigt die Abbildung 24:

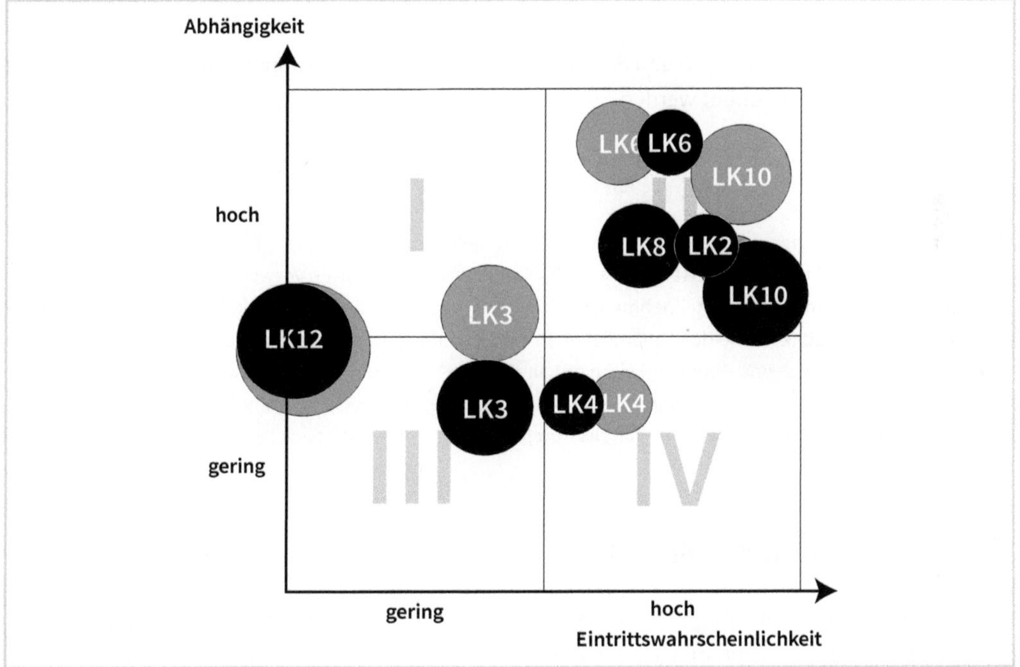

Abb. 24: Portfolio-Analyse mit Zeitvergleich

Zunächst wurden die kleinen und unwichtigen Lieferketten aus der Grafik entfernt. Die neue Grafik wurde für zwei Zeitpunkte erstellt, die sechs Monate auseinanderliegen. In der ursprünglichen, also älteren Grafik werden die Punkte grau dargestellt, die neue Situation enthält weiterhin die schwarzen Punkte je Lieferkette. Es zeigen sich mehrere Veränderungen:

- Die Lieferkette 12 hat sich fast nicht bewegt, das Volumen dieser Kette hat sich verringert.
- Die Lieferkette 3 hat sich vom Quadranten I in den Quadranten III verschoben. Die Abhängigkeit konnte reduziert werden.
- Die Lieferkette 4 hat jetzt eine geringere Eintrittswahrscheinlichkeit einer Störung. Die Abhängigkeit konnte nicht reduziert werden.
- Die Lieferkette 6 repräsentiert ein geringeres Einkaufsvolumen als vor sechs Monaten. Die Abhängigkeit ist unverändert, die Eintrittswahrscheinlichkeit der Störung dieser Lieferkette hat sich sogar erhöht.
- Die Lieferkette 8 zeigt unveränderte Werte.

- Die Lieferkette 2, deren Darstellung des Wertes von vor sechs Monaten durch die aktuelle Darstellung der Lieferkette 10 verdeckt wird, hat wenig Eintrittswahrscheinlichkeit einer Störung verloren. Das wird in der Bewertung durch eine größere Abhängigkeit kompensiert.
- Die Lieferkette 10 hat einen großen Sprung gemacht. Die Abhängigkeit konnte wesentlich verringert werden. Allerdings ist die Eintrittswahrscheinlichkeit für eine Störung etwas gestiegen.

Um genaue Werte zu erhalten und darauf weitere Entscheidungen aufzubauen, muss die Datenbasis für die Grafik verwendet werden.

Hinweis: Workshop

Die Portfolio-Analyse eignet sich hervorragend dazu, die Gefährdungsanalyse in einem Workshop durchzuführen. Dabei wird ein vergrößerter Ausdruck der Grafik ohne Lieferketten verwendet. Die einzelnen Verantwortlichen, die am Workshop teilnehmen, positionieren ihre priorisierten Lieferketten entsprechend der Eintrittswahrscheinlichkeit und der Abhängigkeit in dieser Grafik, z. B. durch Aufkleben von Papierpunkten. Dabei können die Risiken und Abhängigkeiten mit allen Teilnehmern diskutiert werden. In der Praxis steigt so das Verständnis für die Gefährdung durch einzelne Lieferketten, aber auch das gemeinsame Verständnis für die grundsätzliche Gefährdung des Unternehmens durch Lieferkettenprobleme.

3.3.4.3 Optimierung der Aufgaben

In den meisten Unternehmen gibt es Hunderte von Lieferketten. Selbst eine Reduzierung der Zahl der zu berücksichtigenden Lieferketten durch die Beschränkung auf die wichtigsten hinterlässt noch immer eine umfangreiche Aufgabe. Mit Blick auf die später notwendige permanente Überwachung der Gefahrenlage muss eine Möglichkeit gefunden werden, die Gefährdungsanalyse mit akzeptablem Aufwand durchführen zu können.

Auswahl Risiken: Den größten Aufwand in der Gefährdungsanalyse bringt die immer wieder neue Berechnung der Risiken und ihrer Wahrscheinlichkeiten mit sich. Hier kann eine Auswahl mit einer Beschränkung auf wichtige und in vielen Lieferketten enthaltene Risiken helfen, den Aufwand für die Analyse zu reduzieren. Diese werden bei jeder Gefährdungsanalyse neu berechnet. Bei den weniger kritischen Risiken werden die einmal errechneten Wahrscheinlichkeiten übernommen und mit einer niedrigeren Frequenz überprüft.

Es besteht die Gefahr, dass sich bisher als unwichtig eingestufte Risiken zu einer drohenden Gefahr entwickeln, ohne dass dies rechtzeitig erkannt wird. Gleichzeitig spielen bei der Auswahl wieder subjektive Einschätzungen der Entscheider eine Rolle.

Hinweis: Gefahr der Beschränkung

Neben der Auswahl der zu überwachenden Risiken wurde bereits durch die Priorisierung der Lieferketten eine Beschränkung des Überwachungsraumes vorgenommen. Die große Zahl der Lieferketten, Risiken und Abhängigkeiten verführt dazu, jeweils nur ausgewählte Parameter zu berechnen. Um die damit einhergehenden Gefahren der Unsichtbarkeit gefährlicher Entwicklungen zu eliminieren, müssen die an verschiedenen Stellen vorgenommenen Auswahlen und Priorisierungen im Zusammenhang geprüft werden. So können die durch den mehrfachen Ausschluss entstehenden blinden Flecken in der Beobachtung verhindert werden. Regelmäßig ist eine vollständige Gefährdungsanalyse mit allen Lieferketten und allen Risiken durchzuführen.

Zusammenfassung von Risiken: Vergleichbare Risiken in der gleichen oder in anderen Lieferketten können zusammengefasst und gemeinsam betrachtet werden. Die Ergebnisse werden dann für die jeweiligen Einzelrisiken übernommen. Das betrifft vor allem Transportrisiken. So können alle Transporte innerhalb eines Landes, z. B. zwischen Erzeuger und Veredler, gemeinsam betrachtet werden. Schiffstransporte von China nach Europa unterliegen vielfach den gleichen Risiken und müssen daher nur einmal beurteilt werden, auch wenn sie in mehreren Lieferketten vorkommen. Jedes Gut, dass diesen Weg nimmt, erhält dann den gleichen Wert für Risiko und Eintrittswahrscheinlichkeit.

Changemanagement: Die Abhängigkeit des Unternehmens von dem Funktionieren einer Lieferkette hängt in vielen Fällen ab von der Organisation der Prozesse im Unternehmen. Werden diese verändert, verändert sich auch die Abhängigkeit. Das gilt zwar vorwiegend im Bereich der Fertigung und der Logistik, aber auch Veränderungen in den Verwaltungs- und Entwicklungsprozessen können Auswirkungen haben. Veränderungen in den unternehmensinternen Abläufen müssen also immer eine Neuberechnung der Abhängigkeiten von betroffenen Lieferketten nach sich ziehen. Ist dies ein verpflichtender Schritt im Changemanagement im Unternehmen, kann sich der Controller darauf verlassen, dass die Abhängigkeiten in seinem System immer aktuell sind. Sie müssen also nicht bei jeder Analyse neu festgestellt werden.

Veränderungen: Veränderungen im System der Lieferketten bzgl. Risiken, Eintrittswahrscheinlichkeiten oder Abhängigkeiten können auch auf anderen Wegen entstehen. Wenn sich Absätze und Umsätze verändern, hat das über die Bedarfe Auswirkungen auf Abhängigkeiten. Veränderungen in den Lieferketten verändern Risiken und Abhängigkeiten. Wenn solche und ähnliche Wechsel in den Parametern erkannt werden, sollten diese im Lieferkettencontrolling sofort nachvollzogen werden. Damit ist auch dieser Teil der Gefährdungsanalyse immer aktuell. Die Arbeit dafür verteilt sich auf viele Schultern.

Hinweis: Zuverlässigkeit

In den beiden letzten Punkten, Changemanagement und Veränderungen, muss darauf vertraut werden, dass die Anpassungen tatsächlich und zeitnah erledigt werden. Die Zuverlässigkeit der verantwortlichen zuständigen Mitarbeiter muss gegeben sein. Ein System umfangreicher Kontrollen muss aufgebaut werden, in der Regel durch den Controller.

Automatisierung: Die wichtigste Möglichkeit zur Reduktion des Aufwandes für die Gefährdungsanalyse ist die Automatisierung der Vorgänge. Je mehr der notwendigen Berechnungen und Einschätzungen durch automatische Prozesse erledigt werden können, desto geringer ist der personelle Aufwand für die Analyse. Außerdem kann so eine größere Sicherheit erreicht werden, da Fehler und wechselnde Subjektivität ausgeschlossen werden. Definitionen, Parameter und Datenquellen sollten daher von vornherein so ausgewählt werden, dass ein hoher Grad an Automatisierung erfolgen kann. Auf die Automatisierung und autonomen Abläufen im Lieferkettencontrolling werden wir später im Kapitel 4.1 »Lieferketten überwachen« noch detaillierter eingehen.

Beispiel: Automatisierung

Einige Beispiele für die Möglichkeit, Parameter der Gefährdungsanalyse automatisch und ohne personellen Einsatz aktuell zu halten:

Im Vertriebscontrolling werden nach jeder Periode abschließende Berichte erstellt. Die darin enthaltenen Entwicklungen von Absatz und Umsatz haben Einfluss auf die Lieferketten und insbesondere auch ihre Abhängigkeit. Die Ergebnisse aus dem Vertriebscontrolling können automatisch mit den Parametern im Lieferkettencontrolling verbunden werden.

Im Einkauf werden regelmäßig Lieferantenbeurteilungen durchgeführt. Einige Ergebnisse daraus haben Einfluss auf die Risiken einer Lieferkette und deren Eintrittswahrscheinlichkeiten. Die Lieferantenbeurteilung kann mit der Risikoeinschätzung verbunden werden, sodass definierte Veränderungen sofort nachvollzogen werden.

Die Wartungsintervalle der Fertigungsanlagen werden digital im Instandhaltungsmodul verwaltet. Wird der Zyklus für die Wartung einer Maschine verändert, hat das Auswirkungen auf die dazugehörige Lieferkette für die Dienstleistung. Diese können automatisiert berücksichtigt werden.

Durch die Planung von Vertriebsmengen kommt es zu Verschiebungen in den notwendigen Mengen aus den Lieferketten. Wird die Unternehmensplanung angepasst, entstehen neue Parameter für Abhängigkeiten. Diese können automatisch in das Lieferkettencontrolling integriert werden.

3.3.4.4 Ergebnis der Analyse

Das Ergebnis der Gefährdungsanalyse ist ein allgemeingültiges Verständnis für die aktuelle Bedrohung des Unternehmens durch Probleme, die in den Lieferketten entstehen können. Dieses Ergebnis kann als redaktioneller Text vorliegen, ergänzt durch eine Vielzahl von Tabellen, Berichten und Grafiken. Zusammengefasst wird der Zustand im Bereich der Lieferketten regelmäßig in Form grafischer Darstellungen. Dadurch erfolgt eine Verdichtung aller Inhalte und Parameter. Die für die Bewertung der Gefährdung verwendeten Daten und Annahmen müssen allerdings im Zugriff derjenigen bleiben, die die Grafik lesen. So können Fragen und notwendige Erläuterungen geklärt werden.

In vielen Unternehmen wird für die Darstellung der Gefährdungslage nach der entsprechenden Analyse ein Dashboard mit den wichtigsten Inhalten in grafischer Form verwendet. Dieses kann in einfacher Form vom Controlling in der Tabellenkalkulation erstellt und als Dashboard verteilt werden. In der Praxis werden für die Erstellung und Verteilung von Dashboards immer öfter spezialisierte digitale Anwendungen verwendet. Außerdem beinhalten viele Business-Intelligence-Anwendungen umfangreiche Funktionen zur Schaffung individueller Dashboards.

In einem Dashboard sind die wichtigsten Informationen eines Unternehmens oder eines seiner Bereiche grafisch dargestellt. Die Inhalte sind permanent aktuell, zumindest soweit dafür Aktualität definiert ist. Der Empfänger des Dashboards kann durch entsprechende Funktionen die für einzelne Grafiken grundlegenden Daten aufrufen und sich so detaillierter informieren, wenn er dies für notwendig hält. Grundsätzlich gibt es zwei Möglichkeiten, das Ergebnis der Gefährdungsanalyse in einem Dashboard zu präsentieren:

1. Die grafische Darstellung der Gefährdungslage ist Teil eines Dashboards mit weiteren Grafiken anderen Inhalts. Nach einem entsprechenden Aufruf kann daraus ein Dashboard generiert werden, das sich nur mit den Ergebnissen der Gefährdungsanalyse im Bereich der Lieferketten beschäftigt (siehe 2.).

Hinweis: Nutzungskontrolle

In der Praxis können sich die verantwortlichen Mitarbeiter im Unternehmen ihr individuelles Dashboard durch die Auswahl der angebotenen Inhalte zusammenstellen. Dieses wird dann für die tägliche Arbeit genutzt. Da die aktuelle Situation in den Lieferketten in der meisten Zeit wenig dynamisch ist, wird der knappe Platz im Dashboard leider oft mit anderen Inhalten als der Gefährdungsanalyse der Lieferkettensituation gefüllt. Eine plötzliche Veränderung in der Dynamik wird dann oft zu spät erkannt. Das Controlling muss durch entsprechende Kontrollen die Nutzung der angebotenen Grafik in den Dashboards der Verantwortlichen sicherstellen.

2. Es wird ein eigenes Dashboard mit Informationen zur Gefährdungsanalyse und deren Ergebnis aufgebaut. So können z. B. die Ergebnisse in der grafischen Darstellung der Portfolio-Analyse im Dashboard erscheinen. Je nach individuellen Ansprüchen im Unternehmen werden weitere Inhalte integriert wie z. B. die Absatzplanung, die Produktionsplanung, die Bestände wichtiger Teile, der technische Zustand des Maschinenparks, die drei wichtigsten Lieferketten mit ihren Einzelrisiken und Gefährdungen. Individuelle Informationen wie der Großauftrag eines wichtigen Kunden oder die Wettervorhersage für den Ernte-Zeitraum im Anbaugebiet wichtiger Rohstoffe können ergänzend dazukommen.

Beispiel: Dashboard Gefährdungsanalyse

Abbildung 25 zeigt beispielhaft ein Dashboard, das die Ergebnisse der Gefährdungsanalyse mit den wichtigsten Parametern beinhaltet. Die Zusammenstellung der Inhalte muss individuell auf das Unternehmen und die Aufgaben des Dashboard-Lesers abgestimmt werden.

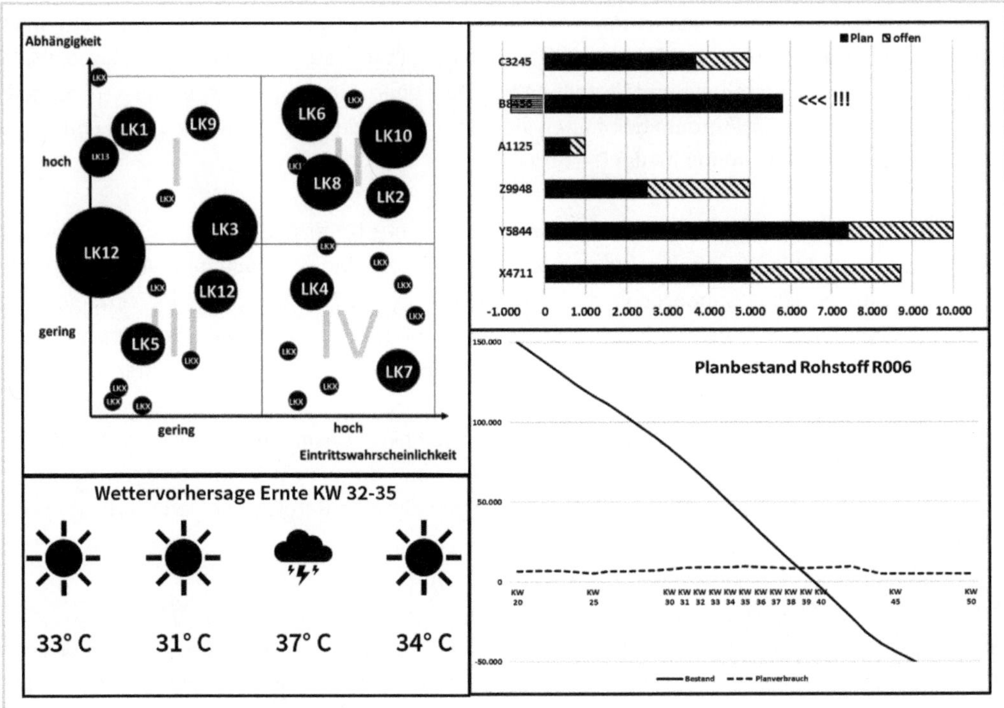

Abb. 25: Dashboard Gefährdungsanalyse

In diesem Beispiel zeigt das Dashboard in der linken oberen Ecke die grafische Darstellung der bereits beispielhaft beschriebenen Portfolio-Analyse für die Situation der wichtigsten Lieferketten im Unternehmen. Darunter wird die Wettervorhersage des Anbaugebiets für den wichtigsten Rohstoff angezeigt. Im rechten Bereich wird oben der Absatzplan der wichtigsten Produkte dem Plan für die Beschaffung der dazugehörigen Güter und Leistungen gegenübergestellt. Bis auf eines haben alle Produkte noch Entwicklungsmöglichkeiten offen, bis die Grenze der möglichen Beschaffung erreicht ist. Das Produkt mit bereits überschrittener Grenze ist markiert. Die Grafik in der rechten unteren Ecke zeigt den Verlauf des Planbestandes für den Rohstoff R006 bei entsprechendem Planverbrauch. Der Bestand wird in KW 39 negativ, bis dahin muss also eine entsprechende Lieferung erfolgt sein.

Mit diesem Dashboard hat der verantwortliche Entscheider für das Beschaffungswesen und vor allem für den Rohstoff R006 alle notwendigen Informationen, um die Entwicklung zu beobachten.

Gleichgültig, wie es dargestellt wird, das Ergebnis der Gefährdungsanalyse zeigt die aktuelle Gefährdung des Unternehmens aufgrund möglicher Lieferprobleme an. Damit sich ein realistisches Bild der Risiken in den Lieferketten des Unternehmens ergibt, müssen alle Einflussfaktoren berücksichtigt werden:

- Die aktuellen Strukturen im Unternehmen haben einen großen Einfluss auf die Gefährdung, da sie durch Fertigungsverfahren, Konstruktion der Produkte oder Entscheidungsstrukturen die Lieferketten und vor allem die Abhängigkeit von ihrem Funktionieren bestimmen. Hier liegt auch der Grund, warum zwei vergleichbar erscheinende Unternehmen in vergleichbaren Situationen durchaus unterschiedliche Gefährdungen aufweisen können.

- Die aktuelle Situation außerhalb des Unternehmens hat wesentlichen Einfluss auf die Gestaltung der Lieferketten und die Gefährdung durch die enthaltenen Risiken. Diese Situation ist für alle Unternehmen identisch, wirkt aber aufgrund der internen Strukturen unterschiedlich.
- Ebenfalls individuellen Einfluss auf die Gefährdung hat die aktuelle Datenlage im Unternehmen. Bei der Gefährdungsanalyse wurden die vorliegenden Informationen berücksichtigt. Das bezieht sich sowohl auf die tatsächlich im Unternehmen vorhandenen Daten über die externe Situation als auch auf die eigenen Daten im Unternehmen (z. B. Absatzplanung, Stücklisten).
- Wesentlichen Einfluss auf die Gefährdungslage haben die aktuell ergriffenen Maßnahmen zur Risikoreduktion oder zur Verringerung von Abhängigkeiten. Hier sind grundsätzliche Vorgehensweisen gemeint, die mittel- und langfristig Einfluss auf die Gefährdung nehmen. Ein Beispiel dafür ist die Maßnahme erhöhter Lagerbestände. Sie reduziert die Abhängigkeit von dem Funktionieren der Lieferketten, da bei Störungen der Lieferkette ein längerer Zeitraum überbrückt werden kann.
- Neben den aktuell bereits umgesetzten Maßnahmen bieten auch die kurzfristig noch weiter möglichen Maßnahmen eine höhere Sicherheit. Diese werden meist erst dann ergriffen, wenn ein Problem sich andeutet oder gerade entstanden ist. Das Portfolio an möglichen Maßnahmen hat einen großen Einfluss auf die Gefährdungsanalyse.

Die Wichtigkeit der Maßnahmen und ihres Einflusses auf Risiken und Abhängigkeiten führt dazu, dass wir uns damit in einem eigenen Kapitel beschäftigen, direkt nach einer kurzen Beurteilung der Lieferketten nach dem Lieferkettensorgfaltspflichtengesetz.

3.3.5 Nachhaltigkeit und Sorgfaltspflichten

Betroffen von den Vorgaben des Lieferkettensorgfaltspflichtengesetz und der Forderung nach nachhaltigem Handeln sind grundsätzlich alle Lieferketten. Dabei sind komplexe Lieferketten, die Aktivitäten in verschiedenen Ländern beinhalten, besonders gefährdet, die Normen des Gesetzes zu verfehlen und damit Risiken in das Unternehmen zu bringen. Es gibt eine Vielzahl von Regionen auf der Welt, in denen der Umweltschutz keine wichtige Rolle spielt und in denen die Menschenrechte nicht die Bedeutung haben wie in Westeuropa. Die Nachhaltigkeit von Lieferketten wird sowohl von deren Strukturen als auch von der Wahl der Lieferkette selbst bestimmt. Wählt das Unternehmen eine Lieferkette, deren Akteure strengen Regelungen in Umweltschutz- und Menschenrechtsbelangen unterliegen – etwa eine rein innereuropäische Lieferkette –, so dürfen die Risiken als geringer betrachtet werden als bei komplexen globalen Lieferketten. Der Prüfaufwand im Sinne des Lieferkettensorgfaltspflichtengesetzes kann geringer ausfallen. Bei der Beurteilung der Lieferketten hinsichtlich des Lieferkettensorgfaltspflichtengesetzes sollten gleichzeitig mögliche Nachhaltigkeitsaspekte einbezogen werden. Wenn Inhalte wie geringer Ressourcenverbrauch, kurze Transportwege oder Verwendung von recycelbaren Rohstoffen auch noch nicht vollständig gesetzlich vorgegeben sind, spielen sie in der öffentlichen Wahrnehmung bereits eine wichtige Rolle.

Hinweis: Auch bei kurzen Lieferketten Risiken aufgrund des beachten

Bei der Beurteilung der Lieferketten hinsichtlich der Vorgaben des Lieferkettensorgfaltspflichtengesetzes können kurze Lieferketten in Deutschland oder Westeuropa mit weniger Aufwand beurteilt werden. Dennoch ist zu beachten: Es gibt auch in Deutschland Risiken, so kann etwa die Nichtbeachtung von Umweltschutzvorschriften zu Problemen führen. Daher müssen auch kurze, wenig komplexe Lieferketten in einem schnellen Check auf entsprechende Risiken geprüft werden.

Hinweis: Keine Tricks

Der einfachste Weg, eine hinsichtlich der Vorgaben des Lieferkettensorgfaltspflichtengesetzes kritische Lieferkette zu neutralisieren, erscheint vielen darin zu liegen, statt eines Direkteinkaufs im kritischen Land den Einkauf derselben Waren vermittelt durch einen Händler in Deutschland zu tätigen. Die Risiken bleiben aber vorhanden. Wenn der Händler diese nicht abstellen kann, muss die Lieferkette weiterhin kritisch gesehen werden. Es ist gerade der Sinn des Gesetzes, die Verantwortung für die Einhaltung der Menschenrechte und Umweltschutzregeln den deutschen und europäischen Firmen aufzuerlegen.

Auch für die Nachhaltigkeit ungünstige Auswirkungen verschwinden nicht, indem die Verantwortung auf Händler abgegeben wird. Der lange Transportweg bleibt, der Raubbau an der Natur in der Erzeugerregion verschwindet nicht.

Bei der Beurteilung der Lieferketten bzgl. der Vorgaben des Lieferkettensorgfaltspflichtengesetzes spielt die Wichtigkeit des darin gelieferten Gutes bzw. der darin gelieferten Leistung für das Unternehmen eine untergeordnete Rolle. Gibt es Verstöße, haben diese auch bei kleinen Mengen und unbedeutenden Werten entsprechende Auswirkungen. Die strafrechtliche Verfolgung wird sicher Rücksicht nehmen auf das Volumen der betroffenen Güter und Leistungen, dennoch wird der Verstoß verfolgt. Welche Öffentlichkeitswirkung selbst kleinste Verstöße gegen die Menschenrechte, die Umweltschutzvorgaben oder nicht eingehaltene Nachhaltigkeitsversprechen der Produkte haben, ist individuell vom Unternehmen, der Branche und den dort herrschenden Strukturen abhängig.

Beispiel: Unterschiedliche Branchen

Im Einzelhandel für Bekleidung gibt es zwischen den verschiedenen Anbietern, meist große Ketten, eine starke Konkurrenz. Gleichzeitig sind die Lieferketten für viele der Produkte sehr kritisch in der Beurteilung bzgl. der Vorgaben des Lieferkettensorgfaltspflichtengesetzes. Ein kleiner Fehler, mag er noch so unbedeutend sein, wird in der Öffentlichkeit nicht nur von den Konkurrenten ausgeschlachtet. Auch für die Medien sind solche Vorfälle immer interessant. Die Kunden der Einzelhandelskette werden zumindest teilweise und vorübergehend mit einer Kaufzurückhaltung reagieren.

Auf der anderen Seite der Wirkungsextreme steht z. B. ein mittelständisches Maschinenbauunternehmen, das seine Spezialmaschinen an Produktionsunternehmen verkauft. Kommt es hier zu einem Verstoß gegen entsprechende Gesetzesvorgaben, ist zumindest die Öffentlichkeit kaum interessiert. Durch sofortige Reaktion auf das erkannte Risiko kann die Lieferkette verbessert werden, um so auch die Gültigkeit eines Zertifikats zu retten. Denn solch einen Nachweis des gesetzeskonformen Handelns verlangen wiederum die Kunden des Maschinenbauers.

Die starke Betonung nachhaltigen Handels in der Kommunikation des Unternehmens mit seinen Kunden macht die Lieferketten in Bezug auf dieses Thema wesentlich anfälliger. Wenn eine Restaurantkette in der Werbung behauptet, die Produkte so nachhaltig wie möglich herzustellen, muss sich das in der Öffentlichkeit auch beweisen lassen. Selbst ein kleiner Skandal in der Lieferkette eines dazugehörigen Gutes kann sich bereits sehr schädlich auswirken und den Ruf des Unternehmens zumindest zeitweilig beschädigen.

Die Gefährdung der Lieferketten durch die beschriebenen Gesetzesverstöße oder durch die Verstöße gegen selbst aufgestellte und beworbene Regeln werden durch die entsprechenden Risiken bestimmt. Von diesen Risiken betroffene Lieferketten können sehr schnell identifiziert werden und sollten sinnvollerweise getrennt von der Beurteilung anderer Risiken betrachtet werden.

- Die Risiken sind besonders, da sie nicht direkt die Abläufe in der Kette stören. Die Güter können hergestellt und geliefert werden, die Leistungen werden erbracht. Die Auswirkungen der eventuell sich realisierenden Risiken sind hier rechtliche Probleme oder Imageverlust.
- Die Maßnahmen zur Reduktion des Risikos und zur Reaktion auf ein eingetretenes Risiko, z. B. die Entdeckung von Kinderarbeit in der Lieferkette, unterscheiden sich wesentlich von den Maßnahmen in anderen Lieferkettenrisiken. Zwar kann ein Verstoß gegen die gesetzlichen Vorgaben auch zu einem Lieferausfall führen, wichtiger ist jedoch die Wiederherstellung des gesetzlich geforderten Zustands durch geeignete Maßnahmen.
- Die zeitlichen Spielräume für eine Reaktion bei Problemen in der Lieferkette sind kürzer. Die Justiz ist nicht bereit zu warten – und die Öffentlichkeit noch weniger.
- In die Gesamtbeurteilung einer Lieferketten müssen die Risiken bzgl. der Verstöße gegen das Lieferkettensorgfaltspflichtengesetz oder gegen die notwendige Nachhaltigkeit mit allen anderen Risiken gemeinsam einfließen.

Für die so getroffene Auswahl an Lieferketten mit einem Risiko, gegen Menschenrechte und Umweltschutzregeln zu verstoßen, wird eine eigene Gefährdungsanalyse durchgeführt. So wird festgestellt, wie hoch die Bedrohung des Unternehmens durch diese Lieferketten ist. Dazu sind selbstverständlich alle betroffenen Lieferketten zunächst separat zu beurteilen und in die Gefährdungslage einzusortieren. Dabei hilft u. a. die Information, die durch den CSR-Risikocheck gegeben werden kann (siehe Exkurs im Kapitel »Lieferketten finden«).

Hinweis: Unsicherheit

Das Lieferkettensorgfaltspflichtengesetz mit seinem Start am 01.01.2023 ist noch sehr neu. Es gibt keine Erfahrungen im Umgang mit der Materie. Unsicherheit besteht noch hinsichtlich der Auslegung des Gesetzestextes durch die Gerichte, über die Einschätzung möglicher Handlungsweisen durch die Gerichte oder die realistisch zu erwartenden Strafen. Dieser Zustand wird sich erst im Laufe der nächsten Jahre mit gerichtlich verhandelten Verstößen verbessern.

3.3.6 Chancen berechnen

Lieferketten bringen dem Unternehmen nicht nur Risiken, sie bieten auch Vorteile. Der Hauptgrund für die Nutzung einer Lieferkette ist die unbestrittene Tatsache, dass vom Unternehmen benötigte Güter und Leistungen darüber bezogen werden. Diesen Vorteil bieten alle funktionierenden Lieferbeziehungen. Darüber hinaus gibt es Chancen einer Lieferkette immer auch im Vergleich zu anderen möglichen Abläufen in der Beschaffung.

Die Potenziale, die eine Lieferkette bietet, wurden bereits im vorherigen Kapitel entdeckt. Jetzt gilt es, diese so zu bewerten, dass sie in eine Gesamtbeurteilung einfließen können. An dieser Stelle gibt es tatsächlich viele Beispiele, in denen der Vorteil konkret finanziell beziffert werden kann.

Einkaufspreis: Der Drang vieler deutscher und europäischer Unternehmen zum Einkauf auf globalen Märkten hat seine Ursache vor allem in den dort gebotenen günstigen Einkaufspreisen. Verglichen mit den lokalen oder regionalen Lieferketten waren und sind die möglichen Einsparungen enorm. Unternehmen, die diese Chance nicht nutzen, haben mittel- und langfristig einen erheblichen Nachteil den Mitbewerbern gegenüber, die ihre Güter und Leistungen in Asien, Afrika oder Lateinamerika einkaufen.

Das so entstehende Einsparpotenzial bei den Materialkosten und den Kosten für bestimmte Dienstleistungen kann einfach berechnet werden. Die Einsparung in Euro pro Einheit wird mit dem Bedarf pro Jahr multipliziert. Wird von der bisherigen Lieferkette auf die aktuell berechnete umgestellt, ergibt sich die jährliche Einsparung. Vorausgesetzt werden muss, dass die Qualität der Güter und Leistungen derjenigen aus der aktuellen Lieferkette entspricht, vielleicht sogar besser ist.

Hinweis: Kosten reduzieren Einsparung

Jede Lieferkette verursacht interne und externe Kosten für die Bearbeitung der Lieferungen und Transporte. Diese sind in regionalen oder lokalen Lieferketten in der Regel niedriger als in globalen, da die Kommunikation einfacher und die Transportwege kürzer sind. Diese Kosten müssen bei einem Vergleich unterschiedlicher Lieferketten berücksichtigt werden. Die Gefahr besteht, dass dies nicht erkannt wird, da viele Kosten z. B. im Einkauf in den Gemeinkosten verschwinden. Zu diesem Thema folgt noch das Kapitel »Echte Kosten ermitteln«.

Kosten: Kostenbetrachtungen für eine Lieferkette haben nicht immer nur negative Seiten. Im Vergleich mehrerer Lieferketten kann es bei bestimmten Beziehungen auch Kostenvorteile gegenüber einer anderen geben. Dieses Kostensenkungspotenzial muss besonders genau untersucht werden, da nicht immer alle Kostenarten korrekt erkannt und der Lieferkette zugeordnet werden. Darum hier eine Tabelle mit besonders typischen Kostenarten, die im Lieferkettenvergleich eine wichtige Rolle spielen:

Kostenart	typische Lieferketten	drohende Gefahr
Transportkosten	globale Lieferketten	unterschätzen
Übersetzungen	Lieferketten mit Ansprechpartnern ohne Deutsch- bzw. Englischkenntnisse	Buchung in Gemeinkosten

Kostenart	typische Lieferketten	drohende Gefahr
Abwicklungskosten (Einfuhr, Bezahlung, …)	Lieferketten mit Lieferant im Ausland außerhalb der EU	Buchung in Gemeinkosten
Kosten für schlechtere Lieferbedingungen (Mindestmengen, Vorauskasse, fehlerhafte Güter …)	globale Lieferketten	Buchung in anderen Bereichen (Bankkosten, Lagerkosten, Materialeinsatz …)
Reisekosten für Messebesuche, Marktrecherche	globale Lieferketten	Buchung in Gemeinkosten
Währungskosten/Kursverluste	Lieferketten mit Bezahlung in Fremdwährung	Buchung als Kursverlust im Finanzbereich
Kosten der Maßnahmen zur Reduktion der Gefährdung	Lieferketten, deren Gefährdung nur mit zusätzlichen Maßnahmen akzeptabel ist	Buchung in anderen Bereichen (Lagerkosten, Fertigung, Umsatzverluste …)

Tab. 13: Typische Kostenarten für Lieferkettenvergleich

Es geht an dieser Stelle um das Potenzial von Lieferketten, Kosten gegenüber dem aktuellen Zustand zu senken. Dabei kommt es auch immer wieder zu der Situation, dass zwei globale Lieferketten miteinander verglichen werden. Nur mit einem intensiven Lieferkettencontrolling werden diese Chancen zur Kostensenkung durch neue Lieferketten zuverlässig erkannt. Eine Berechnung des Kostensenkungspotenzials ist mithilfe der Kostenrechnung einfach möglich.

Innovationen: Große Unternehmen haben bereits früh erkannt, dass Beziehungen zu globalen Beschaffungsmärkten für eigene Innovationen genutzt werden können. Dort angebotene Güter und Leistungen bieten oft in Deutschland noch nicht bekannte oder gänzlich neue Funktionen und Eigenschaften. Globale Lieferketten bestehen lang schon nicht mehr bloß aus dem Einkauf von simplen Vorprodukten mit schlichten Abläufen und der technischen Entwicklung am heimischen Standort.

In China, Südafrika und Brasilien, um nur einige Beispiele zu nennen, sind innovative Partner entstanden, die eigene Entwicklungen auf höchstem Niveau betreiben, der Vorwurf des Kopierens von fremden Entwicklungen greift immer kürzer. Diese Situation kann durch engen Kontakt mit den Partnern auch persönlich in deren Betrieben für die eigenen Produkte genutzt werden. Die dazu bisher notwendige permanente Zusammenarbeit zwischen den deutschen Entwicklern und den Unternehmen im Erzeugerland konnten nur große Unternehmen leisten. Die Märkte haben sich so weit entwickelt, dass dort jetzt auch für kleine und mittlere Unternehmen interessante Angebote gefunden werden können.

Jede Lieferkette muss untersucht werden, ob auf dem Weg vom Ursprung bis ins Unternehmen interessante Entwicklungen entstehen. Wer dieses Potenzial schnell heben kann, erreicht auf den Absatzmärkten einen technischen Vorteil. Das kann sogar wichtiger sein als ein Preis- und Kostenvorteil. Leider ist das Innovationspotenzial nur schwer exakt finanziell zu beziffern. Wenn Entwickler und Verkäufer an der Betrachtung beteiligt werden, sind jedoch oft sehr gute Schätzungen möglich.

Abläufe: In der Veränderung von Abläufen durch eine neue Lieferkette liegt ein wichtiges Verbesserungspotenzial. Jede Lieferkette hat Einfluss auf interne Abläufe im jeweiligen Beschaffungsbereich und in weiteren betroffenen Unternehmensbereichen. Hier gibt es Unterschiede, die es zu bewerten gilt. Werden beispielsweise wichtige Maschinen von Dienstleistern aus der Region gewartet, kann die Planung wesentlich kurzfristiger sein. Die Bestellung für eine Wartung tatsächlich erst kurz vor Ablauf der Leistungsgrenze auszulösen, ist in anderen Lieferketten, z. B. aus Japan kommend, unmöglich. Die Abläufe in der Beschaffung müssen sich, wie auch die in der Fertigung, den Bedingungen der Lieferkette anpassen. Solche Verbesserungen können nicht immer einfach in Euro bewertet werden.

Das gilt auch für den Fall, dass eine neue Lieferkette Potenzial zur Verbesserung in anderen Lieferketten aufweist. So können als Beispiel zusätzliche Rohstoffe in der gleichen Region beschafft werden wie ein bereits von dort bezogener wichtiger Rohstoff. Das bietet die Chance, Teile der Lieferkette gemeinsam zu nutzen, z. B. im Transport oder bei der unterstützenden Agentur. So können sich Kostenvorteile in beiden Lieferketten ergeben, oder Fixkosten, z. B. für den Messebesuch in der Region, verteilen sich auf eine größere Menge.

Lieferkettensorgfaltspflichtengesetz: In jeder Lieferkette müssen dessen gesetzliche Regelungen berücksichtigt werden. Globale Lieferketten bieten nicht immer oder nur unter erhöhtem Aufwand die notwendige Sicherheit, dass nicht innerhalb der Kette gegen Menschenrechte und Umweltschutzbestimmungen verstoßen wird. Alternative Lieferketten bieten das Potenzial, die entsprechenden Vorschriften leichter erfüllen zu können. So müssen vielleicht weniger Besuche bei den Partnern erfolgen, anerkannte Zertifikate können vorgelegt werden. Für die Beurteilung einer Lieferkette ist es notwendig, deren Potenzial zur verbesserten Sicherheit hinsichtlich des Lieferkettensorgfaltspflichtengesetzes zu kennen. Da es sich letztlich um Abläufe handelt, die durch Lieferketten mit entsprechendem Potenzial vereinfacht werden, ist die finanzielle Bewertung auch hier schwierig.

Nachhaltigkeit: Spielt der Faktor Nachhaltigkeit bei der Auswahl der Lieferketten eine Rolle, können bisher nicht genutzte Lieferketten ein Potenzial zur Verbesserung der Nachhaltigkeit aufweisen. So können Transportwege kürzer oder weniger klimaschädlich erledigt werden, die Gewinnung von Rohstoffen erfolgt nachhaltiger, die Veredlung verbraucht weniger Energie und vergiftet die Umwelt nicht so extrem wie in der bisherigen Lieferkette. Auf der Suche nach Möglichkeiten, die Nachhaltigkeit im Unternehmen zu verbessern, bieten Lieferketten viel Potenzial.

Hinweis: Kopieren

Das Potenzial einer Lieferkette exakt festzustellen, verlangt einen gewissen Aufwand. Dazu müssen Daten beschafft oder Parameter geschätzt werden. Um die notwendige Zeit und die entstehenden Kosten für die Berechnungen zu minimieren, können vergleichbaren Gütern und Leistungen mit vergleichbaren Lieferketten ebenso vergleichbare Chancen zugeordnet werden. Das ermöglicht eine schnelle Einschätzung. Erst wenn die Entscheidung für oder gegen eine Lieferkette äußerst knapp ist, wird ausführlich und wirklich exakt gerechnet.

3.4 Maßnahmen definieren

Risiken und Abhängigkeiten bestimmen das Gefährdungspotenzial einer Lieferkette. Wenn es gelingt, die Risiken an sich zu verringern, die Eintrittswahrscheinlichkeit zu reduzieren und/oder die Abhängigkeit kleiner zu machen, verbessert sich die Situation. Lieferketten können genutzt werden, wenn das

Restrisiko und die verbleibende Gefahr akzeptiert werden können. Um dies zu erreichen, sind Maßnahmen notwendig, die auf die Parameter der Risiken und Abhängigkeiten Einfluss nehmen.

Hinweis: Aktuell und als Reaktion

Bei den Maßnahmen zur Verringerung der Gefährdung durch Lieferkettenprobleme müssen zwei Gruppen unterschieden werden.

1. Es gibt Maßnahmen, die als Reaktion auf eine Veränderung in der Lieferkette ergriffen werden. Sie sollen bei Eintritt eines Risikos dessen Auswirkungen auf das Unternehmen reduzieren. Die Beschreibung dieser Maßnahmen ist Teil der Steuerung der Lieferketten.
2. Die zweite Gruppe umfasst Maßnahmen, die bei der Einrichtung einer Lieferkette oder bei deren geplanter Veränderung eine Verbesserung der Gefährdungslage bewirken. Diese wirken prophylaktisch und sorgen dafür, dass erst durch bestimmte Aktivitäten die Lieferkette akzeptabel wird. Diese Maßnahmen werden in diesem Kapitel beschrieben.

Manche Maßnahmen sind vergleichbar in beiden Gruppen zu finden. Dann gibt es Unterschiede in der Wirkung, der Dauer und den Kosten. Diese müssen bekannt sein, um die Anwendung der Maßnahme zum richtigen Zeitpunkt starten zu können.

Wie passende Maßnahmen gefunden werden können, wie sie zu definieren und sinnvoll durchzuführen sind, wird in dem folgenden Kapitel beschrieben. Ein wichtiger Punkt ist die Kontrolle der Ergebnisse der Maßnahmen. In allen Punkten kann das Controlling mit seinen Instrumenten tätig sein.

3.4.1 Maßnahmen finden

Die Fachleute in den Unternehmensbereichen und auch die Controller kennen eine Vielzahl von Maßnahmen, mit denen sich Lieferketten optimieren lassen. Eine Garantie für die Vollständigkeit der Maßnahmenliste ist das allerdings nicht. Eine systematische Suche ist unumgänglich. Der Schwerpunkt der Möglichkeiten liegt bei der Umsetzung strategischer Entscheidungen, erst dann folgen operative Maßnahmen.

Strategische Entscheidung – Strukturen: Eine wichtige Maßnahme vor allem zur Verringerung von Abhängigkeiten des Unternehmens von seinen Lieferketten ist die Vereinfachung der internen Strukturen. Einfache Abläufe erleichtern es, einfache Lieferketten zu schaffen oder komplexe Lieferketten sicher zu steuern. Dazu tragen auch einfache und vor allem eindeutige Verantwortlichkeiten bei. So ist z. B. die Verbindung von Kompetenz und Verantwortung für die Beschaffung eine wichtige Voraussetzung für klare und optimale Lieferketten. Eine Konzentration aller Beschaffungsvorgänge in einer Abteilung führt ebenfalls zu einfacheren oder zumindest risikominimierten Lieferketten.

Hinweis: Weitere Vorteile

Die Vereinfachung von Strukturen im Unternehmen wirkt sich in vielen Bereichen positiv aus, nicht nur bei den Lieferketten. So werden interne Abläufe beschleunigt und Fehler vermieden. Solche Vorteile finden sich auch in weiteren Maßnahmen, die im Folgenden vorgestellt werden. Da es immer um das gesamte Unternehmen geht, dessen Erfolg maximiert werden soll, müssen die positiven Auswirkungen in den übrigen Bereichen in eine Wirtschaftlichkeitsberechnung einbezogen werden. Das ist bei allen strategischen Maßnahmen so, nicht nur in der Beschaffung.

Strategische Entscheidung – Digitalisierung: Eine besondere strategische Entscheidung ist der Ausbau der Digitalisierung im Unternehmen. Das betrifft nicht nur die Bereiche, die von dem Funktionieren der Lieferkette betroffen sind. Das Erkennen von Problemen innerhalb einer Lieferkette wird durch die Digitalisierung ebenso erleichtert wie eine schnelle Reaktion: Für Entscheidungen stehen sehr viel mehr und aktuellere Daten zur Verfügung. Maßnahmen zur Verringerung von Risiken oder Abhängigkeiten können detaillierter geplant, durchgeführt und gesteuert werden.

Ein hoher Grad an Digitalisierung bewirkt in der Praxis eine geringere Gefährdung durch Lieferkettenprobleme. Digitale Abläufe können vollkommen neue Lieferketten mit geringeren Risiken und reduzierten Abhängigkeiten ermöglichen, wenn z. B. ein potenzieller Lieferant mit interessanten Angeboten auf digitalen Datenaustausch und Teilnahme an Industrie 4.0 besteht. Gleichzeitig entstehen durch die Digitalisierung wichtiger Abläufe auch neue Risiken, die in die Betrachtung eingeschlossen werden müssen. Zufällige oder bewusst herbeigeführte Störungen der digitalen Strukturen, wie z. B. des Internetzugangs, führen zu Kommunikations- und Abwicklungsproblemen in der Kette. Hacker können Zugriff auf digitale sensible Daten erhalten. Die Abhängigkeit vom Funktionieren der Informationsverarbeitung steigt.

Hinweis: Neue Lieferketten

Der Ausbau der Digitalisierung schafft neue Lieferketten im Unternehmen, die für die Versorgung mit der notwendigen Technik und Dienstleistung sorgen. Dazu können vorhandene Lieferketten für vorhandene IT-Versorgung genutzt und ausgeweitet werden. In der Praxis kommen für neue Anwendungen oft auch neue Lieferanten hinzu, die Zahl der Lieferketten steigt. Auch diese müssen ins Lieferkettencontrolling einbezogen werden.

Strategische Entscheidung – Entwicklung: Die Entwicklungsabteilungen in den produzierenden Unternehmen haben einen großen Einfluss auf den Unternehmenserfolg. Mit wenigen grundsätzlichen Entscheidungen kann dafür gesorgt werden, dass die Entwickler und Konstrukteure Produkte erschaffen, die Lieferketten mit vertretbaren Risken und Abhängigkeiten nach sich ziehen. Die Vorgabe, möglichst viele Gleichteile zu verwenden und auf ungewöhnliche Rohstoffe und Bauteile zu verzichten, begrenzt zwar die Kreativität der betroffenen Mitarbeiter, sorgt aber für weniger und überschaubarere Lieferketten.

Gleichzeitig können bereits bei der Entwicklung der Produkte alternative Rohstoffe oder Bauteile beschrieben werden. Auch der Einfluss der Entwicklung auf die Fertigungsverfahren kann genutzt werden, um Risiken und Abhängigkeiten zu reduzieren. Produkte, die auf verschiedenen Wegen gefertigt werden können, senken in den Lieferketten die Abhängigkeiten und Risiken. Ein Weg dahin sind z. B. flexible Stücklisten und Arbeitspläne.

Hinweis: Alleinstellungsmerkmal

Der Verzicht auf besondere Rohstoffe, Werkstoffe, Bauteile oder Leistungen muss sehr genau abgestimmt werden. Diese Vorgehensweise darf nicht dazu führen, dass ein vorhandenes oder mögliches Alleinstellungsmerkmal der Produkte am Absatzmarkt entfällt oder der Funktionsumfang des fertigen Produktes zu weit reduziert wird. Darunter würde der Verkauf der Produkte leiden. Zwischen den Anforderungen des Vertriebs an die Produkte und der Reduktion der Gefährdung durch Lieferkettenprobleme durch einfachere Produkte und Fertigungsverfahren ist zu vermitteln.

Strategische Entscheidung – Fertigungskomplexität: Die für die Fertigung im Unternehmen verantwortlichen Mitarbeiter müssen aus verschiedenen Gründen mit einem Dilemma leben. Sie müssen sich zwischen möglichst flexiblen Fertigungsabläufen mit höheren Stückkosten und stark spezialisierten Maschinen mit geringen Stückkosten entscheiden. Die Entscheidung hat auch Einfluss auf die Beurteilung der Lieferketten. Zum einen haben Fertigungsbereiche mit hoher Komplexität, also auch hoher Flexibilität, eigene gefährdete Lieferketten für Wartung und Reparatur. Zum anderen verringern sie die Abhängigkeit von den Lieferketten, da in der Fertigung flexibel reagiert werden kann. Auf der anderen Seite stehen Fertigungsprozesse mit stark spezialisierten Maschinen und einfachen Abläufen, in denen bei Problemen wie z. B. fehlenden Rohstoffen nicht schnell genug oder gar nicht reagiert werden kann. Die Beurteilung vieler Lieferketten fällt bei Spezialmaschinen in der Fertigung kritischer aus, weil die Abhängigkeit steigt.

Operative Entscheidung – Optimierung: In der Betriebswirtschaftslehre wird für viele Bereiche eine Hilfestellung zur Optimierung gegeben. So gibt es auch im Beschaffungswesen z. B. eine optimale Bestellmenge oder Formeln zur Berechnung von Sicherheitsbeständen. Diese Optimierungen nehmen in der Regel keine Rücksicht auf risikobehaftete Lieferketten oder eine steigende Abhängigkeit vom Funktionieren externer Abläufe. Viele dieser betriebswirtschaftlichen Inhalte sind den entsprechend ausgebildeten Mitarbeitern in Fleisch und Blut übergegangen. Sie werden nicht mehr hinterfragt.

Im Rahmen des Lieferkettencontrollings lohnt es, diese Bereiche zu prüfen. Es finden sich Möglichkeiten, bei einer weniger nahe am Optimum liegenden Situation die Gefährdungslage einer Lieferkette zu verbessern. Geprüft werden sollten u. a. die folgenden Bereiche:

- Viele betriebswirtschaftlichen Überlegungen versuchen, die Lagerbestände zu optimieren, meist in Richtung einer Reduktion der Bestände. Das wiederum verändert die Abhängigkeit von Lieferketten und erhöht die Auswirkungen einer möglichen Lieferstörung. Alle Parameter, die Einfluss auf die Höhe der Bestände haben, beinhalten also auch die Möglichkeit, Bestände dahingehend zu verändern, dass sie mögliche Probleme in den Lieferketten berücksichtigen.
- Die übliche Höhe der Bestellmenge hat einen wesentlichen Einfluss auf die Zahl der Lieferungen und damit auf die Zahl möglicher Probleme. Je nach individueller Situation kann es sinnvoll sein, mehrere kleine Bestellungen aufzugeben, wenn z. B. dadurch andere, zuverlässigere Transportwege genutzt werden können. Andererseits kann eine Zusammenfassung mehrerer kleiner Bestellungen zu einer großen dann vorteilhaft sein, wenn so mehr Einfluss auf die Lieferkette genommen werden kann.
- Die Höhe der Verbindlichkeiten aus Lieferung und Leistung ist Teil der Optimierung des Working Capital, also des für den laufenden Betrieb notwendigen Kapitals. Dabei gilt eine hohe Summe an Verbindlichkeiten als vorteilhaft, da so Finanzierungskosten gespart werden. Dadurch werden viele Lieferketten ausgeschlossen, in denen der Lieferant kürzere Zahlungsfristen oder gar Vorauszahlung verlangt. Die Fixierung auf die Optimierung des Working Capital allein kann allerdings zu einer größeren Gefährdung durch nicht funktionierende Lieferketten führen als notwendig.

Gemeinsam mit dem Controlling sollten die verantwortlichen Beschaffer und strategischen Entscheider die Gesamtsituation prüfen, um Lieferketten zu finden, die aufgrund von betriebswirtschaftlichen Optimierungen zu hohe Gefährdungen aufweisen. Dass eine Veränderung der Lieferketten entgegen dem wirtschaftlichen Optimum Kosten verursacht, ist klar. Hier gilt es, diese gegen die gesenkten Risiken in den Lieferketten zu verrechnen.

Operative Entscheidung – Lieferkettengründe: Die Gründe für die Wahl einer bestimmten Lieferkette sind sehr vielfältig, immer aber wird es letztlich einen finanziellen Vorteil für das Unternehmen geben. Das ist bei den Beschaffungskosten inkl. des Einkaufspreises sofort ersichtlich. Wenn aber andere Beweggründe wie z. B. die Qualität der gelieferten Produkte, die möglichen Bestellmengen oder die vorhandenen Kommunikationsmöglichkeiten im Einkauf diskutiert werden, erschließt sich dies erst über die Bewertung der zusätzlich entstehenden Kosten. Wer die Frage beantwortet, »Warum wurde gerade diese Lieferkette gewählt?«, der erhält Ansatzpunkte dafür, wo Parameter zur Verringerung der Gefährdung durch eine Lieferkette gefunden werden können.

Beispiel: Englisch

Ein wichtiger Rohstoff eines Maschinenbauers wird über einen Händler in einem EU-Staat aus Brasilien eingekauft. Dieser Händler hat sich als unzuverlässig erwiesen, da er aufgrund geringer Finanzmittel keine ausreichende Vorsorge treffen kann. Gleichzeitig ist der Einkaufspreis höher als bei einem Direkteinkauf des Rohstoffs in Brasilien. Die Frage nach dem Grund für die Nutzung der längeren und risikoreicheren Lieferkette über den Händler lässt sich leicht beantworten: Im Einkauf gibt es keinen Mitarbeiter, der Englisch auf einem ausreichenden Niveau spricht, um mit dem Verkäufer in Brasilien zu kommunizieren.

Als Maßnahme zur Verbesserung der Situation wurden die Mitarbeiter der Einkaufsabteilung des Maschinenbauunternehmens in Englisch geschult. Die dabei entstandenen Kosten konnten durch die Vorteile der kürzeren Lieferkette schnell amortisiert werden. Außerdem hat sich die Gefährdungslage bei diesem Rohstoff entschärft.

Operative Entscheidung – Lieferkettenteile: Eine Lieferkette wird durch ihre Teile definiert. Damit bestimmen die Erzeuger, Veredler, Verarbeiter, Händler und Transporteure auch die Risiken und deren Wahrscheinlichkeiten. Um die Gefährdung zu reduzieren, kann als Maßnahme der Tausch von einzelnen Gliedern der Kette durchgeführt werden. Eventuell kann die Verwendung eines Rohstoffs aus einer anderen Region das Risiko für Verstöße gegen die Menschenrechte verringern, ein anderer Transportweg die Gefahr von Piratenüberfällen senken. Qualitätsprobleme lassen sich durch den Austausch von Veredlern und Verarbeitern lösen.

Durch die Veränderung von Teilen einer Lieferkette entsteht eine neue, alternative Lieferkette. Diese muss organisatorisch exakt definiert sein, damit es keine Verwechselung bei der Beurteilung von Risiken und Wahrscheinlichkeiten gibt. Die alte Lieferkette wird einfach nicht mehr genutzt und in der Dokumentation entsprechend gekennzeichnet.

Hinweis: Lieferanten-Audit

Um einen Lieferanten in eine Lieferkette aufzunehmen, muss dieser als vertrauenswürdig und leistungsfähig bekannt sein. Nicht immer kann bei der Auswahl für eine neue Lieferkette oder beim Tausch des Lieferanten in einer bestehenden Lieferkette auf eigene Erfahrung zurückgegriffen werden. Eine verbreitete Vorgehensweise zur Feststellung der notwendigen Informationen ist die Durchführung eines Lieferanten-Audits. Das verursacht Aufwand, sowohl beim Unternehmen als auch beim Lieferanten, und braucht vor allem Zeit.

Schneller geht es, wenn das Audit von Dienstleistern erledigt wird. Diese können im Auftrag des Unternehmens die Überprüfung des potenziellen Lieferanten vornehmen. Das Problem des Aufwands und der notwendigen Zeit wird dadurch nur geringfügig verändert. Um noch effizienter zu werden, können Online-Angebote genutzt werden. Dort gibt es Anbieter, die standardisierte Audits bei vielen potenziellen Lieferanten durchführen und die Ergebnisse den interessierten Unternehmen zur Verfügung stellen, in der Regel gegen eine Gebühr. Der Vorteil für den Lieferanten liegt darin, dass er nicht für jeden Kunden ein eigenes Audit durchführen muss. Die Unternehmen erhalten ihre Informationen schnell, da sie bereits vorhanden sind, und preiswert, da sich die Kosten auf viele Interessenten verteilen.

Diese Vorgehensweise verbreitet sich vor allem durch das Lieferkettensorgfaltspflichtengesetz sehr schnell. Dafür werden spezielle Audits von den Datenbanken online angeboten, die eine aufwendige eigene Kontrolle der Unternehmen überflüssig machen. Zu den kommerziellen Anbietern im Internet gehören u. a. Achilles, Ecovadis, Intertek, NQC, Sedex. Es lohnt sich, nach weiteren Anbietern zu suchen, da aktuell weitere Dienstleister in diesem Gebiet aktiv werden. Darüber hinaus gibt es Branchenverbände, die für ihre Mitglieder die Ergebnisse solcher Audits anbieten.

Insgesamt wird auf diese Weise der Austausch von einzelnen Teilen der Lieferkette vereinfacht.

Operative Entscheidung – Lieferkettenpotenziale: Wie bereits ausführlich diskutiert, enthalten die Lieferketten auch immer ein gewisses Potenzial zur Verbesserung der unternehmerischen Situation. Diese Chancen realisieren sich nur selten von allein. Es müssen geeignete Maßnahmen durchgeführt werden, um niedrigere Einkaufspreise, geringere Kosten, Innovationsmöglichkeiten oder Ablaufverbesserungen zu realisieren. Diese Maßnahmen müssen überhaupt erst identifiziert werden, damit sie umgesetzt werden können.

Beispiel: Heben der Potenziale

Niedrigere Einkaufspreise müssen durch entsprechende Verhandlungen mit den dazugehörigen Abmachungen, Probelieferungen und Audits erreicht werden.

Geringere Kosten entstehen als Ergebnis von Maßnahmen, mit denen Transportwege zusammengelegt werden, Zwischenhändler ausgeschaltet oder Hersteller zu Mengenrabatten überredet werden.

Die Verfügbarkeit neuer Güter mit neuen Funktionen führt nur dann zu einer entsprechenden Innovation im Unternehmen, wenn als Maßnahme die Prüfung der vorhandenen Angebote auf den globalen Märkten durch die Entwicklungsabteilung durchgeführt wird.

Eine beispielhafte Maßnahme zur Verbesserung der Abläufe im Unternehmen durch eine neue Lieferkette kann die höhere Lieferfrequenz eines potenziellen neuen Lieferanten betreffen. Die Disposition im Unternehmen muss entsprechend ausgerichtet werden, Lagerbestände können reduziert werden, die Fertigungsplanung kann kurzfristiger erfolgen.

Bei der Suche nach geeigneten Maßnahmen für die Optimierung der Lieferketten helfen die Parameter, die für die Risiken, deren Eintrittswahrscheinlichkeit und die Abhängigkeiten bestimmend sind. Erfolgreiche Maßnahmen verändern diese Parameter so, dass sich die Werte aus der Beurteilung der Lieferkette verbessern. Wenn z. B. als Parameter die Krisensituation in der Region, durch die ein Transport der gekauften Güter geleitet werden muss, ermittelt wurde, so kann der Wechsel des Transportweges eine effektive Lösung sein.

Die Erfahrung zeigt, dass vor allem bei Lieferketten mit geringen Risiken und Abhängigkeiten eine Verbesserung allein durch die intensive Beschäftigung mit diesen Themen erfolgen kann. So reicht bei vielen Lieferketten eine engmaschige Überwachung aus, um Risiken frühzeitig zu erkennen und operative Maßnahmen einleiten zu können. Wenn das bekannt ist, reduziert sich die Gefährdung durch diese Lieferkette. Damit wäre eine einfache und schnelle Lösung erreicht. Auf der anderen Seite gibt es Lieferketten, deren Risiken und Abhängigkeiten nicht reduziert werden können. Wenn die Situation nicht tragbar ist, hilft allein der Wechsel der Lieferkette. Wenn auch das nicht möglich ist, muss das Risiko getragen werden.

Beispiel: Lieferkettensorgfaltspflichtengesetz

Eine grundsätzliche Maßnahme zur Reduktion der Gefährdung durch Lieferketten, bei denen ein Verstoß gegen Menschenrechte oder Umweltschutzbestimmungen möglich erscheint, ist die Prüfung der Kette, das Sammeln der dazugehörigen Zertifikate und die geeignete Dokumentation. Ist das Risiko für einen Verstoß innerhalb der Kette zu groß oder die Kette ohne Verstoß nicht möglich, muss die Lieferkette geändert werden.

Die möglichen Maßnahmen sind sehr vielfältig. Einige davon sind allgemeingültig, viele sind individuell auf das Unternehmen zugeschnitten. Sie sind dann abhängig von den internen Abläufen und technischen Voraussetzungen. An dieser Stelle eine beispielhafte und auf jeden Fall unvollständige Liste oft genutzter Maßnahmen:

Parameter	Ziel	Maßnahme	Voraussetzung
Risiko Lieferausfall	Ersatz aus anderer Lieferkette	Zwei-Lieferanten-Strategie	ausreichende Mengen Lieferant vorhanden echte Alternative
Risiko Lieferausfall	Nutzung Alternativrohstoff	Erstellen Alternativstückliste	Alternative vorhanden Vertrieb und Fertigung stimmen zu
Abhängigkeit Lieferausfall	Überbrückung Lieferausfall	Bestand erhöhen	Lagerkapazität Finanzierung möglich
Abhängigkeit Lieferausfall	Überbrückung Lieferausfall	Lager bei Lieferanten	Zustimmung des Lieferanten Kontrollmöglichkeit
Abhängigkeit Lieferausfall	alternative Beschäftigung ermöglichen	Ausstattung der Fertigung mit flexiblen Fertigungssystemen	Finanzierung möglich Alternativen sind vorhanden

Parameter	Ziel	Maßnahme	Voraussetzung
Risiko Transportunfall	Verkürzung Lieferausfall	Alternative Lieferkette vorbereiten mit anderem Transportweg	das Gut eignet sich (z. B. für Lufttransport) neue Güter vorhanden
Wahrscheinlichkeit Transportproblem	Reduktion Wahrscheinlichkeit für Transportproblem	Verwendung von mindestens zwei unterschiedlichen Transportwegen bei jeder Lieferung	ausreichende Mengen Alternativen vorhanden akzeptable Kosten für doppelte Verwaltung
Risiko Lockdown in China	Verringerung Risiko	Zwei-Lieferanten-Strategie mit einem Lieferanten in Europa	ausreichende Mengen Lieferant vorhanden echte Alternative
Risiko Menschenrechtsverletzung bei Erzeuger	Verringerung Risiko	eigener Einkauf mit mehr Einfluss auf Erzeuger	ausreichende Mengen kompetente Mitarbeiter Wirtschaftlichkeit
Abhängigkeit Kosten der Lieferkette	Vermeidung von Preisansteigen	langfristige Lieferverträge	wirtschaftlich starke Lieferanten Akzeptanz durch Lieferanten Preisanstieg erwartet (kein Preisrückgang)
Abhängigkeit Kosten der Lieferkette	Schaffung von Finanzspielräumen	Erhöhung der Kreditlinie bei der Bank	Kreditwürdigkeit
Risiko unzureichender Qualität	Vermeidung von Lieferungen mit schlechter Qualität	Überwachung auf allen Stufen der Lieferkette	Akzeptanz der Überwachung durch die Partner wirtschaftlich sinnvolle Vorgehensweise
Risiko Verspätung Instandhaltung	Verringerung ungeplanter Wartezeiten auf Instandhaltung	Kauf von Anlagen, die durch Dienstleister in der Nähe gewartet werden können	Dienstleister vorhanden wirtschaftlich sinnvolle Entscheidung
Wahrscheinlichkeit verspäteter Steuererklärung	Sicherstellung pünktlicher Fertigstellung der Steuererklärung	Auswahl Steuerberater mit mehreren Kollegen und Mitarbeitern in einer Kanzlei	wirtschaftlich sinnvolle Entscheidung
Abhängigkeit von lokalem Arbeitsmarkt	Besetzung aller Stellen mit adäquaten Mitarbeitern	zusätzliche Wege (Onlinebörsen, Headhunter) nutzen	wirtschaftlich akzeptabel
Abhängigkeit von lokalem Arbeitsmarkt	Besetzung aller Stellen mit adäquaten Mitarbeitern	Angebot von Homeoffice	Eignung der Aufgabe
Risiko fehlender Qualifikation	passende Mitarbeiter finden	Tests, Probearbeit u. ä. nutzen	Akzeptanz durch die Bewerber

Tab. 14: Beispielhafte Maßnahmen

Der Weg zu den richtigen Maßnahmen zur Reduktion der Gefährdung aus einer Lieferkette ist lang. Im Prozess der grundlegenden Ausgestaltung der Lieferketten ist die dafür notwendige Zeit vorhanden. Wenn es später um Reaktionen auf Entwicklungen in einer genutzten Lieferkette geht, ist sie es nicht mehr. Umso wichtiger sind die wirkungsvollsten Maßnahmen für eine Verringerung der Gefährdung durch die Lieferkette, sie gilt es zu finden. Der Weg dahin lässt sich mit den folgenden Schritten beschreiben:

1. Zunächst wird die Lieferkette identifiziert, die eine Gefährdung über der akzeptablen Grenze mit sich bringt. Dabei werden die bisher beschriebenen Inhalte zur Beurteilung der Lieferketten genutzt. Um Maßnahmen auf effiziente Weise aufzufinden, ist es erlaubt, mehrere Lieferketten mit gleichen Risiken und Abhängigkeiten zu Gruppen zusammenzuschließen (z. B. alle Lieferketten für Rohstoffe aus einer Region oder alle Lieferketten mit dem gleichen Lieferanten).
2. Es wird eine Projektgruppe gebildet, die zunächst die geeigneten Maßnahmen auswählt und später auch für die Umsetzung verantwortlich ist. Neben dem Controlling sind hier je nach Lieferkette unterschiedliche Fachbereiche zu beteiligen. Dazu gehören der Bereich, in dem die Beschaffung stattfindet, und die Unternehmensbereiche, die von dem Funktionieren der Lieferkette abhängig sind.
3. Die Projektgruppe wählt die ihrer Meinung nach wirksamen Maßnahmen aus. Dabei hilft neben der Ausbildung und Erfahrung der Beteiligten vor allem auch der oben beschriebene Weg des Findens von Maßnahmen. An dieser Stelle werden die Wirkungen der Maßnahmen auf die Parameter für Risiken, Wahrscheinlichkeiten und Abhängigkeiten ebenso geprüft wie die dabei entstehenden Kosten.
4. Die ausgewählten Maßnahmen werden exakt definiert, damit das erwartete Ziel auch erreicht werden kann.

3.4.2 Maßnahmen definieren

Lieferketten, die eine für das Unternehmen nicht akzeptable Gefährdung aufweisen, müssen durch gezielte Maßnahmen vor der ersten Nutzung verändert werden. Ziel ist es, alle Risiken zu reduzieren, die Eintrittswahrscheinlichkeiten der verbleibenden Risiken zu verringern und Abhängigkeiten abzubauen. Das ist kaum vollständig möglich, Restrisiken bleiben immer. Damit diese so niedrig wie möglich sind, müssen die ausgewählten Maßnahmen besonders wirksam sein. Sie werden exakt definiert, damit ihre Wirkung gesteuert werden kann. So ist auch eine wirksame Kontrolle möglich.

Hinweis: Definition notwendig

Die Definition der ausgewählten Maßnahmen beinhaltet die individuelle Anpassung allgemeiner Maßnahmenbeschreibungen an die individuelle Situation der betroffenen Lieferkette. Nur so kann eine mögliche Wirkung vorhergesagt werden, nur so können entstehende Kosten geplant werden. Außerdem ist eine Abgrenzung zu Maßnahmen, die bei Problemen in laufenden Lieferketten genutzt werden, notwendig.

So muss z. B. die Definition einer allgemeinen Maßnahme zum Aufbau eines Sicherheitsbestandes auf die entsprechende Lieferkette angepasst werden. Die individuelle Definition enthält dann die Anweisung, den Sicherheitsbestand für einen Bedarf von mindestens drei Monaten aufzubauen und dazu einen bestimmten Lagerort zu verwenden.

Verantwortung: Der wichtigste Teil der Definition einer Maßnahme ist die Zuordnung von Verantwortung. Die ausgewählte Maßnahme muss durchgesetzt und in operativen Entscheidungen zum gewünschten Ziel geführt werden. Die Praxis zeigt, dass die enge Verbindung dieser Aufgabe mit einer verantwortlichen Person für eine effiziente Durchführung garantiert. Die Person kann ein Mitglied der Projektgruppe sein, muss es aber nicht. Wenn ein Außenstehender gewählt wird, muss dieser an den weiteren Schritten bereits in der Definitionsphase beteiligt werden. So wird sichergestellt, dass der Verantwortliche nicht nur Ziele, erwartete Kosten und Wirkung kennt. Er kann auch seine Freiräume in der inhaltlichen Festlegung festschreiben.

Inhalt: Jede der gewählten Maßnahmen muss inhaltlich exakt beschrieben werden. Darin erfolgt die Anpassung einer Standardmaßnahme an die individuellen Besonderheiten der Lieferkette. Es darf keinen Interpretationsspielraum geben, der die möglichen Schritte in der Maßnahme zu ungenau macht. Beschrieben wird, welche Vorgehensweise gewählt wird und welche Abläufe dazu notwendig sind. Für den verantwortlichen Mitarbeiter können Entscheidungsfreiräume in die inhaltliche Definition eingebaut werden, wenn die dabei entstehenden unterschiedlichen Möglichkeiten die gleiche Wirkung erzielen. Freiräume entstehen auch, wenn im Verlauf der Maßnahme aufgrund dann aktueller Entwicklungen reagiert werden muss.

Ausmaß: Die inhaltliche Beschreibung der Maßnahmen wird durch die Festlegung des Ausmaßes ergänzt. Es können minimale und maximale Grenzen vorgegeben werden. Wenn z. B. als Maßnahme der Aufbau von Lagerbeständen gewählt wurde, kann die Bestandshöhe sowohl nach unten als auch nach oben begrenzt werden. Die Definition des Ausmaßes hat selbstverständlich Auswirkungen auf die zu erwartenden Kosten und vor allem auf die gewünschte Wirkung der Maßnahme.

Kosten: Jede Maßnahme verursacht Kosten. Sie verbraucht Zeit der Mitarbeiter, verlangt preisliche Zugeständnisse oder verlangt zu finanzierende Vermögensteile wie z. B. Bestände oder Fertigungsanlagen. Die erwarteten Beträge müssen eingeplant werden. Es gibt zwar immer eine Ungewissheit im Planungsprozess, ungenaue Werte sind aber immer noch besser als gar keine Zahlen. Die Ungewissheit zu minimieren, ist Aufgabe des Controllings.

Wirkung: Der wichtigste Teil der Definition betrifft die erwünschte Wirkung der definierten Maßnahmen. Das Ziel, das mit der Maßnahme erreicht werden soll, wird festgelegt. Dazu wird auch die Wirkkette beschrieben. Die direkte Wirkung der Maßnahme auf die Parameter von Risiken, Eintrittswahrscheinlichkeiten und Abhängigkeiten wird beschrieben und mit der Veränderung der Gefährdung verbunden.

Beispiel: Portfolio-Analyse als Teil der Definition

Die Definition der Maßnahmen wird durch das Controlling nicht nur inhaltlich unterstützt. Es gibt Werkzeuge des Controllers, die auch in der Suche und Definition von Maßnahmen eingesetzt werden können. Ein Beispiel dafür ist die Portfolio-Analyse.

Die Portfolio-Analyse ist ein mächtiges Controlling-Instrument, auch für viele Fragestellungen außerhalb des Lieferkettencontrollings. Darin wird die Analyse verwendet, um die Gefährdungslage der einzelnen Lieferketten und des Unternehmens insgesamt darzustellen und um Veränderungen in dieser Lage zu erkennen. Eine weitere Anwendung ist die Verwendung der Portfolio-Analyse für die Planung von Veränderungen in Lieferketten. In diesem Prozess wird für jede als kritisch erkannte Lieferkette bestimmt, welche Richtung die durch Maßnahmen zu erreichenden Veränderungen innerhalb der Grafik haben soll und wie weit sie geht.

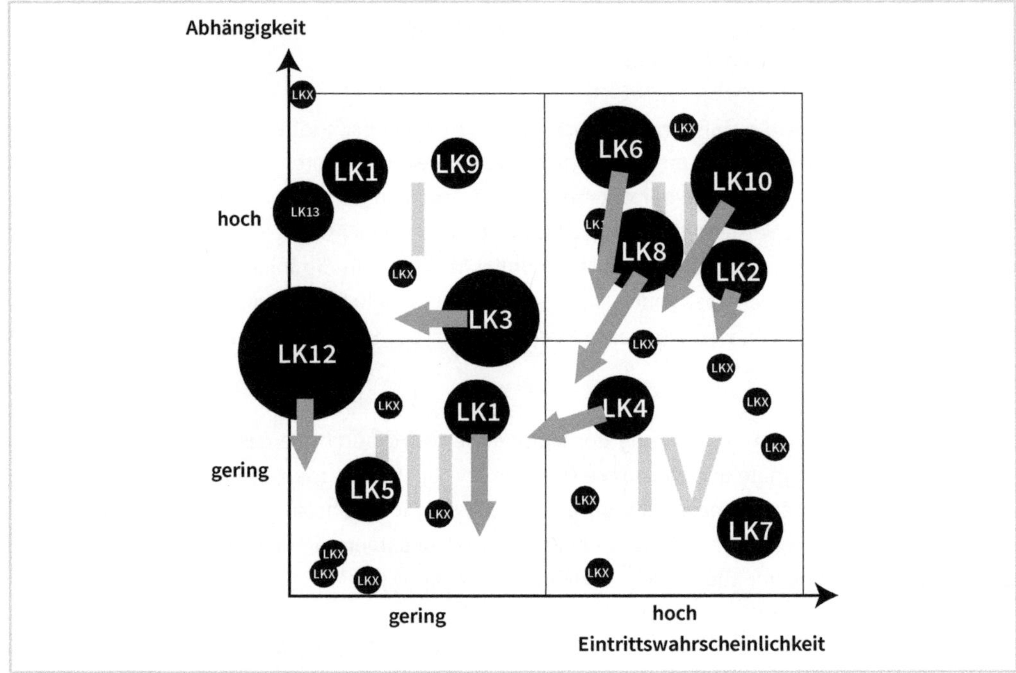

Abb. 26: Portfolio-Analyse mit geplanten Veränderungen

Die geplanten und gewünschten Veränderungen werden in der Grafik eingetragen. Diese dient dann als Ausgangspunkt für die Suche nach wirksamen Maßnahmen, um die Ziele zu erreichen. Die Maßnahmen werden dann aus der Beschreibung der einzelnen Quadranten entnommen oder auf dem oben dargestellten Weg gefunden. Die Definition der Maßnahmen erfolgt dann weiter wie beschrieben. Mithilfe der in Abbildung 26 gezeigten Grafik kann auch ein Vergleich der gewünschten Veränderung mit der nach einiger Zeit erreichten Veränderung erfolgen.

Als Ergebnis steht in der Definition der Maßnahmen, die zur Verringerung einer Gefährdung durch Lieferkettenprobleme beschlossen wurden, eine Festlegung des zu erreichenden Ziels. Die Gewünschte Wirkung wird festgelegt und mit einer Zeitvorstellung verbunden. Die Kosten werden ebenfalls in der Zielbeschreibung angegeben. Die Definition enthält auch eine Beschreibung der gewünschten Vorgehensweise, allerdings in unterschiedlicher Genauigkeit. Manche Maßnahmen werden inhaltlich detailliert beschrieben, bei anderen wird es bei groben Angaben mit entsprechendem Spielraum in der Durchführung belassen.

3.4.3 Maßnahmen durchführen

Für den Erfolg der Maßnahmen ist deren konsequente Umsetzung ausschlaggebend. Daher ist es wichtig, dass alle Beteiligten bei der Auswahl und Definition der Maßnahmen mitentscheiden können. Die

Durchführung der notwendigen Schritte richtet sich nach dem Inhalt der Maßnahme. Hinzu kommen individuelle Vorgehensweisen, in Abhängigkeit von der verantwortlichen Person und der unternehmensinternen Situation. Eine allgemeingültige Vorgabe für die Durchführung der Maßnahmen kann also nicht gegeben werden.

Alle Maßnahmen erfordern jedoch eine Kontrolle der Durchführung und der Wirkung. Nur so kann sichergestellt werden, dass die gewünschten Ziele auch tatsächlich erreicht werden. Als Teil des Lieferkettencontrollings wird auch die Steuerung der Maßnahmen erledigt. Um diese Aufgabe erfolgreich abzuwickeln, ist die laufende Kontrolle der Aktivitäten notwendig. Dazu gibt es bekannte Controlling-Instrumente, die genutzt werden können:

- Wie im Projektcontrolling werden für die einzelnen Maßnahmen Meilensteine vereinbart, die bestimmte Zustände zu bestimmten Zeiten beschreiben. Der Controller prüft dann zu gegebener Zeit die Erreichung dieser Meilensteine.
- Wenn die zu beobachtenden Maßnahmen Kosten verursachen, sollten diese geplant anfallen. In der Kostenrechnung kann über die Buchungen in der Buchhaltung festgestellt werden, welche Kosten bereits entstanden sind. Daraus kann auf den Fortschritt der Durchführung geschlossen werden. Außerdem ermöglicht dies eine zusätzliche Kostenkontrolle. Voraussetzung ist, dass die Maßnahmen eine Projektnummer erhalten und diese bei der Verbuchung der Kosten in der Buchhaltung erfasst wird.
- Bei Maßnahmen mit einer kontinuierlichen Entwicklung des Zielwertes wird dieser Wert ebenso kontinuierlich vom Controlling überwacht. Weicht die Entwicklung vom Plan ab, muss gegengesteuert werden.

Beispiel: Lagerbestand aufbauen

Um die Abhängigkeit von der zuverlässigen Belieferung mit einem Rohstoff zu verringern, wurde als Maßnahme beschlossen, den Sicherheitsbestand für diesen Rohstoff innerhalb von sechs Monaten zu verdreifachen. Der Aufbau dieses Bestandes erfolgt kontinuierlich und kann vom Controlling in den regelmäßig zur Verfügung stehenden Bestandsdaten kontrolliert werden.

Die Überwachung liefert die notwendigen Daten für die Einschätzung des Erfolges der Maßnahme. Wurde das Ziel bereits erreicht? Wird das Ziel erreicht werden? Besteht die Gefahr, dass das Ziel nicht erreichbar ist? Diese Fragen müssen laufend beantwortet werden. Werden Probleme bei der Zielerreichung erkannt, beginnt nach der Kontrolle die Steuerung. Der Controller informiert die verantwortlichen Mitarbeiter über die erkannten Probleme. Gemeinsam können oft noch rechtzeitig Korrekturen beschlossen werden. Kann das Ziel der Maßnahme nicht erreicht werden, müssen neue Maßnahmen beschlossen werden, um die Risiken, Eintrittswahrscheinlichkeiten oder Abhängigkeiten zu reduzieren.

Die Durchführung der Maßnahmen soll positive Veränderungen bei der Gefährdung durch eine Lieferkette erreichen. Es muss also nicht nur geprüft werden, ob die Maßnahme ihr originäres Ziel erreicht hat. Auch die Wirkung dieser Zielerreichung auf die Lieferkette muss festgestellt werden. Dieser zweite Kontrollschritt verlangt eine neue Beurteilung der betroffenen Lieferkette mit einer neuen Beschreibung der Gefährdung, die sich aus der Situation nach Durchführung der Maßnahmen ergibt. Diese sollte sich plangemäß verbessert haben. Ist das nicht der Fall, müssen weitere Maßnahmen besprochen werden, die den gewünschten akzeptablen Gefährdungszustand herstellen können.

Hinweis: Unzureichende Verbesserung

Nicht immer sind die beschlossenen Maßnahmen erfolgreich in ihrer Wirkung auf Risiken, Eintrittswahrscheinlichkeiten oder Abhängigkeiten einer Lieferkette. Es gibt auch nicht unendlich viele Maßnahmen, die ausprobiert werden können. Irgendwann ist der Stand erreicht, der eine nicht mehr zu verringernde Gefährdung darstellt. Ist dieser Grad der Gefährdung nicht akzeptabel, kommt es zu weitreichenden Entschlüssen bis zur Aufgabe des Geschäftes. Dieser Punkt ist z. B. dann erreicht, wenn der finanzielle Erfolg aus dem Geschäft keine angemessene Bezahlung für das Gesamtrisiko darstellt. Die Geldgeber werden ihre Investitionen abziehen, wenn sie nicht ausreichend für ihr Engagement und ihr Risiko bezahlt werden.

3.4.4 Maßnahmen – mit Zeitbezug

Hinsichtlich ihres Zeitbezuges müssen die Maßnahmen auf die gewünschte Wirkung abgestimmt werden. Die Gefahren aus den Lieferketten sollen so schnell und so weit wie möglich reduziert werden. Das gelingt nicht immer, bekannte zeitliche Verzögerungen oder die Notwendigkeit einer langfristigen Durchführung müssen berücksichtigt werden.

Einmal und sofort: Die optimale Maßnahme wird einmalig durchgeführt und wirkt sofort. Das heißt, dass die Gefährdung der entsprechenden Lieferkette sofort reduziert wird und das Ergebnis schnell bekannt ist. Danach kann die Lieferkette entsprechend den eigenen Regeln mit der verbleibenden Gefährdung genutzt werden. Ein Beispiel dafür ist der Austausch eines Rohstoffes mit kritischer Lieferkette durch einen anderen Rohstoff mit risikoloser Beschaffung.

Wiederholt: Manche Maßnahmen verlieren mit der Zeit an Wirkung und müssen wiederholt werden. Dazu ist ein System notwendig, dass diese Wiederholung entweder in regelmäßigen Zeitabständen oder bei Eintreten eines definierten Zustandes startet. So verringern als Beispiel regelmäßige, z. B. jährliche Treffen der Beschaffer mit dem Lieferanten, dem Vorlieferenten und den Transporteuren in einer Lieferkette das Risiko von Missverständnissen.

Laufend: Eine dritte Gruppe bilden Maßnahmen, die laufend durchgeführt werden müssen, um die Gefährdung der Lieferkette wie gewünscht zu minimieren. Typisch dafür ist ein stetiger Aufbau von Parametern, die auf einem vorgegebenen Niveau gehalten werden. Ein bereits mehrmals zitiertes Beispiel ist der Aufbau von Sicherheitsbeständen für Güter, die über kritische Lieferketten bezogen werden. Auch das Angebot zur Arbeit im Homeoffice wird einmalig gemacht und gilt dann zunächst unbegrenzt. So wird durch die Verbesserung des Arbeitsumfeldes das Risiko, das die Beschaffung von geeigneten Mitarbeitern gefährdet, verringert.

Strategisch: Eine Sonderrolle spielen strategische Entscheidungen mit Wirkung auf Risiken, Eintrittswahrscheinlichkeiten oder Abhängigkeiten. Sie werden einmalig getroffen und umgesetzt, haben aber oft eine lange Laufzeit, bis sich die Gefährdung reduziert. Wenn z. B. die Abhängigkeit von pünktlich durchzuführenden Instandhaltungsmaßnahmen reduziert werden soll, kann die strategische Entscheidung für eine möglichst einheitliche Ausstattung der Fertigung mit Maschinen nur weniger Hersteller sofort getroffen werden. Bis der Maschinenpark allerdings tatsächlich vollständig ausgetauscht ist, können viele Jahre vergehen. In dieser Zeit sinkt die Gefährdung nur langsam.

Hinweis: Besonderer Zeitbezug

Einige Maßnahmen haben einen besonderen Zeitbezug. Sie werden jetzt geplant und vorbereitet, aber erst später durchgeführt. Anlass für den Start der Maßnahme ist dann ein neues Risiko, eine erhöhte Eintrittswahrscheinlichkeit oder eine gestiegene Abhängigkeit. Auch der reale Eintritt eines Risikos löst Maßnahmen aus, um der im laufenden Geschäft erkannten Entwicklung entgegenzutreten. Durch diese Maßnahmen, Reaktionen auf Störungen in der Lieferkette bereits jetzt festzulegen und vorzubereiten, wird die Abhängigkeit von dem Funktionieren der Lieferkette reduziert. Wir werden solche Maßnahme später noch kennenlernen.

3.5 Echte Kosten ermitteln

Die bisherige Analyse der Lieferketten hat zu einer Beurteilung der jeweiligen individuellen Gefährdung geführt. Diese ist aufgrund der fehlenden einheitlichen Möglichkeiten zur Bewertung eher eine Einordnung anstelle einer tatsächlichen Zahl. Das liegt an den oft nur schwer in Euro darstellbaren Bestandteilen der Beurteilung, die in Abbildung 27 schematisch dargestellt wird.

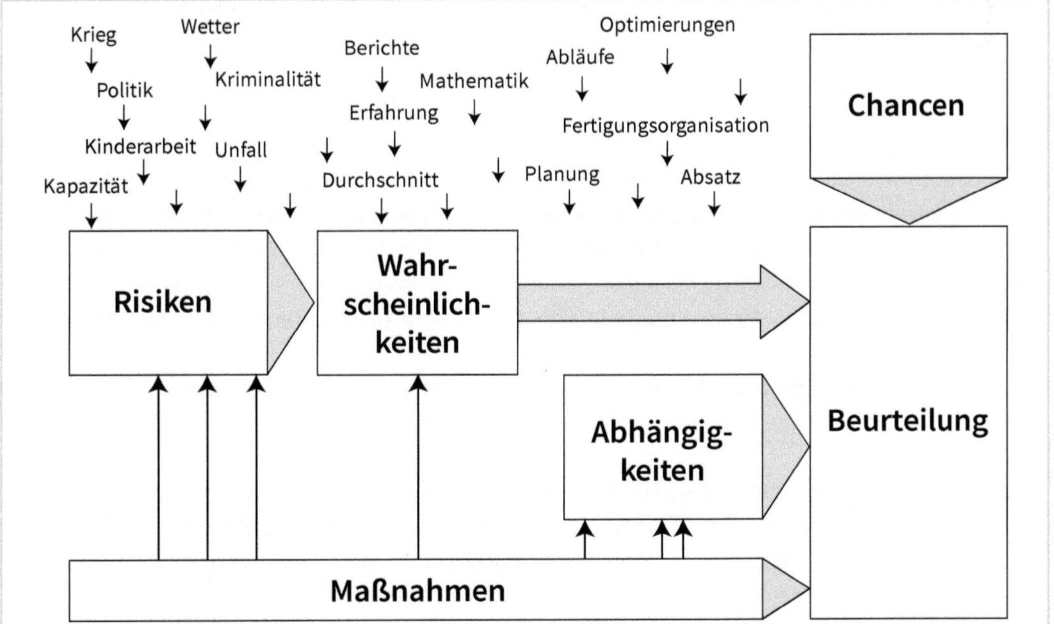

Abb. 27: Schematische Darstellung der Beurteilung

Für eine tatsächliche Entscheidung für oder gegen eine bestimmte Lieferkette sind vergleichbare Zahlen erwünscht. Die Entscheidung kann so auf objektiv bewerteten Fakten basieren, nicht auf vom Entscheider subjektiv gewichteten Fakten. In diesem Kapitel soll versucht werden, zumindest einige der durch eine Lieferkette verursachte Kosten und Chancen zu berechnen.

Die vom Unternehmen eingekauften Güter und Leistungen müssen bewertet werden. Im Gesetz gibt es je nach Verwendungszweck der Güter unterschiedliche Bezeichnungen für inhaltlich verwandte Werte. So gehen laut § 255 (2) HGB in die Herstellungskosten als wichtiger Bestandteil die Materialkosten mit den Materialgemeinkosten ein. In § 255 (1) HGB werden die Anschaffungskosten für zu aktivierende Wertgegenstände ähnlich definiert.

Hinweis: Beurteilung außerhalb gesetzlicher Normen

Im Finanzbereich des Unternehmens spielt die gesetzliche Definition von Tatbeständen eine wichtige Rolle, da diese für den Jahresabschluss, die Bilanz und GuV, ausschlaggebend sind. Für wirtschaftliche Entscheidungen spielen meist andere, oft weitergehende Definitionen eine Rolle. Im Lieferkettencontrolling muss diese Diskrepanz auch im Gebrauch der Begriffe beachtet werden.

Für das Unternehmen spielen bei der Bewertung einer Lieferkette nur die echten, der spezifischen Lieferkette zuzuordnenden Kosten eine Rolle. Diese werden gebildet aus dem Einkaufspreis und den Nebenkosten der Beschaffung. Die Kosten für Risiken und gegenläufige Maßnahmen sowie mögliche Vorteile aus den Chancen der Lieferkette gehen oft unter in der unspezifischen Menge der Beschaffungsgemeinkosten. Da gerade komplexe globale Lieferketten einen wesentlichen Einfluss auf die Kosten haben, lohnt sich ein detaillierter Blick auf die einzelnen Bestandteile der Gesamtkosten.

3.5.1 Einkaufspreis

Das Angebot von niedrigeren Einkaufspreisen als bisher war und ist der typische Einstieg in die Prüfung auch komplexer Lieferketten. Der eigentliche Einkaufspreis spielt zwar immer noch eine wichtige Rolle bei der Ermittlung der Beschaffungskosten eines Gutes oder einer Leistung, die Nebenkosten komplexer Lieferketten relativieren einen Vorteil jedoch immer öfter. Umso wichtiger ist es, auch aktuell den tatsächlichen Preis, den der Lieferant als direkter Partner des Unternehmens verlangt, zu hinterfragen.

Der Einkaufspreis im Angebot scheint eine feste, verlässliche Größe zu sein. Dennoch gibt es Abhängigkeiten, die bei der Ermittlung für einen Vergleich zwischen mehreren Lieferketten berücksichtigt werden müssen:

- Bei Massengütern ist der Einkaufspreis, der gezahlt werden muss, oft abhängig von der **Menge** einer Bestellung oder eines Jahresbedarfs. Große Mengen sind in der Abwicklung und Herstellung für den Lieferanten wirtschaftlicher als kleinere. Den Vorteil gibt der Lieferant teilweise an seinen Kunden weiter.

Hinweis: Folgekosten und Potenziale

Die Notwendigkeit, große Mengen zum Erhalt von niedrigeren Preisen einkaufen zu müssen, führt zu Folgekosten vor allem durch notwendige Maßnahmen. So können z. B. große Mengen nicht sofort verbraucht werden, es entstehen Lagerkosten. Gleichzeitig kommt es zu einer internen Entlastung, da die Disposition das betroffene Gut weniger häufig berücksichtigen muss und die Anzahl der Bestellvorgänge reduziert werden kann.

Die Abhängigkeit günstiger Einkaufspreise von den Bestellmengen birgt ein zusätzliches Risiko für die dazugehörige Lieferkette. Wenn der Bedarf des Unternehmens an dem Gut oder der Leistung zurückgeht, z. B. wegen einer Rezession oder einem Verbraucherboykott, werden die vereinbarten Mindestmengen ziemlich plötzlich unterschritten. Dann greifen oft automatische Preistabellen, die den Einkaufspreis erhöhen. Zum belastenden Absatzverlust kommen so unausweichlich höhere Kosten hinzu.

- Für den Einkaufspreis bestimmend ist auch die **Qualität** des Gutes oder der Leistung. Nicht immer entspricht das Angebot mit einem günstigen Preis auch der Qualität, die das Unternehmen bisher erhält. Das muss kein Ausschlusskriterium für die Lieferkette sein. Wenn Fertigung und Kunden eine niedrigere Qualität akzeptieren können, ist die Verwendung der Güter und Leistungen aus der neuen, oft globalen Lieferkette in Ordnung.
- Ein beliebtes Mittel der Verkäufer, Kunden an sich zu binden, ist die Vereinbarung von **Boni**. Diese werden meist für ein Jahr vereinbart und werden vom Verkäufer gezahlt, wenn bestimmte Mengen oder Umsätze innerhalb dieses Jahres erreicht wurden, und reduzieren den Einkaufspreis in der Vergleichsrechnung. In der dazu notwendigen Planung wird der voraussichtlich erzielbare Bonus eingerechnet.
- Auch hier gibt es das neue Risiko der Lieferkette, dass die Mindestmengen oder -umsätze nicht erreicht werden, weil der Bedarf im Unternehmen sinkt. Der vereinbarte Bonus wird nicht erreicht, der Einkaufspreis steigt.
- Um eine frühzeitige Bezahlung der Rechnungen durch das Unternehmen zu erreichen, wird **Skonto** als eine Prämie für eine Zahlung vor Fälligkeit gewährt. Gebucht wird diese Preisreduktion allerdings erst dann, wenn die Zahlung tatsächlich geleistet wurde. Für die Bewertung der Lieferkette muss Skonto dann den Einkaufspreis reduzieren, wenn diese Prämie auch regelmäßig verdient werden kann. Verändert sich die finanzielle Situation des Unternehmens und werden Rechnungen nicht mehr innerhalb der Skontofrist bezahlt, geht dieser Preisbestandteil verloren.
- Wenn das Unternehmen seine Güter und Leistungen direkt im entfernten Ausland, also nicht in der EU, einkauft, müssen für die meisten importierten Waren noch **Zölle** und andere Abgaben entrichtet werden. Diese erhöhen den für das Unternehmen zu verbuchenden Einkaufspreis.
- Erfolgt der Einkauf von Gütern und Leistungen nicht in Euro, dann muss das Unternehmen die Lieferung in einer Fremdwährung, im globalen Geschäft häufig US-Dollar, bezahlen. Dabei kann es zu Verlusten aus **Kursdifferenzen** kommen. Diese haben ebenfalls Einfluss auf die Höhe des Einkaufspreises, wie ihn das Unternehmen buchen muss.

Der Einkaufspreis ist also nicht eine so eindeutige Größe, wie oft angenommen wird. Zu den genannten Positionen können viele individuelle Einflussgrößen zwischen dem Lieferanten als Verkäufer und dem Unternehmen als Käufer vereinbart werden. Auch für besondere Lieferketten gibt es besondere Einkaufspreise zu berechnen. So ist der Preis, der für Mitarbeiter gezahlt werden muss, das Gehalt (inklusive der gesetzlichen und vereinbarten Nebenleistungen). Wird die Lieferkette genutzt, die Mitarbeiter aus der Region beschafft, müssen oft andere Gehälter gezahlt werden als bei Mitarbeitern, die über die entsprechende Lieferkette auch aus dem Ausland beschafft werden.

Der ermittelte Einkaufspreis für Güter und Leistungen bildet die Grundlage für die weitere Berechnung der Kosten, die durch eine Lieferkette tatsächlich verursacht werden. Alle Bestandteile sind abhängig von der Menge der eingekauften Güter und Leistungen und vom vereinbarten Grundpreis der Lieferkette.

3.5.2 Nebenkosten

Im Unterschied zu den oben berichteten Kostenbestandteilen des Einkaufspreises wie Boni, Skonti oder Zölle werden Nebenkosten für eigene Leistungen fällig. Sie hängen eindeutig mit der jeweiligen Lieferung zusammen und haben aber nicht immer einen direkten Bezug zur Menge der Lieferung.

- Die bedeutendste Position der Nebenkosten in vielen Lieferketten ist die der **Transportkosten.** Sie werden berechnet für den letzten Transport der Waren vom Lieferanten an das Unternehmen. Die übrigen Transporte in der Lieferkette sind bereits im Einkaufspreis enthalten. Wenn das Unternehmen eine Lieferkette mit einem direkten Einkauf im entfernten Ausland aufbaut, dann können die Transportkosten einen großen Teil des ursprünglichen Preisvorteils wieder wettmachen.
  Wichtig für die Berechnung der zu erwartenden Höhe der Transportkosten sind die getroffenen Liefervereinbarungen. Bei einer Lieferung »frei Haus« entstehen keine Transportkosten und der Verkäufer übernimmt die Verantwortung, ist »ab Werk« vereinbart, muss der Käufer die Verantwortung für den Transport und weitere Kosten tragen. Es empfiehlt sich, eine Vereinbarung gemäß den Incoterms abzuschließen. Darin ist exakt geregelt, welche Aufgaben und Pflichten der Verkäufer und welche der Käufer übernehmen muss.
- Die **Versicherungskosten** als zweite Gruppe der Nebenkosten sind ebenso abhängig von der Vereinbarung zwischen Verkäufer und Käufer. Hier geht es um die Versicherung gegen Transportschäden. Wer die Verantwortung für den Transport hat, muss auch in der Regel für die Versicherung zahlen oder das Risiko selbst tragen. Auch hier greifen die vereinbarten Bedingungen aus den Incoterms.
- Viele kleine und mittlere Unternehmen nutzen die Dienstleistungen von Agenturen, die sich um Kontakte zu und Abwicklung von Aufträgen mit Verkäufern auf der ganzen Welt kümmern. Neben Pauschalen und aufwandsabhängigen Kosten sind auch **Provisionen** für eine Lieferung üblich. Diese können vom Auftragswert abhängig sein, müssen es aber nicht.
- Reisen die Mitarbeiter eines Dienstleisters zum Unternehmen, um dort die Leistung zu erbringen, werden **Reisekosten** fällig. Auch diese zählen zu den Nebenkosten.
- Der Preis eines Mitarbeiters zeigt sich im regelmäßigen Gehalt. Auch dort gibt es **Zusatzleistungen** wie z. B. die Erstattung von Umzugskosten, die Zahlung von Fahrtkostenzuschüssen oder besondere Altersversorgungen.

Beispiel: Preis inkl. Nebenkosten

Das in der folgenden Tabelle dargestellte Kalkulationsbeispiel ähnelt den in der Praxis üblichen Kalkulationsschemata. In diesem Beispiel werden zwei Lieferketten für ein Produkt mit einem Bedarf von 8.000 Einheiten pro Jahr miteinander verglichen. Die Lieferkette 1 beinhaltet ein Produkt, das in Deutschland gefertigt wird, über die Lieferkette 2 wird das vergleichbare Produkt aus Asien beschafft. Inhaltlich gibt es bisher zwei Unterschiede: Der regionale Verkäufer bietet einen Skonto an, das ist global nicht üblich. Der Einkauf in der Lieferkette 2 erfolgt mithilfe einer Agentur in Singapur, die für ihre Dienstleistung eine Provision von 5 % auf den Preis pro Einheit erhält. Diese Position entfällt in der regionalen Lieferkette. Außerdem muss eine Umrechnung des US-Dollar-Preises in der Lieferkette 2 erfolgen, da dort der Preis in US-Dollar zu zahlen ist. Um Kursveränderungen nach der Entscheidung für eine Lieferkette auszugleichen, wird das Unternehmen eine Kurssicherung durchführen, die einen entsprechenden Beitrag zu den Nebenkosten leistet.

	Bedarf pro Jahr	8.000 Einheiten				
	alle Werte pro Einheit	**Lieferkette 1 regional**		**Lieferkette 2 global**		**Dif.**
	Preis pro Einheit		587,53 EUR		275,00 US$	
./.	Rabatte, Boni usw.	Skonto	17,63 EUR		0,00 US$	
+	Provision Agentur		0,00 EUR	5 %	13,75 US$	
+	Fracht und Verpackung		28,30 EUR		95,00 US$	
=			598,20 EUR		383,75 US$	
x	Kurs	1,00	598,20 EUR	0,99	379,91 EUR	
+	Kurssicherung	0,00 %	0,00 EUR	0,75 %	2,85 EUR	
=	**Preis pro Einheit 1 nach Währung**		**598,20 EUR**		**382,76 EUR**	**-36,0 %**

Tab. 15: Kalkulationsschema bis Währungsumrechnung

Trotz der wesentlich höheren Frachtkosten in der globalen Lieferkette ergibt sich an dieser Stelle des Vergleichs der Summen aus Einkaufspreis und Nebenkosten ein großer finanzieller Vorteil für die globale Lieferkette von 36 %.

In den folgenden Schritten der Berechnung werden die zusätzlich entstehenden Kosten in beiden Lieferketten ermittelt und in die Kalkulation einbezogen. Am Ende ergibt sich ein oft überraschendes Ergebnis der Kalkulation aus allen zu berücksichtigen Faktoren.

3.5.3 Gemeinkosten der Beschaffung

In der typischen Kostenrechnung werden viele in den Beschaffungsbereichen entstehende Kosten als Gemeinkosten verbucht. Im Einkauf sind Kosten wie Kommunikation, Beratung, Ablaufkosten usw. nicht der Bestellung eines bestimmten Produktes zuzuordnen. In anderen Unternehmensbereichen, die eigene Beschaffung betreiben, sind die Summen, die dort verbucht werden, im Vergleich zu anderen Kostenarten so gering, dass eine individuelle Betrachtung und Verbuchung nicht sinnvoll erscheint.

Das ändert sich, wenn die Lieferketten globaler und komplexer werden oder wenn das Lieferkettencontrolling eine Zuordnung der bisher als Gemeinkosten verbuchten Beträge zu einzelnen Lieferketten verlangt. Vor allem muss in den betroffenen Fachbereichen, insbesondere im Einkauf, die Einsicht entstehen, dass bestimmte Kostenarten von Gemeinkosten zu direkten Kosten in Bezug auf Produkte und Lieferketten werden müssen, damit eine Ermittlung der echten Kosten der eizukaufenden Güter möglich wird.

Beispiel: Reisekosten

Im Einkauf eines Maschinenbauunternehmens fielen in den letzten Jahren Reisekosten von ca. 10.000 Euro pro Jahr an. Diese wurden notwendig für die Fahrten zu Lieferantenaudits und für Messebesuche. Im laufenden Jahr erwartet der Controller einen Anstieg der Summe auf mehr als das

Doppelte. Ursache dafür ist die Entscheidung, wichtige Bauteile nicht mehr aus Deutschland zu beziehen, sondern aus Taiwan. Dazu waren bisher bereits Reisen in das asiatische Land für den Besuch einer Messe und erste Gespräche mit potenziellen Lieferanten notwendig. Zumindest eine Reise wird es in diesem Jahr noch geben, um den ausgewählten Lieferanten zu auditieren.

Die Beschaffungsgemeinkosten sind Teil der Materialgemeinkosten und werden in der Kostenrechnung auf alle Produkte mit einem einheitlichen Aufschlag auf die Einkaufspreise (zzgl. der Nebenkosten) verteilt. Das war bisher sicherlich sinnvoll, wenn die einzelnen Kostenarten geringe Beträge ausweisen oder die Zuordnung zu einzelnen Einheiten zu aufwendig war. Für die Beurteilung einzelner Lieferketten im Rahmen des Lieferkettencontrollings muss das geändert werden. Nur so können die direkten Auswirkungen einer Lieferketten auf die Beschaffungskosten richtig eingeordnet werden. Das gilt vor allem dann, wenn die Lieferketten komplexer werden. Einige typische Kostenarten, die aus den Gemeinkosten herausgenommen und direkt einer Lieferkette zugeordnet werden sollten, sind:

Reisekosten: Globale Lieferketten werden zwar von vielen Dienstleistern vor Ort unterstützt (siehe auch die folgenden Beratungskosten). Dennoch lassen sich weite Reisen der Beschaffer in die weit entfernten Regionen der globalen Beschaffungsmärkte nicht vermeiden. Vor allem zu Beginn einer Zusammenarbeit mit neuen Lieferanten muss die Beziehung noch aufgebaut werden, Kommunikationswege müssen eingerichtet werden, Messen werden besucht, Vertrauen wird in persönlichen Gesprächen aufgebaut. Vor allem kleine und mittlere Unternehmen mit vergleichsweise geringen Bedarfen müssen vor Ort Kontakte knüpfen, da sich der Besuch des Verkäufers in Deutschland für die geringen Mengen nur selten organisieren lässt.

Da die enorm steigenden Reisekosten plötzlich einen wesentlichen Teil der gesamten Einkaufskosten ausmachen, ist eine direkte Zuordnung sinnvoll und für korrekte Kalkulationen im Rahmen des Lieferkettencontrollings notwendig. Verantwortlich dafür ist der Mitarbeiter, der die Kosten verursacht und zur Bezahlung freigibt. Er muss die direkte Zuordnung für die Buchhaltung als direkte Kosten für ein Produkt oder eine Lieferkette vorgeben. Diese bucht mit den vorgegebenen Angaben. In der Kostenrechnung kann dann eine entsprechende Berücksichtigung erfolgen.

Hinweis: Nicht nur negativ

Die Kenntnis der direkten Kosten einer Lieferkette dient auch einer positiven Veränderung. Die Kosten können reduziert werden, wenn die komplexe Lieferkette mit hohen Reisekosten durch eine andere Lieferkette ersetzt wird. Das ist in der aktuellen Entwicklung der Fall, weil viele Unternehmen die Abhängigkeit von Lieferanten im globalen Ausland reduzieren möchten. Die Beschaffung wird wieder nach Europa geholt, was eine Reduktion der Reisekosten bedeutet. Diese Chance kann nur bewusst genutzt werden, wenn die Kostensituation auch zuverlässig bekannt ist.

Beratungskosten: Trotz eigener Reisen der Beschaffer nach Asien, Afrika oder Lateinamerika, um preiswerte Einkaufsquellen zu finden, fehlt vielen Unternehmen der notwendige Überblick über den jeweiligen Markt. Die meisten Unternehmen nutzen daher Dienstleister in den Märkten, die sich auf die Betreuung der deutschen Kunden spezialisiert haben. Sie bieten Leistungen von der Marktrecherche über die Anbahnung von Kontakten bis zur Unterstützung bei der Abwicklung von Bestellungen und Lieferungen an. Auch Informationen über kulturelle Unterschiede werden angeboten, um die Zusammenarbeit mit den potenziellen Lieferanten nicht an Missverständnissen scheitern zu lassen.

Die Bezahlung für diese Dienstleister kann unterschiedlich geregelt sein. Zum einen wird eine Provision in Abhängigkeit von dem Bestellwert (oder der Bestellmenge) gezahlt. Diese kann dann als direkte Nebenkosten dem Produkt zugeordnet werden und in den Beschaffungspreis einfließen. Zum anderen werden pauschale Beträge oder zeitabhängige Honorare gezahlt, die sich auch auf mehrere unterschiedliche Produkte mit ähnlichen Lieferketten beziehen können. Hier ist die Versuchung groß, die Beträge in den Beschaffungsgemeinkosten verschwinden zu lassen. Richtig ist aber die Zuordnung dieser Kosten zu den einzelnen Lieferketten.

Kommunikationskosten: Das gilt auch für die Kommunikationskosten, die mit der Entfernung zwischen Käufer und Verkäufer steigen. Die Digitalisierung hilft an dieser Stelle, die Kommunikation nicht nur schneller, sondern auch einfacher und damit kostengünstiger zu ermöglichen. Dennoch können wesentliche Kosten z. B. für die notwendige Übersetzung von Verträgen und Vereinbarungen entstehen.

Beispiel: Neuer Einkäufer

Die neue Beschaffungsstrategie eines mittelständischen Unternehmens sieht die intensive Nutzung globaler Märkte vor. Da bisher im Einkauf niemand über ausreichend sichere Kenntnisse der englischen Sprache verfügt, wurde eine neuer Einkäufer eingestellt, der perfekt Englisch spricht. Dieser ist wesentlich teurer als der bisherige Mitarbeiter. Der Austausch führt also zu Mehrkosten für das Einkaufspersonal, die im Normalfall über die Gemeinkosten verrechnet werden. Zumindest die Mehrkosten, die aufgrund der Sprachkenntnisse anfallen, müssen den dadurch ermöglichten Lieferketten zugeordnet werden.

Prozesskosten: Neue Lieferketten, vor allem wenn sie global sind, verlangen zusätzliche Abläufe im Einkauf oder den beschaffenden Fachbereichen. Das Beispiel notwendiger Übersetzungen wurde bereits genannt. Oft kommt die Abwicklung der Einfuhr in die EU hinzu, zusätzliche Qualitätsprüfungen können notwendig werden. Die dazu notwendigen Prozesse müssen geschaffen, bestehende Abläufe verändert werden. Das verursacht Kosten, die originär von der jeweiligen Lieferkette verursacht werden. Diese Kosten zu ermitteln und den einzelnen Lieferketten zuzuordnen, ist Aufgabe auch des Controllers.

Mit Blick auf die Beschaffungsgemeinkosten muss festgehalten werden:

- Die Kosten in den Beschaffungsbereichen verändern sich mit der Zunahme der Komplexität und Gefährdung der Lieferketten.
- Bei heterogenen Strukturen in den Lieferketten, bei einem Mix zwischen einfachen und komplexen Lieferbeziehungen, muss die Verteilung der Gemeinkosten individueller werden.
- Die Gemeinkosten müssen zu direkten Kosten bezüglich der verursachenden Lieferkette werden, damit die vielen unproblematischen Lieferketten nicht mit zu hohen Gemeinkosten belastet werden.
- Die erheblichen Beschaffungskosten der über die komplexen globalen Lieferketten beschafften Güter dürfen nicht unerkannt bleiben.

Es ist eindeutig, dass durch diese notwendige Verwandlung von Gemeinkosten in direkte Lieferkettenkosten ein zusätzlicher Aufwand entsteht. Dieser findet sich bei den Beschaffern, die neue und detailliertere

Kontierungen durchführen müssen. In Buchhaltung und Kostenrechnung müssen zusätzliche Buchungen und Berechnungen durchgeführt werden. Wer die tatsächlichen Kosten eines Produktes auch in Abhängigkeit von der genutzten Lieferkette kennen will, wird diesen Aufwand nicht vermeiden können.

3.5.4 Maßnahmen kalkulieren

Maßnahmen zur Risikominderung verursachen Kosten, die der Lieferkette und damit den über diesen Weg beschafften Produkten zugeordnet werden müssen. Das Kalkulationsschema muss entsprechende Positionen berücksichtigen. Ziel ist es, durch diese Maßnahmen die Gefährdung durch Probleme in der Lieferkette zu verringern. Mit dem so erreichten niedrigeren Gefährdungspotenzial wird eine Lieferkette erst akzeptabel. Die mit den jeweiligen Maßnahmen reduzierten Risiken müssen dann auch nicht mehr oder nicht mehr im ursprünglichen Umfang in die Kalkulation einfließen (siehe nächstes Kapitel).

Die möglichen Maßnahmen zur Reduktion der Gefährdung einer bestimmten Lieferkette sind sehr vielfältig, ebenso die Durchführung der Maßnahmen selbst. Das macht eine Kalkulation der dabei entstehenden Kosten ebenso komplex. Im Controlling gibt es die notwendige Erfahrung mit der Feststellung der Kosten einer Maßnahme. Das muss genutzt werden. An dieser Stelle einige Beispiele aus dem unendlich großen Pool möglicher Maßnahmen.

Sicherheitsbestände: Ein großes Risiko vor allem globaler Lieferketten ist der Ausfall einer Lieferung. Dabei spielt es für kurzfristig wirkende Maßnahmen keine Rolle, ob die Lieferung dauerhaft entfällt oder sich nur verspätet. Eine wichtige Maßnahme zur Reduktion der daraus entstehenden Abhängigkeit ist die Lagerung von Sicherheitsbeständen. Für die erhöhten Bestände fallen Kosten an in Form von Lagerkosten und Finanzierungskosten.

Die Kosten für die Finanzierung werden aus der Buchhaltung geliefert, die Logistik kennt die in der Kostenrechnung ermittelten Lagerkosten. Die Höhe des Sicherheitsbestandes ist abhängig vom regelmäßigen Bedarf an dem Gut und dem Sicherheitsbedürfnis. Die Kosten für Sicherheitsbestände werden oft im Rechnungswesen und in der Logistik verbucht, verursacht werden sie aber durch die Gefährdung der jeweiligen Lieferkette. Wer also die echten Kosten eines Gutes kennen will, muss in der Kalkulation auch die Kosten für Sicherheitsbestände aus der bestimmten Lieferkette diesem Gut zuordnen.

Beispiel: Regional vs. global

Zwei Lieferketten für ein Gut mit einem Jahresbedarf von 8.000 Einheiten werden miteinander verglichen. Die regionale Lieferkette wird mit einem geringem Ausfallrisiko bewertet, ein Sicherheitsbestand von 100 Einheiten soll eine temporäre Lieferverzögerung von wenigen Tagen ausgleichen. Die globale Vergleichskette beschafft das Gut aus Asien in jeweils großen Lieferungen. Das Risiko des Ausfalls einer Lieferung soll mit einem Sicherheitsbestand von 4.000 Einheiten, also einem halben Jahresbedarf, aufgefangen werden. Für Lagerung und Finanzierung des Bestandes fallen Kosten an in Höhe von 12,8 % des Wertes einer Einheit und Jahr. Es ergeben sich die folgenden Berechnungen:

Regionale Lieferkette:

100 Einheiten Sicherheitsbestand * 12,8 % pro Jahr * 598,20 Euro Beschaffungspreis = 7.656,96 Euro Kosten pro Jahr = 0,96 Euro pro Einheit

Globale Lieferkette:

4.000 Einheiten Sicherheitsbestand * 12,8 % pro Jahr * 382,76 Euro Beschaffungspreis = 195.973,12 Euro Kosten pro Jahr = 24,50 Euro pro Einheit

Die 7.656,96 Euro Kosten der Maßnahme »Sicherheitsbestand« für die regionale Lieferkette sind so gering, dass sie nicht unbedingt eine eigene Berücksichtigung in der Kostenkalkulation für diese Lieferkette notwendig machen würden. Ein geringer Sicherheitsbestand wird von allen Gütern vorhanden sein, die Kosten dafür könnten den Logistikkosten zugeschlagen werden. Der Vergleich mit den Kosten dieser Maßnahme aus der globalen Lieferkette zeigt jedoch, dass die Beträge durchaus signifikant werden können. 195.973,12 Euro ist ein wesentlicher Betrag mit Auswirkungen auf den Unternehmenserfolg. Würde dieser den Logistikkosten zugeordnet, könnte das falsche Entscheidungen nach sich ziehen. Daher werden die Finanzierungskosten für den Sicherheitsbestand in beiden Lieferketten den echten Kosten zugerechnet.

Zweiter Lieferant: Eine noch größere Sicherheit gegen den Ausfall von Lieferungen aus der globalen Kette bringt ein zweiter Lieferant, der parallel zur globalen Lieferkette über eine zusätzliche Lieferkette genutzt wird. Es entstehen Kosten für die aufwendigere Disposition und Bestellabwicklung, die sich in den Gemeinkosten niederschlagen. In vielen Kalkulationen bleiben die Auswirkungen eines zweiten Lieferanten auf den Preis unberücksichtigt. Für die Kalkulation der echten Kosten einer Lieferkette müssen diese Werte jedoch ermittelt und dem Kostenträger »Lieferkette« zugeordnet werden.

Die Bedarfsmenge muss auf zwei Lieferanten verteilt werden. Dadurch sinkt die Menge für den einzelnen Partner und damit die Verhandlungsmacht des Einkäufers. Mengenrabatte können nicht genutzt werden. In der Ist-Abrechnung verschwinden solche Werte in den steigenden Materialpreisen, da der Einkaufspreis höher ist. Für die Berechnung der echten Kosten einer Lieferkette müssen die Gesamtkosten dieser Maßnahmen ermittelt werden. Das ist in der Praxis schwierig, daher wird meist mit einem geschätzten prozentualen Aufschlag auf den Beschaffungspreis gearbeitet.

Beispiel: Regional vs. global 2

Für die regionale Lieferkette wird aus strategischen Gründen ebenfalls ein zweiter Lieferant mit einer eigenen Lieferkette genutzt. Die darüber beschafften Mengen sind gering, da das Risiko, diesen Lieferanten auch tatsächlich für die volle Menge nutzen zu müssen, ebenfalls gering ist. Daher werden die Kosten mit einem Prozent des Beschaffungspreises geschätzt. Das sind 5,98 Euro pro Einheit.

Die globale Lieferkette enthält ein wesentlich höheres Risiko für den Ausfall des Lieferanten. Daher müssen größere Mengen als bei der regionalen Lieferkette beim zweiten Partner bestellt werden, damit dieser auch tatsächlich im Problemfall zuverlässig einspringen kann. Dadurch werden geringere Mengen am globalen Markt nachgefragt, was den Mengenrabatt reduziert. Die Transportkosten erhöhen sich, da sie sich auf weniger Einheiten verteilen. Daher werden die Kosten für die Maßnahme »Zweiter Lieferant« in der globalen Lieferkette auf 10 % des Beschaffungspreises geschätzt. Das sind 38,28 Euro pro Einheit.

Hinweis: Strategiekosten

In der Praxis findet sich häufig eine Beschaffungsstrategie, die für wichtige Güter und Leistungen einen zweiten Lieferanten vorschreibt. Dadurch soll grundsätzlich die Abhängigkeit von einem Lieferanten und damit von einer Lieferkette vermieden werden. Die dadurch entstehenden realen Kosten werden dabei unterschätzt. Werden die tatsächlichen Beträge ermittelt, wird diese Strategie oft erschreckt aufgegeben. Sie muss aber für bestimmte Lieferketten fortgeführt werden, wenn das Ausfallrisiko zu hoch und eine hohe Abhängigkeit gegeben ist.

Kontakte: Um Risiken grundsätzlich und in ihrer aktuellen Entwicklung richtig einschätzen zu können, sind detaillierte und aktuelle Informationen notwendig. Diese müssen zum großen Teil von den Partnern aus der Lieferkette kommen. Damit der Informationsfluss optimal geregelt werden kann, sind enge Kontakte mit den beteiligten Stellen notwendig. Um die Risiken und ihre Eintrittswahrscheinlichkeit zu reduzieren, müssen die Beschaffer auch persönliche Kontakte aufbauen. Dafür ist Zeit notwendig, Reisekosten und andere Nebenkosten entstehen. Diese dürfen nicht in den Gemeinkosten aufgehen, sie müssen der jeweiligen Lieferkette zugeordnet werden.

Alternativen: Um die Abhängigkeit von einer Lieferkette zu reduzieren, werden unternehmensintern Alternativen aufgebaut. In der Entwicklungsabteilung werden alternative Stücklisten erarbeitet, um im Störungsfall auch den Einsatz von anderen Rohstoffen oder Bauteilen zu ermöglichen. Die Fertigung organisiert ihre Abläufe so flexibel, dass auch bei einem kurzfristigen Ausfall von Gütern und Leistungen ein alternatives Produktionsprogramm Verwendung finden kann. Der Vertrieb macht bereits jetzt Pläne für die Versorgung der Kunden mit alternativen Produkten, die im Problemfall umgesetzt werden können.

Die Vorbereitung dieser Ersatzmöglichkeiten verursacht Kosten: einmalig für die Erstellung der entsprechenden Pläne und Dokumente und laufend für deren stetige Aktualisierung. An dieser Stelle geht es um die Kosten der Vorbereitung auf entsprechende Störfälle, nicht um Kosten, die durch die Nutzung der jeweiligen Alternativen entstehen. Teurere Güter, Preisnachlässe bei den Kunden oder Kosten der Umplanung in der Fertigungsabteilung entstehen erst dann, wenn das Risiko sich manifestiert. Diese Kosten werden im nächsten Kapitel erläutert.

Überwachung: Kritische Lieferketten mit vielen Risiken und hohen Eintrittswahrscheinlichkeiten müssen im Tagesgeschäft laufend überwacht werden, was zusätzliche Kosten verursacht. Die Einrichtung eines Systems zur engen Überwachung der Lieferketten kostet Geld, der laufende Betrieb ebenfalls. Wir werden diese kostenverursachenden Aufgaben im Kapitel »Lieferketten steuern« kennenlernen. Die Kosten gehören an dieser Stelle in die Kalkulation.

Grundsätzlich gilt für alle Kosten, die sich aus notwendigen Maßnahmen ergeben, dass sie für ein Jahr errechnet werden. Nach der Division durch den Jahresbedarf ergibt sich der Wert, der in die Kalkulation pro Einheit des mit der Lieferkette bewegten Gutes bzw. der Leistung einfließen muss. Dass dies durchaus signifikante Beträge sein können, haben die Praxisbeispiele gezeigt. Es gibt jedoch auch Lieferketten, die bestimmte Kosten nicht verursachen. So ist die engmaschige Überwachung von lokalen Lieferketten meist nicht notwendig. Dennoch sollten, zumindest beim Vergleich mehrerer Lieferketten, auch solche Null-Positionen eingefügt werden. Zum einen wird so dokumentiert, dass diese Kostenposition bewusst ohne Wert bleibt, zum anderen können so Veränderungen mit plötzlich auftauchenden Kosten schneller integriert werden.

3.5.5 Risiken kalkulieren

Nicht alle Risiken können durch entsprechende Maßnahmen neutralisiert werden. In vielen Fällen bleibt ein Restrisiko, da entweder nur die Eintrittswahrscheinlichkeit gesenkt werden kann oder die Abhängigkeit durch die Maßnahme reduziert wird. Gegen andere Risiken wiederum gibt es keine wirtschaftlich vertretbaren Maßnahmen. Die möglichen Auswirkungen dieser verbleibenden Risiken müssen in die Kalkulation der echten Kosten einer Lieferkette einbezogen werden.

Die bei einem Risikoeintritt möglichen Kosten sind sehr vielfältig und ziehen sich durch viele Unternehmensbereiche:

- Die einfachste Form von zusätzlichen Kosten z. B. beim Ausfall einer Lieferung entsteht durch zusätzliche Transportkosten, wenn z. B. die Luftfracht ein Problem im Seetransport ausgleichen muss.
- Gleichzeitig wird es eventuell möglich sein, das Gut oder die Leistung aus anderen Quellen zu beziehen, fast immer zu höheren Preisen und mit zusätzlichen Kosten.
- Ab einem bestimmten Zeitpunkt nach Eintritt der Störung kommt es zu Problemen im Fertigungsbereich. Zunächst entsteht ein Leerlauf, dann muss die Produktion umgestellt werden. Die dabei entstehenden Kosten müssen in der Kalkulation der echten Kosten einer Lieferkette berücksichtigt werden.
- Durch fehlende Güter und Leistungen kommt es schließlich zu fehlenden Produkten im Vertriebsbereich des Unternehmens. Das führt zunächst zu einem Umsatzausfall, da der Verkauf eingestellt werden muss.
- Langfristig führt dieser Lieferengpass des Unternehmens zu einem Ansehensverlust im Markt. Einige Kunden werden sich zuverlässigere Lieferanten suchen. Ein langfristiger Verlust von Verkäufen und damit von Deckungsbeitrag entsteht.

Mit welchen Euro-Beträgen die möglichen Kosten in die Kalkulation eingehen, ist individuell sehr unterschiedlich. Parameter wie Produkt, Markt, Konkurrenzverhalten usw. spielen dabei eine wichtige Rolle. Auch die Struktur der Lieferkette und die Art der jeweiligen Risiken haben einen Einfluss. Das lässt wieder einmal Spielraum für subjektive Entscheidungen, diesmal über die Kostenhöhe. Der Controller achtet darauf, dass realistische Annahmen gemacht werden.

Die auf diesem Weg ermittelten Gesamtkosten, die eine Störung der Lieferkette verursacht, werden bestimmt von der Art des Risikos und der Abhängigkeit von dem Funktionieren der Lieferkette. Die Eintrittswahrscheinlichkeit für die Kosten des Risikos muss noch bestimmt werden. Dazu wird der erwartete Betrag der Kosten mit der Eintrittswahrscheinlichkeit multipliziert.

Beispiel: Ausfallkosten

Für die lokale und die globale Lieferkette eines Gutes werden die Kosten bei einem Lieferausfall unterschiedlich berechnet.

Lokale Lieferkette:

Der Ausfall einer Lieferung in der lokalen Lieferkette (Wahrscheinlichkeit 0,1 %) bedeutet, dass für maximal vier Wochen keine Güter geliefert werden. Danach wird dem Lieferanten zugetraut, die Lieferkette wieder zu restaurieren. Es werden die folgenden Kosten erwartet:

Kostenart	Kosten Euro	wahrscheinliche Kosten in Euro	Kosten pro Einheit in Euro
DB-Verlust sofort	50.000	50	0,01
DB-Verlust langfristig	100.000	100	0,01
Umstellung Produktion	75.000	75	0,01
Sonstiges	45.000	45	0,01

Tab. 16: Erwartete Kosten in der lokalen Lieferkette

Durch die fehlende Lieferfähigkeit entsteht ein Deckungsbeitrags-Verlust von 50.000 Euro, langfristig gehen 100.000 Euro durch Verlust von Kunden verloren. Die Umstellung der Produktion für die vier Wochen verursacht Kosten in Höhe von 75.000 Euro. Für die notwendige Projektarbeit, die Marktbearbeitung und interne Abrechnungen werden noch einmal 45.000 Euro fällig. Diese bemerkenswerten Beträge relativieren sich, wenn die Eintrittswahrscheinlichkeit von 0,1 % berücksichtigt wird. Die in der Kalkulation zu berücksichtigenden Beträge reduzieren sich auf wenige Cent pro Einheit. An dieser Stelle gilt, dass die Kostenarten in der Kalkulation verbleiben sollen, obwohl die Beträge vernachlässigt werden können. So wird eine eventuelle Veränderung der Einschätzung einfacher erkannt und kann dann nachvollzogen werden.

Globale Lieferkette:

Fällt in der globalen Lieferkette eine Lieferung aus, ist ein wesentlich längerer Zeitraum betroffen. Daher sind auch die erwarteten Beträge der einzelnen Kostenarten wesentlich höher.

Kostenart	Kosten Euro	wahrscheinliche Kosten in Euro	Kosten pro Einheit in Euro
DB-Verlust sofort	200.000	30.000	3,75
DB-Verlust langfristig	2.000.000	300.000	37,50
Umstellung Produktion	750.000	112.500	14,06
Sonstiges	500.000	75.000	9,38

Tab. 17: Erwartete Kosten in der globalen Lieferkette

Durch die Eintrittswahrscheinlichkeit von 15% für einen Lieferausfall werden aus den einzelnen Kostenarten zwar geringere, aber immer noch wichtige Beträge. Selbst die Verteilung auf den Jahresbedarf von 8.000 Einheiten lässt signifikante Beträge je Einheit entstehen. In Summe sind das 64,69 Euro pro Einheit.

Hinweis: Subjektivität

In der Praxis ist zu beobachten, dass bei der Beurteilung solcher Kosten für die Auswirkungen einer Lieferkettenstörung auch die aktuelle Berichterstattung eine wichtige Rolle spielt. Sobald über Risiken in Lieferketten berichtet wird, z. B. bei der Blockade des Suezkanals durch die Ever Given im Jahr 2021, werden die Einschätzungen tendenziell pessimistischer. Die Eintrittswahrscheinlichkeiten werden höher angenommen, die erwarteten Störungskosten steigen. Wird positiv über Lieferbeziehungen berichtet, z. B. bei einem Besuch des Bundeskanzlers in China, wird auch die Einschätzung positiver. Das kann richtig sein, der Hintergrund der Entwicklungen muss jedoch individuell geprüft werden.

Ein besonderes Risiko wird bei der Ermittlung der echten Kosten einer Lieferkette in den meisten Fällen unberücksichtigt gelassen. Es geht darum, dass die Lieferkette aufgrund ihrer Risiken nicht genutzt wird und dadurch die Potenziale nicht gehoben werden können. Im Gegensatz zu Mitbewerbern nutzt das Unternehmen Preis- und Kostenvorteile nicht oder kann das Innovationspotenzial nicht ausschöpfen. Marktanteile gehen verloren. Wenn das befürchtete Risiko, das zur Nichtnutzung geführt hat, dann tatsächlich eintritt, kann es für das Unternehmen bereits zu spät sein, um die Chancen aus der entstehenden Situation zu nutzen.

Es ist absolut notwendig, sich dieser möglichen Entwicklung bewusst zu sein, bevor eine Lieferkette abgelehnt wird. Es ist akzeptabel, diese Position nicht in die Kalkulation der echten Kosten einer Lieferkette aufzunehmen, tatsächlich ist die finanzielle Bewertung dieses Risikos nicht einfach. Dennoch muss den Entscheidern bewusst sein, welche Potenziale bei der Ablehnung einer bestimmten Lieferkette verschenkt werden.

3.5.6 Kalkulation der echten Kosten

Die Kalkulation der echten Kosten von eingekauften Gütern oder Leistungen folgt dem individuellen Kalkulationsschema im Unternehmen. Das folgende Beispiel muss daher an das jeweils genutzte Schema angepasst werden.

Beispiel: Echte Kosten für technisches Bauteil

Die bei der Beschreibung von Einkaufspreisen, Nebenkosten, Gemeinkosten, Maßnahmenkosten und der Kalkulation der Risiken verwendeten Beispiele stammen aus einem Unternehmen, das Geräte für die Gartenarbeit herstellt. Beschafft wird ein technisches Bauteil baugleich entweder in der

EU (Lieferkette 1 regional) oder in Asien (Lieferkette 2 global). Die Kalkulation der echten Kosten wird analog der in diesem Kapitel beschriebenen Positionen in der folgenden Tabelle dargestellt. Verwendet wurden die vom Controlling des Unternehmens zusammengetragenen Werte.

	Bedarf pro Jahr	**8.000 Einheiten**						
	alle Werte pro Einheit	**Lieferkette 1 regional**			**Lieferkette 2 global**			**Dif.**
	Preis pro Einheit		587,53	EUR		275,00	US$	
./.	Rabatte, Boni usw.	Skonto	17,63	EUR		0,00	US$	
+	Provision Agentur		0,00	EUR	5 %	13,75	US$	
+	Fracht und Verpackung		28,30	EUR		95,00	US$	
=			598,20	EUR		383,75	US$	
*	Kurs	1,00	598,20	EUR	0,99	379,91	EUR	
+	Kurssicherung	0,00 %	0,00	EUR	0,75 %	2,85	EUR	
=	Preis pro Einheit 1 nach Währung		598,20	EUR		382,7	EUR	-36,0 %
	Kosten der globalen Beschaffung							
+	Beratung/Vertretung					8,25	EUR	
+	Kommunikation/Reisekosten					9,12	EUR	
+	Veränderung der Prozesse					17,00	EUR	
=	**Preis pro Einheit 2 mit direkten Kosten**		**598,20**	**EUR**		**417,13**	**EUR**	**-30,3 %**
	Kosten der Risikominimierung							
+	Sicherheitsbestände	100	0,96	EUR	4.000	24,50	EUR	
+	doppelter Lieferant	1 %	5,98	EUR	10 %	38,28	EUR	
+	doppelter Distributionsweg				2 %	7,66	EUR	
+	Kosten Alternativenvorbereitung					2,50	EUR	
+	Überwachung				1 %	3,83	EUR	
=	**Preis pro Einheit 3 nach Risikominimierung**		**605,14**	**EUR**		**493,89**	**EUR**	**-18,4 %**
	Kosten des Ausfalls	0,1 %			15,0 %			

	Bedarf pro Jahr	8.000 Einheiten						
	alle Werte pro Einheit	Lieferkette 1 regional			Lieferkette 2 global			Dif.
+	DB-Verlust sofort	50.000	0,01	EUR	200.000	3,75	EUR	
+	DB-Verlust langfristig	100.000	0,01	EUR	2.000.000	37,50	EUR	
+	Umstellung Produktion	75.000	0,01	EUR	750.000	14,06	EUR	
+	Sonstiges	45.000	0,01	EUR	500.000	9,38	EUR	
=	**Preis pro Einheit 4 mit echten Kosten**		**605,18**	**EUR**		**558,58**	**EUR**	**-7,7 %**

Tab. 18: Kalkulationsschema echte Kosten

Es zeigt sich, dass die Kosten der globalen Beschaffung, der Risikominimierung durch Maßnahmen und die Kosten des Ausfallsrisikos in der globalen Lieferkette durchaus wesentlichen Einfluss auf die Entscheidung für eine der Lieferketten haben. Der ursprünglich errechnete Vorteil der globalen vor der regionalen Beschaffung in Höhe von 36,0 % reduziert sich im Laufe der Kalkulation auf 7,7 %. Ob das noch ausreichend ist, um die globale Lieferkette zu nutzen, muss noch entschieden werden.

3.5.7 Chancen kalkulieren

Die Diskussion über die Potenziale in einer Lieferkette wird in letzter Zeit intensiver geführt. Das ist sicher auch eine Reaktion auf Debatten über eine steigende Gefährdung globaler Lieferketten durch politische Aktivitäten. Hinzu kommen neue Bewertungen der Abhängigkeit Deutschlands von Staaten mit totalitären Regimen wie Russland oder China. Hinzu kommen neue Bewertungen der Abhängigkeit Deutschlands von Staaten mit totalitären Regimen wie Russland oder China. Dabei besteht die Gefahr, dass subjektive Interpretationsspielräume bewusst genutzt werden, um Lieferketten besser zu bewerten.

Den tatsächlichen Wert der Chancen zu berechnen, die eine Lieferketten bereithält, ist schwer. Es werden Argumentationsketten herangezogen, die auf den Vorteil des Unternehmens zielen. Ein Beispiel für eine solche Argumentation:

1. Die Lieferkette bietet wesentliche Vorteile bei den Kosten der zu beschaffenden Güter.
2. Die reduzierten Materialkosten werden als Reduktion des Verkaufspreises an die Kunden weitergegeben.
3. Der Absatz wächst, der Marktanteil steigt.
4. Die Preise können angehoben werden.
5. Der Gewinn des Unternehmens steigt.

Jeder Controller kann die einzelnen Positionen mit Euro-Werten hinterlegen. Wie realistisch diese sind, hängt von der individuellen Situation im Unternehmen ab. Die Verwendung von so errechneten Vorteilen in Euro in der Kalkulation der echten Kosten einer Lieferkette muss daher sehr vorsichtig und bewusst geschehen.

Hinweis: Signifikanz

Die Potenziale einer Lieferkette dürfen nicht unterschätzt werden. Wenn die Überlegungen und Berechnungen zu einem signifikanten Wert geführt haben, muss dieser auch in die Kalkulation einfließen. Das muss aber transparent geschehen, darf also nicht in einer Endsumme versteckt werden. Ist der errechnete Betrag gering oder mit geringen Wahrscheinlichkeitsannahmen versehen, sollte auf eine Berücksichtigung in der Entscheidung für oder gegen eine Lieferkette verzichtet werden.

Anders sieht es aus, wenn die Lieferkette für das Unternehmen vollkommen neu ist. So kann z. B. der erste Schritt in eine globale Beschaffung in Form einer Lieferkette mit Rohstoffen aus Südamerika mit den erwarteten Potenzialen begründet werden, auch mit solchen, die in weiteren Lieferketten aus der gleichen Region folgen werden. Hier gilt, dass es sich um tatsächliche, grundsätzliche Vorteile für das Unternehmen handeln muss und den Risiken nicht bloß vermeintliche Chancen gegenüberstehen.

Mit der Beachtung möglicher Potenziale sind die aktuellen Lieferketten bis hierher exakt bekannt. Sie sind dokumentiert und analysiert. Die Risiken mit ihren Eintrittswahrscheinlichkeiten sind bekannt, die Abhängigkeiten beschrieben. Die Kosten sind errechnet, die Chancen wahrgenommen. Durch erste geeignete Maßnahmen wurde die Situation bzgl. der Lieferketten im Unternehmen optimiert und die aktuelle Lieferketten-Situation im Unternehmen ist ausreichend dargestellt. Das Lieferkettencontrolling kann sich mit seiner eigentlichen Aufgabe, der Steuerung der Lieferketten, beschäftigen.

4 Lieferketten steuern

Alle Aktivitäten im Unternehmen werden mithilfe des Controllings in die von der Unternehmensführung gewünschte Richtung gesteuert. Das gilt auch und insbesondere für die Lieferketten. Die einmal festgestellte und akzeptierte aktuelle Situation darf sich nicht unbemerkt verändern, sie muss immer wieder an den Vorgaben gemessen werden. Gleichzeitig muss sich auch die Beschaffung der Güter und Leistungen weiterentwickeln, verbessern und es müssen neue Impulse gegeben werden. Diese Controllingaufgabe ist für die Lieferketten wichtiger denn je.

Die aktuelle wirtschaftliche und politische Situation auf der Welt hat einen besonderen Einfluss auf die Märkte – global, regional oder lokal. Das muss angesichts der bereits beschriebenen Abhängigkeiten eines Unternehmens vom Funktionieren der Lieferketten nochmals deutlich gemacht werden. Veränderungen sind nicht nur möglich, sie sind wahrscheinlich.

Zunahme der Risiken: Die wirtschaftlichen Risiken, denen sich ein Unternehmen stellen muss, sind deutlich gestiegen. Die plötzlich nicht mehr gesicherte Beschaffung von Energie ist nur ein Beispiel dafür. Die Einkäufer und andere Beschaffer müssen bei ihren Aufgaben neue und immer zahlreicher werdende Risiken beachten.

Höhere Eintrittswahrscheinlichkeiten von Risiken: Bekannte und bei der Einrichtung der Lieferketten berücksichtigte Risiken verändern sich. Deren Eintrittswahrscheinlichkeiten steigen. So hat sich z. B. das Risiko für anwachsende Transportkosten wesentlich erhöht. Das hat jeder Einkäufer in den letzten Monaten erfahren, gleichgültig, ob es um Containerkosten für den Seeweg von China nach Deutschland geht oder um einen kurzen LKW-Transport innerhalb von Nordrhein-Westfalen. Werden bekannte Risiken neu bewertet, werden in vielen Fällen deren Eintrittswahrscheinlichkeiten höher eingestuft.

Gestiegene Komplexität: Die Zunahme von Risiken mit gleichzeitig steigenden Eintrittswahrscheinlichkeiten treffen auf eine gestiegene Komplexität der Lieferketten. Je mehr globale Märkte genutzt werden, desto komplexer werden die Lieferketten. Selbst regionale oder lokale Lieferketten verlieren ihre Direktheit durch umständliche Transporte und kurze Bestellzyklen.

Geringere Beeinflussung: Die steigende Komplexität der Lieferketten führt dazu, dass immer mehr, oft weit entfernte Partner involviert sind. Fehlende Sprachkenntnisse, unterschiedliche Zeitzonen oder unbekannte Strukturen bei den Partnern erschweren die Kommunikation zwischen dem Unternehmen, den Lieferanten, Herstellern, Veredlern, Erzeugern und Transporteuren. Damit kann der Beschaffer kaum noch Einfluss nehmen auf die jeweils aktuellen Abläufe innerhalb der Lieferkette.

Größere Abhängigkeiten: Durch die notwendige wirtschaftliche Optimierung vieler Abläufe im Unternehmen steigt die Abhängigkeit von einer zuverlässigen Belieferung. Optimierte und damit minimierte Lagerbestände sind ursächlich dafür, ebenso die kostenoptimierte Ausrichtung der Produktionsabläufe. Die Individualität der Produkte im Vertrieb des Unternehmens verlangt eine Flexibilität in Fertigung und Beschaffung, die nur mit funktionierenden Lieferketten möglich ist.

Aufwendigere Maßnahmen: Die Maßnahmen, um die Risiken, Eintrittswahrscheinlichkeiten und Abhängigkeiten einer Lieferketten zu reduzieren, werden immer teurer. Zum einen steigen die Kosten für die Beratung oder für erforderliche zusätzliche Aufwände, zum anderen müssen immer umfangreiche Maßnahmen die Risikosituation entschärfen und Abhängigkeiten ertragbar machen. Die Kosten für Maßnahmen, um die Gefährdung von Lieferketten zu reduzieren, steigen.

Werden diese Entwicklungen zusammen mit den bisher beschriebenen Auswirkungen von möglichen Störungen in der Lieferkette betrachtet, wird klar, dass ein einmaliges Optimieren der Lieferkette nicht ausreichend ist. Eine ständige Kontrolle der jeweils aktuellen Situation auf den Märkten, bei den Partnern und im Transport ist unverzichtbar. Ein Lieferkettencontrolling muss laufend über den aktuellen Zustand berichten, damit die Beschaffer rechtzeitig und schnell reagieren können. Zeitlich muss die Reaktion möglichst am Anfang der entdeckten Entwicklung erfolgen, da so noch die größte Chance auf eine Beeinflussung gegeben ist. Vor allem sollte das Unternehmen in die Lage versetzt werden, früher zu reagieren als Mitbewerber und andere Konkurrenten um das Gut oder die Leistung.

Hinweis: Zusätzliche Abhängigkeiten

Besonders anfällig für plötzliche Veränderungen in der Lieferkette sind die Erwartungen, die hinsichtlich des Lieferkettensorgfaltspflichtengesetzes zu erfüllen sind. Hier entstehen im Laufe der Zeit durch gesetzliche Vorgaben oder Forderungen des Marktes, z. B. nach Nachhaltigkeit im unternehmerischen Handeln, zusätzliche Abhängigkeiten. Diese müssen in das Lieferkettencontrolling aufgenommen werden. Die neuen Risiken müssen erkannt und berücksichtigt werden.

4.1 Lieferketten überwachen

Keine Steuerung funktioniert ohne Kenntnis der aktuellen Situation. Die Überwachung des Status quo ist der Ausgangspunkt, um Veränderungen festzustellen und anschließend zu reagieren. Jeder Parameter, der für die Gefährdung einer Lieferkette bestimmend ist, wird beobachtet.

Risiken: Die Zahl der Risiken in einer Lieferkette kann sich verändern. Gründe dafür sind vielfältig, z. B. eine neue Regierung in einem totalitären System oder der Rückzug internationaler Konzerne aus der Rohstoffförderung in einer Region. Auch gesellschaftspolitische Veränderungen oder Klimaprobleme können zu einer Änderung der Risiken führen. Wichtig ist, dass vor allem zusätzliche, bisher nicht berücksichtigte Risiken erkannt werden, damit das Unternehmen auf die neue Bedrohung reagieren kann.

Hinweis: Auch Verbesserungen sind möglich

Ebenso wichtig wie das Erkennen neuer Risken ist es, den Wegfall von bisher berücksichtigten Risiken festzustellen. Das kann die Gesamtbeurteilung einer Lieferkette dramatisch zum Positiven hin verändern. Außerdem werden so Maßnahmen überflüssig, die das nunmehr entfallene Risiko bisher reduzieren sollten. Dazu gehörende Kosten können eingespart werden.

Hinweis: Tatsächlich neue Risiken?

Ein Argument in der Diskussion um das Lieferkettencontrolling lautet, dass es grundsätzlich keine neuen Risiken gibt. Alles, was neu erscheint, war immer schon vorhanden, allerdings mit einer sehr niedrigen Eintrittswahrscheinlichkeit. Für viele Risiken trifft das sicher zu. Zudem würde es eine vollständige Berücksichtigung aller tatsächlich schlummernden Risiken aufgrund des damit verbundenen Aufwands unmöglich machen, dass das Controlling seine Aufgaben noch erfüllen kann. Situationen, die als normal vorausgesetzt werden können, müssen nicht explizit mit einer Eintrittswahrscheinlichkeit von 0 % dokumentiert werden.

Ein typisches Beispiel dafür ist die Frage nach der Verfügbarkeit von Energie. Bis zu dem Zeitpunkt, an dem aufgrund der Sanktionen wegen des Ukrainekriegs der Energiemarkt zusammengebrochen ist, musste sich kein Unternehmen, mit Ausnahme von Großverbrauchern, mit der Verfügbarkeit von Öl, Gas oder Strom auseinandersetzen. Die Wahrscheinlichkeit, dass in Deutschland der Strom ausfällt, war bis dahin zu vernachlässigen. Erst mit der Situation des Energiemarktes Ende 2022 entwickelte sich das Risiko eines Stromausfalls für den Winter 2022/2023 weiter, die Eintrittswahrscheinlichkeit stieg.

Wer vor der Energiekrise das Risiko der Verfügbarkeit von Energie in jeder Lieferkette berücksichtigte, hatte einen zu hohen Aufwand betrieben. Wer hingegen jetzt noch kein Risiko darin sieht, dass Lieferketten aufgrund von Energieknappheit gestört werden könnten, hat Fehler im Lieferkettencontrolling. Die Überwachung muss so eingestellt sein, dass neu aufkommende Risiken erkannt werden. Dann können auch vorhandene, aber äußerst unwahrscheinliche Risiken in der laufenden Betrachtung außen vor bleiben.

Wahrscheinlichkeiten: Es ist normal, dass die Eintrittswahrscheinlichkeiten eines Risikos schwanken. Sie sind von vielen Parametern abhängig, die sich wiederum durch etliche Faktoren bestimmen lassen. So wird z. B. die Wahrscheinlichkeit des Ausfalls einer aktuellen Lieferung immer kleiner, je länger die Güter bereits transportiert wurden. Probleme mit der Qualität einer Rohstofffernte werden hingegen wahrscheinlicher, wenn es bereits nach der Aussaat Wetterprobleme gegeben hat. Schwankungen der Eintrittswahrscheinlichkeiten sind regelmäßig zu beobachten, Aufgabe des Lieferkettencontrollings ist es, diese als signifikant zu erkennen und zu berichten.

Abhängigkeiten: Veränderungen hinsichtlich der Abhängigkeit des Unternehmens von einer Lieferkette entstehen nicht immer, aber oft aufgrund von Veränderungen innerhalb des Unternehmens. Neue Fertigungsanlagen mit flexibler Steuerung reduzieren die Abhängigkeit, neue Lagerkapazitäten ebenso. Steigende Abhängigkeiten entstehen, wenn z. B. die Nachfrage nach bestimmten Produkten steigt und damit die dafür benötigten Bauteile in größeren Mengen und schneller verbraucht werden.

Auch externe Gründe für die Veränderung von Abhängigkeiten müssen beobachtet werden. Hier ein Beispiel: Stellt ein potenzieller Lieferant in Deutschland seine Arbeit ein, so wächst die Abhängigkeit von einer Lieferkette, die in China beginnt, da bei einer Störung ein Ausweichen auf den deutschen Lieferanten nicht mehr möglich ist. Auf der anderen Seite verringert ein Lieferant, der zusätzlich auf dem deutschen Markt tätig wird, diese Abhängigkeit.

Maßnahmen: Ein wichtiger Bestandteil des Lieferkettencontrollings sind die vielen Maßnahmen, die unterschiedliche Aufgaben erfüllen sollen. Ein Teil der Maßnahmen soll Risiken vollständig eliminieren, ein anderer reduziert die Eintrittswahrscheinlichkeit der verbleibenden Risiken. Abhängigkeiten werden durch weitere Maßnahmen reduziert. Das Überwachen der Maßnahmen muss sich auf drei Themenbereiche erstrecken:

1. Zunächst wird überwacht, ob die Maßnahmen wie geplant durchgeführt werden. Nur so können die gewünschten Veränderungen auch tatsächlich entstehen.
2. Gleichzeitig muss die Wirkung der Maßnahmen auf die damit verbundenen Parameter festgestellt werden.
3. Die durch eine Maßnahme veränderten Parameter müssen zu Verbesserungen der Gefährdung der beobachteten Lieferkette führen. Es muss überwacht werden, wie die Risiken und Abhängigkeiten auf die Maßnahmen reagieren.

Die Überwachung der Maßnahmen, deren Durchführung und Wirkung, erlaubt es auch, beobachtete Werte in der Lieferketten einzuordnen. Die Veränderungen bei den Risiken, den Wahrscheinlichkeiten und den Abhängigkeiten können entweder durch externe Einflüsse oder durch die Maßnahmen entstanden sein. Wenn der Controller den aktuellen Stand der Maßnahmen kennt, kann er z. B. eine Verringerung der Eintrittswahrscheinlichkeit für einen Lieferausfall richtig einschätzen.

Lieferkettensorgfaltspflichtengesetz: Die Gefährdung des Unternehmens durch Verstöße gegen die Vorgaben des Lieferkettensorgfaltspflichtengesetzes führen nicht nur zu Strafen, sondern können auch Auslöser für öffentliche und damit schädliche Kampagnen sein. Allein das ist ein Grund für die intensive Überwachung von Lieferketten. Da es an dieser Stelle nicht primär um Störungen der Unternehmensabläufe geht und da sich die Risiken explizit auf Menschenrechte und Umweltschutz beziehen, hat sich in der Praxis ein eigenes Überwachungssystem für die entsprechenden Risiken in den Lieferketten bewährt. Damit gehen die oft kleinen Hinweise auf Veränderungen im Umfeld der Lieferkette nicht in der Gesamtmenge der zu überwachenden Daten verloren, die oft sehr spezifischen Reaktionen können unverzüglich umgesetzt werden.

Grundsätzlich gibt es jedoch keine Unterschiede bei der Überwachung der unternehmerischen wirtschaftlichen Risiken und der sich aus dem Lieferkettensorgfaltspflichtengesetz ergebenden Risiken. Die Aufgabe des Überwachens muss insgesamt zuverlässig und trotzdem wirtschaftlich erledigt werden. Dabei spielen Faktoren wie die Datenquellen, die Prozesse innerhalb der Überwachung und die zeitliche Einordnung eine wichtige Rolle. Es gibt Gründe, bestimmte Lieferketten deutlich intensiver zu beobachten als andere. Eine entsprechende Organisation hilft, den Aufwand für die Überwachung zu reduzieren. Darüber darf die Beobachtung der Gesamtgefährdung nicht vergessen werden.

4.1.1 Datenquellen

Die für die Überwachung notwendigen Informationen müssen beschafft werden. Die unterschiedlichen Datenquellen legen mit ihren Eigenschaften den Grundstock für die Qualität der Überwachung. Grundsätzlich kommen die gleichen Quellen in Betracht, wie sie bereits bei der Feststellung von Lieferketten und deren Risiken beschrieben wurden. Im Rahmen der Überwachung werden allerdings die Lieferanten, Partner, öffentlichen offiziellen Quellen und andere Datenlieferanten bevorzugt benutzt, in deren Daten sich auch Veränderungen erkennen lassen.

Beispiel: Quellenauswahl

Die folgenden Beispiele für öffentlich erreichbare Datenquellen, die potenziell Informationen zur Beurteilung der Gefährdung des Unternehmens durch Lieferketten bereitstellen, sind nur eine kleine Auswahl, zeigen aber die Vielfalt des Informationsangebotes:

- www.deutsche-rohstoffagentur.de – mit dem Rohstoffinformationssystem ROSYS liefert Daten zu Preisen, Mengen und Förderländer vieler Rohstoffe
- www.v-r-b.de – Vereinigung Rohstoffe und Bergbau e. V. – mit aktuellen Informationen über rohstoffgewinnende Unternehmen in Deutschland
- www.dvtiernahrung.de – Deutscher Verband Tiernahrung e. V. (DVT) – mit aktuellen Informationen zu Rohstoffen, die in der Tiernahrungsindustrie verbraucht werden
- www.vfi-deutschland.de – Verband der Fertigwarenimporteure e. V. (VFI) – mit Entwicklungen vieler Länder und Produkte
- www.bmz.de – Bundesministerium für wirtschaftliche Zusammenarbeit und Entwicklung – mit Informationen zu der Situation in vielen Entwicklungsländern
- www.europa.eu – Europäische Kommission – mit aktuellen Informationen zu Gesetzesvorhaben der Europäischen Union
- www.bmwk.de – Bundesministerium für Wirtschaft und Klimaschutz – mit aktuellen Informationen zu Gesetzesvorhaben und Links zu Auskunftsstellen über aktuelle Sanktionen
- www.bundesfinanzministerium.de – Bundesministerium der Finanzen – mit Daten zur wirtschaftlichen Lage
- http://de.china-embassy.gov.cn/det/ – Botschaft der Volksrepublik China in Deutschland – mit aktuelle Wirtschaftsdaten aus China (BIP, Wachstum, Außenhandel) aber auch mit politischen Inhalten zur Beurteilung der politischen Lage
- www.dgwz.de – Deutsche Gesellschaft für wirtschaftliche Zusammenarbeit (DGWZ) – mit allgemeinen Informationen über wirtschaftliche Zusammenarbeit mit anderen Ländern

Vor allem die Websites von staatlichen Institutionen wie etwa die Bundes- und Landesministerien setzen ihre Schwerpunkte auf aktuelle politische Themen, aktuell z. B. das Lieferkettensorgfaltspflichtengesetz. Die weitergehenden Informationen zur Lage innerhalb und außerhalb Deutschlands finden sich mit etwas Suchaufwand im Internet. Wie die Bundesrepublik auch, haben viele Länder ähnliche politische Websites, die über die jeweilige Situation in den einzelnen Regionen berichten. Es kann jedoch zu Sprachproblemen kommen. Außerdem sind die Seiten politischer Institutionen im Ausland noch weniger objektiv als die entsprechenden Seiten in Deutschland.

- www.auswaertiges-amt.de – Auswärtiges Amt – mit aktuellen Reisewarnungen, die Schlüsse auf die Sicherheit von Lieferketten in diesen Gebieten zulassen
- www.schiffs-radar.de – eine von vielen Seiten zur Verfolgung von Schiffsbewegungen auf allen Meeren, Seen, Flüssen und Kanälen
- www.flightradar24.com – eine von vielen Seiten zur Verfolgung von Flugzeugbewegungen auf der gesamten Welt
- www.dwd.de – Deutscher Wetterdienst – Wetterberichte für die gesamte Welt

- de.flexport.com – Anbieter für Leistungen rund um Lieferketten – mit aktuellen Informationen zu internationalen Transporten
- www.logistik-heute.de – Fachzeitschrift für Logistik – mit aktuellen Informationen über die Transportsituation und kostenlosem Newsletter

Beispiel: CSR

Unter www.csr-in-deutschland.de erreichen die Controller einen Anbieter, den wir bereits in einem Exkurs kennengelernt haben. Trotz der Konzentration der behandelten Risiken auf Menschenrechte, Umweltschutz und Nachhaltigkeit gibt es wichtige Informationen zu allen Regionen weltweit und zu vielen Produktgruppen, die über diese Kernthemen hinausgehen und somit vielfältig genutzt werden können. Ein besonderes Feature ist, dass Nutzer dieser Website benachrichtigt werden, wenn sich in den Risiken ihrer Lieferketten Änderungen ergeben.

Dazu muss sich das Unternehmen registrieren und eine E-Mail-Adresse hinterlegen. Verändern sich die Einschätzungen des Anbieters zu den Risiken in den dort gespeicherten Lieferketten, erfolgt eine automatische Benachrichtigung. Die Veränderungen werden im Lieferkettencontrolling verarbeitet. Bei positiven Veränderungen, also bei weniger Risiken oder geringeren Eintrittswahrscheinlichkeiten, können Maßnahmen zurückgefahren werden. Zeigen die Veränderungen mehr oder wahrscheinlichere Risiken, wird mit zusätzlichen Maßnahmen reagiert.

Die Datenquellen, die ja vergleichbar sind mit denen zur grundsätzlichen Beurteilung von Lieferketten, müssen hinsichtlich ihrer Eignung für die Beobachtung von Veränderungen ausgesucht werden. Eine Übersicht:

Quelle	Inhalte	Eignung	Bemerkung
eigene Daten	Bedarfe, Liefertreue, Preisentwicklung, Kostenentwicklung, Maßnahmenerfolge, Absatz, Fluktuation, Liquidität …	sehr gut geeignet klar zu strukturieren	Reporting einstellbar auf Veränderungen vor allem Daten aus der Vergangenheit und der Unternehmensplanung
Partner aus der Lieferkette, vor allem direkte Lieferanten	angebotene Mengen, Preisentwicklung, Transportdaten, Qualitätsprobleme, Lieferprobleme …	gut geeignet Vereinbarungen zu Struktur und Zeitpunkt der Datenlieferung möglich sehr nah am aktuellen Geschehen	subjektiv von Partner geprägt sehr aktuelle Daten möglich
Unternehmensumfeld (Mitbewerber, Verbände, Lieferanten …)	allgemeine Situation im Markt und in der Region, Preisentwicklung, Transportwegerisiko,	bedingt geeignet oft nicht exakt zielgerichtet, interpretierbar nicht immer aktuell genug nicht immer exakt genug	subjektiv von Quelle geprägt wichtig für Lieferkettensorgfaltspflichtengesetz

Quelle	Inhalte	Eignung	Bemerkung
Dienstleister mit Informationsangebot zu Lieferketten	können individuell vereinbart werden	sehr gut geeignet klar zu strukturieren sehr aktuell	Kosten entstehen
öffentlich zugängliche Informationen (von in- und ausländischen Behörden, Nachrichtensendern, Websites …)	allgemeine Nachrichten, aktuelle Nachrichten, Wetterinformationen, politische Informationen	bedingt geeignet oft nicht exakt zielgerichtet, interpretierbar nicht immer aktuell genug nicht immer exakt genug	unterschiedliche Aktualität Validierung notwendig

Tab. 19: Eignung der Quellen für Beobachtung von Veränderungen

Für die laufende Überwachung der Lieferketten müssen die genutzten Quellen und ihre Eigenschaften festgelegt werden. Die Liste der als zulässig erklärten Quellen kann jederzeit verändert werden. Neue Quellen sind nur dann zugelassen, wenn sie entsprechend ihren Eigenschaften beurteilt wurden. Damit wird festgelegt, wie die Informationen aus der jeweiligen Quelle bewertet werden müssen. Das gilt vor allem für die folgenden Eigenschaften der Quellen:

Aktiv: Quellen, die ihre Informationen von sich aus an das Unternehmen senden, arbeiten aktiv. Das kann regelmäßig geschehen oder zu bestimmten Anlässen. Es geht hier z. B. um Dienstleister, die für die Datenlieferung bezahlt werden, oder Partner aus der Lieferkette, mit denen eine entsprechende Vereinbarung getroffen wurde.

Passiv: Muss sich der Controller die gewünschten Informationen selbst abholen, ist die Datenquelle passiv. Sie bietet die Daten grundsätzlich an, z. B. eine Nachrichtenseite, oder wird auf Anfrage aktiv, z. B. ein Unternehmensverband. Es besteht die Gefahr, dass wichtige Entwicklungen nicht rechtzeitig erkannt werden, da das Unternehmen nicht permanent suchen kann.

Hinweis: Eigene Daten

Auch Daten aus dem eigenen Unternehmen können für das Lieferkettencontrolling aktiv oder passiv sein. Ausschlaggebend ist der eingerichtete Prozess zur Verwendung neuer Daten. Oft wird anhand der Größe eines Wertes entschieden, ob die Daten aktiv an das Controlling gegeben werden oder ob sie erst bei der routinemäßigen Verarbeitung im Controlling abgerufen werden. Diese Entscheidung und die daran anschließende aktive Verteilung der Informationen kann Teil eines autonomen Prozesses im Zuge der Entstehung der Daten sein.

Regelmäßig: Eine regelmäßige Veröffentlichung von Informationen führt auch zu einer regelmäßigen Nutzung der Daten im Lieferkettencontrolling. Leider sind die Zyklen der Veröffentlichung meist nicht identisch mit den Zyklen der Verarbeitung im Controlling. Um den Zeitraum zwischen dem Tag der Veröffentlichung der Daten und der Verarbeitung im Unternehmen nicht zu groß werden zu lassen, ist das Controlling zu einer Prüfung dieser veröffentlichten Daten in kürzeren Abständen gezwungen. Bei Überschreiten von Grenzwerten erfolgt die Verarbeitung der Daten sofort, ansonsten erst dann, wenn der übliche Zyklus im Controlling erreicht ist. Damit werden die Informationen, die aus einer Quelle regelmäßig zur Verfügung gestellt werden, für das Controlling zu Ad-hoc-Informationen.

Hinweis: Vermeintliche Regelmäßigkeit

Ein großer Teil der Daten, die im Lieferkettencontrolling von externen Quellen verarbeitet werden, stammt aus Newslettern von Websites der betreffenden Quellen. Diese erwecken den Anschein von Regelmäßigkeit, eine zuverlässige Garantie gibt es darauf jedoch nicht. Wenn der Quelle z. B. die Arbeitskräfte für die Erstellung des Newsletters fehlen oder es zu technischen Problemen kommt, kann die Veröffentlichung des »regelmäßigen« Newsletters verzögert werden. Im Vergleich z. B. zur regelmäßigen und pünktlichen Veröffentlichung von Zinssätzen durch die Bundesbank, die in Gesetzen oder Richtlinien vorgegeben ist, kann hier keine Sicherheit für ein pünktliches Verbreiten der Information gegeben werden.

Ad hoc: Wird nicht regelmäßig informiert, bleibt als Alternative, die Daten dann zu veröffentlichen, wenn es wichtige Entwicklungen gibt. Dabei entscheidet die Quelle, welche Informationen wichtig sind und wann diese veröffentlicht werden. Eine regelmäßige Prüfung des Angebots an Informationen durch das Controlling ist notwendig, um zu bestätigen, wenn es keine neuen Daten gibt. Die Suche nach Ad-hoc-Informationen ist aufwendiger, da die Veröffentlichungen oft einen Newscharakter haben und der Inhalt und dessen Bedeutung für die Lieferkette aufwendig herausgelesen werden muss.

Anfrage: Ein Ereignis, dass die Quelle zur Veröffentlichung von Informationen veranlasst, kann eine Anfrage eines Unternehmens sein. »Veröffentlichung« meint dann nicht unbedingt eine Bekanntgabe an viele Empfänger. Vielmehr erfüllt die Beantwortung einer Frage durch den Fragesteller den gleichen Zweck für den Controller. Solche Vorgehensweisen sind typisch bei Dienstleistern, aber auch bei Verbänden, die ihren Mitgliedern individuelle Fragen beantworten.

Unzweifelhaft: Es gibt nur wenige Daten, die tatsächlich ohne jeden Zweifel genutzt werden können. Dazu gehören Daten aus der eigenen Verarbeitung (z. B. Absatz, Bedarf, bisherige Liefertreue ...) und Daten aus offiziellen Quellen (Ministerien, Bundesbank, Finanzämter, Kommunen ...). Technische Fehler können allerdings auch hier vorkommen.

Vertrauenswürdig: Wenn Daten zwischen den Partnern der Lieferkette vereinbart und definiert wurden, können sie als vertrauenswürdig gelten. Zu diesem Kreis der Daten gehören Informationen, die von offiziellen Websites stammen (z. B. Banken, Verbände, Botschaften, Regierungen anderer Länder ...). Wichtig ist die eigene Erfahrung, beispielsweise dass für solche Websites in der Vergangenheit bisher die Vertrauenswürdigkeit immer bestätigt werden konnte.

Bestätigt: Als bestätigt werden Informationen dann bezeichnet, wenn sie durch die Nutzung mehrerer Quellen verifiziert wurden. Das ist notwendig, wenn bisher nicht bekannte Quellen genutzt werden oder die Daten aus zweifelhaften und nicht vertrauenswürdigen Quellen stammen. Es gibt den Entscheidern mehr Sicherheit, wenn die Informationen, deren Verwendung zu wesentlichen Auswirkungen in den Lieferketten führt, durch mehrere Quellen bestätigt wurden. Dazu kann für den internen Ablauf festgelegt werden, dass ein solcher Wert, wenn er aus einer externen Quelle stammt, durch zusätzliche Quellen bestätigt werden muss.

Beispiel: Preisabweichung

Im Lieferkettencontrolling spielen die Transportkosten eine wichtige Rolle. So wird regelmäßig festgestellt, was der Transport eines Containers per Schiff von China nach Hamburg kostet. Solange sich die Preisänderungen zwischen -5 % und + 3 % bewegen, darf die Information von einer allgemein zugänglichen, aber nicht absolut vertrauenswürdigen Website verwendet werden. Liegen die dort ermittelten Preisänderungen außerhalb dieses Rahmens, wird eine Bestätigung durch ein Telefonat mit einem Frachtbroker vorgenommen.

Unbestätigt: Die Praxis zeigt, dass es viele Daten aus öffentlichen Quellen gibt, die nicht immer zweifelsfrei durch eine zweite unabhängige Quelle bestätigt werden können, weil diese zweite Quelle nicht existiert oder sich selbst aus der ersten Quelle bedient. Dennoch muss eine sich so abzeichnende Veränderung innerhalb der Lieferkette beachtet werden. Wie mit den unbestätigten Daten umzugehen ist, muss im Einzelfall entschieden werden. In manchen Fällen ist eine Reaktion auch in dieser Situation vorsorglich angeraten.

Strukturiert: Es gibt zwei Arten von Quellen, die strukturierte Informationen für das Lieferkettencontrolling zur Verfügung stellen. Zum einen sind vor allem öffentlich-rechtliche Stellen, wie Ministerien, Kommunen, Bundesbank u. a., verpflichtet, bestimmte Daten zur Verfügung zu stellen. Dazu gibt es Formate, die vorgeschrieben sind oder seit Langem genutzt werden. In der zweiten Gruppe finden sich die Quellen, mit denen das Unternehmen eine Vereinbarung über die zu liefernden Daten getroffen hat (z. B. mit den Partnern in der Lieferkette oder mit Agenturen). Die Struktur bezieht sich dabei auf die inhaltliche Definition der Daten, aber genauso auf den Zeitpunkt und die Art der Übermittlung bzw. Veröffentlichung.

Hinweis: Weitere Verarbeitung

Nur strukturierte Daten sind für eine automatische Verarbeitung oder für autonome Prozesse geeignet. Bei unstrukturierten Daten muss erst eine manuelle Bearbeitung dafür sorgen, dass die Definitionen hinsichtlich der Inhalte und die Art der Darstellung eingehalten werden.

Unstrukturiert: Informationen, die in Gesprächen gewonnen oder auf diversen Websites bzw. in verschiedensten Newslettern gelesen werden, müssen in eine brauchbare Struktur gebracht werden. Nur wenn sie wie definiert dargestellt werden und definierte Inhalte haben, können sie im Controlling weiterverarbeitet werden. Hier tauchen auch die Informationen auf, die den verantwortlichen Mitarbeitern in ihrem laufenden Geschäft von vielen Kontakten mitgeteilt werden.

4.1.2 Überwachungsprozess

Die Überwachung von Entwicklungen im Unternehmen ist eine wichtige Aufgabe im Rahmen der Steuerungsfunktion des Controllings. Das gilt auch, wie wir bereits gesehen haben, für das Lieferkettencontrolling. Abbildung 28 zeigt den Fluss der Daten durch das Lieferkettencontrolling bis zum Reporting der einzelnen Lieferketten.

Abb. 28: Datenfluss im Lieferkettencontrolling

Zunächst müssen die Daten so bearbeitet werden, dass sie in die definierten Strukturen des Lieferkettencontrollings passen. Die dazu notwendigen Schritte und der damit verbundene Aufwand sind abhängig von den Eigenschaften der Quelle:

- Die Daten müssen entweder durch eigene Aktivitäten an der Quelle abgeholt werden (passive Quelle) oder werden von der Quelle aktiv übermittelt.
- Je nach der Art der Veröffentlichung durch die Quelle, werden regelmäßige Informationslieferungen ausgewertet, Ad-hoc-Meldungen verarbeitet oder Antworten auf Anfragen gegeben.
- Die Daten werden bezüglich ihrer Vertrauenswürdigkeit eingeschätzt und auf das notwendige Zuverlässigkeitslevel gebracht.
- Bereits digitalisierte Daten sind strukturiert und können sofort in die Datenbank übernommen werden. Unstrukturierte Daten müssen zunächst manuell in die notwendige Struktur gebracht werden, z. B. durch die manuelle Datenerfassung.

Die Datenbank mit allen Informationen für das Lieferkettencontrolling ist die Grundlage für die Arbeit im Controlling. Individuell wird für jeden Parameter, der die Risiken, die Eintrittswahrscheinlichkeiten und die Abhängigkeiten bestimmt, der aktuelle Wert errechnet. Daraus lässt sich dann die aktuelle Gefährdung jeder einzelnen Lieferkette ermitteln. Der letzte Schritt im Überwachungsprozess ist dann die Verteilung der ermittelten Ergebnisse durch das Reporting an die jeweils verantwortlichen Mitarbeiter.

4.1.2.1 Anforderungen an den Prozess

Die Überwachungsprozesse sind sowohl inhaltlich als auch zeitlich individuell auf die vielen Parameter im Lieferkettencontrolling abzustimmen. Dadurch entsteht eine Summe von Aufgaben, die mithilfe der Vielfalt an vorhandenen Controlling-Instrumenten gelöst werden können. Eine detailliertere Beschreibung der Prozesse einer Überwachung auf der Ebene der Parameter ist an dieser Stelle aufgrund dieser vielfältigen Individualisierung nicht möglich. Es gibt allerdings einige grundsätzliche Vorgaben, die bei der Überwachung der Lieferketten berücksichtigt werden müssen.

Laufende Überwachung: Die Durchführung des Überwachungsprozesses ist eine permanente Aufgabe und ein wesentlicher Erfolgsfaktor des Lieferkettencontrollings. Die verantwortlichen Entscheider im Beschaffungswesen und die von Problemen betroffenen Fachbereiche müssen sich darauf verlassen können, dass ihnen in vereinbarten Abständen oder zu vereinbarten Situationen die notwendigen Informationen geliefert werden. Dass sie dazu einen Dateninput liefern müssen, dürfte allen klar sein.

Hinweis: Verlässlichkeit bietet Sicherheit

Nur wenn sich die Einkäufer und die anderen beschaffenden Mitarbeiter darauf verlassen können, dass im Controlling die Überwachung der Lieferketten zuverlässig erledigt wird, entsteht bei ihnen die notwendige Sicherheit für ihre eigene Arbeit. Dazu wird gemeinsam mit dem Controlling die laufende Überwachung definiert.

Die Laufende Überwachung erfolgt meist in regelmäßigen Abständen. Diese können je nach Lieferkette und deren Gefährdung unterschiedlich sein. Laufend kann an dieser Stelle aber auch bedeuten, dass permanent auf Ad-hoc-Informationen gewartet wird, die dann sofort verarbeitet werden.

Aktualität: Der Erfolg des Lieferkettencontrollings ist abhängig von der Aktualität der Ergebnisse. Je früher eine Veränderung erkannt wird, desto schneller kann darauf mit den entsprechenden Maßnahmen reagiert werden. Es muss bekannt sein, wie alt die verarbeiteten Daten sind, wenn das regelmäßige Reporting erscheint. Der Zeitraum zwischen der Datenbeschaffung und dem Reporting muss möglichst klein bleiben.

Das ist eine gewohnte Aufgabe für das Controlling, wo Schnelligkeit in allen Bereichen verlangt wird. Die Controller nutzen daher eine starker IT-Unterstützung bei ihrer Arbeit und automatisieren ihre digitalen Abläufe zunehmend.

Zuverlässigkeit: Die Empfänger des Lieferkettenreportings sollten sich nicht nur auf die Aktualität verlassen können, sondern auch der Inhalt muss stimmen. Die Ergebnisse des Lieferkettencontrollings müssen die aktuelle Situation korrekt darstellen, soweit die vorhandenen Daten dies ermöglichen. Falls es Unsicherheiten gibt, z. B., weil Daten aus unbestätigten unzuverlässigen Quellen verwendet wurden, muss dies deutlich gekennzeichnet werden.

Vollständigkeit: Nicht jede Lieferkette muss mit dem gleichen Aufwand beobachtet werden. Eine vereinbarte Überwachung muss jedoch vollständig alle dazu definierten Lieferketten und deren Parameter umfassen. Sind notwendige und vereinbarte Daten für ein Reporting nicht vorhanden, weil z. B. ein

Partner innerhalb der Kette nicht geliefert hat, werden Annahmen nach ebenfalls definierten Regeln gemacht. Das ist im Reporting zu vermerken.

Permanente Einschätzung: Im Gesamtergebnis muss das Lieferkettencontrolling eine Einschätzung der Gesamtsituation liefern. Diese wird auf den Führungsebenen gebraucht, um sowohl aktuelle als auch strategische Entscheidungen vorzubereiten. Es muss zu jeder Zeit möglich sein, für das gesamte Unternehmen oder für einzelne Verantwortungsbereiche eine Einschätzung abzurufen. Es sollte jedem Empfänger klar sein, dass die Einschätzung auf Daten basiert, die entsprechend den Regeln zur Aktualität beschafft wurden, aber auch älter sein können.

4.1.2.2 Aufwand für den Prozess

Die Gewährleistung dieser Anforderungen an das Lieferkettencontrolling erfordert einen enormen Aufwand im Controlling und ebenso bei den internen Datenquellen. Mit zunehmender Erfahrung der Controller und der Beschaffer werden jedoch die Überwachungsprozesse mit der Zeit vereinfacht, und die Datenflüsse können durch Integration neuer Quellen erleichtert werden. Darüber hinaus unterstützt die zunehmende Digitalisierung die technischen Abläufe.

Dennoch ist ein erheblicher Aufwand an vielen Stellen innerhalb und außerhalb des Unternehmens notwendig.

- Es besteht die Gefahr, dass die Belastung durch diese Arbeit dazu führt, dass der Überwachungsprozess zugunsten anderer Aufgaben vernachlässigt wird.
- Lange Phasen ohne große Probleme mit den Lieferketten unterstützen diese Entwicklung, weil sie die Notwendigkeit des Lieferkettencontrollings infrage stellen.
- In der Praxis führt das oft dazu, dass die im Lieferkettencontrolling gesammelten Daten nicht konsequent verarbeitet werden, Ergebnisse nicht ermittelt und ermittelte Ergebnisse nicht beachtet werden.

Die seit vielen Jahren genutzten und bzgl. ihres Risikos lange unauffälligen Lieferketten bergen immer öfter die größten Gefahren. Beispiele dafür – wie u. a. die Energieversorgung, die Lieferungen aus China während des dort herrschenden Lockdowns oder die Beziehungen zu russischen Lieferanten – lassen sich in letzter Zeit sehr viele finden. Daher muss die Überwachungsaufgabe im Lieferkettencontrolling sehr ernst genommen werden. Es gibt mehrere Wege, um den Überwachungsaufwand zu optimieren und dennoch ein hohes Sicherheitsniveau zu erhalten. Allerdings müssen diese Wege sehr bewusst angewandt werden:

- Die Konzentration der Überwachung auf wirklich wichtige Lieferketten reduziert den Aufwand für die Beschaffung und Interpretation der Daten wesentlich. Wichtig sind alle Lieferketten, von deren Funktionieren das Unternehmen sehr abhängig ist und/oder die besonders große Risiken mit entsprechenden Eintrittswahrscheinlichkeiten beinhalten. Konzentration auf einige Lieferketten bedeutet nicht, dass die anderen vollkommen unbeobachtet bleiben.
- Aus der Konzentration ergeben sich abgestufte Zeitvorgaben für das Lieferkettencontrolling. Einige Lieferketten können auf eine Ad-hoc-Beobachtung umgestellt werden, andere werden regelmäßig

halbjährlich oder jährlich überprüft. Es muss bei der Auswahl der reduziert beobachteten Lieferketten daran gedacht werden, dass sich Risiken und Abhängigkeiten verändern können. Worauf sich das Controlling verstärkt zu konzentrieren hat, muss also ebenso regelmäßig wie generell alle Lieferketten geprüft werden.

- Die Datenbeschaffung für den Überwachungsprozess kann vereinfacht werden, wenn einfacher zugängliche Datenquellen bevorzugt werden. Dabei wird weniger Sicherheit im Hinblick auf die Datenqualität akzeptiert, solange das Ausmaß der Veränderung bestimmte Grenzwerte nicht überschreitet. Danach muss mit einer aufwendigeren Datenbeschaffung von zuverlässigeren Quellen die Richtigkeit der außerhalb des Grenzwertes liegenden Daten bestätigt werden.
- Die Abläufe an sich können durch die weitergehende IT-Nutzung vereinfacht werden. Um die Kosten dafür zu rechtfertigen, können z. B. steigende Mengen als wirtschaftliches Argument genutzt werden. Auch der Einsatz von externen Dienstleistern bei der Beschaffung und ersten Interpretation der notwendigen Daten verringert die eigene Arbeitsbelastung.
- Die Vereinfachung der Abläufe reicht hin bis zur Schaffung autonomer Abläufe, die viele Prozessschritte vollkommen eigenständig erledigen. Der Aufwand für den Controller und die internen Datenbeschaffer kann damit auf die Steuerung dieser Abläufe reduziert werden.

4.1.2.3 Autonome Abläufe im Prozess

Die Aufgaben, die bei der Überwachung der Lieferketten anfallen, gehören für einen Controller zum täglichen Geschäft. Er entnimmt der Datenbank die für die Berechnungen notwendigen Daten und bearbeitet sie. Dabei wird er auch bei den analogen Abläufen von digitalen Werkzeugen wie einer Tabellenkalkulation unterstützt. Die so entstehenden Ergebnisse werden vom Controller geprüft und je nach Wert entweder gar nicht veröffentlicht, in das regelmäßige Reporting gegeben oder als Ad-hoc-Bericht an die betroffenen Fachbereiche gegeben. Für einige Standardsituationen kann das Controlling ohne Beteiligung der Fachbereiche bereits entscheiden, ob bzw. dass bestimmte Maßnahmen getroffen werden, die somit im Controlling ihren Anfang nehmen.

Hinweis: Portfolio-Analyse

Einen Automatismus, mit dem Maßnahmen nach vorgegebenen Regeln ergriffen werden, gibt es in der im Kapitel 3.3.4.2 bereits beschriebenen Portfolio-Analyse. Dort können diese Maßnahmen für jeden Quadranten (oder eine andere Fläche) grundsätzlich festgelegt werden. Sobald eine Lieferkette in den jeweiligen Bereich der Grafik kommt, werden automatisch festgelegte Maßnahmen gestartet. Eine solche Bestimmung von Maßnahmen kann aber auch mit anderen Bedingungen, z. B. eine Veränderung in der Termintreue eines Lieferanten, verknüpft werden.

Beispiel: Bestandsaufbau

Ein Beispiel dafür, wann eine Maßnahme bereits im Controlling, also, bevor die Fachabteilung informiert wird, gestartet wird, ist die Zunahme von Lieferverspätungen bei einem sonst als zuverlässig geltenden Lieferanten. Es kann eine Regel aufgestellt werden, die den Controller zur Erhöhung der

Sicherheitszeit für das betroffene Produkt veranlasst, wenn signifikante Lieferverzögerungen bei mehr als der Hälfte der letzten 10 Lieferungen aufgetreten sind. Durch die höhere Sicherheitszeit wird die Disposition einen entsprechend höheren Sicherheitsbestand aufbauen.

Die notwendigen analogen Arbeitsschritte des Controllers, also die Entnahme der Daten aus der Datenbank, deren Verarbeitung, die Interpretation des Ergebnisses und die Reaktionen darauf, verbrauchen viel Zeit. Immer wieder kommt es zu Fehlern durch die manuelle Verarbeitung, was allerdings durch autonome Abläufe verbessert werden kann.

In autonomen Abläufen werden die analogen Arbeitsschritte durch einen digitalen Prozess ersetzt. Der Mensch muss während des Prozesses nur noch bei Fehlersituationen eingreifen. Auch Entscheidungen werden vom System getroffen, Reaktionen erfolgen ebenfalls digital. Nicht jede Lieferkette eignet sich für einen autonomen Überwachungsprozess, nicht jede Entscheidung kann ausreichend exakt für den automatischen Ablauf definiert werden. Diese Voraussetzungen müssen für eine autonome Überwachung von Lieferketten erfüllt sein:

- Die für die Überwachung notwendigen Daten müssen digital verfügbar sein. Dazu stehen sie bereits in einer internen Datenbank oder werden von externen digitalen Quellen im Rahmen des autonomen Ablaufs besorgt.
- Die notwendigen Berechnungen, die zum definierten Ergebnis führen, können automatisiert werden.
- Die Ergebnisse der Berechnungen sind definiert. Sie haben eine bekannte Einheit und Größenordnung. Fehlentwicklungen können digital erkannt werden.
- Die Ergebnisse können in digitalen Entscheidungen genutzt werden. Dazu ist es möglich, Grenzwerte festzulegen und in die digitale Entscheidung einfließen zu lassen.
- Reaktionen auf die Ergebnisse und die autonom getroffenen Entscheidungen können digital erfolgen. Das reicht von der Information des Controllers bis zur autonomen Veränderung der Lieferkette, z. B. durch den Austausch des Hauptlieferanten eines betroffenen Produktes in der Einkaufsdatenbank.

Autonome Abläufe müssen immer, also auch im Lieferkettencontrolling, vom Menschen gesteuert werden. Dies geschieht zum einen beim Aufbau des autonomen Prozesses, im Rahmen dessen die Vorgehensweise bei der Überwachung festgelegt wird. Zum anderen werden die Entscheidungen des Systems durch vorzugebene Parameter, in der Regel Grenzwerte oder exakte Übereinstimmungen, beeinflusst. Diese Parameter werden dem System in Tabellen vorgegeben, gefüllt werden diese Tabellen durch den Menschen. Das muss nicht der Controller sein, ebenso können die verantwortlichen Fachleute die Parameter entsprechend der aktuellen Lage anpassen.

Beispiel: Sanktionen gegen Russland

Der autonome Überwachungsprozess eines Nahrungsmittelherstellers entscheidet über die Gefährdung einer Lieferkette auch aufgrund der Herkunft des Gutes. Einige Rohstoffe wurden bisher problemlos von russischen Lieferanten bezogen. Nach Beginn des Ukrainekrieges wurden gegenüber Russland wirtschaftliche Sanktionen verhängt, die zwar die Lieferungen aus Russland nicht direkt betrafen. Es bestand jedoch die Gefahr, dass die Sanktionen von beiden Seiten ausgeweitet werden. Bisher wurden die dazugehörigen Lieferketten nur einmal pro Halbjahr überprüft.

Die autonome Überwachung bestimmt den Zeitpunkt der Prüfung der Situation jeder Lieferkette in Abhängigkeit von einer Tabelle, die den Namen aller kritischen Herkunftsländer listet. Da Russland dort bisher nicht genannt wurde, erfolgte die Überwachung nur alle 6 Monate. Nach dem Verhängen der Sanktionen hat der Einkauf Russland in diese Tabelle eingetragen. Jetzt wird monatlich überwacht.

Die autonomen Abläufe im Überwachungsprozess sparen allen beteiligten Personen viel Aufwand. Dafür müssen die Abläufe einmalig exakt definiert werden. Ein weiterer Vorteil autonomer Abläufe: Fehler, die in einer analogen, manuellen Bearbeitung immer wieder vorkommen, werden vermieden. Darüber hinaus erhöhen sie die Aktualität des Lieferkettencontrollings, da autonome Abläufe schnell sind. Sie können ohne zusätzlichen Aufwand öfter durchgeführt werden als analoge Arbeitsschritte. Daher werden kritische Veränderungen in den Lieferketten, die durch autonome Abläufe überwacht werden, schneller erkannt.

Es soll nicht verschwiegen werden, dass die Einrichtung autonomer Abläufe zunächst einen hohen Aufwand von allen Beteiligten verlangt. Es ist viel Erfahrung notwendig, um Abläufe so zu gestalten, dass sie zuverlässig und erfolgreich autonom ablaufen können. Die folgenden Bereiche innerhalb der Überwachung von Lieferketten eignen sich besonders:

Datenbeschaffung: Die Beschaffung externer Daten für die Überwachung von Lieferketten ist äußerst komplex. Daher wird für diese Aufgabe viel Zeit verbraucht. Eine Automatisierung kann dabei helfen, effizienter zu arbeiten. Die Daten, die durch autonome Abläufe beschafft werden können, müssen bekannt sein. Struktur und Inhalte sind idealerweise mit dem Datenlieferanten vereinbart. Eine Option ist auch eine unstrukturierte Suche z. B. im Internet durch autonom arbeitende Anwendungen. Danach folgt dann die Sichtung und Interpretation durch einen Menschen.

Datenstrukturierung: Viele Daten aus externen, aber auch aus internen Quellen haben eine andere Struktur als sie für die Überwachung notwendig ist. So kann z. B. der Lieferant immer wieder die gleichen Daten liefern, die jedoch nicht den Definitionen im eigenen System entsprechen. Die notwendige Umsetzung kann automatisiert werden. Das ist eine typische Aufgabe, die in vielen Schnittstellen zwischen den unternehmenseigenen IT-System und externen Systemen erledigt wird.

Hinweis: Erfahrungen sammeln

Datenbeschaffung und die Strukturierung von Daten sind zwei Bereiche, die sich sehr gut für den Beginn der Arbeit mit autonomen Abläufen eigenen. Sie sind grundsätzlich in Form von kleinen Anwendungen zu organisieren, das Ergebnis kann schnell geprüft werden. Wenn diese Aufgaben innerhalb der Überwachungsprozesse autonom fehlerfrei laufen, kann der nächste Schritt hin zu Regelanwendungen gemacht werden.

Regelanwendung: Bereiche mit exakt formulierbaren Regelanwendungen gibt es viele bei der Überwachung von Lieferketten. Dabei werden immer die Ergebnisse einer Verarbeitung von Daten mit vorgegebenen Werten verglichen. Für jede der dabei entstehenden Möglichkeiten »gleich«, »kleiner« oder »größer« gibt es einen darauf bezogenen weiteren Ablauf. Verschachtelungen und boolesche Operatoren sind möglich. Das Ergebnis solcher Regelanwendungen bei der Überwachung einer Lieferkette sind immer festgestellte Veränderungen. Diese bestimmen, was die autonome Anwendung weiter macht:

- Ist die Veränderung gleich null oder liegt sie außerhalb festgelegter Grenzen, gibt es keine Aktion.
- Liegt die Veränderung in definierten Bereichen, können ebenso autonome Maßnahmen, die bereits vorsorglich vereinbart wurden, gestartet werden. Beispiele dafür sind u. a. die Erhöhung der Bestellmenge, ein Bestandaufbau oder -abbau, die Wahl eines alternativen Transportweges und Preisanpassungen im Vertrieb.
- Signifikante Veränderungen werden im regelmäßigen Reporting automatisch markiert. Auch ein eventuell vorhandenes Dashboard wird angepasst.
- Liegt die autonom erkannte Veränderung in einem als kritisch vorgegebenen Bereich, können Warnungen an die damit verbundenen Mitarbeiter ausgegeben werden.

Künstliche Intelligenz: Wird bei autonomen Abläufen mit Künstlicher Intelligenz (KI) gearbeitet, kann dies auch komplexe Lieferketten für eine automatisierte Überwachung bereit machen. Dabei übernimmt der autonome Prozess einen Teil seiner eigenen Steuerung selbst, indem er z. B. Grenzwerte anpasst und dabei seine »programmierte« Erfahrung nutzt.

Beispiel: Lieferquote

Ein einfaches Beispiel für die Lernfunktion autonomer Abläufe im Lieferkettencontrolling kann die Veränderung von Grenzwerten durch die digitale Anwendung sein. Wenn es bei einem Lieferanten in den letzten 6 Monaten immer wieder außerordentlich viele Lieferverzögerungen gegeben hat, muss der Grenzwert für den Alarm bei Lieferverzögerungen in allen Lieferketten, die diesen Lieferanten beinhalten, neu gesetzt werden. Hat es durch die Lieferverzögerungen Probleme gegeben, wird der Grenzwert gesenkt, der Alarm erfolgt früher. Hat es keine Probleme gegeben, kann der Grenzwert erhöht werden, um nicht immer wieder warnen zu müssen, ohne dass es durch die Grenzwertverletzung zu einem Problem kommt.

Diese Entscheidung über die Anpassung des Grenzwertes und die Veränderung in den Tabellen wird von einem Menschen getroffen. Er steuert damit die autonome Anwendung. Das Programm kann aber auch selbst feststellen, wie die Auswirkungen der Lieferverzögerungen waren. Dieses Sammeln von »Erfahrungen« des autonomen Ablaufes muss selbstverständlich programmiert werden. Wenn entsprechende Daten vorliegen, kann das System selbst die Grenzwerte in den programmierten Grenzen anpassen.

Autonome Abläufe müssen auf definierten Daten aufbauen. Noch ist die KI nicht so weit, wirklich alle unstrukturierten Informationen zuverlässig in definierte Inhalte umzusetzen. Probleme gibt es bei der Zuverlässigkeit der Datenquelle, bei Veränderungen der Definitionen, fehlenden Strukturen usw. Es ist notwendig, für die weitere Digitalisierung des Lieferkettencontrollings die Zusammenarbeit mit den externen Stellen zu vertiefen. Auch andere Stellen im Unternehmen profitieren von einem engen Datenaustausch innerhalb der Lieferkette. Ein Versuch, diese Partner in digitalen Strukturen zu vereinen, ist Industrie 4.0.

Dahinter verbirgt sich ein gemeinsames System aller an einer Wertschöpfungskette beteiligten Erzeuger, Veredler, Hersteller, Händler und Transporteure. Für die dazu notwendigen Verbindungen zwischen den einzelnen IT-Systemen gibt es inzwischen immer mehr Standards. Auch Cloudservices bieten nun Hilfe an.

So können z. B. die Disponenten profitieren, die alle für ihre Planung notwendigen Daten über die gesamte Lieferkette aktuell sehen können. Dem Lieferkettencontrolling ermöglicht das den direkten Zugriff auf Bestände, Produktionspläne und Transporte bei den Partnern einer Lieferkette, um so z. B. Lieferprobleme frühzeitig erkennen zu können. An einer solchen vollständigen Lösung sind in vielen Fällen Dienstleister beteiligt, die sich um die Strukturen und den Datenaustausch kümmern. Für immer mehr Teilbereiche gibt es standardisierte Lösungen, die die Qualität der Daten für das Lieferkettencontrolling verbessern.

Hinweis: Industrie 4.0

Industrie 4.0 geht über das Lieferkettencontrolling hinaus. Betrachtet wird die gesamte Wertschöpfungskette, also vom Erzeuger bis zum Verbraucher. Sie endet nicht wie eine Lieferkette beim eigenen Unternehmen. Um Teil von Industrie 4.0 zu sein, muss daher die Bereitschaft bestehen, die eigenen Daten ebenfalls für die eigenen Kunden und weitere Stationen bis zum Verbraucher zur Verfügung zu stellen.

Eine Form autonomer Prozesse ist die Auslagerung der Abläufe an einen Dienstleister. Dieser wird mit dem Lieferkettencontrolling beauftragt, wobei eine Beschränkung auf einzelne Lieferketten und einzelne Risiken möglich ist. Auf dem Markt gibt es Anbieter, die sich darauf spezialisiert haben. So können auch kleine und mittlere Unternehmen spezialisiertes Wissen nutzen. Außerdem verfügen die Dienstleister über sehr gute Quellen und tragen die Verantwortung für die richtige Einschätzung der Entwicklung von Risiken. Die dadurch entstehenden Kosten sind ein Nachteil, allerdings nicht der größte: Der entsteht, weil die oft aufwendig aufgebauten Lieferketten, die durchaus auch Geschäftsgeheimnisse enthalten können, Externen detailliert bekannt werden.

Beispiel: Autonomer Ablauf

Einige Beispiele aus der Praxis kleiner und mittlerer Unternehmen:

- Ein wichtiger Rohstoff wird aus drei verschiedenen Quellen mit unterschiedlichen Lieferketten beschafft. Welche Lieferkette aktuell genutzt wird, entscheidet ein autonomer Ablauf, der die Lieferantenbeurteilungen hinsichtlich der Liefertreue und Vorhersagen der Erntequalität aus den verschiedenen Regionen mit einer Preisinformation verknüpft.
- Die Bedarfe an wichtigen Bauteilen werden monatlich neu errechnet, nachdem der Vertrieb seine Absatzplanung der nächsten 12 Monate abgegeben hat. Verändern sich die Bedarfe der Bauteile gegenüber der letzten Rechnung wesentlich, verändert der autonome Ablauf die Kennzeichnung der Abhängigkeit des Unternehmens von den dazugehörigen Lieferketten. Die Ergebnisse werden im Unternehmen veröffentlicht.
- Die frei disponierbaren Bestände wichtiger Güter werden autonom überwacht. Werden bestimmte Grenzen unterschritten, erhöht sich die Abhängigkeit von den dazugehörigen Lieferketten. Werden bestimmte Grenzen überschritten, sinkt die Abhängigkeit. Entsprechend verändert sich die Gefährdung durch die Lieferketten. Maßnahmen werden reduziert bzw. gestartet.

4.1.3 Überwachungsstrategie

Die Qualität des Lieferkettencontrollings ist abhängig von der Aktualität der Ergebnisse der laufenden Überwachung. Je schneller eine Erhöhung der Gefährdungslage durch eine Lieferkette bekannt wird, desto früher kann reagiert werden. Außerdem sind die Auswirkungen der Veränderungen oft zu Beginn einer Störung noch begrenzt, können also mit relativ geringem Aufwand reduziert werden.

4.1.3.1 Laufende Überwachung

Um die Aktualität in der laufenden Überwachung zu erhalten, wird die notwendige Sicherheit durch eine häufige Wiederholung der Controlling-Aktivitäten geschaffen. Allerdings entsteht bei der Festlegung der Häufigkeit der Überwachungsaktivitäten ein Dilemma:

1. Die Häufigkeit der Überprüfungen der Gefährdungslage durch einzelne Lieferketten bestimmt den Aufwand für die Überwachung. Je häufiger geprüft wird, desto teurer wird das Lieferkettencontrolling.
2. Die Häufigkeit bestimmt die Sicherheit, mit der entstehende Risiken frühzeitig erkannt werden, und damit die Möglichkeit, schnell zu reagieren. Je früher reagiert werden kann, desto geringer sind die Auswirkungen des eingetretenen Risikos.

Um die Zeiträume und die Zeitpunkte der Überwachung einer Lieferkette unter dem Gesichtspunkt der dadurch entstehenden Kosten und der notwendigen Sicherheit zu optimieren, ist eine Überwachungsstrategie mit individuellen Prozessen notwendig. Diese muss sich an der Unternehmensstrategie und der Beschaffungsstrategie orientieren. Die im Folgenden beschriebenen Strategien haben sich in der Praxis bewährt, weil sie sehr individuell eingestellt werden können.

Neue Prüfung: Die Entstehung einer Lieferkette kann viele Ursachen haben. Es werden neue Güter oder Leistungen für neue Angebote des Unternehmens benötigt. Oder es gibt neue Lieferanten, Erzeuger, Transportwege usw., die durch die Veränderung einer bestehenden Lieferkette eine neue entstehen lassen. Immer dann, wenn eine Lieferkette neu entsteht, wird diese ausnahmslos und vollständig überprüft.

Permanente Überwachung: Wichtige Lieferketten mit einer hohen Abhängigkeit und einer großen Gefährdung können permanent überwacht werden. Die Prüfung wird dabei immer wieder ohne Pause neu gestartet. Das ist nur sinnvoll, wenn die Daten auch immer wieder neue Inhalte haben können. So kann z. B. der Börsenpreis für Rohstoffe überwacht oder die Positionsmeldung eines Containerfrachters permanent auf Veränderungen geprüft werden. Im Rahmen einer engen Verbindung mit dem Hersteller kann über Industrie 4.0 auch der Produktionsfortschritt bei den Partnern für die eigene Lieferung ständig verfolgt werden. Grenzwertverletzungen werden sofort erkannt und mit entsprechenden Maßnahmen beantwortet.

Regelmäßige Überwachung: Die Situation der einzelnen Lieferketten wird regelmäßig überprüft. Der am häufigsten genutzte Zeitraum ist der Monat. Es sind aber auch wöchentliche oder quartalsweise Überwachungen üblich. Die unterschiedlichen Zyklen können nebeneinander existieren, wobei jeder Lieferkette ein eigener Zyklus zugeordnet wird. Die Länge des Zeitraums zwischen zwei Prüfungen kann der aktuellen Bedrohungslage angepasst werden. Je großer die aktuelle Gefahr ist, desto kürzer sollte die Dauer zwischen zwei Prüfungen sein. Der Wechsel zur permanenten Prüfung ist bei hoher Gefährdung sinnvoll.

Hinweis: Belastung optimieren

Wenn viele Lieferketten pro Quartal oder monatlich geprüft werden, kommt es bei einer im Normalfall üblichen Konzentration der Aufgaben zu Spitzenbelastungen im Controlling, die durch Zusatzarbeit abgefangen werden muss. Dabei ist es möglich, die Arbeit gleichmäßig zu verteilen, wenn die Fixierung auf den Periodenabschluss aufgegeben wird. Dabei werden die Lieferketten, die quartalsweise geprüft werden, auf die einzelnen Wochen verteilt. Mussten bisher beispielweise 60 Lieferketten am Quartalsende geprüft werden, entzerrt sich diese Belastungskonzentration, weil sie sich auf wöchentliche Prüfungen von jeweils 5 Lieferketten verteilt. Letztlich sind am Ende des Quartals alle 60 einmal geprüft, der Arbeitsaufwand dafür hat sich gleichmäßig auf jede Woche verteilt. Die Verteilung der monatlich zu prüfenden Lieferketten auf die vier Wochen eines Monats hat den gleichen Effekt.

Abbildung 29 zeigt diese Verteilung beispielhaft. Wenn sich die Prüfungen auf das Periodenende konzentrieren, steigt die Belastung von 10 wöchentlich zu prüfenden Lieferketten auf 50 zum Monatsende und 110 zum Quartalsende. Wird eine Optimierung vorgenommen, sorgt die Verteilung für eine gleichmäßige Belastung von 25 Prüfungen in jeder Woche.

Zyklus	Lieferketten	KW 01	KW 02	KW 03	KW 04	KW 05	KW 06	KW 07	KW 08	KW 09	KW 10	KW 11	KW 12
wöchentlich	10	10	10	10	10	10	10	10	10	10	10	10	10
monatlich	40				40				40				40
quartalsweise	60												60
Summe	110	10	10	10	50	10	10	10	50	10	10	10	110

Zyklus	Lieferketten	KW 01	KW 02	KW 03	KW 04	KW 05	KW 06	KW 07	KW 08	KW 09	KW 10	KW 11	KW 12
wöchentlich	10	10	10	10	10	10	10	10	10	10	10	10	10
monatlich	40	10	10	10	10	10	10	10	10	10	10	10	10
quartalsweise	60	5	5	5	5	5	5	5	5	5	5	5	5
Summe	110	25	25	25	25	25	25	25	25	25	25	25	25

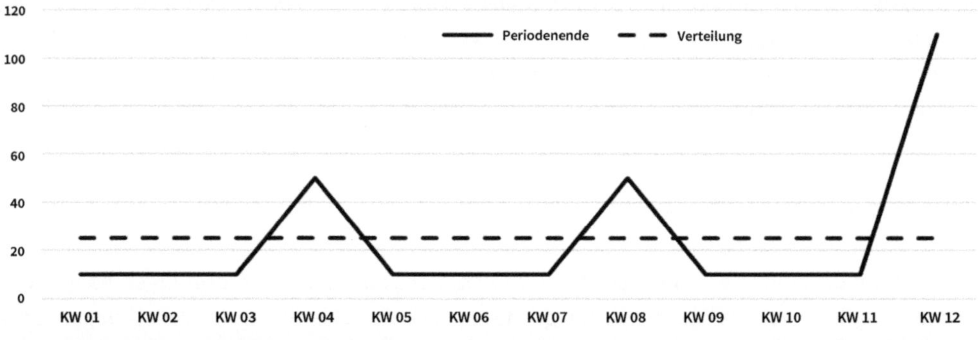

Abb. 29: Zeitoptimum nach Verteilung der Zyklen

Voraussetzung für eine solche Verteilung ist es, dass die für die Prüfung notwendigen Daten auch tatsächlich zum gewünschten Zeitpunkt verfügbar sind. Die im Beispiel erreichte vollständige Harmonisierung ist den optimalen Daten und Annahmen geschuldet. In der Praxis gibt es immer wieder Gründe dafür, die Prüfung einzelner Lieferketten doch in andere Wochen zu verschieben. Das ist üblich und unschädlich. Eine annähernd gleichmäßige Verteilung ist ausreichend.

Anlassbezogene Prüfung: Eine wichtige Strategie der Überprüfung der Lieferketten ist es, auf einen Anlass zu warten. Die Überwachungsprozesse werden dann gestartet, wenn ein definierter Anlass vorliegt. Dabei ist es notwendig, die Entstehung solcher Anlässe permanent und bewusst zu beobachten. Eine anlassbezogene Prüfung kann zusätzlich zur regelmäßigen Überwachung erfolgen. Bei Lieferketten mit einer permanenten Überwachung führt das Eintreten des Anlasses auf jeden Fall zu einer Neubewertung der Gefährdung durch die Lieferkette. Für einige Güter und Leistungen ist es ausreichend, nur dann die Überwachung anzustoßen, wenn der Anlass eingetreten ist. Immer wenn die Lieferkette von einem Risiko dominiert wird und dieses Risiko durch einen definierbaren Anlass bestimmt wird, kann auf weitere Überwachungen verzichtet werden.

Es gibt interne und externe Anlässe, die eine Prüfung ad hoc starten lassen. So kann die Vorlage eines Ernteberichts ein Anlass sein, aber ebenso kriegerische Entwicklungen in der Erzeugerregion. Politische Veränderungen wie Wahlergebnisse können als Anlass definiert werden, aber auch Entwicklungen außerhalb der Lieferkette. Wenn z. B. neue Rohstofffunde in einer anderen Region als der, in welcher der bisherige Fundort liegt, bekannt werden, sollte dies Anlass sein, die aktuellen Lieferketten für diese Rohstoffe zu prüfen und um die neue Alternative zu ergänzen. Interne Anlässe sind einfacher zu definieren und im laufenden Geschäft identifizierbar. So kann eine Veränderung der Nachfrage nach den Produkten des Unternehmens eine Änderung der Bedarfe an Gütern und Leistungen und damit eine Anpassung der Gefährdung durch die dazugehörigen Lieferketten nach sich ziehen. Drastische Veränderungen im Absatz, sowohl Verringerungen als auch Erhöhungen, sind also ein geeigneter Anlass zur Überwachung. Andere Anlässe können sein die Umstellung der Produktion auf neue, flexiblere Anlagen oder die Erweiterung der Lagerkapazität.

Beispiel: Großauftrag

Die Organisation in den Unternehmen ist auf einen gleichmäßigen Verlauf des Geschäftes mit leichten Veränderungen ausgerichtet. Ein einmaliger Großauftrag muss in diese Strukturen eingebettet werden. Das gilt auch für die Überwachung der Lieferketten, die durch diese große, außergewöhnliche und nicht geplante Bedarfsänderung betroffen sind. Wird ein Großauftrag mit einem Kunden verhandelt, ist dies ein Anlass für die Überprüfung der dazugehörigen Lieferketten. Durch diesen Auftrag steigt die Abhängigkeit des Unternehmens von dem Funktionieren der Lieferbeziehungen. Selbst wenn dies nur temporär ist, muss trotzdem darauf reagiert werden, um die Erfüllung der Lieferverpflichtung nicht zu gefährden.

4.1.3.2 Zuordnung der Strategie

Die Antwort auf die Frage nach der Häufigkeit und dem Zeitpunkt der Überprüfungen hängt von der jeweiligen Lieferkette ab. Wie beschrieben, eignen sich die unterschiedlichen Überwachungsstrategien für unterschiedliche Lieferketten. Die Zuordnung muss aufgrund individueller Eigenschaften der Lieferketten erfolgen. Regeln helfen dabei, die richtige Überwachungsstrategie zu finden.

- Eine wichtige Rolle spielt die aktuelle Bedrohungslage innerhalb der Lieferkette. Je höher die Eintrittswahrscheinlichkeit für bestimmte Risiken innerhalb der Lieferkette, desto häufiger und sicherer muss der Überwachungsprozess durchgeführt werden. Da sich Bedrohungslagen ändern, ändert sich auch die zugeordnete Überwachungsstrategie.

- Eine Lieferkette, von deren Funktionieren das Unternehmen sehr abhängig ist, muss öfter und sicherer überwacht werden als andere. Eine hohe Gefährdung rechtfertigt den Aufwand für kurze Überwachungszyklen. Eine geringe Gefährdung und ebenso geringe Abhängigkeit spricht für lange Zyklen oder eine anlassbezogene Überwachung.
- Mit der Zeit sammeln sich im Lieferkettencontrolling gute und schlechte Erfahrungen mit einzelnen Lieferketten an. Wenn trotz hoher Ausfallrisiken eine Lieferkette viele Jahre problemlos funktioniert hat, kann die Überwachung heruntergefahren werden. Auf der anderen Seite sollten eigentlich risikolose Lieferketten, die immer wieder zu Schwierigkeiten geführt haben, besser überwacht werden, als es der Zuordnung zur Strategie zu entnehmen wäre.
- Eine Veränderung der Überwachungsstrategie für eine Lieferkette ist möglich, wenn sich die Bedingungen ändern. Wenn sich die Bedrohungslage erhöht, wenn sich schlechte Erfahrungen ansammeln oder wenn sich die Abhängigkeit erhöht, muss die Überwachung verschärft werden. Auf der anderen Seite kann Aufwand für die Überprüfungsprozesse gespart werden, wenn sich die Situation entschärft.

Hinweis: Vollständigkeit sicherstellen

Zur Lösung des Dilemmas sind komplexe Entscheidungen notwendig, die von mehreren Personen getroffen werden. In der Praxis fällt dabei die eine oder andere Lieferkette durchs Überwachungsraster. Sie wird nicht überwacht, da Entscheidungen zur Einordnung der Lieferkette in eine Systematik nicht oder falsch getroffen werden. Der Controller muss sicherstellen, dass alle Lieferketten ganz bewusst einer Überwachungsstrategie zugeordnet werden. Ein Hilfsmittel dazu ist die Dokumentation aller Lieferketten. Hier sollte die aktuell gewählte Art der Überwachung und der festgelegte Zyklus vermerkt sein.

4.1.3.3 Aktuelle Betroffenheit

Ein besonderes Interesse haben die Beschaffer an Informationen über die gerade laufenden Lieferungen, die in gefährdeten Lieferketten abgewickelt werden. Ein Beispiel dafür ist die Beschaffung eines wichtigen natürlichen Rohstoffes, die nur einmal im Jahr stattfindet und die Versorgung des gesamten kommenden Jahres sicherstellen muss. Eine solche Lieferkette wird vor der Bestellung und während der Abwicklung besonders überwacht. Das gilt auch für Lieferketten, die im normalen Überwachungsprozess eine Risikoverschärfung erfahren haben und für die ein Alarm ausgelöst wurde.

- Die Überwachungsstrategie wird verschärft. Zyklen werden verkürzt, bis hin zur permanenten Überwachung.
- Die Datenquellen werden ausgeweitet. Es werden zusätzliche Quellen und Informationen verwendet, vor allem aus dem lokalen Bereich der einzelnen Partner in der Lieferkette (z. B. im Erzeugerland, auf dem Transportweg).
- Die Informationsbeschaffung wird über zusätzliche Informationsketten verbessert. So werden z. B. Lieferanten enger eingebunden, möglicherweise über Industrie 4.0, oder Agenturen eingeschaltet. Die Qualität der Informationen soll durch den höheren Aufwand verbessert werden.
- Mögliche Maßnahmen zur weiteren Reduktion der Eintrittswahrscheinlichkeiten oder der Abhängigkeit werden ebenso wie Maßnahmen zur Reaktion auf den Eintritt von Risiken geplant und vorbereitet, eventuell sogar bereits gestartet. Das wird in die Überwachung einbezogen.

Diese Vorgehensweise erhöht das Wissen über den aktuellen Ablauf der Belieferung. Sie ist in den normalen Überwachungsprozess integriert. Zur besonderen Verschärfung der Überwachung kommt eine besondere Kommunikation hinzu.

- Außerhalb des laufenden Reportings über das Lieferkettencontrolling werden regelmäßig kurzfristige Informationen an die betroffenen Beschaffer gegeben. Dazu eignet sich ein Ampelsystem, dass jeden Morgen über die wichtigsten Punkte der Lieferkette informiert.

Beispiel: Morgendliche Information

Das Unternehmen hat schon vor Monaten in Brasilien 43.000 to eines wichtigen Rohstoffs bestellt. Jetzt hat die Ernte begonnen und die bekannten Risiken könnten eintreten. Daher haben alle Mitarbeiter, die von einer Verzögerung der Lieferung oder von anderen Problemen in der Lieferkette betroffen wären, an jedem Morgen die in Abbildung 30 dargestellte Grafik auf ihrem Bildschirm.

Lieferkette	**XYZ Brasilia**		**Menge**	**43.000 to**
Parameter	Werte	Zustand	Veränderung	Gesamt
Wetter	22 C° Regen droht	○●○	→	○○●
bisherige Erntemenge	57,5 %	○○●	↑	
reservierte Transportkapazität	85,0 %	○○●	↑	
Qualitätsprüfung vor Ort	gut - sehr gut	○○●	→	

Abb. 30: Aktuelle Information über Lieferkette XYZ Brasilia

Die wichtigste Aussage ist, dass die Gesamtsituation in Ordnung ist. Die große Ampel zeigt Grün. Die einzelnen Parameter zeigen an:

- Das Wetter mit drohendem Regen könnte eine Verzögerung bringen. Die Gefährdung ist allerdings zurzeit noch nicht erheblich, was durch die gelbe Ampel ausgedrückt wird. Die Situation ist gegenüber dem letzten Bericht unverändert, was der Pfeil nach rechts anzeigt.
- Die bisherige Erntemenge liegt bei 57,5 % und liegt im Plan (grüne Ampel). Es hat sich eine Verbesserung gegenüber dem letzten Bericht ergeben (Pfeil nach oben).

- Es konnten bereits 85 % der benötigten Transportkapazität reserviert werden. Das liegt ebenfalls im Plan, der Wert hat sich verbessert.
- Der vom Unternehmen beauftragte Qualitätsprüfer hat eine gute bis sehr gute Qualität festgestellt. Da dies besser ist als verlangt, steht die Ampel auf Grün. Die Situation hat sich aktuell nicht geändert.

Mit diesen Informationen ist jeder betroffene Mitarbeiter täglich informiert. Auf Wunsch kann die Grafik auch im Laufe des Tages immer wieder mit aktuellen Werten aufgerufen werden.

- Wenn sich für die Risiken definierte Parameter verändern, erfolgt eine Ad-hoc-Information der Beschaffer.
- Bei Verletzung definierter Grenzen wird ein Alarm ausgelöst, der zu Reaktionen führen muss.
- In den Überwachungsprozess werden bereits getroffene und durchgeführte Maßnahmen integriert und deren Erfolg oder Misserfolg wird besonders ausgewiesen. Erfolgreiche Maßnahmen führen dazu, dass die Lieferkette als weniger bedrohlich eingeordnet wird, ein eventuell bestehender Alarm wird durch die besseren Ergebnisse ausgeschaltet.
- Es gibt ein eigenes Reporting für die besonderen Lieferketten, das sich detailliert mit der Entwicklung der Parameter für Risiken und Abhängigkeiten beschäftigt.
- Im üblichen Reporting des Lieferkettencontrollings wird die betroffene Lieferkette weiter berichtet. Sie wird als gefährdet gekennzeichnet und um für eine Entscheidung hilfreiche Informationen ergänzt.

Hinweis: Alarm nicht übertreiben

Wenn besonders gefährdete Lieferketten im laufenden Reporting des Lieferkettencontrollings dargestellt werden, ist dies mit einer Warnung gekoppelt. Da die betroffenen Beschaffer bereits informiert sind, ist eine besonders auffällige Kennzeichnung nicht notwendig. Sie würde sonst die ebenso wichtigen Informationen über die anderen Lieferketten überdecken. Die Gesamtsituation würde nicht korrekt wahrgenommen.

4.1.4 Überblick

Die Ergebnisse der Überwachung einzelner Lieferketten sind wichtig für die operative Steuerung der aktuell genutzten Beziehungen. Genauso wichtig ist es, einen Überblick über die aktuelle Gesamtlage zu haben. Das gilt für die operative Ebene, die einen Überblick über die von den dort tätigen Mitarbeitern verantworteten Lieferketten benötigt. Das gilt ebenso für die Führungsebene, die den Umgang mit Lieferketten strategisch gestalten muss. Mit dem aktuellen Überblick über die derzeitige Situation werden zwei Aufgaben erfüllt:

1. Mithilfe des aktuellen Gesamtüberblick (gesamtes Unternehmen oder Verantwortungsbereich eines Mitarbeiters) können Probleme in einzelnen Lieferketten erkannt werden. Es kann operativ eingegriffen werden, um diesen Risiken zu begegnen und dadurch auch die Gesamtsituation wieder zu verbessern.

2. Strategische Entscheidungen beinhalten auch Parameter, die Einfluss auf die Lieferketten haben. Der Überblick über die Gesamtsituation zeigt, wie die Strategien umgesetzt wurden und wie sie wirken. Veränderungen der Strategien bzgl. der Beschaffung zeigen sich auch in einem Überblick über alle Lieferketten.

Die Überwachung der Lieferketten liefert ein Bild über die aktuelle Situation im Beschaffungsbereich. Darin enthalten sind sowohl Daten zu gerade aktiven, also mit einer offenen Bestellung versehenen Lieferketten, als auch Daten zur allgemeinen Gefährdung der Gesamtlage durch einzelne vorgesehene, aber gerade nicht aktive Lieferketten. Der Gesamtüberblick dient der Aufgabe, diese beiden Inhalte miteinander zu verbinden. Daraus ergeben sich die folgenden Anforderungen an dessen Darstellung:

Aktualität: Auch für den Gesamtüberblick gilt die Forderung nach Aktualität der vermittelten Informationen. Es können durchaus Überwachungsergebnisse mit unterschiedlicher Aktualität gemeinsam dargestellt werden. Dabei ist die in der Überwachungsstrategie festgelegte Zuordnung der Überprüfung einzelner Lieferketten zu den verschiedenen Zeithorizonten einzuhalten.

Übersichtlichkeit: Die Darstellung der Gesamtsituation muss es erlauben, mit einem Blick alle wichtigen Parameter zu erfassen. Dazu gehört eine starke Verdichtung der Informationen auf wenige Inhalte. Details einzelner Lieferketten werden nicht dargestellt.

Eindeutigkeit: Die Gesamtsituation im Bereich der Lieferketten muss eindeutig dargestellt werden, damit sofort die Notwendigkeit zum Eingreifen erkannt wird. Es darf keine Interpretationsmöglichkeiten geben. So bedeutet beispielsweise eine rote Ampel eine aktuelle große Gefahr, eine gelbe Ampel signalisiert wachsende Gefahren. Die Definition solcher Markierungen muss den Lesern der Darstellung bekannt sein.

Erweiterbarkeit: Der Gesamtüberblick dient nur dem Einstieg in die Beschäftigung mit der aktuellen Situation der Lieferketten. Es muss für den Empfänger der Informationen einen einfachen Weg geben, aus dem Gesamtüberblick zu Daten über einzelne Lieferketten zu gelangen. Dann kann die im Überblick verdichtete Aussage auf einzelne Lieferketten und Risiken zurückgeführt und detaillierter betrachtet werden.

Hinweis: Vorsichtige Mischung

Der Überblick soll den Entscheidern eine schnelle Möglichkeit zur Beurteilung der Gesamtsituation geben. Gibt es darüber hinaus für den berichteten Bereich aktuell kritische Lieferketten, sollten die Informationen dieser detaillierten Lieferkette nur vorsichtig mit dem Gesamtüberblick vermischt werden. Einige Darstellungsarten, z. B. die Portfolio-Analyse, lassen es zu, einzelne Lieferketten zu markieren. Es muss jedoch darauf geachtet werden, die Darstellung nicht mit detaillierten Informationen zu überfrachten. Besser ist es, die kritischen Lieferketten in einer zusätzlichen Darstellung zu berichten.

Da es bei dem Überblick über die Gesamtsituation der Lieferketten um eine schnelle und eindeutige Information geht, scheiden umfangreiche textliche Beschreibungen oder detaillierte Tabellen als Berichtsform aus. Sinnvoll ist eine grafische Darstellung, die auch Teil des Dashboards eines Managers werden kann. Einige Übersichtsdarstellungen haben wir bereits in der Gefährdungsanalyse kennengelernt. Die Portfolio-Analyse gibt einen Überblick über die in den vorhandenen Lieferketten enthaltene Gefährdung durch die Verbindung von Eintrittswahrscheinlichkeiten und Abhängigkeiten. An dieser Stelle geht es um ein schnelles Erkennen der Gesamtlage und ihrer Veränderungen. Dazu gibt es neben der Portfolio-Analyse weitere Darstellungsformen.

4.1.4.1 Die Ampel

Eine Ampel ist ein Zeichen, das allgemein bekannt ist und verstanden wird. Zeigt die Ampel rot, droht Gefahr, die im Straßenverkehr beispielsweise durch kreuzende Fahrzeuge gegeben ist. Gelb zeigt an, dass etwas nicht optimal ist, aber die Situation auch nicht dramatisch gefährlich ist. Eine grüne Ampel wird dann gezeigt, wenn alles in Ordnung ist. Diese einfache Definition muss selbstverständlich auf die individuellen Gegebenheiten des Unternehmens oder des zu berichtenden Bereichs angepasst werden.

Die Darstellung der Gesamtsituation im Bereich der Lieferketten in Form einer Ampel eignet sich dafür, Personen, die auf einer hohen Hierarchiestufe agieren, zu informieren. Es sind verschiedene Berichtsinhalte denkbar, die durch eine Begrenzung des Umfangs der berichteten Lieferketten bestimmt werden: Gesamtunternehmen, Einkauf gesamt, Einkauf Rohstoffe, Einkauf China, Beschaffung Mitarbeiter, Beschaffung finanzielle Mittel usw. Wichtig ist, dass den Empfängern der Übersichtsberichte sowohl die Definition der Ampelfarben als auch der Umfang der betrachteten Lieferketten bekannt ist.

Ampelfarbe	Definition	Aktion
Grün	Kennzahl Gefährdung 3 (Gesamtgefährdung) < 1,00 keine Lieferketten mit Kennzahl Gefährdung 1 > 1,00	• keine
Gelb	Kennzahl Gefährdung 3 (Gesamtgefährdung) < 2,00 und >= 1,00 keine Lieferketten mit Kennzahl Gefährdung 1 > 2,00	• Entwicklung der bestimmenden Lieferketten beobachten und einschätzen • erste Maßnahmen durchführen • weitere Maßnahmen vorbereiten
Rot	Kennzahl Gefährdung 3 (Gesamtgefährdung) >= 2,00	• wirksame Maßnahmen durchführen • Wirkung der Maßnahmen eng beobachten • auf Störung vorbereiten

Tab. 20: Beispielhafte Definition der Ampelfarben (zur Kennzahl Gefährdung 3 vgl. Kapitel 3.3.4.1)

Die Darstellung der Gesamtsituation aller Lieferketten eines Unternehmens oder eines Bereiches in Form einer Ampel hat folgende Eigenschaften:

- Die Symbolik der Darstellung ist exakt definiert.
- Die Aussage ist einfach und kann intuitiv erfasst werden.
- Die Erstellung der Grafik ist vergleichsweise einfach und kann gut automatisiert werden.
- Das Ampelsymbol eignet sich auch zur dauerhaften Anzeige bei anderen Anwendungen.
- Es werden keinerlei Details zu einzelnen Lieferketten angezeigt.
- Die Ampeldarstellung ist geeignet für Informationsempfänger, die auf hoher Hierarchiestufe tätig sind.

Hinweis: Problem isolieren

Die Ampelsymbolik erlaubt kaum eine Differenzierung bei der Darstellung der Gesamtsituation. Das führt zu einer dauerhaften Alarmanzeige, wenn auch nur eine wichtige Lieferkette problematisch geworden ist. Die Ampel ist so lange Rot, bis dieses Problem beseitigt ist. In der Zwischenzeit werden andere entstehende Probleme nicht erkannt. Die Ampel verliert aufgrund der andauernden Rotanzeige in der Wahrnehmung der Informationsempfänger ihre Wichtigkeit.

Daher werden Lieferketten, die ein bekanntes, schwerwiegendes Problem aufweisen und deshalb unter Einzelbeobachtung stehen, in der Gesamtdarstellung isoliert. Erst wenn die Einzelbeobachtung eingestellt wird, ist auch diese Lieferkette wieder im Überblick enthalten. Die Isolierung muss in der Darstellung erkennbar sein.

Beispiel: Alles grün?

Das folgende Beispiel bezieht sich auf die in der obigen Tabelle gezeigten Definitionen für die einzelnen Ampelfarben. Die Kennzahlen der Gefährdung 1 und 3 stammen aus dem Beispiel, das im Kapitel 3.3.4 »Gefährdungsanalyse« verwendet wurde. Die Tabelle dazu folgt hier:

Zeitpunkt t0 Lieferkette	Wahrscheinlichkeit	Abhängigkeit	Kennzahl Gefährdung 1	EK-Volumen EURO	Kennzahl Gefährdung 2
XYZ	0,10	8	0,80	150.000	120.000
XXX	0,15	5	0,75	85.000	63.750
YYZ	0,30	7	2,10	410.000	861.000
ZZA	0,05	5	0,25	12.000	3.000
YYY	0,19	3	0,57	18.000	10.260
YXZ	0,09	2	0,18	512.000	92.160
XXA	0,35	2	0,70	210.000	147.000
ZZZ	0,12	1	0,12	54.000	6.480
ZAZ	0,05	0	0,00	35.000	0
AAA	0,05	4	0,20	241.000	48.200
Unternehmen			**0,57**	1.727.000	**1.351.850**
Kennzahl Gefährdung 3					**0,78**

Tab. 21: Kennzahlen Gefährdungsanalyse

Als Ergebnis gibt es eine grüne Ampel, da die Kennzahl Gefährdung 3 mit 0,78 unter 1,00 liegt. Da es jedoch eine Lieferkette (YYZ) gibt, deren Kennzahl Gefährdung 1 über 2,00 liegt, sollte die Ampel »Rot« anzeigen. Diese Lieferkette wurde jedoch bereits in eine Einzelüberwachung überführt und muss daher an dieser Stelle eliminiert werden. Es entsteht die folgende Tabelle:

Zeitpunkt t0 Lieferkette	Wahrscheinlichkeit	Abhängigkeit	Kennzahl Gefährdung 1	EK-Volumen EURO	Kennzahl Gefährdung 2
XYZ	0,10	8	0,80	150.000	120.000
XXX	0,15	5	0,75	85.000	63.750
ZZA	0,05	5	0,25	12.000	3.000
YYY	0,19	3	0,57	18.000	10.260
YXZ	0,09	2	0,18	512.000	92.160
XXA	0,35	2	0,70	210.000	147.000
ZZZ	0,12	1	0,12	54.000	6.480
ZAZ	0,05	0	0,00	35.000	0
AAA	0,05	4	0,20	241.000	48.200
Unternehmen			**0,40**	1.317.000	**490.850**
Kennzahl Gefährdung 3					**0,37**

Tab. 22: Kennzahlen Gefährdungsanalyse nach Isolierung

Mit der verbleibenden Gefährdung 3 von 0,37 ist eine grüne Ampel darzustellen (vgl. Abbildung 31).

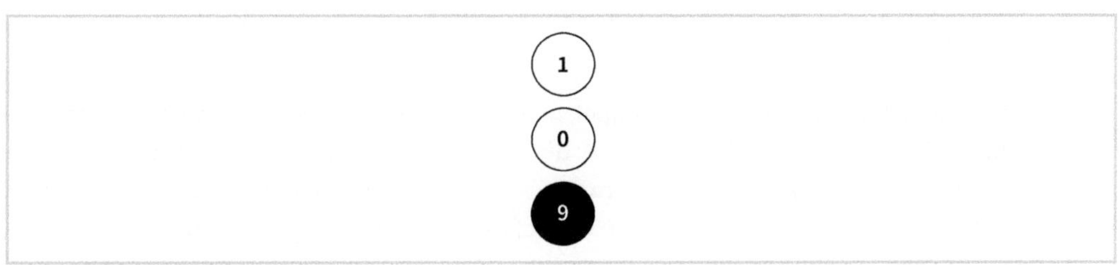

Abb. 31: Darstellung Überblick als Ampel

Die Zahl in den einzelnen Ampellichtern gibt an, wie viele Lieferketten mit ihrer Kennzahl Gefährdung 1 in die jeweilige Farbkategorie fallen. Das ist gleichzeitig der Hinweis darauf, dass eine Lieferkette eliminiert wurde.

Es ist üblich, solche Ampeln nicht nur für das gesamte Unternehmen, sondern auch für einzelne Bereiche aufzustellen. Die Regeln sind die gleichen, die Lieferketten sind dem jeweiligen Bereich zugehörig. Dabei können durchaus andere Regeln und Grenzwerte für die Zuordnung der Ampelfarbe gelten, was allerdings die Überführung in die Gesamtdarstellung erschweren kann. Das folgende Beispiel zeigt in der Abbildung 32 eine Darstellung, in der alle bereichsbezogenen Ampeln für das Gesamtunternehmen dargestellt sind.

Beispiel: Viele Ampeln

Das Unternehmen in diesem Praxisbeispiel beobachtet die Lieferketten im Einkauf zweigeteilt. Wichtig sind vor allem 17 Lieferketten für unbedingt notwendige Rohstoffe. Darüber hinaus gibt es 101 Lieferketten für alle anderen Güter, die im Einkauf bestellt werden. Die Fertigung des Unternehmens ist abhängig von der Funktion ihrer hochspezialisierten Anlagen. Die Instandhaltungen sind daher besonders wichtig und werden über 7 Lieferketten abgewickelt. Der neueste Bereich betrifft die Mitarbeiterbeschaffung, die aufgrund des Fachkräftemangels immer schwieriger wird. Dort nutzt der Personalbereich 7 Lieferketten. Aufgrund der aktuellen Situation am Arbeitsmarkt werden diese Wege zur Mitarbeiterfindung besonders intensiv beobachtet.

Die Abbildung 32 zeigt den Teil eines Dashboards der Geschäftsführung, der sich mit den Lieferketten beschäftigt. Es wird jeden Tag um 12:00 Uhr automatisch aktualisiert.

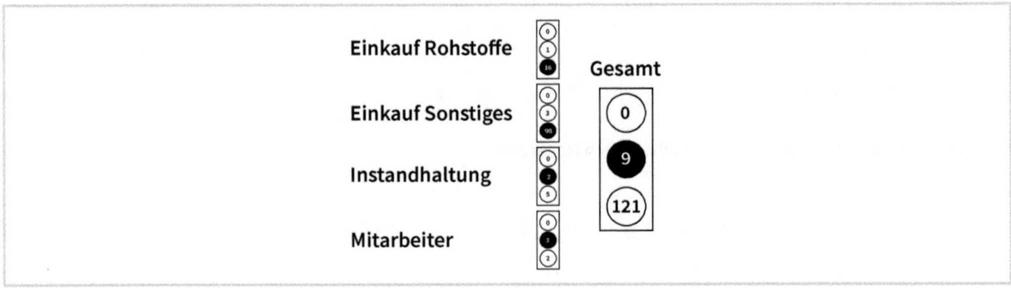

Abb. 32: Überblick mit Ampeldarstellung

Der Einkauf Rohstoffe zeigt eine grüne Ampel, obwohl eine Lieferkette einen gelben Status aufweist. Da es sich um eine Lieferkette handelt, die nur im Notfall gebraucht wird, entsteht bei Problemen keine große Abhängigkeit des Unternehmens. Die Gesamtsituation bleibt auf Grün. Das gilt auch für den Einkauf aller anderen Güter. Die 3 Lieferketten mit gelbem Status reichen nicht aus, um eine kritische Situation zu schaffen. Damit ist der Einkauf insgesamt Grün eingeordnet.

Anders sieht es aus im Bereich der Instandhaltung. Dort sind 2 der 7 Lieferketten nicht auf Grün. Die Situation ist allerdings noch nicht so kritisch, dass die Ampel auf Rot springt. Das kann damit zu tun haben, dass für die beiden Dienstleistungen aus den betroffenen Lieferketten aktuell noch kein Bedarf da ist, also noch reagiert werden kann. Im Personalwesen sind 3 der Beschaffungswege für Mitarbeiter gestört. Das liegt am geringen Angebot an Bewerbern auf den Personalmärkten, die durch die betroffenen Lieferketten mit dem Unternehmen verbunden sind. Allerdings ist auch hier die Situation noch nicht kritisch, so dass die Ampel für den Mitarbeiterbereich auf Gelb steht.

In der Summe muss aufgrund der beiden gelben Ampeln im Bereich der Instandhaltung und der Mitarbeiterbeschaffung auch die Gesamtsituation als angespannt dargestellt werden. Die Gesamtampel zeigt Gelb und verlangt entsprechende Aufmerksamkeit.

Die Ampel als Darstellung des Gesamtüberblicks über die Lieferketten eines Unternehmens wird immer dort gerne verwendet, wo Führungskräfte einen schnellen Eindruck benötigen. Solange alles grün ist, greifen sie nicht ein. Bei Gelb informieren sie sich weiter. Rot bedeutet sofortige Intervention.

4.1.4.2 Die Portfolio-Analyse

Die Portfolio-Analyse für die Lieferketten eines Unternehmens wurde bereits genutzt, um die allgemeine Situation bei der Gefährdungsanalyse darzustellen (vgl. Kapitel 3.3.4.2). Dieses Instrument eignet sich auch sehr gut für die Überwachung der Lieferketten und die Darstellung der Gesamtsituation im Unternehmen oder in einem abgegrenzten Bereich.

Die Darstellung der Gesamtsituation aller Lieferketten eines Unternehmens oder eines Bereiches mithilfe der Grafiken aus der Portfolio-Analyse hat folgende Eigenschaften:

- Die Darstellung muss exakt definiert und mit den Empfängern der Information abgestimmt werden.
- Die Aussage der Grafik ist komplex. Dennoch kann der Inhalt intuitiv erfasst werden.
- Gleichzeitig ist die Darstellung detailliert und erlaubt auch eine individuelle Informationsvermittlung zu einzelnen Lieferketten.
- Die Erstellung der Grafik ist vergleichsweise aufwendig, kann aber mit den geeigneten Hilfsmitteln automatisiert werden.
- Die Grafiken einer Portfolio-Analyse sind für Informationsempfänger auf allen Hierarchiestufe geeignet.

Die umfangreiche Darstellung aller Lieferketten im Rahmen einer Portfolio-Analyse verlangt einen hohen Aufwand seitens des Controllings. Dennoch ist die Grafik oft unübersichtlich und verleitet dazu, aus der Gesamtübersicht Detailinformationen gewinnen zu wollen. Für die laufende Überwachung wird daher nicht nur der Überblick über die Gesamtsituation dargestellt, sondern auch geeignete Gruppen, die mit einer geringeren Anzahl von Lieferketten gebildet werden.

Verantwortungsbereiche: Die häufigste Form der Gruppenbildung ist die Zusammenfassung der Lieferketten, die zu einem Verantwortungsbereich gehören. Jeder Einkäufer erhält die Analyse seiner Lieferketten, der Einkaufsleiter sieht alle Lieferketten seiner Mitarbeiter. In der Fertigung, der Logistik, dem Personal- oder dem Finanzbereich können die einzelnen Lieferketten ebenfalls genau zugeordnet werden. Es lohnt sich, die Zuordnungen daraufhin zu prüfen, dass tatsächlich auch jede Lieferkette einem Bereich zugeordnet ist.

Ursprungsregionen: Werden die Lieferketten nach den Ursprungsregionen der Güter und Leistungen zu Gruppen für die Portfolio-Analyse zusammengefasst, zeigen sich sehr schnell Veränderungen der Risiken in den einzelnen Gebieten, aber auch bei den Transporten. Außerdem ergeben sich Hinweise darauf, ob strategische Entscheidungen für den Einkauf in China, in der EU oder in anderen Regionen richtig waren.

Komplexität: Komplexe Lieferketten mit vielen Stationen und nicht beeinflussbaren Partnern sind nicht nur schwer nachzuvollziehen. Auch ihre laufende Überwachung ist sehr aufwendig. Eine Zusammenfassung aller Lieferketten, für die die eben beschriebenen Eigenschaften zutreffen, führt zu wichtigen

Aussagen über unerwartete Veränderungen, bei gleichzeitig reduziertem Aufwand, da nicht jede Kette separat betrachtet werden muss. Es wird die in einer der Lieferketten beobachtete Veränderung auf alle Lieferketten der Zusammenfassung übertragen.

Risiken: Die Gruppen der Lieferketten können auch anhand vergleichbarer Risiken gebildet werden. Alle Lieferketten, die z. B. erhebliche Transportrisiken aufweisen oder die vergleichbare Wetterrisiken haben, werden zusammengefasst. Das gibt Aufschluss über globale Entwicklungen zu diesen Risiken. Die Lieferkette an sich muss vollständig, also mit allen Risiken, in die Betrachtung eingehen, da sonst die Veränderungen nicht vollständig erfasst werden.

Errechnete Gefährdung: Lieferketten mit einer hohen Gefährdung des Unternehmens, also solche mit vielen Risiken, für die es hohe Eintrittswahrscheinlichkeiten verbunden mit hohen Abhängigkeiten gibt, verdienen eine eigene, intensive Überwachung durch die verantwortlichen Personen. Um den Überblick über diese Gefährdung schnell und doch mit den notwendigen Details zu erhalten, ist die Portfolio-Analyse mit ihrer grafischen Darstellung gut geeignet.

Aktuelle Gefährdung: Die bei der Einrichtung der Lieferketten errechnete maximale Gefährdung weicht von der aktuellen tatsächlichen Gefährdung ab. Die aktuelle sollte immer weit unterhalb der errechneten maximalen Gefährdung liegen. Entstehen aktuelle Situationen mit steigenden Bedrohungen, werden die Lieferketten, welche die Bedrohung auslösend, zusammen in einer Gruppe dargestellt. So können sie gut beobachtet werden. Erste Ergebnisse aus Maßnahmen, die bereits zur Senkung der Bedrohung ergriffen wurden, zeichnen sich ab.

Veränderte Gefährdung: Eine ähnliche Aussagekraft haben Grafiken zur Portfolio-Analyse für Lieferketten, die ihre Gefährdung aktuell verändern. Dazu gehören solche Ketten, die zusätzliche Risiken, höhere Eintrittswahrscheinlichkeiten oder steigende Abhängigkeiten aufweisen. Dies muss durch geeignete Maßnahmen beeinflusst werden, zumindest ist eine intensive Beobachtung der Entwicklung notwendig. In der gleichen Gruppe werden die Lieferketten ausgewiesen, deren Parameter sich verbessern. Die Richtung der Veränderung und deren Ausmaß werden in der Grafik gekennzeichnet.

Hinweis: Mehrfache Gruppenzugehörigkeit

Es ist möglich, dass eine Lieferkette mehreren Gruppen zugeordnet ist. So kann z. B. die Lieferkette für einen Rohstoff zur Gruppe der Lieferketten des Einkäufers 1 gehören und gleichzeitig zur Gruppe der Lieferketten mit einer hohen Gefährdung und zu der Gruppe mit sich verändernden Gefährdungen. Eine Lieferkette ohne Gruppenzuordnung dagegen darf nicht vorkommen, da sie sonst nicht beobachtet wird.

Beispiel: Überwachung Entwicklung

Der Controller hat die 7 Lieferketten mit der größten Gefährdung zum Jahresanfang in eine Gruppe zusammengefasst. Gemeinsam mit den für diese Ketten Verantwortlichen wurde eine Entwicklung beschlossen, die den Quadranten II mit der höchsten Gefährdung bis zum Ende des Jahres fast leer machen sollte. Die Überwachung liefert den Beteiligten ständig die drei Grafiken, wobei sich nur die mittlere verändert, da sie den jeweils aktuellen Zustand darstellt. Die Startsituation und der Sollzustand bleiben fix.

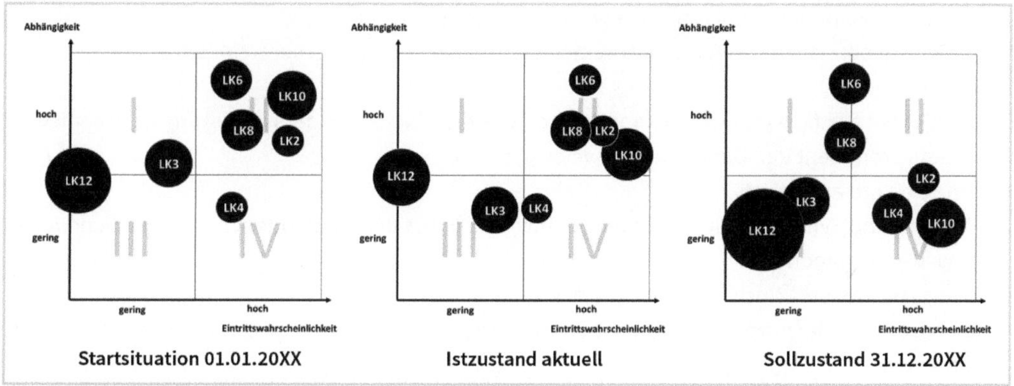

Abb. 33: Überwachung der Entwicklung mit Portfolio-Analyse

Es zeigt sich, dass es bei einigen Lieferketten durchaus Entwicklungen in die gewünschte Richtung gegeben hat. Andere haben sich leider nicht bewegt. Der Quadrant II ist noch immer gefüllt mit 4 wichtigen Lieferketten.

4.1.4.3 Die Wortwolke

Worum geht es, wenn ein Controllingbericht den Informationsempfängern auf hohen Hierarchiestufen eine Übersicht liefern soll? Es geht darum, seine Inhalte so darzustellen, dass sie schnell und intuitiv erfasst werden können. Für die jeweilige Information bleibt immer nur wenig Zeit. Dafür kann der Benutzer die Darstellung aber mehrmals täglich aufrufen und somit garantiert immer aktuell informiert sein. Dazu besonders geeignet ist ein bisher im Controlling nur selten eingesetztes Instrument: die Wortwolke.

Die Wortwolke ist eine digitale Anwendung zur Darstellung von Trends und Schwerpunkten. Sie ist nach der früheren extensiven Nutzung in vielen Webauftritten etwas in den Hintergrund geraten. Sie wurde verwendet, um aus der Vielfalt von Inhalten diejenigen prominent und interessant darzustellen, die aktuell trendig waren oder den Schwerpunkt gebildet hatten. Wortwolken wurden in Bereichen, die weniger strukturiert sind als das Controlling, allmählich seltener verwendet. Eine Folge dieser Entwicklung war, dass Wortwolken zu keinem echten Controllinginstrument wurden. Wortwolken haben das Potenzial, komplexe Inhalte einfach und verständlich darzustellen. Welche Inhalte die Darstellung haben soll, kann mit etwas Übung schnell und korrekt erkannt werden.

Die Darstellung der Gesamtsituation aller Lieferketten eines Unternehmens oder eines Bereiches in einer Wortwolke hat folgende Eigenschaften:

- Die Symbolik der Darstellung ist erklärungsbedürftig, dann aber gut verständlich.
- Die Aussage ist einfach und kann intuitiv erfasst werden.
- Die Erstellung der Grafik erfolgt mit verfügbaren digitalen Tools und kann automatisiert werden.
- Die Wortwolke kann beim Aufruf aus jeweils aktuellen Daten neu aufgebaut werden.
- Es werden keinerlei Details zu einzelnen Lieferketten angezeigt.
- Die Wortwolke ist geeignet für Informationsempfänger auf hoher Hierarchiestufe.

Die Wortwolke stellt die Inhalte, die innerhalb eines Bereiches besonders häufig angesprochen werden, besonders prominent dar. Die Vorgehensweise ist:

1. Ein Text wird analysiert.
2. Wörter ohne Symbolinhalt wie Artikel, Füllwörter (z. B. auch, und, oder …), gewöhnliche Adjektive usw. werden ignoriert.
3. Die verbleibenden Wörter werden gezählt.
4. Entsprechend der Anzahl im Text werden die Wörter mehr oder weniger prominent in der Wortwolke dargestellt.

Für die Darstellung gibt es eine Vielzahl von Formatierungsmöglichkeiten. Schriftgrößen, Schriftarten, Farben, Ausrichtung der Wörter, Umriss der Wolke und vieles mehr kann individuell dargestellt werden. Außerdem bieten die meisten Anwendungen zur Generierung einer Wortwolke die Möglichkeit, die einzelnen Einträge mit einem weiterführenden Link zu versehen. Ein Klick auf einen Eintrag in der Wortwolke führt dann z. B. zur aktuellen Gefährdungsanalyse der angeklickten Lieferkette.

Eine mögliche, in der Praxis erprobte Vorgehensweise zur Nutzung der Wortwolke als Darstellung der aktuellen Situation im Bereich der Lieferketten umfasst vier Schritte:

1. Zunächst wird eine Textdatei definiert, in die von vielen Stellen aus hineingeschrieben werden kann. Es gibt keine Formatierungsregeln, eine Struktur ist nicht vorhanden. Es muss lediglich eine Trennung zwischen den Wörtern durch ein Leerzeichen erfolgen.
2. Bei jeder Anwendung, in der Informationen über Risiken und Abhängigkeiten verarbeitet werden, wird bei definierten negativen Inhalten der Name des betroffenen Gutes oder der betroffenen Dienstleistung in die Textdatei geschrieben. Das kann autonom erfolgen, wenn z. B. Warenlieferungen verbucht werden. Das kann manuell erfolgen, wenn Informationen gesammelt werden. Das kann per Programm erfolgen, wenn manuelle Informationen über Transportwege oder Märkte in Protokollen erfasst werden.
3. Täglich wird die Textdatei um die ältesten Einträge gekürzt, wenn 2.000 Worte in der Datei überschritten sind. Dadurch wird verhindert, dass längst behandelte Entwicklungen immer wieder in der Wortwolke auftauchen. Die 2.000 Wörter entsprechen in diesem Beispiel einem Zeitraum von ca. 4 Wochen. Die jeweils gültige Grenze muss individuell angepasst werden.
4. Jeder Berechtigte kann in seinen Controlling-Anwendungen die Wortwolke aufrufen. Die Anwendung greift dann auf die aktuelle Textdatei zu und bildet aus den dort vorhandenen Wörtern, den Namen der Güter, die entsprechende Grafik. Ein Klick auf den dargestellten Namen in der Wolke leitet zu den aktuellen Werten der Lieferketten für dieses Gut.

Die Wortwolke kann mit Alarmkennzeichen versehen werden, z. B. rote Farbe für ein bestimmtes Gut, eine Lieferkette oder ein Risiko. Das ist allerdings mit einem höheren Aufwand verbunden. Für eine solche Hervorhebung muss jedoch eine entsprechende Definition hinterlegt werden, die z. B. ab 10 Wiederholungen des Wortes im Text eine orange, ab 15 Wiederholungen eine rote Einfärbung des Wortes in der Wolke bewirkt.

Beispiel: Wortwolke gesamt und für Teilbereich

Das Beispielunternehmen stammt aus der Nahrungsmittelindustrie und ist von der Verfügbarkeit vieler Rohstoffe, oft aus exotischen Regionen, abhängig. Die folgende Wortwolke wird jedem Verantwortlichen beim Start des PC, also in der Regel am Morgen des Arbeitstages, als Teil seines Dashboards angezeigt, kann aber auch jederzeit aktuell generiert werden.

Abb. 34: Wortwolke für alle Lieferketten

Aktuell gibt es Probleme mit den Lieferungen für Palmöl und Fette, Enzyme sind problematisch, da ihre notwendige Nutzung kritisch gesehen wird. In der Lieferkette für Wasser drohen, aufgrund der anhaltenden Trockenheit im Sommer, einige Brunnen zu versiegen. Die Lieferkette für Gas wurde aufgrund der Energiesituation in die Quelldatei eingetragen.

In der Gesamtdarstellung der zu beschaffenden Güter und Leistungen in der obigen Wortwolke gehen die Lieferketten von kleineren Bereichen wie die Mitarbeiterbeschaffung oder der Finanzbereich unter. Trotz der im Vergleich mit anderen Lieferketten eher unwichtigen Gefährdungslage der dort angesiedelten Lieferketten haben die Verantwortlichen in diesen Bereichen ein Interesse daran, ihre Lieferketten zuverlässig zu erkennen. Daher gibt es als Grundalge für bereichsbezogene Wortwolken weitere Textdateien, die nur die Lieferketten eines Bereiches betreffen.

Für den Finanzbereich wurde inhaltlich eine Abweichung von der obigen Vorgehensweise getroffen. Es wird nicht der Name des jeweiligen Gutes in die Datei geschrieben. Der Bereichsverantwortliche konzentriert sich auf die Risiken, die in der Wortwolke dargestellt werden. Das ist dann sinnvoll, wenn es nur wenige Ketten aber eine Vielzahl an Risiken gibt. Das Ergebnis ist die in Abbildung 35 dargestellte Wortwolke:

Abb. 35: Wortwolke mit Risiken für den Finanzbereich

Das Unternehmen hat, wie die Wortwolke darstellt, aufgrund der steigenden Zinssätze problematische Lieferketten im Finanzbereich. Es gibt immer mehr Investitionsprojekte, die sich bei weiter steigenden Zinssätzen nicht lohnen. Auch das Rating des Unternehmens bei den Banken verschlechtert sich gerade, wohl aufgrund schwacher Ergebnisse im vergangenen Halbjahr.

Die Wortwolke gibt im Normalbetrieb des Unternehmens den Verantwortlichen die Sicherheit, dass alles in Ordnung ist. Gleichzeitig wird die Veränderung der Lage schnell erkennbar, wenn Inhalte besonders markiert werden. Nach einer Eingewöhnungszeit der Nutzer, in der sie entsprechende Erfahrungen sammeln, leistet die Wortwolke auch dies.

Hinweis: Wortwolke als Informationslieferant

Das Instrument der Wortwolke kann auch genutzt werden, um den Inhalt langer Berichte zu analysieren. Dazu wird ein Text nicht durchgelesen, sondern als Quelle für eine Wortwolke verwendet. Mit großer Sicherheit zeigen die in der Wortwolke prominent dargestellten Wörter den Schwerpunkt des Inhalts an. So wird eine hervorgehobene Darstellung des Wortes »Wetter« im Erntebericht auf eine detaillierte Betrachtung des Wetters im Bericht hinweisen. Ob dies negativ oder positiv ist, also eine Verstärkung oder eine Verringerung des Risikos bedeutet, kann dann allerdings erst durch tatsächliches Lesen herausgefunden werden.

4.1.4.4 Weitere Grafiken

Die Ampeldarstellung, die Portfolio-Analyse und die Wortwolke sind nur einige Beispiele für die Darstellung der Überwachungsergebnisse in den Lieferketten im Unternehmen. Die grafische Darstellung hilft dabei, einen schnellen Überblick über die Ergebnisse zu erlangen. Grundsätzlich sind dafür auch andere Grafiktypen geeignet. Der Controller kann die bildliche Darstellung der aktuellen Bedrohung durch die Wahl der richtigen Grafik an die individuellen Gegebenheiten anpassen. An dieser Stelle einige Beispiele.

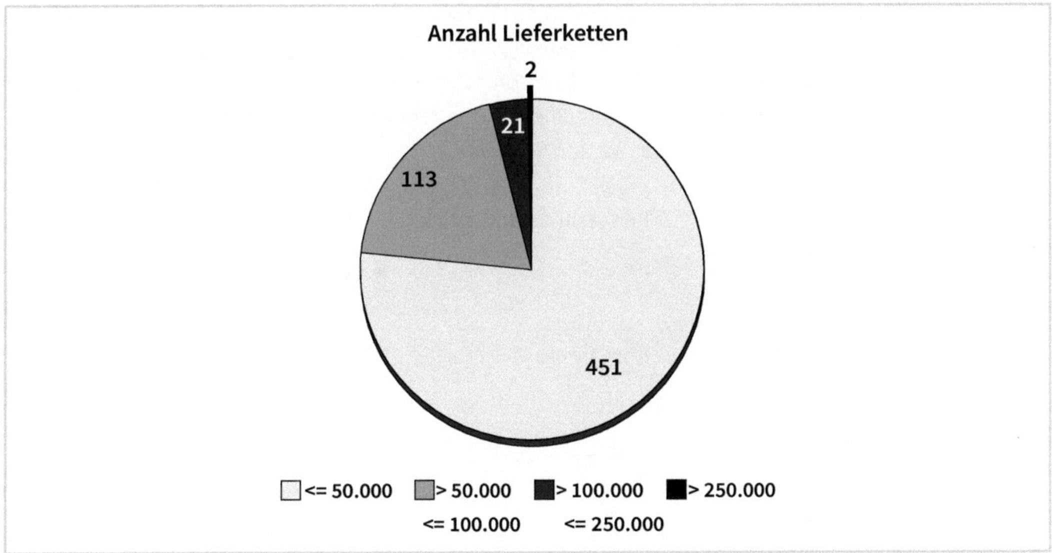

Abb. 36: Darstellung als Kreisdiagramm

Eine typische grafische Darstellung, um eine Übersicht über viele einzelne Elemente zu geben, ist das Kreisdiagram. Es zeigt die Anzahl der Lieferketten, die individuell gewählten Gefährdungsgruppen zugeordnet werden. Hier wurde die Kennzahl Gefährdung 2, in der das jeweilige Einkaufsvolumen der Lieferkette berücksichtigt wird, gewählt. Die wichtigste Aussage ist, dass es zwei Lieferketten gibt, deren Bedrohungspotenzial jeweils über 250.000 Euro liegt. Das muss für das Unternehmen nicht gefährlich sein, es kann sich auch um zwei Lieferketten mit einem sehr hohen Einkaufsvolumen, aber durchschnittlicher Bedrohung handeln. Das Segment mit den zwei Lieferketten wurde hier herausgehoben, um den Inhalt deutlich kenntlich zu machen.

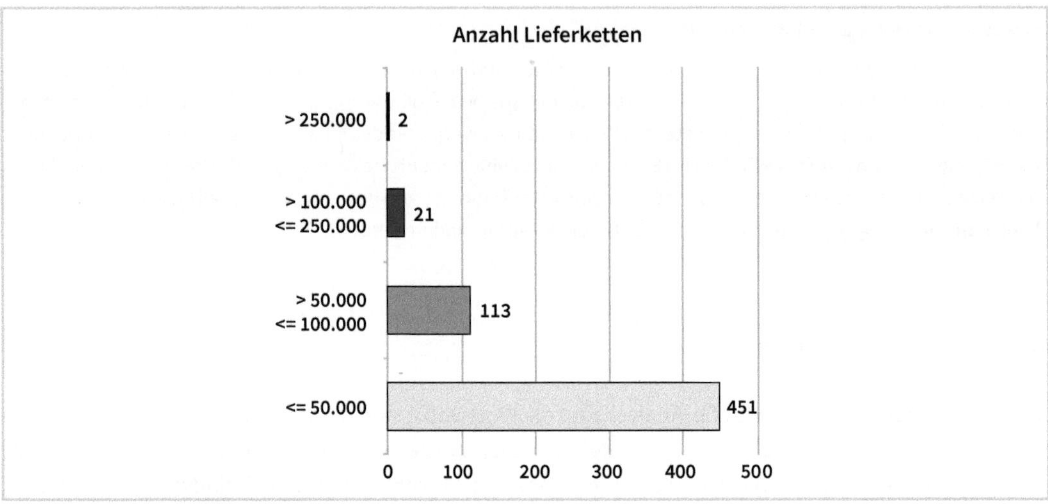

Abb. 37: Darstellung als Balkendiagramm

Das in Abbildung 37 gezeigte Balkendiagramm enthält die gleiche Aussage wie das vorherige Kreisdiagramm. Ob dieses aussagekräftiger ist, hängt von der persönlichen Vorliebe der Informationsempfänger ab. Die Anpassung der Grafiktypen an die jeweilige Person, die diese interpretieren muss, ist mit heutigen Hilfsmitteln ohne Aufwand möglich. Der Controller kann entweder den Grafiktyp einmal an die Empfänger anpassen oder es freigeben, dass die Informationsempfänger den bevorzugten Grafiktyp nach ihren individuellen Wünschen selbst wählen können.

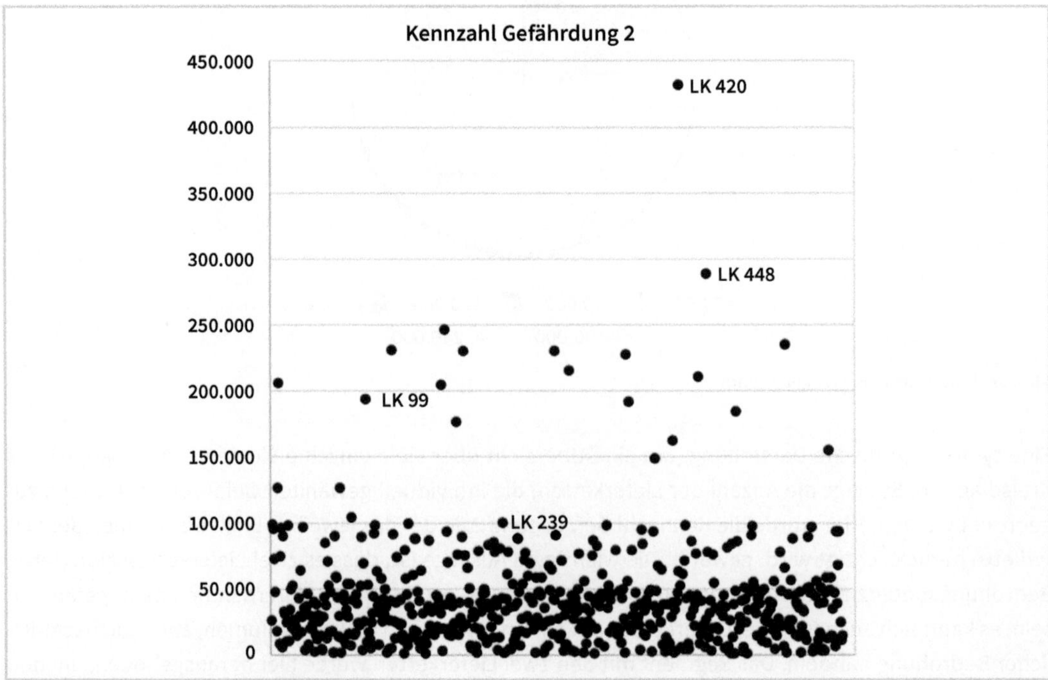

Abb. 38: Darstellung als Punktgrafik

Eine dritte grafische Form ist die Verwendung von Punktgrafiken. Im Beispiel, das die Abbildung 38 zeigt, wurde die Kennzahl Bedrohung 2 für jede vorhandene Lieferkette dargestellt. Die Datengrundlage ist identisch mit den beiden vorherigen Beispielen. Einzelne Lieferketten wurden durch die Angabe der Lieferkettennummer hervorgehoben.

Die Aussage der Punktgrafik scheint auf den ersten Blick tatsächlich auf eine grobe Übersicht beschränkt. In ihr steckt jedoch das Potenzial zu weiteren Aussagen. Wenn in die Punktgrafik z. B. die Entwicklung einbezogen wird, kommt es zu wichtigen zusätzlichen Informationen, die schnell erkannt werden können. Das gilt auch für die anderen Darstellungen.

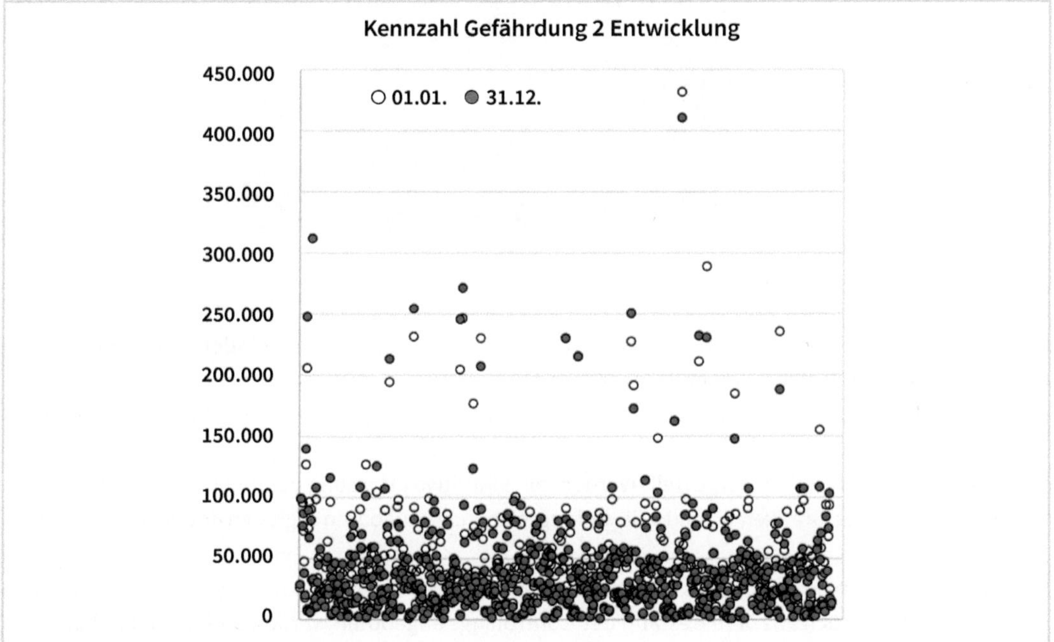

Abb. 39: Punktgrafik mit Entwicklung

Der Vergleich der Situation am 01.01. des Jahres und zum aktuellen Jahresende zeigt zunächst keine wesentlichen Veränderungen. Es gibt einige Erhöhungen der Kennziffer Gefährdung 2 im Bereich um 250.000 Euro, die näher untersucht werden müssen. Eine tatsächlich nützliche Information entsteht, wenn die gleiche Grafik auf den Bereich bis 150.000 Euro reduziert wird. Dazu wird technisch lediglich die Y-Achse entsprechend formatiert.

Jetzt kann die Aussage getroffen werden, dass grundsätzlich eine Verbesserung eingetreten ist. Viele Werte am Jahresende liegen niedriger. Die Lieferketten mit entsprechend niedrigerer Kennzahl konzentrieren sich im unteren Bereich der Grafik, während zu Jahresbeginn noch deutlich mehr Lieferketten im Bereich zwischen 60.000 Euro und 100.000 Euro platziert sind.

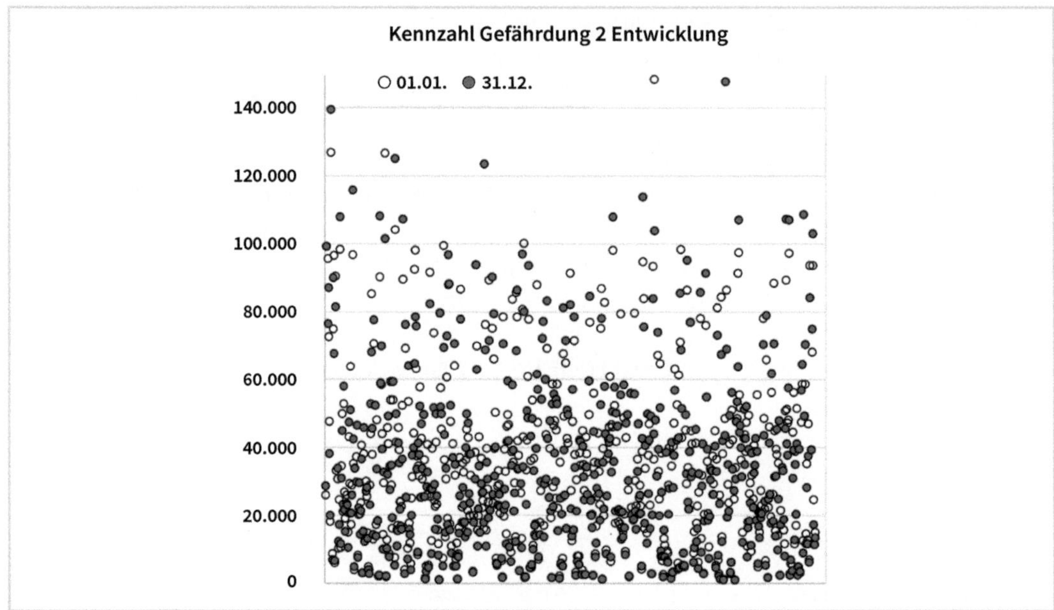

Abb. 40: Vergleich mit reduzierter Skala

Die Darstellung der Gesamtsituation aller Lieferketten eines Unternehmens oder eines Bereiches in einer Grafik hat grundsätzlich folgende Eigenschaften:

- Die Darstellung kann individuell den Vorlieben oder Notwendigkeiten der empfangenden Mitarbeiter angepasst werden.
- Die Aussage kann einfach dargestellt werden, eine intuitive Erfassung der Inhalte ist möglich.
- Die Erstellung der Grafiken erfolgt mit umfangreichen, verfügbaren digitalen Tools und kann automatisiert werden.
- Die Grafik kann beim Aufruf aus aktuellen Daten aufgebaut werden und zeigt dann den aktuellen Inhalt. Sie kann auch aus dem Bestand des Controllings angeboten werden und hat dann den Stand zum Zeitpunkt des Aufbaus.
- Es können unterschiedliche Niveaus einer Detaillierung grafisch dargestellt werden.
- Grafiken sind grundsätzlich geeignet für Informationsempfänger auf allen Hierarchiestufe.

Gerade bei der Vielzahl von Lieferketten, die im Überblick dargestellt werden sollen, bieten sich grafische Darstellungen an. Sinnvolle Verdichtungen sorgen dafür, dass der Informationsgehalt einer Grafik nicht zu groß wird, ein intuitives Erfassen der notwendigen Informationen ist möglich. Es muss jedoch immer die Möglichkeit geben, die durch die Verdichtung verloren gegangenen Detailinformationen schnell und einfach auf anderem Weg zu bekommen.

4.1.5 Zeitreihen

Wenn eine Lieferkettensituation bedrohlich wird, müssen Warnungen an die verantwortlichen Stellen im Unternehmen ausgesprochen werden. Um eine steigende Bedrohung zuverlässig erkennen zu können, reicht eine stichtagsbezogene Betrachtung nicht mehr aus. Es muss erkennbar werden, wie sich die Risiken, deren Eintrittswahrscheinlichkeiten oder die Abhängigkeiten entwickeln. In Zeitreihen werden solche Entwicklungen sichtbar, auch wenn sie schleichend sind. Die Überwachung der aktuellen Situation wird ergänzt, teilweise auch ersetzt durch die Beobachtung von Veränderungen. Dazu werden die zu den einzelnen Zeitpunkten festgestellten Werte gesammelt und zu definierten Zeitreihen zusammengefasst. Mit deren Hilfe kann dann entschieden werden, wie bedrohlich die Entwicklung ist.

Beispiel: Gleich und dennoch verschieden

Das Lieferkettencontrolling hat für zwei wichtige Rohstoffe bedrohliche Lieferketten entdeckt. Die Risiken sind vergleichbar, die Eintrittswahrscheinlichkeiten und die Abhängigkeiten ebenso. Das bedrohlichste Risiko ist für beide der Ausfall einer Lieferung mit den folgenden Parametern:

Parameter	Eintrittswahrscheinlichkeit Lieferkette Rohstoff 1	Eintrittswahrscheinlichkeit Lieferkette Rohstoff 2
Wetter während der Erntesaison	15 %	19 %
Qualität der Veredelung	7 %	5 %
Fehlende Transportkapazitäten	4 %	7 %
Gesamteinschätzung	9 %	10 %

Tab. 23: Aktuelle Überwachung Rohstoff 1 und 2

Diese aktuelle Situation führt zu definierten Maßnahmen, gemäß denen beide Rohstoffe vorsichtshalber aus anderen Quellen sehr teuer eingekauft werden müssen. Das übersteigt die finanziellen Fähigkeiten des Unternehmens wesentlich. Wenn die verfügbaren Mittel auf beide Rohstoffe aufgeteilt werden, reichen sie nicht aus, um die Situation zu bereinigen. Der Controller beschließt, sich die Entwicklungen der letzten Monate anzusehen. Es entsteht die folgende Tabelle:

Parameter Lieferkette Rohstoff 1	**t-5**	**t-4**	**t-3**	**t-2**	**t-1**	**t0**
Wetter während der Erntesaison	2 %	7 %	6 %	9 %	12 %	15 %
Qualität der Veredelung	0 %	5 %	5 %	6 %	7 %	7 %
Fehlende Transportkapazitäten	0 %	0 %	2 %	3 %	4 %	4 %
Gesamteinschätzung	1 %	4 %	4 %	6 %	8 %	9 %
Parameter Lieferkette Rohstoff 2	**t-5**	**t-4**	**t-3**	**t-2**	**t-1**	**t0**
Wetter während der Erntesaison	17 %	28 %	25 %	22 %	20 %	19 %
Qualität der Veredelung	7 %	7 %	7 %	4 %	6 %	5 %
Fehlende Transportkapazitäten	10 %	10 %	12 %	9 %	8 %	7 %
Gesamteinschätzung	11 %	15 %	15 %	12 %	11 %	10 %

Tab. 24: Zeitreihen der überwachten Parameter Rohstoff 1 und 2

Die Daten zeigen, dass sich die Eintrittswahrscheinlichkeiten der Risiken in der Lieferkette für Rohstoff 1 in den letzten sechs Monaten (t-5 bis t-0) fast ständig verschlechtert haben. Die Werte für Rohstoff 2 haben sich im gleichen Zeitraum ständig verbessert. Das zeigt auch die in Abbildung 41 gezeigte grafische Darstellung, die der Controller zum schnelleren Verständnis angefertigt hat.

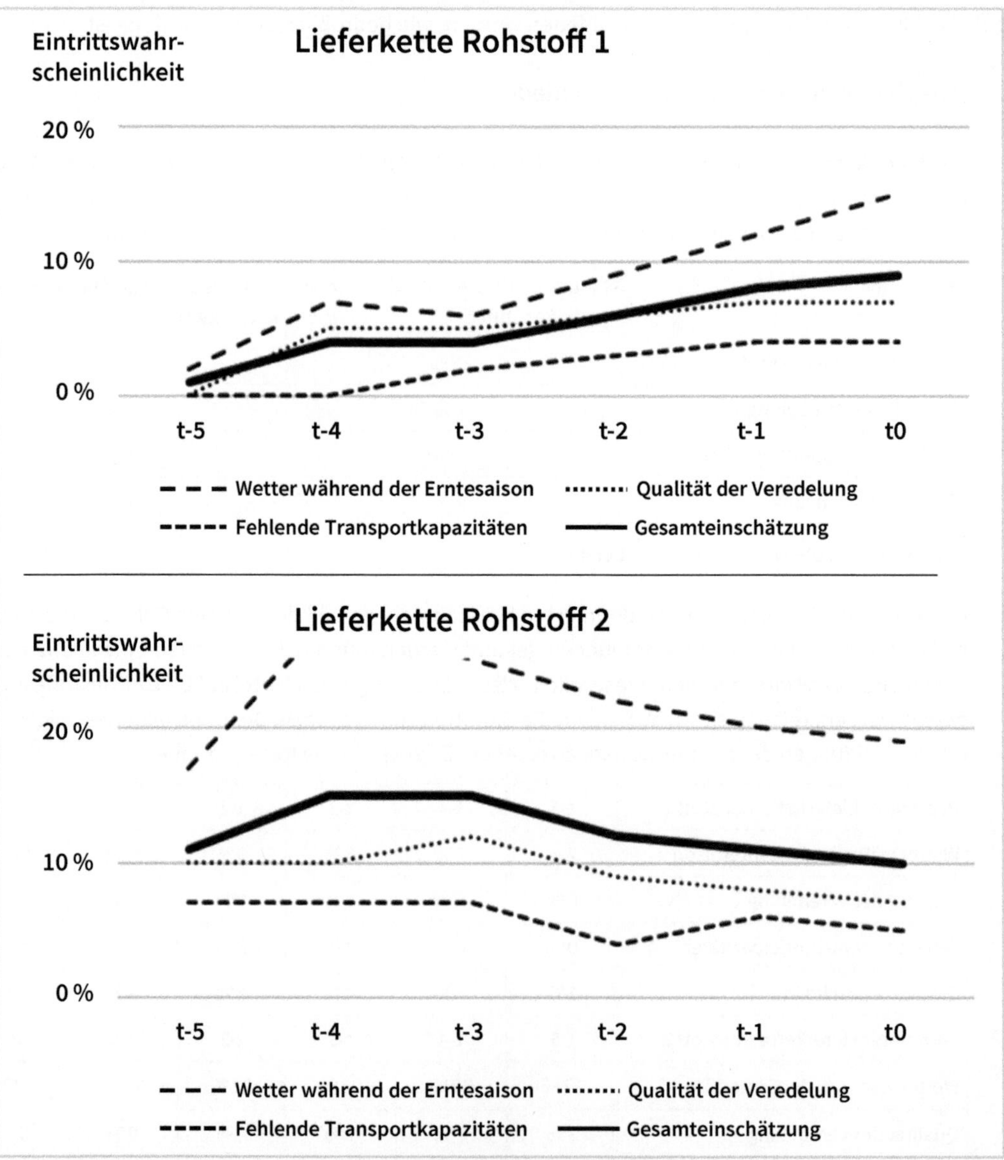

Abb. 41: Grafische Darstellung der Zeitreihen für Rohstoff 1 und 2

Die einstimmige Entscheidung aller Verantwortlichen war leicht zu treffen: Das Risiko des Lieferausfalls für Rohstoff 2 wird zwar weiter beobachtet, es werden aber keine Maßnahmen zur Vorbereitung auf den Ausfall getroffen. Die positive Entwicklung der Parameter lässt erwarten, dass sich diese Entwicklung fortsetzt.

Anders ist die Situation in der Lieferkette für Rohstoff 1. Hier wird angenommen, dass sich die Situation wie bereits in den letzten Monaten weiterverschärft. Entsprechend werden die vorhandenen finanziellen Mittel benutzt, um die Maßnahme des vorbeugenden Einkaufs aus anderen Quellen durchzuführen.

Erst die Betrachtung der Zeitreihen liefert die zusätzliche notwendige Information, um eine aktuelle Situation richtig einschätzen zu können. Viele Verantwortliche kennen selbstverständlich die Entwicklung ihrer wichtigen Lieferketten. Diese Erfahrung ist jedoch nicht immer objektiv und jederzeit fehlerfrei abrufbar. Daher ist die Aufbereitung und Verwendung von Zeitreihen im Lieferkettencontrolling ein wichtiges Instrument zur Überwachung der Entwicklung und zur Bewertung der aktuellen Situation.

Die Beobachtung der Zeitreihen erfolgt auf den unterschiedlichsten Ebenen:

- Die Werte der für die Existenz eines Risikos und die dadurch bestimmenden Parameter einer Bedrohung werden zu den einzelnen Zeitpunkten festgehalten (z. B. Transportkapazität, Wetter, Sanktionen).
- Die Entwicklung der Eintrittswahrscheinlichkeiten jedes Risikos wird bestimmt und in einer Zeitreihe gespeichert (z. B. Qualitätsprobleme, Lieferausfall, Verspätung der Instandhaltung).
- Eine Lieferkette verändert ihr Bedrohungspotenzial immer wieder. Dies wird ein einer eigenen Zeitreihe festgehalten, z. B. in Form der Kennzahlen Bedrohung 1 und 2.
- Aus den Zeitreihen einzelner Lieferketten lassen sich neue Zeitreihen einer Gruppe von vergleichbaren Lieferketten bilden, um gemeinsame Entwicklungen festzustellen (z. B. Lieferketten aus China, für Rohstoffe, aus dem Finanzbereich).
- Letztlich wird auch eine Zeitreihe für die Situation des Gesamtunternehmens ermittelt. Daraus lassen sich Schlüsse auf die Entwicklung bestimmter Parameter und deren Einfluss auf die Gesamtbedrohung des Unternehmens ziehen.

Beispiel: Kartoffelwetter

Das Beispielunternehmen ist in der Nahrungsmittelindustrie tätig. Für viele seiner Produkte werden Kartoffeln benötigt, die von Vertragslandwirten angebaut werden. Es besteht eine große Abhängigkeit des Unternehmenserfolgs von der verfügbaren Menge an Kartoffeln und deren Qualität. Die Menge und Qualität wiederum sind fast ausschließlich abhängig vom Wetter, das zwischen dem Setzen und der Ernte herrscht. Die Menge und Qualität der Kartoffeln aus den unterschiedlichen Anbaugebieten sind dem Controller seit vielen Jahren bekannt.

Die folgende Tabelle zeigt die Wetterwerte der letzten 10 Jahre für jeden Monat vom Setzen bis zur Ernte der Kartoffeln. Es handelt sich dabei um eine Bewertung mit Schulnoten hinsichtlich der Bedürfnisse der Pflanze. Den Zeitreihen für den Parameter Wetter, der das Risiko geringer Mengen und schlechter Qualität bestimmt, werden die bekannten Erntemengen und die Qualitätsbeurteilung gegenübergestellt.

Kartoffel-Zeitreihe 10		Sorte:	X		Region:		Y	
Jahr	**Wetter im Monat (Schulnoten)**						**Ernte-menge to**	**Qualität (Schul-noten)**
	Aussaat	Aussaat +1	Aussaat +2	Aussaat +3	Aussaat +4	Ernte		
t-10	4	3	3	4	2	2	5.413	2,8
t-9	5	3	2	5	2	3	5.015	3,0
t-8	2	3	2	2	3	2	6.142	2,0
t-7	2	4	2	2	2	2	6.240	2,5
t-6	3	4	4	5	3	4	4.812	4,0
t-5	2	2	3	2	3	3	5.812	2,5
t-4	4	4	3	4	4	3	4.887	3,8
t-3	5	3	4	3	4	4	4.715	3,5
t-2	3	4	3	4	3	3	4.800	3,5
t-1	3	5	5	4	5	4	4.258	4,8

Tab. 25: Zeitreihe Wetter für Lieferkette Kartoffeln aus Region Y

Es zeigt sich, dass sowohl die geernteten Mengen an Kartoffeln als auch deren Qualität in den letzten Jahren zurückgegangen sind. Ursächlich dafür ist, auch nach Meinung der Experten, das Wetter, das immer trockenere Sommer in der beobachteten Region gezeigt hat. Diese Entwicklung wird weitergehen. Daher wurde aufgrund der aus der Zeitreihe gewonnenen Informationen entschieden, die Lieferkette für Kartoffeln aus der betrachteten Region aufzugeben und andere Quellen mit neuen Lieferketten zu suchen.

Weitere Aussagen sind aufgrund der vorliegenden Zeitreihen auch für andere Regionen möglich. So wird beim Vergleich des aktuellen Wetters mit den Zeitreihen auch in anderen Regionen eine bessere Einschätzung der laufenden Saison möglich. Monat für Monat werden die Risiken bzgl. Menge und Qualität immer besser einschätzbar.

Die archivierten Zeitreihen dokumentieren die Erfahrungen des Lieferkettencontrollings. Auch wenn Menschen mit ihrem Bauchgefühl sicher oft richtig liegen, haben sie dennoch die Daten der archivierten Zeitreihen nicht im Gedächtnis. Die Zeitreihen sind die Grundlage für weitreichende Entscheidungen im System der Lieferketten.

Erkennen: Zeitreihen helfen dabei, Entwicklungen, seien sie positiv oder negativ, rechtzeitig zu erkennen. Der Vergleich mit detaillierten Erfahrungen der vergangenen Perioden lässt Abweichungen deutliche werden.

Einschätzen: Die Daten aus den Zeitreihen unterstützen dabei, die erkannten Abweichungen zu bewerten. Die Auswirkungen auf die Risiken, die Lieferketten und den Unternehmenserfolg lassen sich im Vergleich mit den Werten der Vergangenheit viel besser einschätzen.

Gestalten: Die Zeitreihen zeigen die Verbindung von Parameterwerten und der Risikoentwicklung. Sie helfen so, die richtigen Maßnahmen zur Abwehr erwarteter Risiken zu gestalten. Wenn die Parameter beeinflusst werden, zeigen die Zeitreihen die zu erwartende Veränderung an.

Beobachten: Die Maßnahmen sollen Parameter in eine gewünschte Richtung verändern. Welche Zielwerte notwendig sind, lässt sich an den Zeitreihen ablesen. Der Erfolg der Maßnahmen kann anhand der dort vorhandenen Werte beobachtet werden.

Optimieren: Die Zeitreihen der einzelnen Parameter eines Risikos geben einen Hinweis darauf, ob und in welchem Maße sie verändert werden können. So ist eine Optimierung der Lieferkette durch eine grundsätzliche Veränderung von Parametern, z. B. der Länge des Transportweges, möglich.

Planen: Die in den Zeitreihen gesammelte Erfahrung wird genutzt, um neue Lieferketten zu konzipieren. Die Planung neuer Quellen, Verarbeitungsweisen oder Transportwege wird durch vergleichbare vorhandene Lieferketten vereinfacht. Die Zeitreihen vergrößern die Datenbasis von der aktuellen Situation hin zu einer langfristig beobachteten Situation z. B. im Hinblick auf bestimmte Regionen oder die Zusammenarbeit mit bestimmten Partnern.

Die erfolgreiche Nutzung von Zeitreihen setzt zum einen ausreichende Daten und zum anderen Erfahrung in der Bewertung voraus. Der Mensch ersetzt dies gerne durch sein Bauchgefühl, das durch seine Erfahrungen, also durch die Zeitreihen, die er im Gedächtnis hat, beeinflusst wird. Autonome Prozesse können zuverlässiger als Menschen Schlüsse aus Zeitreihen ziehen, wenn ihnen digitale Zeitreihen und wirksame Möglichkeiten zu deren Verknüpfung zur Verfügung stehen. Die mit jeder neuen Überwachung reichhaltiger werdenden Zeitreihen der Lieferketten, ihrer Risiken und Parameter verbessern die Basis, mit der autonome Abläufe selbstständige Entscheidungen treffen. Die Zeitreihen sind ein wichtiger Teil der Künstlichen Intelligenz, mit der sich die autonomen Abläufe stetig selbst weiter verbessern können.

4.1.6 Agiles Lieferkettencontrolling

Das Controlling muss die Akteure und Entscheider im Unternehmen verlässlich mit den für ihre Arbeit erforderlichen Zahlen und Informationen versorgen. Also gibt es für die Arbeit des Controllings feste Regeln, vereinbarte Termine und definierte Grenzwerte. Das gilt insbesondere für das Lieferkettencontrolling. Die verantwortlichen Beschaffer müssen sich darauf verlassen können, dass sie vom Controller so früh als möglich mit den notwendigen Informationen versorgt werden.

Gleichzeitig sind Lieferketten äußerst vital. Neue Risiken entstehen, bekannte Risiken verschwinden, die Eintrittswahrscheinlichkeiten verändern sich nicht nur, es gibt neue Parameter, die sich auf die Bedrohung aufgrund spezieller Risiken auswirken. Selbst die intern bestimmbare Abhängigkeit des Unternehmens vom Funktionieren einer Lieferkette verändert sich durch neue Situationen und neue Parameter. Es ist nicht möglich, alle diese Veränderungen vorherzusehen. Darum sind viele Entwicklungen, die wir bereits mehrfach diskutiert haben, wie z. B. Transportkapazitäten, Kriege oder Nachhaltigkeitsanforderungen, bisher nicht in den Regeln und Steuerungsparametern enthalten.

Was agiles Arbeiten oder agiles Controlling wirklich ist, wird von vielen Autoren immer wieder neu und anders definiert. Es geht darum, flexibel auf besondere Veränderungen und Ereignisse zu reagieren und nicht starr an einer vorgegebenen Planung festzuhalten. Es ist gerade im Lieferkettencontrolling mit den notwendigen Regeln zur Feststellung, Beurteilung und Beobachtung von Risiken, deren Eintrittswahrscheinlichkeiten und von Abhängigkeiten nicht leicht, mit agilen Strukturen zu arbeiten. Gemeinsame Definitionen, vereinbarte Termine oder die Einhaltung einer erinnerbaren Struktur sind wichtig, um mit den Bedrohungen durch Lieferketten erfolgreich umgehen zu können. Auf der anderen Seite ist agiles Arbeiten gerade im Lieferkettencontrolling mit den vielen und sich ständig ändernden Parametern und Abläufen notwendig, um die Entwicklung der Bedrohungen während der laufenden Beobachtung sicher zu erkennen und zuverlässig zu berichten.

Das Lieferkettencontrolling steckt demnach in einem Dilemma. Eine Entweder-oder-Entscheidung zwischen einer Arbeit mit klaren Regeln und Strukturen auf der einen Seite und einem agilen Arbeiten auf der anderen Seite ist nicht möglich. Notwendig ist beides. Damit das gelingt, muss eine Unterscheidung gemacht werden zwischen Standardsituationen, die mit Regeln, Definitionen und Terminen und immer öfter autonom abgearbeitet werden, und Ad-hoc-Ereignissen, auf die schnell und oft ungeplant reagiert werden muss. Dabei ist die Trennung durchlässig. Aus einem agilen Ablauf wird ein Input für den regelbasierten Ablauf. Aus den festen Strukturen kann ein Anlass für den Start der agilen Arbeit stammen.

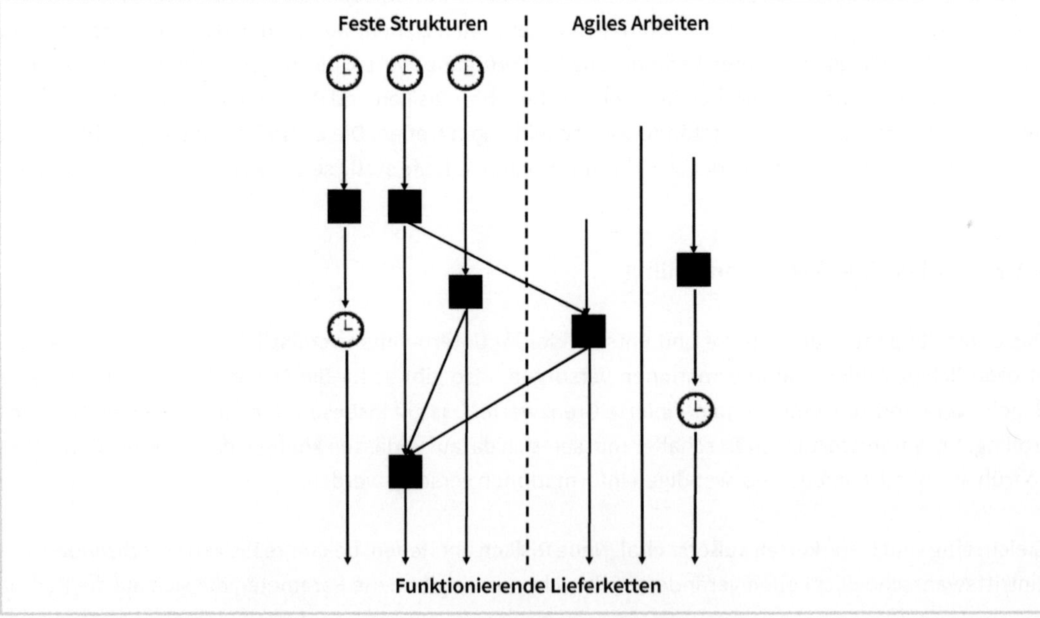

Abb. 42: Agiles Lieferkettencontrolling

Damit das Miteinander fester und agiler Strukturen funktioniert, muss es vor allem für den agilen Bereich zusätzliche Vereinbarungen geben. Dann wird es möglich, dass auch im Lieferkettencontrolling neben den notwendigen Überwachungsstrukturen agiles, also flexibles und situationsabhängiges Handeln erfolgreich ist:

Neue Situationen: Sobald ein im Lieferkettencontrolling involvierter Mitarbeiter Informationen über neue, bisher nicht in den Regeln berücksichtigte Situationen erhält, berichtet er diese. Dazu ist eine Nachrichtenstruktur zu schaffen. Darin sind die Ansprechpartner festgelegt, ausgewählt z. B. je nach verantwortlichem Fachbereich. Wichtig ist, dass die Information möglichst schnell an eine Stelle kommt, die über das weitere Vorgehen entscheiden kann.

Aktive Suche: Jeder, der mit den Lieferketten beschäftigt ist, sucht aktiv nach neuen Entwicklungen, die Einfluss auf die Gefährdung in einer Lieferkette haben. So werden zusätzliche Risiken oder neue Parameter für die Eintrittswahrscheinlichkeiten mit hoher Sicherheit erkannt. Die aktive Suche nach sich verändernden Risikostrukturen ergänzt die möglichst umfangreichen Steuerungsparameter und Regeln, die im Lieferkettencontrolling das sichere Erkennen garantieren sollen. In vielen Fällen kann die aktive Suche die Steuerung durch langwierige Beobachtung vieler Parameter ersetzen, z. B. in unbedeutenden Lieferketten.

Aktive Reaktion: Hat die aktive Suche eine neue Situation erkennbar gemacht, wird sofort aktiv reagiert. Dazu hat jeder Beteiligte einen Entscheidungsspielraum, innerhalb dessen er auf die von ihm entdeckten Entwicklungen reagieren kann. Da die neuen Situationen weiter berichtet werden, gibt es auf jeder Ebene sofortige Reaktionen.

Beispiel: Kinderarbeit auf der Plantage

Das Unternehmen hat während der Ernte eines Rohstoffs einen Beauftragten zur Qualitätsprüfung in die Region entsandt. Dieser erkennt zufällig im Laufe seiner Arbeit, dass auf einer der Plantagen auch Kinder abreiten. Er beendet sofort die Zusammenarbeit mit dieser Plantage und kauft die jetzt fehlenden Mengen auf einer benachbarten Plantage ein. Selbstverständlich berichtet er diesen Vorgang ans Unternehmen.

Der zuständige Einkäufer informiert die Handelsagentur und macht Entschädigungszahlungen geltend, falls die unter Einhaltung des Verbots von Kinderarbeit eingekauften Ersatzprodukte mengenmäßig nicht ausreichend sein sollte. Für die nächste Ernte wird die betroffene Plantage ausgeschlossen, zusätzliche Kontrollen durch die Agentur werden vereinbart.

Der Controller dokumentiert diesen Vorgang von der Entdeckung der Kinderarbeit auf der Plantage bis zur Verringerung des Risikos für die nächste Ernte. Damit wurde die Lieferkette gerettet, das Risiko eines Verstoßes gegen das Lieferkettensorgfaltspflichtengesetzt verringert, die aktuelle Belieferung sichergestellt. Sicher hat dieser mit agilen Strukturen schnell gelöster Problemfall Auswirkungen auf die Steuerung und speziell die Überwachung dieser besonderen Lieferketten im Regelbereich.

Lokale Veränderungen: Lieferketten sind oft nicht sehr starr, sie verändern sich permanent. Viele dieser Veränderungen spielen sich zunächst unbemerkt ab, nämlich vor Ort, wo die einzelnen Aktivitäten stattfinden. So werden Partner für einzelne Schritte in der Kette ausgetauscht, z. B. ein lokaler Spediteur. Solange es um vergleichbare Kettenglieder geht, wird dies akzeptiert, ohne eine komplett neue Beurteilung der Lieferkette durchzuführen.

Globale Veränderungen: Bei globalen Veränderungen des Umfelds für Lieferketten muss sowohl global als auch lokal reagiert werden. Beides funktioniert auch agil, indem im Unternehmen aktiv von allen verantwortlichen Stellen reagiert und den lokalen Stellen die Veränderung selbst überlassen wird.

> **Beispiel: Menschenrechte**
>
> Das Unternehmen ist bisher noch nicht von den Vorschriften des Lieferkettensorgfaltspflichtengesetzes betroffen, rechnet aber damit, in wenigen Jahren zu den betroffenen Unternehmen zu gehören. Die dafür notwendige globale Veränderung vieler Lieferketten wird in Deutschland aktiv betrieben, die Partner in den Lieferketten werden entsprechend instruiert. Diese agieren lokal, um in ihrem Einflussbereich die neuen Forderungen des europäischen Unternehmens erfüllbar zu machen.

Mit agilen Strukturen wird das Lieferkettencontrolling in die Lage versetzt, eine Reihe von Anforderungen zu erfüllen: Es soll Veränderungen der Bedrohung durch Lieferketten schnell feststellen sowie schnell darauf reagieren, und zwar auch in komplexen, bisher nicht gekannten Risikobereichen. Dazu ist es notwendig, dass die einzelnen Beteiligten sowohl die notwendigen Kompetenzen für solche aktiven Entscheidungen haben, ohne sich vorher abstimmen zu müssen, als auch bereit und in der Lage sind, die dabei entstehende Verantwortung zu tragen.

4.2 Auswirkungen feststellen

Wurde bei der Überwachung eine kritische Veränderung von Lieferketten festgestellt, dann muss das nicht bedeuten, dass sich aktuell eine Bestellung in Verzug befindet oder gefährdet ist. Es kann auch bedeuten, dass sich eine Lieferkette grundsätzlich verändert hat, ohne dass eine aktuelle Bedrohung stattfindet. Gibt es in der Lieferkette Bestellungen, können sie noch immer abgewickelt werden, es entsteht kein Schaden. Oder in der Lieferkette befindet sich gar keine offene Bestellung, für künftige Bestellungen ist die Bedrohung aber größer.

> **Beispiel: Veränderung auf dem Transportweg**
>
> In vielen Unternehmen gibt es Lieferketten, die einen Transport durch den Suezkanal beinhalten. Dieser Teilabschnitt auf dem Weg nach Deutschland wurde bis März 2021 nicht als besonders kritisch für eine Lieferkette bewertet. Als das Containerschiff Ever Given im Suezkanal auf Grund lief und den Transportweg für mehrere Tage blockierte, änderte sich das abrupt.

1. Für alle zukünftige Bestellungen über die Lieferkette mit dem Transport durch den Suezkanal musste ein zusätzliches Risiko bzw. eine höhere Eintrittswahrscheinlichkeit für eine Lieferverzögerung bei der Beurteilung der Lieferketten berücksichtigt werden.
2. War eine Lieferung bereits bestellt und war diese noch vor oder im Suezkanal, vielleicht sogar auf der Ever Given, erhöhte sich die aktuelle Gefährdung durch diese eine Lieferung sehr plötzlich und unerwartet. Es drohte eine lange Verzögerung.
3. Hatte eine bestellte Lieferung den Suezkanal bereits passiert, hatte der Unfall der Ever Given keine Auswirkungen auf die aktuelle Gefährdung.

In allen drei Fällen waren Aktivitäten des Lieferkettencontrollings notwendig. Nachdem die Situation im Kanal bekannt wurde, wurden notwendige Beobachtungsabläufe auch außerhalb des üblichen Zyklus gestartet. Die Situation der Lieferketten wurde neu bewertet, wobei neue Risiken, Eintrittswahrscheinlichkeiten und Abhängigkeiten berücksichtigt wurden.

1. Die verantwortlichen Beschaffer mit Lieferketten durch den Suezkanal wurden darauf hingewiesen, dass sich die Bedrohung der Lieferketten geändert hat. Eine neue Analyse mit dem Vergleich zu möglichen Alternativen wurde gestartet. Dafür gelten die üblichen Vorgaben zur Bewertung von Risiken und Beurteilung von Lieferketten.
2. Die Verantwortlichen für die Lieferketten, auf denen eine aktuelle Lieferung noch den Suezkanal durchqueren musste, wurden gewarnt. Die Auswirkungen der zu erwartenden Lieferverzögerungen mussten geschätzt werden. Daraufhin konnten dann die wirtschaftlich sinnvollen Maßnahmen ergriffen werden.
3. Für die Verantwortlichen, deren aktuelle Lieferung den Suezkanal bereits passiert hatten, wurde ebenfalls ein Reporting aus dem Ergebnis der Überwachung erstellt. So konnten diese sicher sein, dass zumindest dieses zusätzliche Risiko ihre Lieferung nicht betraf. Auswirkungen gab es keine.

Es gab also für alle drei Situationen eine Warnung mit angepasster Dringlichkeit aufgrund des Vorfalls.

Droht also bei einer offenen Lieferung Gefahr durch die festgestellten Veränderungen in der Lieferkette, müssen Maßnahmen ergriffen werden, um einen möglichen Schaden abzuwenden oder zumindest zu reduzieren. Damit die Maßnahmen nicht teurer werden als die zu erwartenden finanziellen Auswirkungen der Störung in der Lieferketten, wird eine Berechnung der Kosten aus der aktuellen Situation heraus versucht.

Hinweis: Wichtige Information

Die Höhe des durch die Störung in der Lieferkette voraussichtlich entstehenden Schadens für eine aktuelle Lieferung ist eine wichtige Information für den Verantwortlichen. Diese sollte mit der Warnung über die kritische Veränderung berichtet werden, solange die Berechnung der Auswirkungen die Warnung nicht verzögert. Wichtig ist, dass Maßnahmen nur nach dem Abgleich mit den berechneten Auswirkungen ergriffen werden. Nur so kann sichergestellt werden, dass die Maßnahmen nicht mehr Kosten verursachen als die Störung selbst, wenn keine Maßnahmen getroffen werden.

Kosten in der Lieferkette: Veränderungen der Kosten der Lieferkette können zu einer erheblichen Bedrohung für das Unternehmen werden. Die Betrachtung ist zweigeteilt:

1. Es gibt Kostenveränderungen, die selbst die Störung darstellen. So können sich die Preise der Güter und Leistungen erhöhen, weil z. B. die Ernte schlecht war. Auch Transporte spielen in der Praxis eine bedeutsame Rolle bei Kostensteigerungen. Plötzlich notwendige Zertifikate, zusätzliche Qualitätsprüfungen oder veränderte Anteile wichtiger und teurer Bestandteile sind weitere Beispiele.
   Es ist relativ einfach, die Kosten zu berechnen, da die Ursachen bekannt sind, die Einheiten zur Berechnung feststehen und die Erhöhung der einzelnen Positionen ebenfalls bekannt ist. Der Wert der zu erwartenden Kostenveränderung kann berechnet werden.
2. Die zweite Art von Kostenveränderungen innerhalb der Lieferkette entsteht als Reaktion auf Störungen der Lieferkette. Auch hier finden sich in der Praxis oft zusätzliche Transportkosten wieder. Wenn z. B. aufgrund eines Bürgerkrieges die Güter über Umwege transportiert werden müssen, dann wird das teurer. Oder Piraten an der somalischen Küste müssen mit Lösegeld ruhiggestellt werden. Aber auch die Intensivierung von Veredlungsarbeiten aufgrund von schlechteren Qualitäten mit den dazugehörigen Mehrkosten gehören in diese Kategorie.
   Diese Kosten werden von den Partnern der Lieferkette mitgeteilt. Sie sind nicht immer in der gewünschten Höhe zu zahlen, können verhandelt oder optimiert werden. So kann z. B. die Reduktion der gewünschten Qualität für eine weniger starke Steigerung der Veredelungskosten sorgen. Letztlich muss und kann der Wert geschätzt werden.

Die Kosten der Lieferkette, die durch Störungen entstehen, erhöhen den Einkaufspreis bzw. die ausgewiesenen Nebenkosten. Der Beschaffungspreis steigt. Die betroffenen Güter sind bestellt und für die Produktion oder den Vertrieb eingeplant. Es muss entschieden werden, ob diese Steigerung der Beschaffungskosten akzeptiert werden soll, um die Güter auch tatsächlich zu erhalten. Preisvereinbarungen mit den Lieferanten helfen in solchen Fällen nur dann, wenn der Partner in diesem Rechtsgeschäft auch wirtschaftlich in der Lage ist, die Preisdifferenzen zu tragen. Ansonsten muss das Unternehmen Alternativen haben oder die Preisforderungen erfüllen.

Beispiel: Havarie-Grosse

»Havarie-Grosse« ist ein Begriff aus der Schifffahrt und bezeichnet ein außergewöhnliches Vorkommnis. Um Probleme auf dem Transportweg zu beheben, müssen oft erhebliche Aufwendungen getätigt werden. Das Seerecht schreibt dabei vor, dass diese Aufwendungen nach einem bestimmten Schlüssel zwischen den Schiffseignern, den Eigentümern des Treibstoffs und den Eigentümern der Fracht geteilt werden. Dabei kann der Anteil eines Frachteigners den Wert der Fracht durchaus überschreiten.

Die Eigner der Ever Given haben wenige Tage nach dem Auflaufen des Containerfrachters im Suezkanal die Havarie-Grosse erklärt. Damit werden die Kosten der Störung, die über eine Milliarde Dollar betragen sollten, auch auf die Frachteigener verteilt. Das hatte für viele kleine Unternehmen existenzbedrohende Folgen.

Einige kleine Unternehmen hatten Fracht auf der Ever Given. In jeweils einem Container waren für die Unternehmen große Mengen von wichtigen Waren oder Bauteilen verschifft worden. So hatte

z. B. ein Spezialist für individuelle Sportfahrräder den gesamten Jahresbedarf an unverzichtbaren Bauteilen in einem Container versandt. Zunächst verzögerte sich die Lieferung durch die Havarie selbst. Dann wurde das Schiff wochenlang von den ägyptischen Kanalbehörden festgehalten, um eine Sicherheit für die Bezahlung der Bergungskosten und der Folgekosten zu haben. Und immer drohte der Verlust der Fracht, was für den Fahrradhersteller das Ende bedeutet hätte, da seine Geschäftsgrundlage weggefallen wäre.

Da wäre die Beteiligung an den Bergungskosten sogar die bessere Alternative zum Totalverlust gewesen. Für einige Frachteigner rechnete sich jedoch die Zusatzbelastung nicht. Der Fahrradspezialist hatte das Risiko »Havarie-Grosse« in die Frachtversicherung eingeschlossen und hatte also nach Einigung der Versicherung mit dem Schiffseigner und den Kanalbehörden seine Bauteile erhalten. Da alle Seiten Stillschweigen über diese Einigung vereinbart haben, ist nicht bekannt, ob und wie viel Geld die Frachteigner zusätzlich zur vereinbarten Frachtgebühr zahlen mussten.

Interne Kosten: Die internen Kosten haben wir bereits bei der Berechnung von Abhängigkeiten und Gefährdungen besprochen. Dabei wurde grundsätzlich festgehalten, welche Kosten entstehen können und wie hoch sie sind, falls es zu Störungen der Lieferkette kommt. In der aktuellen Situation mit einer eingetretenen Störung werden die Kosten real. Kosten für den Leerstand der Produktion oder die Umplanung der Fertigungsabläufe müssen real berechnet werden. Auch Kosten für die Verlagerung von Gütern aus anderen Betrieben, falls es diese gibt, fallen an. Andere Kosten, z. B. als Reaktion auf andere Qualitäten der Güter, entstehen durch diese eingetretene Störung.

Wenn das Lieferkettencontrolling schon zu Beginn gut funktioniert hat und die Risiken nicht unerwartet aufgetreten sind, fallen solche internen Kosten gar nicht oder nur reduziert an. Das ist der Fall, wenn bereits bei der Planung und Schaffung der Lieferketten entsprechende Vorsichtsmaßnahmen ergriffen wurden. So könnten vorhandene Sicherheitsbestände die Zeit bis zur nächsten Lieferung überbrücken oder die Fehlzeit zumindest verkürzen. Flexible Fertigungsanlagen können mit reduzierten Qualitäten arbeiten oder alternative Lieferketten können für Ersatz sorgen.

Externe Kosten: Von externen Kosten der Lieferkettenstörung spricht man, wenn der Grund für die Störung außerhalb der Lieferketten und auch außerhalb des Unternehmens liegt. Sie entstehen u. a. durch die Beschaffung von Ersatzgütern oder die Erbringung der Leistung durch andere Dienstleister. Das ist in der Regel teurer als die geplante Beschaffung. Bei Transportproblemen kann ein Schnelltransport organisiert werden, mit dem z. B. eine Teilmenge per Luftfracht verschickt wird. Diese Kosten müssen durch Anfragen und Verhandlungen ermittelt werden, es dauert also, bis sie bekanntgegeben werden können.

Vertriebskosten: Störungen in einer Lieferkette haben Auswirkungen auf den Vertrieb. Auch diese im Kundenbereich entstehenden Kosten wurde bereits bei der Bewertung der Lieferketten und ihren Störungen beschrieben. Der Ausfall von Umsatz führt zu einem Verlust von Deckungsbeiträgen, kurz- und langfristig. Oder Kunden werden als Ausgleich für fehlende Mengen der bestellten Waren mit höherwertigen Produkten beliefert, für die dann ein Preisnachlass notwendig ist. Selbst wenn ein Kunde bereit und in der Lage ist, auf eine verspätete Belieferung zu warten, leidet die Reputation des Unternehmens als Lieferant. Das kann Folgekosten verursachen.

Indirekte Kosten: Durch die Störungen einer Lieferkette fallen weitere Kosten an, die sich nicht immer direkt erfassen lassen. Dazu gehören Organisationskosten für Umplanungen, Berechnungen oder Gespräche mit Kunden. Diese werden meist in den allgemeinen Verwaltungskosten aufgefangen, ihr Einfluss auf das Unternehmensergebnis sollte nicht überbewertet werden. Je nach der individuellen Situation im Unternehmen und in der Lieferkette sind viele weitere indirekte Kostenarten vorstellbar. So kann ein Lieferausfall der Grund dafür sein, dass das Unternehmens als Kunde eine vereinbarte Mindestmenge für einen Bonus nicht erreicht. Je nach Vertragslage und Verhandlungsmacht können so wesentliche Kosten entstehen.

Für das Lieferkettencontrolling sollten Kosten für eine aktuelle Störung in der Lieferkette soweit möglich berechnet werden. Damit erhält die Warnung der Verantwortlichen vor dieser Störung gleich ein Preisschild. Das ist hilfreich bei der dringend notwendigen Entscheidung zugunsten von Maßnahmen, die diese Auswirkungen reduzieren sollen.

4.3 Warnen

Die Ergebnisse der laufenden Überwachung der Lieferketten werden selbstverständlich in das regelmäßige Reporting eingearbeitet. Das ist ausreichend, solange es sich um kleinere Veränderungen handelt. Geht die Veränderung über festgelegt Grenzen hinaus, muss bei drohenden Gefahren aktiv gewarnt werden. Eine Grenzüberschreitung lediglich beim laufenden Reporting in der Darstellung zu markieren, ist nicht immer ausreichend:

- Die Zeiträume zwischen den üblichen Reportings können zu lang sein. Wenn die Störung direkt nach dem Zeitpunkt des letzten Reportings entdeckt wird, können mehrere Wochen bis zur nächsten Berichterstattung durch das Controlling an die verantwortlichen Beschaffer vergehen. Das verbraucht wertvolle Reaktionszeit.
- Selbst wenn die Störung passend zum Berichtszeitpunkt entdeckt wird, ist eine zeitnahe Verarbeitung der Berichte durch die Informationsempfänger und damit das rechtzeitige Erkennen der Gefahrensituation nicht sichergestellt. Ist das Reporting zu den Lieferketten bisher überwiegend ohne Warnungen geblieben, hat seine Bearbeitung in den Fachbereichen nicht immer die höchste Priorität. Wertvolle Zeit geht verloren, bevor das Reporting zur Kenntnis genommen und die Warnung erkannt wird.
- Die Berichterstattung im Lieferkettencontrolling ist grundsätzlich sehr komplex. Es wird, wie wir gesehen haben, mit verdichteten Informationen gearbeitet, um einen schnellen Überblick zu gewährleisten. Dabei können darin enthaltene Warnungen leicht übersehen werden. Wieder fehlt später die Zeit für ein rechtzeitiges Reagieren.
- Die Störungen in einer Lieferkette haben Einfluss auf viele Unternehmensbereiche. Die dort Verantwortlichen sind nicht alle Teil des Lieferkettencontrollings und damit auch keine Informationsempfänger beim dazugehörigen Reporting. Bei Störungen im Bereich der Lieferketten müssen auch diese Stellen möglichst frühzeitig informiert werden.

Es ist also notwendig, dass neben dem laufenden Reporting ein aktives Warnsystem unterhalten wird. Damit dies effektiv ist, müssen für die Warnungen eigene Regeln aufgestellt werden. Diese bestimmen, wann eine Warnung ausgegeben wird und welche Stellen zu welchen Zeitpunkten und auf welche Weise gewarnt werden. Vereinbarungen zu Grenzwerten regulieren die Warnungen, die aufgrund der ständigen Veränderungen erforderlich sein können.

4.3.1 Grenzwerte für Warnungen

Die Lieferketten weisen eine hohe Komplexität auf. Daher sind Veränderungen an der Tagesordnung. Nicht jede dieser Veränderungen ist schlecht und nicht jede Verschlechterung ist ein Anlass für eine Warnung:

- Verschlechterungen der Situation in der Lieferkette können im Rahmen der üblichen Schwankungen der Werte liegen.
- Bevor bestimmte negative Entwicklungen Einfluss auf das Ergebnis der Lieferkette haben, müssen sie sich stabilisieren. Dazu ist ein gewisser Zeitraum notwendig.
- Es gibt Lieferketten, deren verschlechterte Werte nicht zu großen negativen Auswirkungen im Unternehmen führen.

Veränderungen werden erst dann gefährlich, wenn sie bestimmte Größenordnungen erreichen. Diese sind selbstverständlich für jede Lieferkette, jedes Gut oder jede Leistung, für jedes Risiko und für jeden Parameter unterschiedlich. Die Warnung erfolgt erst dann, wenn ein wesentlicher Schaden erwartet wird. Wann das so ist, wird durch Grenzwerte festgelegt. Erst wenn ein Grenzwert verletzt wird, wird eine Warnung ausgesprochen.

4.3.1.1 Grenzwerte auf unterschiedlichen Ebenen

Die Werte, ab denen eine Warnung oder sogar ein Alarm ausgelöst wird, werden gemeinsam mit den Betroffenen festgelegt. Die Partner des Controllers sind dabei die Beschaffer, die für die Lieferketten verantwortlich sind, aber auch die Unternehmensbereiche, die von einer Störung betroffen sein können. Grenzwerte werden für unterschiedliche Ebenen der Lieferkette und deren Risiken festgelegt:

Parameter für Risiken: Jedes Risiko wird von mehr oder weniger vielen Parametern bestimmt. Diese sind ausschlaggebend für den Eintritt des Risikos und für dessen Intensität. Die Beobachtung dieser Parameter gibt frühzeitig Auskunft über die Entwicklung des gesamten Risikos. So ist z. B. das Wetter während der Wachstumsphase für die Menge und Qualität von landwirtschaftlichen Erzeugnissen bestimmend.

Da mit den vielen Risiken viele verschiedene Parametern korrespondieren, ist es notwendig, sich auf einige von ihnen zu konzentrieren. Nur diese werden intensiv beobachtet und nur für diese werden Grenzwerte für die Warnung festgelegt.

Risiko	Parameter	Grenzwert
Erntemenge zu gering	Wetter: Regen	Regenmenge < 70 % Sollwert
Erntemenge zu gering	Mitarbeiter zur Ernte nicht ausreichend	Anzahl ausländischer Erntehelfer < 2.500
Störung im Transportweg	Dauer der letzten 100 vergleichbaren Transporte auf diesem Weg	durchschnittliche Dauer > 60 Tage
Störung im Transportweg	Preis für Containermiete (World Container Index-Composite)	Standardkennzahl World Container Index-Composite > 5.000 US$
Liefermenge zu gering oder verzögert	Output des Veredlers	Output < 1.000 to pro Tag
Einkaufspreis zu hoch	Kupferzuschlag	Kupferpreis > 8.000 US$/to

Tab. 26: Beispiele für Parameter und Grenzwerte

Eintrittswahrscheinlichkeit: Viele Parameter werden zu einem Risiko zusammengeführt. Dieses wird mit einer Eintrittswahrscheinlichkeit in Abhängigkeit von den Parametern bewertet. Es bietet sich an, für diese Wahrscheinlichkeit, mit der das Risiko realisiert wird, einen Grenzwert zu vereinbaren. So kann z. B. ab einer Eintrittswahrscheinlichkeit von 10 % eine engere Überwachung gestartet werden, bei Überschreiten von 25 % wird gewarnt.

Partner in der Lieferkette: Die Partner in der Lieferketten bestimmen mit ihren Eigenschaften die Qualität der Lieferkette. Sie müssen fachlich kompetent, finanziell ausreichend ausgestattet und ihren Partnern gegenüber loyal sein. Diese Werte können in eigenen Kennzahlen zusammengefasst werden. Vor allem die finanzielle Lage lässt sich nach bekannten Standards bewerten. Andere Eigenschaften ergeben sich aus der Erfahrung in der Vergangenheit und dem Verhalten in der aktuellen Situation. So könnte eine Eigenkapitalquote von 30 % als Mindestwert vorgegeben werden, ein Unterschreiten löst eine Warnung aus. Oder die Beanstandungsquote bei den Zwischenprodukten muss auf mehr als 20 % steigen, bevor eine Warnung ausgelöst wird.

Lieferkette: Jede Lieferkette wird mit einer Gefährdung in Abhängigkeit von den Risiken, deren Eintrittswahrscheinlichkeiten und der Abhängigkeit des Unternehmens von dieser Lieferkette bewertet. Die Kennzahl Gefährdung 1 kann mit dem Einkaufsvolumen, das über diese Lieferkette abgewickelt wird, bewertet werden. Das führt zur Kennzahl Gefährdung 2. Für beide Kennzahlen können jeweils individuelle Grenzwerte je Lieferkette vereinbart werden.

Gruppen von Lieferketten: Eine Gruppenbildung für Lieferketten aus bestimmten Bereichen kann die Entscheidung für eine Warnung verbessern. Wenn z. B. die Gesamtgefährdung im Bereich der Finanzbeschaffung einen vorgegebenen Wert insgesamt überschreitet, ist die Warnung an den Verantwortlichen im Bereich Finanzen gerechtfertigt. Weitere Gruppen können in weiteren Unternehmensbereichen mit eigener Beschaffungsverantwortung (Fertigung, Instandhaltung, Logistik) sinnvoll gebildet werden. Andere Gruppen umfassen vergleichbare Lieferkette, z. B. mit Quellen in Asien, mit dem Transporteuer X oder mit hohem Energieverbrauch der Abläufe. Es wird die Gesamtgefährdung verglichen mit einem

Grenzwert. Die Warnung umfasst immer den gesamten Bereich, also alle Lieferketten aus der Gruppe. Eine Differenzierung muss danach vorgenommen werden.

Unternehmen: Die Gefährdung des Gesamtunternehmens durch die Lieferketten wird in einzelnen Kennzahlen, z. B. Gefährdung 3, dargestellt. Werden für diese Kennzahlen oder andere Parameter der Gesamtgefährdung die vereinbarten Grenzwerte nicht eingehalten, entsteht für das Unternehmen ein größeres Problem. Jetzt muss die Unternehmensführung handeln, da auf der Ebene der Bereichs- bzw. Abteilungsleiter und auf der operativen Ebene bisher nicht erfolgreich gehandelt wurde. Diese Situation sollte nicht eintreten.

Beispiel: Havarie-Grosse 2

Der aus dem letzten Beispiel zur Havarie-Grosse bekannte Fahrradspezialist ist ein Fall, in dem die Gesamtgefährdung des Unternehmens durch eine Lieferkette über alle vertretbaren Grenzen gestiegen ist. Ein Parameter mit einem sich realisierenden Risiko in nur einer Lieferkette hätte das Ende des Unternehmens bedeuten können. Wenn der Container noch länger festgehalten worden oder wenn dieser untergangen wäre, hätte der Fahrradhersteller ein Jahr lang nicht produzieren können. Eine Warnung war gerechtfertigt.

4.3.1.2 Festlegung von Grenzwerten

Die passenden Grenzwerte zu bestimmen, ist nicht immer einfach. Sind sie zu hoch (oder zu niedrig, wenn Sie Mindestwerte vorgeben), werden negative Entwicklungen zu spät erkannt. Sind sie zu niedrig, steigt die Anzahl der ungerechtfertigten Warnungen, sodass ein echter Notfall nicht mehr erkannt wird. Es ist die Erfahrung von Controllern, Einkäufern und weiteren Beteiligten in der Lieferkette notwendig, um einen praktikablen Grenzwert zu bestimmen. Außerdem spielt die grundsätzliche Risikobereitschaft des Unternehmens eine Rolle bei der Festlegung von Grenzwerten.

Beispiel: Konkurrenten um Rohstoff

Zwei Konkurrenten kaufen über eine vergleichbare Lieferketten den gleichen Rohstoff in einer afrikanischen Anbauregion ein. Die verfügbare Menge ist knapp, das Wetter hat einen wesentlichen Einfluss auf die tatsächlich lieferbare Menge. Beide Unternehmen beobachten die Lieferkette, speziell das Wetter, sehr intensiv.

Beide Unternehmen prüfen die Regenmenge ab dem zweiten Monat nach der Aussaat. Wenn die seit der Aussaat gefallene Menge an Regen niedriger ist als 70 % der durchschnittlichen Niederschlagsmenge der letzten 10 Jahre, gibt das erste Unternehmen eine Warnung heraus. Der Einkäufer wird dann versuchen, noch verfügbare Mengen im Markt der Region aufzukaufen, um den erwarteten Ausfall wegen zu großer Trockenheit zu kompensieren.

Das zweite Unternehmen ist weniger risikobereit. Dort liegt der Grenzwert für den gleichen Wetterparameter bei 80 % der Durchschnittsmenge. Es regiert also früher, findet daher einfacher freie Mengen in der Region. Dafür muss es jedoch die Kosten tragen für den umfangreicheren Einkauf, wenn sich die Regensituation in den verbleibenden Monaten erholt und damit auch die Erntemenge.

Sind Lieferketten, Risiken und Parameter neu, gibt es noch keine Erfahrung mit ihnen. Dann muss zunächst in Abstimmung mit allen betroffenen Stellen im Unternehmen ein Grenzwert geschätzt werden. Dabei spielt auch Vorsicht eine Rolle, der Wert wird also zunächst sehr eng sein. Wird der Grenzwert überschritten, wird die Situation überprüft. Zeigt sich kein wirkliches Problem, wird der Grenzwert erhöht. Kommt es dagegen tatsächlich zu einem Problem, obwohl der Grenzwert eingehalten wird, ist er eindeutig zu positiv. Er muss gesenkt werden, um beim nächsten Mal rechtzeitig zu warnen. Grenzwerte können auch temporär verändert werden, um z. B. politische Entwicklungen, die als zeitlich begrenzt eingeschätzt werden, zu berücksichtigen.

4.3.1.3 Eigenschaften von Grenzwerten

Grenzwerte können unterschiedlichste Formen annehmen. Der Controller muss sicherstellen, dass die Werte eindeutig definiert sind. Dazu gehört eine allgemein anerkannte Einigung auf die Einheit der Grenzwerte und auf die technischen Eigenschaften:

Absolute Werte: In einfachen Beziehungen können Grenzwerte als absolute Zahlen festgelegt werden. Das macht die Berechnung und deren Vergleich mit den aktuellen Werten sehr einfach. Beispiele dafür sind die Kennzahl Gefährdung 1 einer Lieferkette, die unter 1,0 bleiben sollte, das Datum der Abfahrt des Containerschiffes, die am 03.01. erfolgen soll, oder die Kennzahl der Lieferantenbewertung, die 3,5 nicht unterschreiten sollte.

Relative Werte: Komplexe Beziehungen in den Lieferketten werden oft mit relativen Werten gekennzeichnet. Dazu werden zwei Werte miteinander in Verbindung gebracht und deren Verhältnis wird berechnet. Das Ergebnis ist eine Prozentzahl. Da die Berechnung einer Formel folgt, ist sie zwar etwas aufwendiger als bei absoluten Werten, allerdings ebenso zuverlässig. Beispiele sind: weniger als 2 % Schwund, mehr als 70 % der durchschnittlichen Sonnentage, weniger als 5 % im Audit beanstandete Abläufe oder weniger als 25 % der Gesamternte.

Fester Wert: Ein Grenzwert, sei er absolut oder relativ, kann als fester Wert angegeben werden. Er bleibt dann so lange gültig, bis er bewusst durch einen verantwortlichen Mitarbeiter verändert wird. Die bei der Festlegung des Grenzwertes berücksichtigen Parameter werden als unveränderlich betrachtet oder es werden nur geringe Auswirkungen bei Veränderungen unterstellt. Die festen Grenzwerte müssen regelmäßig und anlassbezogen geprüft werden.

Variable Werte: Grenzwerte, deren Ausprägung sich entsprechend einer vorgegebenen Definition verändert, sind das Gegenteil von festen Grenzwerten. Die Veränderung ist Teil der Definition des Grenzwertes und wird als Folge der Abhängigkeit von bekannten Parametern angenommen. Verändern sich diese Parameter, verändert sich auch der Grenzwert. Einige Beispiele dazu:

Die Verarbeitung eines Rohstoffes erfolgt in einer chinesischen Fabrik. Der Lieferfähigkeit hängt auch von der aktuelle Corona-Situation in Verbindung mit der Corona-Politik der chinesischen Regierung ab. Sieht die aktuelle Politik die Null-Covid-Strategie vor, dann liegt der Grenzwert für die lokale Inzidenz bei 50, ansonsten liegt sie bei 200. Es wird also bei strenger politischer Regel früher gewarnt.

Wenn der Bestand des Gutes im Unternehmen noch relativ hoch ist, ist die Abhängigkeit von der Lieferkette niedriger. Es kann dann auch später vor Lieferproblemen gewarnt werden. Wird bei normalem Bestand bereits gewarnt, wenn beispielsweise der Frachter mehr als 2 Tage Verspätung hat, kann dieser Grenzwert bei überdurchschnittlich hohem Bestand auf 5 Tage erhöht werden. In ähnlicher Weise kann der Grenzwert von der aktuellen Nachfrage der Kunden des Unternehmens abhängig sein. Ist diese hoch, müssen die Grenzwerte auf eine frühere Warnung eingestellt werden. Ist die Nachfrage gering, sinkt die Abhängigkeit und die Warnung kann später ausgesprochen werden.

Variable Grenzwerte müssen bei jeder Prüfung aktuell berechnet werden. Das erhöht den Prüfungsaufwand, verbessert aber das Ergebnis. Eine Warnung gibt es erst dann, wenn tatsächlich Gefahr droht.

Zeitabhängige Werte: Eine besondere Form der Variabilität ist die Abhängigkeit eines Grenzwertes von der Zeit. Grundsätzlich geht es auch hier wieder um die Abhängigkeit des Unternehmens von der Lieferkette. Es gibt Zeiten im Jahr, in denen man aufgrund einer besonderen Nachfrage auf höchste Liefertreue aus der Lieferkette angewiesen ist, in anderen Zeiten, die außerhalb der Saison liegen, lassen sich verkraften einige Fehltage verkraften. Auch die Jahreszeit kann eine Rolle spielen, wenn z. B. im Winter das Zufrieren der Binnenkanäle droht und so wichtige Rohstoffe nicht pünktlich geliefert werden können. Grenzwerte für Transportzeiten, aktuelle Zustände oder verfügbare Mengen müssen dann entsprechend angepasst werden.

Werte der Veränderung: Grenzwerte können auch eine Veränderung beinhalten. Verbessern sich die Daten, kann auch ein aktuell schlechter Wert noch nicht ausreichend für eine Warnung sein, wenn eine weitere Verbesserung erwartet wird. Anderseits kann ein unveränderter Wert auf einen Grenzwert treffen, der eine Verbesserung beinhaltet. Die Warnung wird trotz eingehaltenem Grenzwert ausgegeben, da eine erwartete Verbesserung nicht eingetreten ist. Im Grund geht es darum, die Prüfung in einen variablen Bereich zu verlegen. Gewarnt wird, wenn mehrere Bedingungen erfüllt sind.

Dieser komplexe Sachverhalt soll an einem Beispiel erläutert werden: Während der Wachstumsphase eines natürlichen Rohstoffes sollte die durchschnittliche Regenmenge der letzten 3 Tage zwischen 6 und 9 Litern pro Quadratmeter liegen. Gewarnt wird genau an diesen Grenzen, also wenn der aktuelle Messwert für den Durchschnitt der letzten 3 Tage unter 6 bzw. über 9 l/qm liegt. Ist der Trend des Messwertes jedoch abnehmend, erfolgt die Warnung bereits etwas früher, also bei 6,5 l/qm. Bei zunehmendem Trend wird ebenfalls früher, bei 8,5 l/qm, gewarnt. Die Komplexität des Sachverhaltes mündet in eine Komplexität der Prüfung:

Situation	Messung t-2	Messung t-1	Messung t0	Grenzwert	Warnung?
unverändert	4,1	4,3	4,2	6,0	ja
steigend	4,9	5,7	6,1	6,0	nein
sinkend	8,1	7,5	6,2	6,5	ja
steigend	7,3	7,5	8,6	8,5	ja
sinkend	10,2	9,9	9,2	9,5	nein
unverändert	9,9	9,7	9,8	9,0	ja

Tab. 27: Beispiele Veränderungen mit Wirkung auf Grenzwert

Mehrdimensionale Werte: Eine Warnung kann in unterschiedlicher Stärke erfolgen. Voraussetzung dafür sind Grenzwerte, die mehrere Stufen beinhalten. Für die notwendigen Reaktionen auf die Warnung macht es durchaus einen Unterschied, ob z. B. die aktuelle Lieferung mit 3 Tagen, 10 Tagen oder unendlich verspätet ist. Diese unterschiedlichen Dimensionen können bereits in vielen Grenzwerten selbst angelegt werden. Dadurch werden den betroffenen Entscheidern bereits ausreichend Informationen für ihre Reaktion mitgegeben.

Die Festlegung der Grenzwerte und vor allem deren ständige Prüfung und Aktualisierung ist eine wesentliche Aufgabe der Lieferkettensteuerung. Entsprechend hoch ist der Aufwand. Eine Verschiebung der dazu notwendigen Arbeit in die Fachbereiche ist nicht nur aufgrund des Arbeitsaufwandes sinnvoll. Dort gibt es auch die notwendige Expertise zur Optimierung der Grenzwerte und damit der daraus folgenden Warnungen. Eine große Hilfe bei der Bewältigung dieser Arbeit und vor allen Dingen beim Sicherstellen, dass diese Aufgabe erledigt werden, können autonome Prozesse in Verbindung mit KI sein.

4.3.1.4 Lernfähiges System (KI)

Schon mehrfach haben wir in diesem Buch autonome Abläufe im Lieferkettencontrolling diskutiert. Die regelmäßige Pflege und Anpassung von Grenzwerten, mit denen die Warnungen gesteuert werden, eignet sich besonders gut für den Einsatz von Künstlicher Intelligenz. Damit können sich die verantwortlichen Mitarbeiter im Controlling und in den Fachbereichen viel Aufwand sparen. Da die passenden Grenzwerte wichtig sind für das Funktionieren des Lieferkettencontrollings, müssen sie in regelmäßigen Abständen festgelegt werden. Entsprechend häufig, z. B. im Rahmen des jährlichen Budgetprozesses, muss dafür viel Zeit investiert werden. Dieser Aufwand kann durch autonome Abläufe reduziert werden. In diesem Zusammenhang ist der Einsatz von Künstlicher Intelligenz ein weiterer Vorteil. Ein selbstständig lernendes digitales System kann sich auf viele Veränderungen der Grenzwerte innerhalb der Lieferkette einstellen.

Die Grenzwerte und eventuell deren Parameter werden in digitalen Tabellen verwaltet. In analogen Abläufen werden die Daten manuell gewartet. Es gibt also einen Zeitpunkt, z. B. innerhalb des Budgetprozesses, für den die Prüfung festgelegt ist. Viele dieser Prüfungen verändern die Grenzwerte nach festgelegten Regeln.

Hinweis: Regeln formulieren

Im Rahmen der manuellen Wartung werden Grenzwerte nach Regeln verändert, die auf der Erfahrung des verantwortlichen Prüfers fußen. Wer solche variablen und nicht fixierten Regeln überprüft, wird feststellen, dass daraus eine wirksame und eindeutige Formel gebildet werden kann. Mit dieser Formel kann die Künstliche Intelligenz die Grenzwerte ohne manuellen Eingriff anpassen.

Für autonomen Abläufe, die mithilfe Künstlicher Intelligenz die Grenzwerte selbstständig verwalten, sind folgende Voraussetzungen notwendig:

- Die **Regeln** für die autonome Veränderung von Grenzwerten müssen bekannt und »abgesegnet« sein. Sie werden entweder in eigenen Tabellen verwaltet und im digitalen Ablauf zur Berechnung neuer Grenzwerte herangezogen oder sie werden direkt in die Anwendung programmiert. Im ersten Fall ist die Regel variabel, ihre Eckpunkte können vom Anwender geändert werden. Die Regel muss jedoch eine gewissen Einfachheit einhalten, damit sie durch einige wenige Parameter gesteuert werden kann. Im zweiten Fall darf eine Regel sehr komplex werden. Die Verarbeitung wird dennoch schneller, da die Befehle direkt programmiert wurden.
- In den Regeln werden die Inhalte bestimmter **Parameter** mit dem Grenzwert verknüpft. Der Wert muss also durch Parameter bestimmbar sein.
- Für die Parameterwerte muss es eine »digitale Erfahrung« geben, d. h. es muss **Zeitreihen** geben, in denen eine Entwicklung der Werte gespeichert ist. Diese stehen dem System digital zur Verfügung.
- Im digitalen Ablauf muss auch eine Fehlerreaktion – ein sogenannter »Fehlerausgang« – vorgesehen sein. Dieser wird aktiv, wenn die Prüfung und Neufestlegung zu keinem erlaubten Ergebnis führen. Der Fehlerausgang stellt in einer Datei eine Sammlung der fehlerhaften Vorgänge zusammen, die zur manuellen Klärung verfügbar ist.
- Jede Veränderung der Grenzwerte wird dokumentiert. Die **Dokumentation** steht allen verantwortlichen Mitarbeitern zur Verfügung. Hier können die Gründe für die Anpassung nachvollzogen werden, falls es unklar erscheinende Grenzwerte gibt.

Beispiel: Warnung vor Fehlmengen

Die Liefermenge für einen bestellten Rohstoff ist abhängig von der Erntemenge in einer bestimmten Region. Die wiederum ist abhängig vom Wetter, in diesem Fall von den Regenmengen während der Wachstumsphase. Der Grenzwert liegt aktuell bei 80 % der üblichen Menge bis drei Monate nach Aussaat, bei Unterschreitung wird gewarnt.

Die Regel für die Änderung des Grenzwertes lautet: Wurde in den letzten 10 Ernten der Grenzwert nicht gerissen und dennoch eine Fehlmenge beobachtet oder der Grenzwert gerissen und dennoch keine Fehlmenge beobachtet, wird der Grenzwert um 5 %-Punkte angepasst.

Der Parameter in dieser Regel ist die Liefermenge, bzw. das Unterschreiten der Bestellmenge.

Es gibt eine Zeitreihe der Regenmengen und der Liefermengen relativ zur Bestellmenge:

Zeitpunkt	t-10	t-9	t-8	t-7	t-6	t-5	t-4	t-3	t-2	t-1	t0
alter Grenzwert	80%	80%	80%	75%	75%	75%	80%	80%	80%	75%	75%
Regenmenge	75%	73%	76%	90%	105%	87%	85%	85%	72%	75%	80%
Liefermenge	105%	100%	100%	98%	94%	97%	100%	100%	100%	80%	85%
neuer Grenzwert	80%	80%	75%	75%	75%	80%	80%	80%	75%	75%	80%

Tab. 28: Dokumentation der Veränderungen des Grenzwertes

Das obige Beispiel zeigt, dass bei der autonomen Wartung von Grenzwerten mithilfe von KI eine großen Volatilität entstehen kann. Das führt dazu, dass den verantwortlichen Menschen sehr schnell die Übersicht und auch das Verständnis für die Veränderungen der Grenzwerte verloren geht. Gleichzeitig sorgt diese Vorgehensweise für eine bessere Abbildung der aktuellen Situation, die Veränderungen in den Rahmenbedingungen bei der Anpassung der Grenzwerte berücksichtigt. Die Grenzwerte werden besser, also aktueller und detaillierter.

Hinweis: Verständnis

Bei allen Anwendungen mit Künstlicher Intelligenz zeigt sich, dass die betroffenen Menschen schnell den Überblick über die Veränderungen und autonomen Abläufe verlieren. Das führt dann dazu, dass autonome Entscheidungen akzeptiert werden, ohne sie zu hinterfragen. Das ist auch richtig so, eine dauernde Kontrolle der Ergebnisse der Arbeit von KI hebt einen großen Teil der Vorteile autonomen Handelns der Systeme wieder auf. Allerdings darf das Verständnis für die Abläufe nicht verloren gehen. Der Mensch darf nur dann auf das digitale System vertrauen, wenn er die sich darin verbergenden Abläufe kennt oder zumindest die Ergebnisse auf Plausibilität hin prüfen kann.

Autonome Systeme können das Verständnis für die Abläufe und deren Ergebnisse stärken, wenn es die Menschen einbezieht. Eine jederzeit zugängliche Dokumentation der autonom vorgenommenen Veränderungen gehört dazu. Es kann z. B. auch eine Ankündigung der Veränderungen geben, wenn z. B. der neue Grenzwert stark von dem bisherigen Wert abweicht.

Die Anforderungen an die Mitarbeiter in den Organisationen und Verwaltungen steigen, z. B. durch die Forderungen nach einem effektiven Lieferkettencontrolling. Immer öfter sind angesichts der fehlenden Fachkräfte autonome Abläufe und Künstliche Intelligenz die einzigen Mittel, diese Anforderungen wirtschaftlich zu erfüllen. Das ist nicht nur im Lieferkettencontrolling so, im gesamten Controlling ist dies bereits seit Langem ein Thema, in anderen Unternehmensbereichen ebenso.

4.3.2 Die Warnung

Im Rahmen der Überwachung von Lieferketten vergleicht das Controlling also die ermittelten aktuellen Werte mit den vereinbarten Grenzwerten. Sinn dieser Aktivitäten ist es selbstverständlich, bei einer Verletzung des Grenzwertes zu reagieren. Es werden Maßnahmen ergriffen, die unerwünschte Entwicklungen stoppen oder sogar umkehren sollen.

Hinweis: Handeln auch bei positiven Veränderungen

Selbstverständlich können sich die Parameter, die eine Lieferkette und damit die Gefährdungslage einer Lieferkette beeinflussen, auch positiv entwickeln. So kann z. B. das Wetter während des Wachstums eines Rohstoffes so gut sein, dass eine Rekordernte zu erwarten ist. Das Unternehmen kann sich auf größere Mengen und/oder bessere Qualitäten einstellen und davon profitieren.

Voraussetzung dafür ist, dass diese positive Entwicklung rechtzeitig erkannt wird. Im Lieferkettencontrolling wird traditionell vor allem eine negative Entwicklung beachtet und verarbeitet. Die Berücksichtigung von Chancen, die sich aus einer positiven Entwicklung innerhalb einer Lieferkette ergeben, ist nur noch ein kleiner zusätzlicher Schritt. Dieser muss nicht für alle Lieferketten gemacht werden, es ist zunächst ausreichend, mit wichtigen und erfolgversprechenden Lieferketten zu beginnen.

Damit die notwendigen Aktivitäten auch tatsächlich stattfinden, muss die Information über Grenzwerte, die – im negativen wie auch im positiven Sinne – aus dem festgelegten Bereich fallen, richtig kommuniziert werden. Es muss definiert werden, wer in einem solchen Fall gewarnt bzw. informiert wird, wann das zu geschehen hat und wie die Information aussehen soll. Das wird in Zusammenarbeit mit den Fachbereichen festgelegt.

4.3.2.1 Wer wird gewarnt?

Legt man die Empfänger von Warnungen fest, werden Positionen im Unternehmen bestimmt, nicht Personen. Personen können wechseln, krank oder im Urlaub sein. Positionen wie z. B. der »Einkäufer Rohstoffe« wechseln hingegen sehr selten, die dort tätigen Personen haben Stellvertreter, die diese Position bei Abwesenheit ausfüllen. Damit wird eindeutig definiert, wen das Controlling im Falle einer Grenzwertverletzung zu informieren hat.

Die Bestimmung der Empfänger wird definiert anhand der folgenden drei Kriterien:

Verantwortlichkeit: Für jede Lieferkette gibt es eine verantwortliche Stelle, die sich um die Beurteilungen und Veränderungen der Kette kümmert. Diese Stelle ist im Falle einer Grenzwertverletzung immer zu informieren. Hier liegt das Wissen über die Struktur der Lieferkette, die Risiken und Parameter. Hier wurden im Normalfall auch bereits Maßnahmen vorbereitet oder zumindest geplant, die bei negativen Entwicklungen ergriffen werden können. Die Verantwortlichen haben Erfahrungen mit dem Verhalten der Lieferkette im Störungsfall gesammelt und können die optimalen Maßnahmen bestimmen.

Betroffenheit: Im Unternehmen gibt es unterschiedlichste Stellen, die zwar keine Verantwortung für die Lieferkette haben, aber von deren Störungen betroffen sind. So hat der Einkäufer zwar die Verantwortung für die Lieferkette zur Beschaffung von Rohstoffen, betroffen ist aber die Fertigung, da diese nicht oder nicht wie geplant produzieren kann. Betroffen ist in einem solchen Fall auch der Vertrieb, der keine

Produkte ausliefern kann. Die Zeitpunkte und Auslöser der Warnung an direkt und indirekt betroffene Unternehmensbereich sowie an die Verantwortlichen können voneinander abweichen. So kann eine Benachrichtigung der Produktionsabteilung durch den verantwortlichen Einkäufer geschehen, wenn erste Maßnahmen, die der Einkauf getroffen hat, nicht funktioniert haben.

Einflussmöglichkeit: Maßnahmen und Reaktionen auf Störungen in einer Lieferkette können sehr komplex sein. Oft müssen Entscheidungen getroffen werden, die nicht im Bereich der Verantwortlichen oder Betroffenen liegen. Eine Warnung an die Stellen im Unternehmen, die den notwendigen Einfluss haben und die notwendigen Entscheidungen treffen können, ist also notwendig. Auch hier gilt, dass der Zeitpunkt der Warnung und deren Quelle von den vorhergehenden Warnungen abweichen kann.

Beispiel: Zusätzliches Personal

Im Lieferkettencontrolling wurde eine Warnung ausgelöst, da die Wetterentwicklung in der Region für die Rohstoffgewinnung eine Verspätung der Lieferungen erwarten lässt. Die Warnung wurde an den Einkäufer gegeben. Gleichzeitig hat das Controlling die Logistik informiert, da diese von der Verspätung der Rohstofflieferungen betroffen ist. Sie muss zusätzliche Lagerkapazitäten beschaffen und vor allem die Einlagerung, die jetzt innerhalb von 4 Wochen und nicht von 3 Monaten erfolgen muss, durchführen. Dazu wird temporär zusätzliches Personal benötigt. Wie dies möglich ist, entscheidet die Personalabteilung, die also ebenso zu warnen ist. Die Warnung der Personalabteilung erfolgt durch die Logistik, sobald die Notwendigkeit dieser Maßnahme feststeht.

Um alle zu warnenden Stellen im Unternehmen zuverlässig zu informieren und gleichzeitig eine überflüssige Menge an Warnungen zu vermeiden, gibt es ein Stufensystem für die Information über Störungen:

Stufe 1: Die Entwicklung in der Lieferkette zeigt eine steigende Bedrohung, erste Grenzwerte werden überschritten. Das Risiko hat sich jedoch noch nicht realisiert. Die Auswirkungen selbst bei Eintritt des Risikos sind gering. Informiert über die Grenzwertverletzung wird die operative Ebene, die die Verantwortung für die Lieferkette trägt. Diese kann mit definierten operativen Maßnahmen eingreifen und/oder mögliche weitere Maßnahmen vorbereiten.

Stufe 2: Die Bedrohung wird real, was sich in der Verletzung wichtiger Grenzwerte zeigt. Maßnahmen müssen jetzt ergriffen werden, es drohen wesentliche Nachteile für das Unternehmen. Jetzt wird zusätzlich die erste Hierarchiestufe gewarnt. Diese muss selbst Maßnahmen ergreifen oder den Erfolg der operativen Maßnahmen beobachten. Abstimmungen innerhalb des eigenen Verantwortungsbereiches, z. B. mit der operativen Ebene, werden vorgenommen. Auch eine Abstimmung mit den weiteren betroffenen Unternehmensbereichen erfolgt jetzt. Gemeinsam mit allen Beteiligten und dem Controlling wird die weitere Entwicklung eingeschätzt.

Stufe 3: Die Bedrohung wächst, wesentliche Schäden für das Unternehmen sind zu erwarten. Dazu gehören wesentliche Kosten für Maßnahmen, ein beträchtlicher Umsatzverlust, der mit einem Imageverlust einhergeht. Steigende Kosten verschlechtern die Wettbewerbsfähigkeit des Unternehmens. Spätestens in dieser Situation muss die Führungsebene gewarnt werden. Dort werden begleitende Maßnahmen ergriffen, u. U. muss die Unternehmensstrategie verändert werden.

Diese Stufensystematik und die dafür relevanten Grenzwerte müssen für jede Lieferkette individuell bestimmt werden. Die Zusammenfassung vergleichbarer Lieferketten ist zulässig. Wie alle Parameter, die mit der Warnung vor Störungen in einer Lieferkette im Zusammenhang stehen, muss die Liste mit den Empfängern von Warnungen und den Bedingungen dafür, wann gewarnt werden muss, permanent angepasst werden. Lieferketten, die nicht mehr kritisch sind, weil z. B. der Bedarf an den Gütern im Unternehmen gesunken ist, müssen auch im Hinblick auf die Warnungen entschärft werden. Lieferketten, die bedrohlicher werden, weil z. B. durch den Klimawandel die Wachstumsbedingungen verschlechtert sind, müssen hinsichtlich der Warnungen verschärft werden.

4.3.2.2 Wann wird gewarnt?

Wenn bedacht wird, dass sich entwickelnde Risiken möglichst in der frühen Phase ihres Entstehens bekämpft werden sollen, ist der Zeitpunkt, zu dem gewarnt wird, eindeutig: sofort, wenn die Situation erkannt wird. Es ist unverantwortlich, neben der Zeit bis zum Erkennen der Gefahrensituation auch noch Zeit bis zur Warnung zu verbrauchen. Im Lieferkettencontrolling muss es Kommunikationswege geben, auf denen Warnungen bei einer Grenzwertverletzung unverzüglich berichtet werden können.

Selbstverständlich werden die verantwortlichen Stellen sofort informiert, aber auch die üblichen regelmäßigen und unregelmäßigen Berichte werden mit einer Warnung versehen.

- Im laufenden Reporting des Controllings in Form von monatlichen oder quartalsweisen Berichten werden die Lieferketten, für die eine Warnung besteht, besonders gekennzeichnet. Das laufende Reporting kann nur dann als ein Ersatz für eine eigene Warnmeldung genutzt werden, wenn es sofort mit den entsprechenden Parametern veröffentlicht wird und wenn sichergestellt ist, dass die Empfänger diese Information auch zeitnah lesen.
- In permanent aktualisierten und ständig zur Verfügung stehenden Berichten wird ebenfalls ein Hinweis auf eine Warnung gegeben (z. B. im Dashboard). Auch hier gilt, dass dies eine eigenständige Warnung nur ersetzt, wenn ein entsprechendes Erkennen der Warnung durch den Verantwortlichen gesichert ist.
- In Berichten, die im Normalfall ad hoc von den verantwortlichen Berichtsempfängern angefordert werden, wird der Warnzustand der jeweiligen Lieferkette vermerkt. Ein solcher Ad-hoc-Bericht wird als Warnung verschickt, auch wenn keine Anforderung des Berichtsempfängers vorliegt.

Ziel des Lieferkettencontrollings muss es sein, die Warnungen so schnell wie möglich und zuverlässig an die festgelegten Stellen zu bringen. Der Zeitpunkt, den das Controlling wählt, ist sicher auch abhängig von der erwarteten Schwere der Auswirkungen. Hier spielen die Art und die erwartete Dauer der Störung ebenso eine Rolle wie die zu erwartenden Auswirkungen für das Unternehmen. Dazu sind Einschätzungen des Controllers notwendig, die den Aufwand für eine zeitnahe Warnung der Betroffenen bestimmen.

Beispiel: Gefährdung

In der Fertigung zweier Unternehmen stehen mehrere Maschinen eines britischen Herstellers, deren Wartung durch Techniker aus Manchester durchgeführt wird. Die Inspektion ist seit Langem für einen Samstag geplant. Drei Tage vor dem Termin wird klar, dass die Monteure aufgrund von Störungen im Luftverkehr erst eine Woche später kommen können.

Im ersten Unternehmen bedeutet dies, dass die geplante Samstagsarbeit für die eigenen Techniker um eine Woche verschoben werden muss, die Produktion kann weiterlaufen, da es noch einen Spielraum der Maschinenlaufzeit gibt. Die Warnung an die verantwortlichen Instandhalter kann auf üblichen Kommunikationswegen auch ohne sofortige Aktion erfolgen. Ein zusätzlicher Aufwand für eine sofortige Warnung ist nicht notwendig.

Im zweiten Unternehmen gibt es eine kontinuierliche Fertigung, die zur Wartung der Anlagen gestoppt wird. Um den Produktionsstopp auszunutzen, werden gleichzeitig an dem Termin weitere Instandhaltungsmaßnahmen und kleinere Reparaturen durchgeführt. Dazu werden auch Fremdfirmen beauftragt. Damit die Produktionsplanung der neuen Situation angepasst werden kann und die Vorbereitungen für den Produktionsstopp verschoben werden können, muss sofort reagiert werden. Die Verschiebung der Termine für die anderen beteiligten Dienstleister muss jetzt sofort versucht werden, um Aussicht auf Erfolg zu haben. Der Controller hat diese Situation erkannt und warnt sofort, nachdem die Verzögerung in der Lieferkette erkennbar ist, auch wenn es zu einem höheren Aufwand für diese Warnung kommt.

4.3.2.3 Wie wird gewarnt?

Die Frage nach den Empfängern der Warnung ist durch die vereinbarten Regeln geklärt, der Zeitpunkt der Warnung wird im Controlling bestimmt. Beides kann durch geplante Prozesse gesteuert werden und ist ein technischer Controlling-Ablauf. Mit der Art und Weise wie gewarnt wird, bestimmt der Controller das Erkennen der Dramatik in der Situation. Je größer die Abweichung von den sonst üblichen Abweichungen ist, desto mehr Aufmerksamkeit muss der Störungsbericht erregen.

Der Controller entscheidet, welche Form der Berichterstattung einer Grenzwertverletzung er wählt. Die in der Praxis oft angewendeten Regeln, die Art der Warnungen in Abhängigkeit von objektiven Parametern durchzuführen, scheitern regelmäßig. Die Anlässe für eine Warnung sind so unterschiedlich wie die Lieferketten, deren Abläufe und Partner, deren Risiken und deren Parameter. Daher gibt es immer wieder Situationen, die nicht in die vereinbarten Regeln passen. Daher ist es ausreichend und notwendig, auf die Erfahrung und Kenntnis des Controllers zu vertrauen. Er wählt in der Regel eine der folgenden Möglichkeiten:

Laufendes Reporting: Im laufenden Reporting gibt es eine Vielzahl von Berichten und Darstellungen, die über alle wichtigen Inhalte zu einer Lieferkette informieren. Die Warnung kann also darin bestehen, einen gewohnten Bericht zu einer unüblichen Zeit zu verschicken. Der von den Berichtsempfängern besonders zu beachtende Wert wird dabei ebenso besonders markiert. Diese Vorgehensweise wird vor allem gewählt, um Stellen oberhalb der operativen Ebene mit der Warnung zu konfrontieren. Oft erhalten diese laufend einen Überblick über die Lieferkettensituation, z. B. in ihrem Dashboard. Dort kann eine entsprechende Warninformation angebracht werden. Der Vorteil liegt in der Verfügbarkeit des Berichts und der Bekanntheit der Inhalte. Eine Einschätzung fällt den Berichtsempfängern leicht.

Beispiel: Gesamtübersicht

In der Gesamtübersicht über die Lieferketten im Rohstoff- und Bauteileeinkauf wird das bereits bekannte Bild der Portfolio-Analyse gezeigt, das an die Einkäufer, den Leiter Einkauf und die Geschäftsführung geht. Die Lieferkette 10 ist von einem Lieferausfall bedroht, da das Containerschiff mit dem Rohstoff nach einem Sturm auf See vermisst wird. Der verantwortliche Einkäufer wurde bereits direkt informiert, die Führungsebenen werden durch die Markierung in dem in Abbildung 43 gezeigten Dashboard gewarnt.

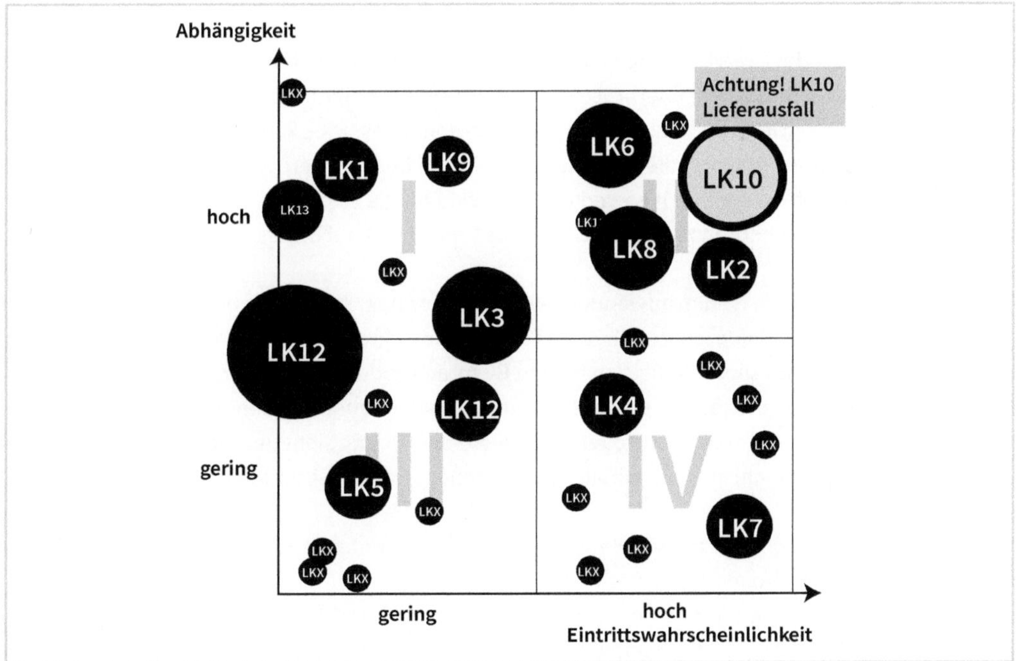

Abb. 43: Warnung vor Lieferausfall der Lieferkette 10

Alarm-Reporting: Besondere Situationen verlangen besondere Maßnahmen, in diesem Fall einen besonderen Bericht. Der Controller kann aus den Informationen der Lieferkette und den vorliegenden Hinweisen auf eine Störung einen eigenen Bericht erstellen. Darin kann die Drohung besonders klar und eindeutig abgebildet werden. Der Empfänger des Berichts wird allein schon durch diesen Alarm-Report auf die Besonderheit, also auf die Bedrohung hingewiesen. Der Vorteil liegt in der Exklusivität eines solchen Berichtes, die ihn bedeutend macht. Die Erstellung des Berichtes verbraucht jedoch Zeit, der Inhalt ist für den Empfänger neu und nicht immer sofort verständlich.

Lieferkette	LK 10	Rohstoff	XYZ	Empfänger: Einkauf Rohstoffe 1 / Fr. Wern					
Achtung:	**Grenzwert Lieferverzögerung überschritten**								
Bestellung	B45632	B46879	B47005	B47985	B49147	B49250	B49390	B50081	B50199
Termin	t-8	t-7	t-6	t-5	t-4	t-3	t-2	t-1	**aktuell offen**
Menge to	784	850	781	945	1.010	1.140	251	451	1.085
Lieferzeit Soll Tage	35	35	35	40	40	40	40	40	40
Lieferzeit Ist Tage	38	41	39	42	41	44	43	45	**99**
Differenz Tage	3	6	4	2	1	4	3	5	59
Durchschnitt 4 Tage	3,0	3,5	2,1	3,8	3,3	2,8	2,5	3,3	17,8
Grenzwert Tage	8,0	8,0	8,0	8,0	8,0	8,0	8,0	8,0	8,0

Abb. 44: Beispiel Alarmbericht

Gespräch: Ein besonders Gewicht erhält ein Controllingbericht immer dann, wenn er durch eine persönliche Ansprache des Controllers überbracht wird. Der Controller initiiert ein Gespräch mit der Person, die laut Regel von der Grenzverletzung informiert werden muss. Dies kann telefonisch geschehen, ein tatsächliches Treffen erhöht aber die Bedeutung. In diesem Gespräch erhält der Partner alle Informationen über die Lieferkette, deren Risiken und die Entwicklung, die zu dieser Warnung führt. Entsprechende Daten und Berichte gehören zur Vorbereitung des Controllers auf dieses Gespräch.

Das persönliche Gespräch ist die aufwendigste Art der Warnung, sowohl für den Controller als auch für den Gesprächspartner. Gleichzeitig stellt diese Form die korrekte Wahrnehmung durch den verantwortlichen Mitarbeiter sicher. Dieser kann sich in dem Gespräch zudem noch weiter informieren und offene Fragen klären. Gemeinsam können ersten Maßnahmen besprochen werden. Diese Form der Warnung wird dann angewandt, wenn der Controller eine ernste Bedrohung sieht und/oder wenn er dem verantwortlichen Mitarbeiter nicht zutraut, wirklich zu verstehen, was die Situation bedeutet.

Krisensitzung: Bei besonders großen Bedrohungen müssen mehrere Stellen im Unternehmen reagieren. Die Abstimmung erfolgt in einer gemeinsamen Sitzung, in der die Bedrohung vom Controller beschrieben wird. Zusammen können dann erste Maßnahmen beschlossen werden. Da dies einen sehr großen Aufwand bedeutet, wird nur selten sofort als erste Warnung eine Krisensitzung einberufen. Meist erfolgt zunächst eine Warnung in einer anderen, einfacheren Form. Misserfolge in der Bekämpfung der Bedrohung führen dann in eine Krisensitzung. Auch für die Sitzung bereitet der Controller entsprechende Unterlagen und Reports vor.

Die beschriebenen Formen der Warnung von verantwortlichen Stellen im Unternehmen durch den Controller können auch als Eskalationsstufen verstanden werden. Zunächst erfolgt die Warnung im laufenden Reporting, dann kommt es zu einem besonderen Alarmbericht, dem ein persönliches Gespräch folg. Die letzte Möglichkeit, alle Betroffenen in die Warnung einzubeziehen ist die Krisensitzung. Ob der Controller die Bedrohung als so ernst einschätzt, dass er die schlichteren Warnungsformen dieses Regelkreises überspringt, entscheidet er selbst.

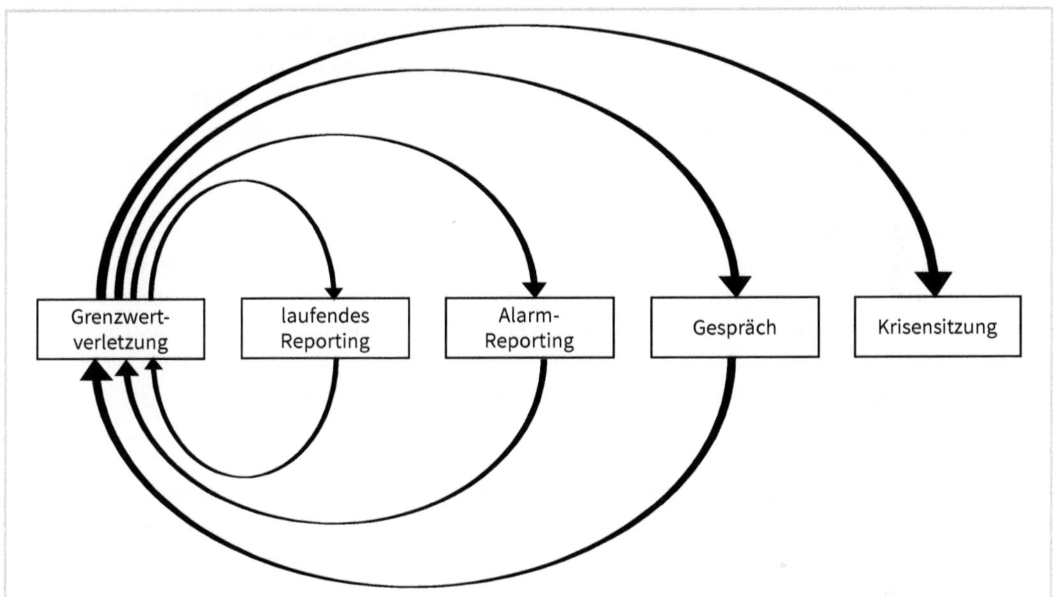

Abb. 45: Eskalationsstufen für Warnungen

Hinweis: Vorteil nutzen

In kleinen und mittleren Unternehmen ist die Kommunikation zwischen den Mitarbeitern auf allen Stufen und in allen Fachbereichen meist sehr eng, enger als in großen Konzernen. Das wird im Lieferkettencontrolling ausgenutzt, um Entwicklungen in den Lieferketten frühzeitig direkt mit den Beteiligten zu kommunizieren. Damit können die Verantwortlichen auf Entwicklungen in Lieferketten sehr früh mit geeigneten Maßnahmen reagieren. Dieser Vorteil der kleinen gegenüber den großen Wettbewerbern muss genutzt werden. Darüber hinaus muss allerdings auch das systematische Warnsystem weiterhin aktiv genutzt werden. Nur so kann festgestellt werden, ob die frühzeitige Information mit entsprechend frühzeitigen Maßnahmen auch gewirkt hat.

4.3.3 Dashboards für Warnungen

Wir haben Dashboards als Mittel zur Darstellung der Gesamtsituation im Lieferkettencontrolling kennengelernt. Es ist auch möglich, über das Dashboard Warnungen zu kommunizieren. Diese Form der Informationsverbreitung aus dem Controlling an die entscheidenden Stellen wird mehr und mehr auch in kleinen Unternehmen zur Normalität. Dabei werden für den jeweiligen Entscheider wichtige Informationen kompakt zusammengefasst und ständig aktualisiert. Der Empfänger der Informationen kann sein persönliches Dashboard immer wieder aufrufen oder aber auf einem separaten Bildschirm permanent aktiv sein lassen.

Hinweis: Standards Vor- und Nachteile

Für das Reporting des Controllings werden BI-Systeme (Business-Intelligence-Systeme) genutzt, die in den letzten Jahren sowohl durch den steigenden Funktionsumfang als auch durch den sinkenden Preis selbst für kleine Unternehmen interessant geworden sind. Dort kann sich der Nutzer sein individuelles Dashboard selbst zusammenstellen. Das Controlling liefert die Daten und vergibt die Rechte für deren Nutzung, aber auch für die Nutzung der individuellen Gestaltungsmöglichkeiten. Das entlastet den Controller von der Gestaltungsaufgabe und ermöglicht dem Nutzer, sein Dashboard mit einem hohen Maß an Individualität zu gestalten. Im Lieferkettencontrolling muss sichergestellt werden, dass die für den Abruf im Dashboard vorgesehenen Warnungen auch tatsächlich im individuell zusammengestellten Dashboard oder in anderen Controllingberichten beim Empfänger ankommen.

Die in den Standards vorhandenen, einfach zu bedienenden Funktionen zur individuellen Gestaltung der Dashboards verführen in der Praxis immer wieder dazu, auch die Inhalte zu verändern und an das kurzfristige Informationsbedürfnis anzupassen. Das nimmt den Dashboards den wichtigen Vorteil der schnellen Wahrnehmung der Inhalte. Nur wenn die Darstellung lange unverändert bleibt, kann sich der Nutzer des Dashboards an den Aufbau gewöhnen und die angebotenen Informationen schnell erkennen. Wenn ständig Veränderungen vorgenommen werden, gehen Informationen verloren oder werden nicht korrekt erkannt.

Grundsätzlich enthält ein Dashboard viele verdichtete Informationen, die für die laufende Aufgabe und für besondere Entscheidungen verantwortlicher Mitarbeiter wichtig sind. Das können Daten sein aus unterschiedlichen Unternehmensbereichen, von denen das Lieferkettencontrolling nur ein Teil ist. Es gibt auf der anderen Seite Dashboards, die sich einem Thema widmen, z. B. der Lieferkettensituation. Auch Teile aus dem gesamten Spektrum des Lieferkettencontrollings lassen sich sinnvoll in einem Dashboard kombinieren. Die Inhalte können an die Aufgabenbereiche der Nutzer angepasst werden und sich z. B. nur auf die Risiken im Zusammenhang mit dem Lieferkettensorgfaltspflichtengesetz beziehen.

Ein Dashboard wird von mehreren Parametern bestimmt:

- Es gibt mehrere Themenbereiche in einem Dashboard. Verbreitet ist es, vier inhaltlich unterschiedliche Darstellung zu verwenden. Es gibt jedoch auch Dashboards mit mehr oder weniger Inhalten. Die Größe des für eine Darstellung verfügbaren Platzes kann unterschiedlich sein. Sie orientiert sich an der Bedeutung des Inhaltes für den Nutzer. Gleichzeitig wird die benötigte Größe von der Anzahl der Informationen bestimmt. Je mehr davon in einer Darstellung notwendig sind, desto größer ist der Platzbedarf. Die sich weiterausbreitende Nutzung von Smartphones für den Informationsabruf führt zu Dashboards mit nur einem Inhalt, da die Kapazität des Bildschirms auf den Telefonen eingeschränkt ist.
- Die Inhalte des Dashboards müssen ständig aktualisiert werden. Es ergibt keinen Sinn, ein Dashboard ständig anzuzeigen, wenn sich die Daten nur täglich verändern. Steht der Termin der Veränderung fest, können solche Dashboards nach der Aktualisierung angezeigt werden. Andere Inhalte werden dagegen ständig verändert. Vor allem technische Werte wie Produktionsmengen, Laufzeiten oder Börsenkurse verlangen eine ständige Aktualisierung.

Hinweis: Unterschiede

Gleiche Inhalte können in unterschiedlichen Situationen eine unterschiedliche Aktualisierungsrate aufweisen. So kann der Auftragseingang über den Internetshop ständig neue Werte aufweisen. Der Auftragseingang über den parallel betriebenen dezentralen Außendienst wird erst nach Eingabe der Tagesaufträge am Tagesende verändert. Hier spielt die individuelle Anforderung eine Rolle für die Aktualisierung des Reportings der Daten.

Um die gewünschte Aktualität der Dashboards zu erreichen, können autonome Abläufe hilfreich sein. Sie können interne Daten zu Bedarfen, Beständen oder Planungen aus den eigenen IT-Systemen entnehmen und in der Datenbank des Controllings speichern. Diese ist dann die Grundlage für das Dashboard. Auch externe Daten wie Börsenpreise oder die aktuell bereits zurückgelegte Strecke eines Containerschiffes können durch autonome Prozesse beschafft werden. Das garantiert die permanente Aktualität.

- Die unterschiedlichen Darstellungen im Dashboard können je nach aktueller Situation des Unternehmens ausgetauscht werden. Wenn z. B. eine Nachfragekrise droht, wird das zurzeit unauffällige Bild der Lieferketten durch eine aktuelle Beobachtung der Auftragseingänge ersetzt. Steigt die Bedrohung durch die Lieferketten wichtiger Bauteile, wird das Bild der aktuell geleisteten Arbeitsstunden gegen die Risikodarstellung der betroffenen Lieferketten ausgetauscht.
  Der Austausch von Darstellungen im Dashboard kann automatisiert werden, wenn sich die Beteiligten mit dem Controller auf entsprechende Merkmale einigen. In den meisten Unternehmen reicht es aus, wenn der Controller ad hoc entscheidet, die Dashboards der Informationsempfänger der aktuellen Unternehmenssituation anzupassen.

Hinweis: Krisendashboard

In der Welt der Controller wird aktuell der Inhalt von Krisendashboards diskutiert. Diese sollen die verschiedenen Krisenthemen, die das Unternehmen aktuell betreffen, abbilden. Dazu gehört im Bedarfsfall neben einer Darstellung der Energiesituation, der Kostensituation und der Mitarbeiterbelastung auch eine aktuelle Darstellung der Lieferketten mit ihren aktuellen Risiken und Gefährdungen. Diese Vorschläge für die Schaffung eines Krisendashboards zeigen, dass sich die Unternehmen zurzeit vielen Krisen stellen müssen.

- Die Dashboards stellen die Situation jeweils aus der oberen Ebene gesehen dar. Die Werte sind stark komprimiert. Es wird den Nutzern die Möglichkeit gegeben, aus den Dashboards in detailliertere Darstellungen zu wechseln und sich die Daten, die den Darstellungen im Dashboard zugrunde liegen, im Einzelnen anzusehen. Die Wege dahin müssen vom Controller im BI-Tool eingerichtet und freigegeben werden.

Beispiel: Dashboard Rohstoffe

Das in Abbildung 46 dargestellte Beispiel eines Dashboards konzentriert sich auf die Lieferketten für Rohstoffe eines Unternehmens.

Aktuelle Bedarfsdeckung 5 Rohstoffe

Rohstoff	Bedarf to	Bestellung to	Vertrag to	Deckung %	Zustand
XYZ123	5.611	3.687	1.874	99,1%	ok
WSX947	489	500	0	102,2%	ok
XXX345	1.145	250	250	43,7%	Achtung!
XXX355	1.247	700	250	76,2%	
XXX365	977	354	250	61,8%	Achtung!

Aktuelle Logistikdaten 5 Rohstoffe

Rohstoff	Bestand to	Deckung 14 Tage	Deckung 2 Monate	freie Lagerkapazität to	Zustand
XYZ123	514	183%	73%	2.147	ok
WSX947	1	4%	2%	419	Achtung!
XXX345	75	131%	52%	500	ok
XXX355	15	24%	10%	585	Achtung!
XXX365	50	102%	41%	404	

Asien 13.12.20XX 17:35 CST (+ 7 Std.)

- Shanghai: Lockdown beendet - Lage normalisiert sich
- Beijing: Parteitag der kommunistischen Partei China tritt zusammen
- Quinghuangdao: keine Proteste mehr - Kohlehafen wieder geöffnet
- Washington: Diskussionen über Strafzölle auf chinesische Einfuhren

Abb. 46: Beispiel Dashboard Rohstoffe

Es beginnt in der linken oberen Ecke mit einer Wortwolke zum Thema »Finanzielle Mittel«. Es zeigt dem Rohstoffbeschaffer an, ob ausreichend Geld für den Einkauf auch großer Mengen der Rohstoffe vorhanden ist. Der rechte obere Bereich zeigt die Bedarfsdeckung für die nächsten 12 Monate. Es gibt bereits Bestellungen und es gibt offene Verträge. Bei zwei der Rohstoffe ist die Deckung noch nicht ausreichend, hier wird gewarnt.

Der untere Bereich zeigt neben den noch freien Lagerkapazitäten vor allem die kurzfristige Deckung an. Diese ist bei zwei Rohstoffen gefährlich gering. Auch hier erfolgt eine Warnung. Ergänzend wird in der rechten unteren Ecke ein Liveticker mit Meldungen zur Volksrepublik China angezeigt. Er liefert Informationen für die globale Einschätzung der Beschaffungslage der Rohstoffe, die das Unternehmen aus China bezieht.

Beispiel: Nachhaltigkeit

Nachhaltigkeit ist für viele Unternehmen über den Marketingeffekt hinaus ein wichtiges Thema. Die eigenen Aktivitäten und deren Auswirkungen können dabei in einem Dashboard dargestellt werden. Darin sind auch Informationen zur Lieferkette enthalten.

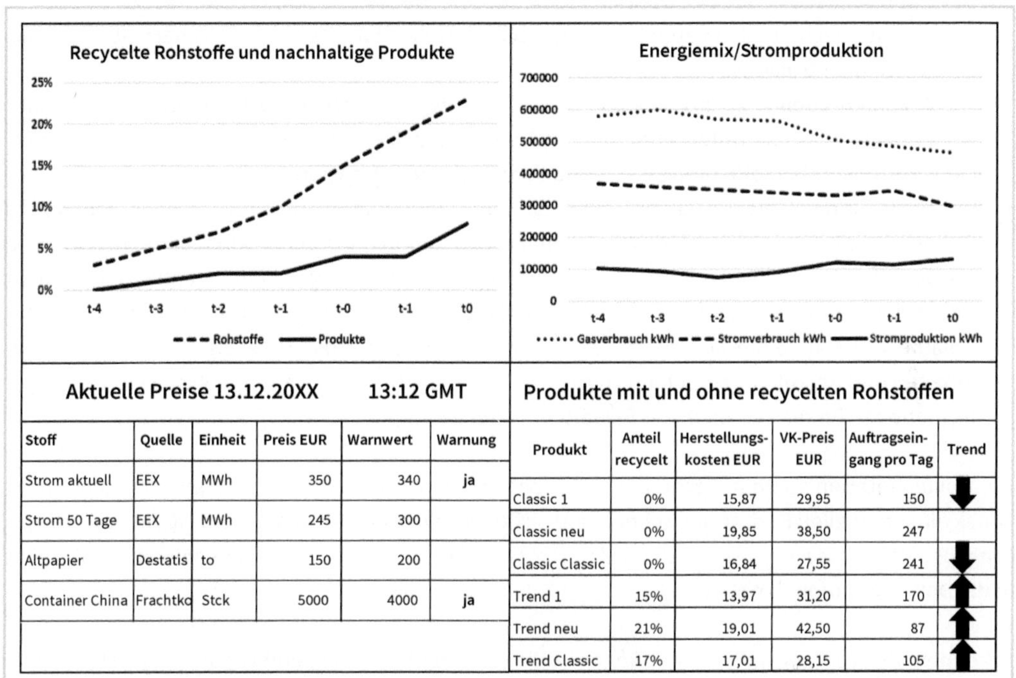

Aktuelle Preise 13.12.20XX 13:12 GMT

Stoff	Quelle	Einheit	Preis EUR	Warnwert	Warnung
Strom aktuell	EEX	MWh	350	340	ja
Strom 50 Tage	EEX	MWh	245	300	
Altpapier	Destatis	to	150	200	
Container China	Frachtko	Stck	5000	4000	ja

Produkte mit und ohne recycelten Rohstoffen

Produkt	Anteil recycelt	Herstellungs-kosten EUR	VK-Preis EUR	Auftragsein-gang pro Tag	Trend
Classic 1	0%	15,87	29,95	150	↓
Classic neu	0%	19,85	38,50	247	
Classic Classic	0%	16,84	27,55	241	↓
Trend 1	15%	13,97	31,20	170	↑
Trend neu	21%	19,01	42,50	87	↑
Trend Classic	17%	17,01	28,15	105	↑

Abb. 47: Dashboard zur Nachhaltigkeit

Abbildung 47 zeigt das Dashboard eines Geschenkeartikelherstellers, der Nachhaltigkeit durch eigene Stromerzeugung, Einsparungen beim Gasverbrauch und Verwendung recycelter Rohstoffe erreichen will. Von den Lieferketten werden die Preise für Energie und den recycelten Rohstoff, die Transportkosten aus China für andere natürliche Rohstoffe und die Entwicklung der Nachfrage nach Produkten mit recyceltem Rohstoff und ohne gezeigt.

4.3.4 Dokumentation

Die Warnung vor Störungen innerhalb einer Lieferkette oder vor einer wachsenden Gefährdung des Unternehmens durch die Risiken einer Lieferkette sind, wie bereits erläutert, ein wichtiges Element im Lieferkettencontrolling. Sie stellt sicher, dass die verantwortlichen Mitarbeiter frühzeitig informiert sind und geeignete Maßnahmen gegen die negative Entwicklung ergreifen können. Werden Warnungen nicht oder verspätet ausgesprochen, werden die falschen Personen gewarnt oder werden die Warnungen nicht erkannt, dann können dem Unternehmen wesentliche Nachteile entstehen.

Die Dokumentation einer Warnung durch den Controller, die an die verantwortlichen Stellen kommuniziert wird, hat mehrere Gründe:

- Der Controller weist mit der Dokumentation seiner Warnung nach, dass er die verantwortlichen Stellen entsprechend den vereinbarten Regeln informiert hat. Das schafft Sicherheit innerhalb des Lieferkettencontrollings.
- Die Dokumentation weist im Falle eines Verstoßes gegen Menschenrechte oder Umweltschutzvorgaben nach, dass das Unternehmen nicht früher handeln konnte. Damit dürfte der Anspruch des Lieferkettensorgfaltspflichtengesetzes nach rechtzeitiger Reaktion erfüllt sein.
- Wichtiger für das Lieferkettencontrolling ist die Dokumentation zur Prüfung der eigenen Abläufe. Haben sich die Parameter wie erwartet entwickelt? Konnten die Entwicklungen rechtzeitig erkannt werden? Werden die richtigen Parameter überwacht? Solche Fragen können anhand der Dokumentation der Warnungen beantwortet werden. Durch jede Warnung wächst das Verständnis für die Abläufe innerhalb einer Lieferkette. Jede Warnung hat somit das Potenzial zur Verbesserung von Inhalten und Abläufen des Lieferkettencontrollings. Die Dokumentation bietet die notwendigen Informationen für die Zeit nach der Bewältigung der Krise.

Die Dokumentation sollte in Form und Inhalt bestimmten Regeln folgen. So kann sie auch unter dem Druck einer aktuellen Bedrohung schnell und sicher erledigt werden. Außerdem ist die spätere Auswertung für die Verbesserung der Arbeit im Lieferkettencontrolling einfacher. Die folgenden Inhalte gehören in die Dokumentation der Warnungen:

Erkennen: Der Vorgang im Lieferkettencontrolling, der zur Warnung geführt hat, wird festgehalten. Für die spätere Arbeit ist es bestimmend, ob die Situation durch einen regelmäßigen Vorgang erkannt wurde oder ob es einen bestimmten Anlass zur Prüfung gab.

Daten: Die Daten, die während der Überwachung mit der Warnung genutzt worden sind, werden dokumentiert. Dazu gehört die Datenquelle ebenso wie der Zeitpunkt der Datenübermittlung.

Ergebnis: Die Verarbeitung der Daten innerhalb der Überprüfung hat zu einem aktuellen Ergebnis geführt. Dieses wird, ebenso wie der Rechenweg dahin, Teil der Dokumentation.

Grenzwert: Das Ergebnis der Überprüfung wird mit einem Grenzwert verglichen. Die Abweichung bestimmt den Grad der Warnung. Der betroffene aktuelle Grenzwert wird in die Dokumentation übernommen. Wenn die Informationen vorhanden sind, sollten die Gründe für die Festlegung genau dieses Grenzwertes ebenfalls dokumentiert werden.

Wer: In die Dokumentation gehört die Aufstellung aller Stellen und Personen im Unternehmen, die vom Controller über die Warnung informiert wurden. Sind über die Vereinbarungen hinaus weitere Warnungen ausgesprochen worden, sollten die Gründe für die Wahl der zusätzlichen Empfänger der Warnung festgehalten werden.

Wann: Wichtig ist der Zeitpunkt der Warnung. Darüber hinaus wird in der Dokumentation festgehalten, warum nicht früher gewarnt wurde bzw. gewarnt werden konnte. Gerade diese Information führt oft zu einer späteren Optimierung der Abläufe, um Ergebnisse der Überwachung zu beschleunigen und so früher warnen zu können.

Wie: Selbstverständlich wird dokumentiert, wie die Warnung übermittelt wurde. In die Dokumentation gehört eine Kopie der grafischen Warnung und das Protokoll eines eventuell stattgefundenen Gespräches.

Reaktion: Die Informationen über die Warnung werden ergänzt um die Informationen über die Reaktionen, die aufgrund der Warnung erfolgt sind. Für die Optimierung des Lieferkettencontrollings sind auch die Ergebnisse dieser Reaktionen interessant.

Zeitstrahl: Auf einem Zeitstrahl wird der Ablauf der Warnung übersichtlich zusammengefasst. Es wird notiert, wann es zur Überprüfung der Lieferkette gekommen ist, wann die Daten ermittelt wurden, wann sie verarbeitet wurden. Der Zeitpunkt, zu dem die Grenzwertverletzung erkannt wurde, wird mit dem Zeitpunkt, an dem gewarnt wurde, auf dem Zeitstrahl vermerkt. Auch die ersten Reaktionen werden eingetragen.

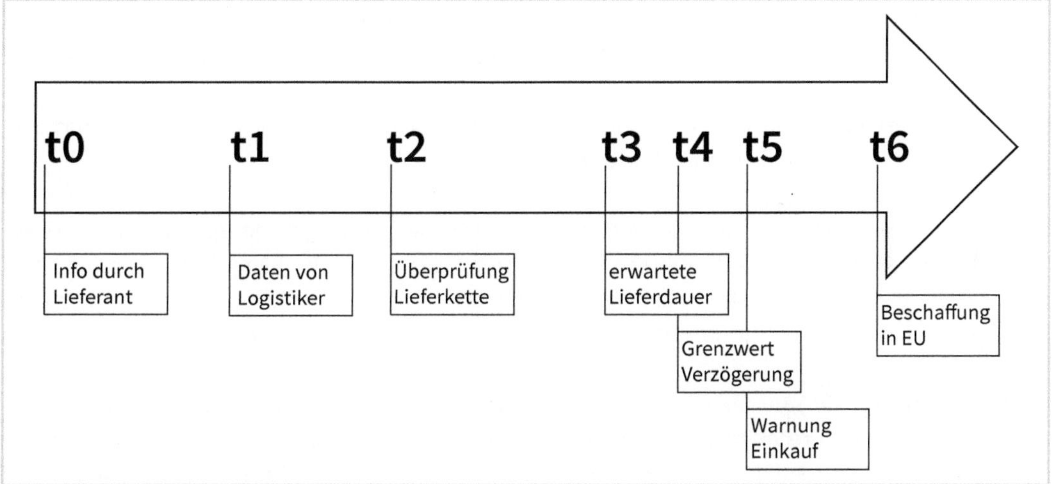

Abb. 48: Zeitstrahl in einer Dokumentation

4.4 Reagieren

Dass bei einer Warnung, also wenn ein Grenzwert durch Veränderungen in der Lieferkette erreicht wurde, reagiert werden muss, ist klar. Reaktionen muss es darüber hinaus auch geben, wenn sich die bisherige Beurteilung einer Lieferkette durch interne oder äußere Einflüsse verändert hat. So kann z. B. die Risikofreudigkeit der Unternehmensleitung gesunken sein oder durch neue und verschärfte Gesetze werden höhere Ansprüche an die Lieferkette gestellt. Es sind also Maßnahmen notwendig, um die Lieferketten so zu verändern, dass sie wieder im akzeptablen Gefährdungsbereich liegen.

Grundsätzlich ähneln viele Maßnahmen, mit denen auf Warnungen oder auf eine Verschlechterung der Situation in einer Lieferkette reagiert wird, den Maßnahmen, die bereits bei der Einrichtung der Lieferkette ergriffen wurden, um die Bedrohung und andere Parameter der Lieferkette auf ein akzeptables

Maß zu bringen. An dieser Stelle geht es um Maßnahmen, die kurzfristig ergriffen werden und ebenso kurzfristig zu einer Verbesserung der Situation führen sollen.

Beispiel: Sicherheitsbestand

Die Erhöhung des Sicherheitsbestandes eines Gutes verringert die Abhängigkeit des Unternehmens von einer Lieferkette und damit sinkt ihr Bedrohungspotenzial. Die Lieferkette wird akzeptabel und kann so erst genutzt werden, da Lieferverzögerungen oder -ausfälle länger aufgefangen werden können. Das ist eine langfristig wirkende Maßnahme.

Im Fall einer erwarteten Lieferverzögerung in einer gerade durch eine offene Bestellung aktiven Lieferkette erfolgt ein Warnung an die operativ verantwortlichen Mitarbeiter. Jetzt den Aufbau eines Sicherheitsbestandes zu beschließen, bringt für die aktuelle Störung keinerlei Veränderungen mehr. Die Maßnahme muss jetzt lauten, die vorhandenen Sicherheitsbestände zu verbrauchen. Das bringt zusätzliche Zeit, in der entweder die verzögerte Lieferung doch noch kommt oder Lieferungen auf einem alternativen Weg beschafft werden können. Das schafft kurzfristig eine Lösung.

Die Reaktion auf eine Warnung ist die Aufgabe des verantwortlichen Fachbereiches. Doch auch das Controlling hat wichtige Aufgaben in diesem Prozess:

Kontrolle: Nach der Warnung muss der entsprechende Fachbereich umgehend reagieren. Er muss Sofortaktionen durchführen, Maßnahmen initiieren, betroffene Bereiche informieren und vieles mehr. Aufgabe des Controllers ist es festzustellen, ob der Fachbereich reagiert hat oder nicht. Darüber hinaus bringt er seine Expertise ein, wenn die Entscheider beschließen, wie reagiert werden soll.

Unterstützung: Für viele der möglichen Maßnahmen als Reaktion auf eine Grenzwertverletzung benötigt der Fachbereich rechnerische Unterstützung. Aus den vielen Möglichkeiten müssen diejenigen ausgewählt werden, die kurzfristig wirken und wirtschaftlich sinnvoll sind. Dabei hilft der Controller mit seinen Daten und Berechnungen, die optimale Entscheidung zu treffen.

Hinweis: Schnelle Sofortreaktion

Die Sofortreaktion durch den verantwortlichen Entscheider erfolgt meist ohne die Einbindung des Controllers. Hier muss der Fachmann erkennen, wo und wie sofort gehandelt werden muss, um den Schaden für das Unternehmen zu minimieren. Das garantiert auch eine schnelle Vorgehensweise ohne die notwenige und zeitraubende Abstimmung mit anderen Stellen. Die Handschrift des Controllers kann in solchen Situationen erkannt werden, wenn bereits im Vorfeld Absprachen über die Sofortreaktionen im Falle einer Warnung getroffen wurden. Da können dann sowohl der Controller als auch nachfolgend betroffene Bereiche beteiligt werden.

Verbinden: Der Controller ist im Fall einer Störung die verbindende Stelle zwischen allen Beteiligten im Lieferkettencontrolling. Neben den akut verantwortlichen Stellen müssen auch nachfolgend betroffene Stellen gewarnt, informiert und in die Wahl der Maßnahmen eingebunden werden. Vor allem die mittelfristig notwendigen Lösungen müssen gemeinsam erarbeitet werden.

Planung: Die Maßnahmen der Fachbereiche verändern das Umfeld der Lieferkette, u. U. sogar die Lieferkette selbst. Die Gefährdung durch die betroffene Lieferkette, akut und in Zukunft, verändert sich entsprechend. Diese Veränderung muss vom Controller geplant werden. Als Ergebnis der Maßnahmen entsteht eine neue Beurteilung sowohl der akuten Gefährdung als auch der zukünftig verbleibenden Bedrohung. Dieses im Zuge der Planung vorhergesagte Ergebnis wird verwendet, um die Erfolge der Maßnahmen zu überwachen. Gleichzeitig stellt es die neue Beurteilung der Lieferkette dar, vor allem bei mittel- und langfristig wirkenden Maßnahmen.

Zur grundsätzlichen Unterscheidung der möglichen verschiedenen Typen der Maßnahmen im Lieferkettencontrolling, hier eine Tabelle mit kurzen Definitionen:

Zeitpunkt der Maßnahme	Grund für Maßnahme	Wirkung der Maßnahme
vor oder bei der ersten Nutzung der Lieferkette	macht Lieferkette akzeptabel	senkt die Gefährdung durch die Lieferkette
Vorbereitung für Maßnahme bereits vor der ersten Nutzung; Start der Maßnahme bei Störung	Vorbereitung verschafft bei Störung zusätzliche Zeit und macht so Lieferkette akzeptabel	senkt die Gefährdung durch die Lieferkette
Sofortmaßnahme bei Störung	Reaktion auf Störung durch Beschaffer	verringert die Auswirkungen einer Störung sofort/bereitet weitere Maßnahmen vor
kurzfristig wirkenden Maßnahme	Reaktion auf Störung in Abstimmung innerhalb des Lieferkettencontrollings	verringert die Auswirkungen einer Störung kurzfristig
mittelfristig wirkende Maßnahme	Reaktion auf Störung in Abstimmung innerhalb des Lieferkettencontrollings	verringert die Auswirkungen einer Störung mittelfristig
langfristig wirkende Maßnahme	Reaktion auf Störung in Abstimmung innerhalb des Lieferkettencontrollings	verringert die Auswirkungen einer Störung langfristig und bereitet die Lieferkette auf die Zukunft vor

Tab. 29: Typen von Maßnahmen

Die folgenden Ausführungen beschreiben neben den Vorbereitungen, die im Störungsfall für Reaktionen genutzt werden, die kurz-, mittel- und langfristig wirkenden Maßnahmen. Diese Unterscheidung ist wichtig, um die Wirkung auch unter Zeitdruck eindeutig zuordnen zu können.

4.4.1 Vorbereitung möglicher Reaktionen

In vielen Lieferketten sind hohe Risiken nur deshalb tragbar, weil es im Störungsfall funktionierende Maßnahmen gibt. Neben den bereits vor der ersten Nutzung der Lieferkette aktivierten Maßnahmen müssen also Vorbereitungen getroffen werden, um die im Notfall durchzuführenden Maßnahmen wirkungsvoll starten zu können. Die Unterscheidung zwischen den beiden Typen der Maßnahmen ist nicht immer einfach.

Beispiel: Alternative Bauteile

Bei der Einrichtung der Lieferketten, über die bestimmte Bauteile aus China bezogen werden, wurde ein erhöhtes Risiko für Lieferverzögerungen oder gar Lieferausfälle festgestellt. Um dieses Risiko zu verringern wurde entschieden, für die eigenen Produkte alternative Stücklisten und Arbeitspläne mit alternativ aus Deutschland zu beschaffenden Bauteilen zu entwickeln. Das hat die Konstruktionsabteilung in Abstimmung mit der Fertigung getan. Die alternativen Stücklisten und Bauteile werden regelmäßig aktuell gehalten. Diese Maßnahme hat dazu geführt, dass die Lieferkette eine akzeptable Gefährdungsbeurteilung erhalten hat.

Diese Arbeit ist gleichzeitig eine Vorbereitung für Maßnahmen, die im Störungsfall durchgeführt werden. Wenn das Unternehmen gezwungen ist, als Maßnahme zur Abwehr einer aktuellen Bedrohung die Alternativpläne zu nutzen, wird auf die Dokumente zurückgegriffen. Die Maßnahme »Alternative Bauteile« kann schnell und wirkungsvoll umgesetzt werden, weil die Vorbereitungen bereits erfolgt waren.

Es gibt viele Beispiele für die Vorbereitung auf schnell umzusetzende Maßnahmen, wobei die Vorbereitung gleichzeitig auch eine Maßnahme ist, um die eigentliche Lieferkette mit einer akzeptablen Gefährdung zu versehen. Damit die Maßnahme im Notfall verlässlich funktioniert und die Lieferkette insgesamt noch vorteilhaft ist, müssen einige Bedingungen erfüllt sein.

Anpassung: Die Vorbereitungen für möglicherweise notwendige Maßnahmen müssen an die Aufgabe exakt angepasst sein. Die Vorbereitung muss so durchgeführt werden, als wenn die Störung sicher eintritt. In der Praxis ist zu beobachten, dass oft die wirksamsten Maßnahmen geplant, die dazu notwendigen Vorbereitungen jedoch weniger sorgfältig umgesetzt werden. Die Versuchung ist groß, die Vorgaben nur sehr grob zu erfüllen und damit Aufwand zu sparen.

Aktualität: Ähnlich unbeliebt ist die Aufgabe, die Vorbereitungen der Maßnahmen aktuell zu halten. Es soll Zeit gespart werden, die im Notfall nicht vorhanden ist. Wenn dann die vorbereiteten Daten und andere Inhalte erst noch aktualisiert werden müssen, wird das Problem zu langsam gelöst. Die Rechtfertigung für die Vorbereitung entfällt. Damit steigt die Gefährdung durch die betroffene Lieferkette, eine neue Entscheidung ist zu treffen.

Hinweis: Nochmal Kontrolle

Es gehört zu den Aufgaben des Controllers, für die Aktualität der vereinbarten Vorbereitungen zu sorgen. Dazu muss er diese regelmäßig prüfen. Das kann direkt durch Abfrage und Kontrolle geschehen. In vielen Fällen gibt es einen indirekten Weg über die mit der Maßnahme verbundenen und in der Buchhaltung bereits verbuchten Kosten der Vorbereitung. Diese können im Rechnungswesen abgefragt werden.

Bekanntheit: Die Vorbereitungen müssen den Mitarbeitern, die für das Reagieren auf Warnungen verantwortlich sind, auch bekannt sein. Nur dann können die dazugehörigen Maßnahmen unverzüglich gestartet werden. In vielen Fällen sind die für die Lieferkette Verantwortlichen auch diejenigen, die die

Vorbereitungen zu erledigen haben. Dann erübrigt sich eine laufende Information über den Stand der Vorbereitung.

Wirtschaftlichkeit: Die Vorbereitungen selbst, ihre ständige Aktualisierung und die Information darüber verursachen Kosten. Je nach Art der Maßnahmen, können diese sehr hoch sein, z. B. bei dem Aufbau von Sicherheitsbeständen. Es muss bei der Einrichtung der Lieferkette und der ständigen Überprüfung immer wieder festgestellt werden, ob die Vorteile der Lieferkette die Kosten für deren Absicherung rechtfertigen.

Es ist wichtig, die richtigen Vorbereitungen zu treffen, damit im Ernstfall die geplante Maßnahme tatsächlich davon profitieren kann. Welche Dinge vorbereitet werden sollten, ist abhängig von der individuellen Situation des Unternehmens. Beispiele für mögliche Maßnahmen wurden bereits im Kapitel 3 »Lieferketten analysieren« beschrieben. An dieser Stelle finden Sie weitere globale Maßnahmen, die sich als Vorbereitung auf Störungen bewährt haben:

Ersatzlieferung: Eine Störung in einer Lieferkette hat oft ein Ausfall oder eine wesentliche Verspätung der dazugehörigen Lieferung zur Folge. Als Maßnahme im Störungsfall wird daher eine Ersatzlieferung beschafft. Das muss vorbereitet werden, indem z. B. Kontakte zu möglichen Ersatzlieferanten gepflegt werden oder dort sogar regelmäßig kleinere Teile des Bedarfs gedeckt werden. Ersatz kann aber auch bedeuten, dass das zu liefernde Gut in leicht abgewandelter Form oder Qualität beschafft wird. Die Möglichkeiten der Veränderungen von Gütern und Leistungen müssen definiert sein. Diese Vorbereitung wird von verschiedenen Stellen im Unternehmen gemeinsam erledigt (Einkauf, Entwicklung, Fertigung, Vertrieb).

Beispiel: Instandhaltung aus China

In der Fertigung werden chinesische Anlagen eingesetzt, die regelmäßig gewartet werden müssen. Das geschieht durch Monteure des chinesischen Herstellers. Um im Falle von Problemen mit der Verfügbarkeit dieser Fachleute dennoch die notwendige Instandhaltung gewährleisten zu können, ist für den Störfall eine Durchführung der Wartung durch deutsche Unternehmen geplant.

Dazu wird in Vorbereitung auf diese Maßnahme der verlangte Standard für die Wartung verringert. Das zu beschaffende Produkt wird verändert, sodass es deutschen Unternehmen ohne die Fachkenntnis über diese Maschinen möglich ist, eine grundlegende Wartung durchzuführen. Außerdem wird schon heute mit bereits im Unternehmen tätigen Dienstleistern geklärt, ob diese in der Lage und Willens sind, solche Aufgaben zu übernehmen.

Transport: Der Transport spielt in vielen, vor allem in globalen Lieferketten eine wichtige Rolle und birgt ein großes Risikopotenzial. Um diesen Risiken zu begegnen, werden alternative Transportwege und Transportmittel geplant, für den Fall, dass es zu Störungen kommt. Als Vorbereitung auf diese Maßnahmen müssen die vorhandenen Alternativen bekannt und dokumentiert sein. Ansprechpartner der Transporteure werden bestimmt, Testlieferungen über die alternativen Wege werden durchgeführt. Damit schafft das Lieferkettencontrolling die Strukturen, um die geplanten Maßnahmen schnell umsetzen zu können.

Fertigung: In vielen Fällen ist die Fertigung eines Unternehmens der Bereich, der direkt von Störungen einer Lieferkette betroffen ist. Wenn Güter wie Rohstoffe oder Bauteile nicht wie geplant geliefert werden, muss die Fertigung gestoppt oder umgeplant werden. Ersatzlieferungen haben oft eine andere Qualität, was ebenfalls eine Umplanung notwendig macht. Solche Maßnahmen können vorbereitet werden, indem die notwenigen Unterlagen wie Stücklisten, Arbeitspläne, Ablaufpläne usw. von den entsprechenden Stellen erstellt und aktuell gehalten werden.

Mitarbeiter: Störungen in der Lieferkette führen zu Veränderungen aufgrund zeitlicher Verschiebungen von Lieferungen, wegen Anpassungen in der Produktionsplanung oder wegen ungewohnten Abläufen. Dabei sind auch immer Mitarbeiter betroffen, und zwar unter zwei Gesichtspunkten: Zum einen muss mit einer zeitlichen Verschiebung von Arbeitszeit gerechnet werden, da die Güter und Leistungen aus der gestörten Lieferkette ungeplant und in ungeplantem Zustand ins Unternehmen kommen. Die notwendige wirtschaftliche Flexibilität der Mitarbeiter kann durch Arbeitszeitkonten geschaffen werden. Als Vorbereitung werden daher solche Arbeitszeitmodelle eingeführt. Zum anderen werden die Ansprüche an die Fähigkeiten der Mitarbeiter erhöht, da neue Abläufe und ungeplante Qualitäten auch andere Aufgaben als üblich mit sich bringen. Wird eine Maßnahme mit diesen Auswirkungen vorgesehen, muss als Vorbereitung dafür gesorgt werden, dass die Mitarbeiter die ungewohnten Aufgaben erfüllen können. Die notwendigen Fähigkeiten dazu müssen vorhanden sein.

Kunden: Letztlich werden viele Lieferkettenstörungen Auswirkungen haben auf die Leistung, die das Unternehmen seinen Kunden bietet. Wenn die vorgesehenen Maßnahmen zu zeitlichen Verzögerungen bei der Auslieferung an die eigenen Kunden führen oder wenn dadurch Veränderungen in den Produkten des Unternehmens entstehen, kann dies im Vertrieb frühzeitig vorbereitet werden. So sollten vertragliche Vereinbarungen flexible Auslieferungen ebenso möglich machen wie Abweichungen von Funktionalität und Qualität der gelieferten Waren. Eine solche Vorbereitung scheitert oft an den Ansprüchen der Kunden. Eine Durchsetzung der Vorbereitung entspannt die Gefahrenlage, die durch die dazugehörigen Lieferketten entsteht, im besonderen Maße.

Finanzen: Jede Maßnahme zur Beseitigung oder Verringerung von Störungen in einer Lieferkette verteuert den Einkauf der betroffenen Güter oder Leistungen. Die Lieferkette wäre nicht gewählt worden, wenn sie nicht die wirtschaftlichste Lösung ist. Durch die umzusetzenden Maßnahmen entstehen zusätzliche Kosten, die die Entscheidung für oder gegen besondere Maßnahmen beeinflussen. Als Vorbereitung der Maßnahmen müssen die Strukturen geschaffen werden, mit denen diese Kosten im Notfall schnell ermittelt werden können. Das ist Aufgabe der Kostenrechnung und des Controllers.

4.4.2 Maßnahmen vor der Störung

Optimal ist es, wenn die Warnung vor dem Eintreten der Störung erfolgt und diese durch entsprechende Maßnahmen verhindert werden kann. Der Erfolg ist abhängig von der Art der zu erwartenden Störung und der verfügbaren Zeit zwischen Warnung und Realisierung des Risikos. Solche Maßnahmen haben oft auch den Charakter einer Vorbereitung für den Fall, dass die Störung tatsächlich eintritt. Der Übergang von der Maßnahme vor Eintritt der Störung zu einer Maßnahme, die beim Eintritt einer Störung ergriffen wird, ist oft fließend.

Wenn es eine Warnung gegeben hat, bevor die Störung eingetreten ist, besteht die Chance, die Störung mit entsprechenden Maßnahmen zu verhindern. Weitere Aktivitäten innerhalb und außerhalb der Lieferkette können die Auswirkungen der Störung reduzieren.

Maßnahmen gegen die Störung selbst: Die besten Maßnahmen wirken direkt auf die Störung und verringern sie bzw. beseitigen sie vollständig. Das geht leider nicht bei allen Risiken, deren Manifestation droht. So ist es z. B. nicht möglich, ein erwartetes schlechtes Wetter in der Erntezeit zu beeinflussen. In anderen Situationen gibt es jedoch Möglichkeiten, mit besonderen Maßnahmen auf das Risiko einzuwirken. Wenn sich z. B. ein Engpass bei den notwendigen Transportkapazitäten abzeichnet, kann z. B. durch Veränderung der Lieferzeitpunkte eine Entlastung erreicht werden. Meldet ein Veredler Qualitätsprobleme bei der Verarbeitung der Halbfertigteile, kann durch eine beratende Unterstützung des Käufers oder durch das Zurverfügungstellen von Werkzeugen eine Verbesserung herbeigeführt werden.

Maßnahmen in der Lieferkette: Wenn die Störung selbst nicht zu beseitigen ist, können vielleicht Maßnahmen innerhalb der Lieferkette eine positive Wirkung erreichen. So kann die Veränderung des Transportweges ein erwartetes Transportrisiko eliminieren oder der Austausch des Veredlers verringert ein Qualitätsproblem. Streng genommen verändert sich durch solche Maßnahmen auch die Lieferkette. Zumindest entsteht eine neue Gefährdungsbeurteilung mit einem hoffentlich niedrigeren Niveau als das aktuelle.

Maßnahmen in der Beschaffung: Bereits vor dem Eintritt einer Störung kann versucht werden, durch Maßnahmen der Beschaffung eine Entspannung der Situation zu erreichen. Dabei geht es darum, die Güter und Leistungen auf einem anderen Weg zu bekommen. Es gibt sehr eng an die Lieferkette angelehnte Maßnahmen. Droht aufgrund einer schlechten Ernte der Ausfall von Liefermengen, kann vor Ort in der Ernteregion versucht werden, weitere Mengen zu kaufen. Hat ein Veredler Kapazitätsprobleme, können zusätzliche Kapazitäten bei einem anderen Veredler in der gleichen Region gekauft werden. Typisch sind jedoch Maßnahmen, die über alternative Lieferketten die fehlenden Mengen beschaffen.

Hinweis: Zeitvorteil

Der Vorteil gegenüber vergleichbaren Maßnahmen, die erst nach Eintritt einer Störung ergriffen werden, ist der Zeitpunkt. Wenn die Warnung bereits vor Realisierung des Risikos vorliegt, steht mehr Zeit zur Bekämpfung zur Verfügung. Außerdem müssen die Konkurrenten um die Güter und Leistungen berücksichtigt werden. Auch diese haben vergleichbare Lieferketten mit vergleichbar zu erwartenden Störungen. Es gibt also einen Wettbewerb um die Ressourcen, die für die Maßnahmen benötigt werden. Wer als erster freie Mengen, Kapazitäten oder Menschen für seine Maßnahme gewinnen kann, der gewinnt auch gegen den Konkurrenten. Das gilt vor allem bei der Beschaffung knapper Faktoren.

Maßnahmen in den Gütern und Leistungen: Erwartete Störungen können auch dadurch reduziert werden, dass die Erwartungen an die Güter und Leistungen aus dieser Lieferkette verändert werden. So kann z. B. eine schlechtere Qualität oder ein höherer Ausschuss akzeptiert werden. Eine Verschiebung von Lieferterminen, eine Reduzierung der Menge oder eine Teilung von Aufträgen kann ebenfalls dazu führen, dass Störungen entschärft werden. Das hat selbstverständlich Konsequenzen, die mit anderen betroffenen Unternehmensbereichen abgestimmt werden müssen. Die Fertigung muss sich auf andere Qualitäten einstellen, die Logistik auf andere Mengen und Zeiten. Die Preise und Zusatzkosten verändern sich.

Beispiel: Qualitätsproblem

Durch eine besonders gute Ernte werden nicht genügend Mengen mit niedriger Qualität, die für den Käufer ausreichend wäre, erwartet. Die Landwirte verkaufen die gute Qualität zu höheren Preisen. Die Nachfrage danach ist vorhanden. Aus der Lieferkette werden also weniger Güter als erwartet ins Unternehmen kommen. Die Lösung besteht darin, Mengen mit einer höheren Qualität einzukaufen. Allerdings wird dabei ein höherer Preis fällig. Damit ist die Mengenstörung beseitigt, eine Preisstörung tritt auf.

Maßnahmen, mit denen eine erwartete Störung beseitigt oder reduziert werden sollen, müssen sofort wirken. Meist bleibt nicht viel Zeit zwischen dem Erkennen der Problemsituation und dem Eintritt des Risikos. Darum fallen alle diese Aktivitäten in die Kategorie der sofort wirkenden Maßnahmen. Mittel- und langfristig wirkende Maßnahmen haben nicht die Möglichkeit, ein aktuell drohendes Risiko zu bekämpfen.

4.4.3 Sofortmaßnahmen

Wenn eine Warnung ausgesprochen werden muss, gibt es unterschiedlich viel Zeit bis zum Eintritt der Störung. Sollte sich ein Problem langsam entwickeln, kann man mit Maßnahmen schneller und sensibler reagieren. Kommt es schlagartig zu einem Problem, ist die Warnung u. U. erst nach Auftreten der ersten Auswirkungen erfolgt. Unabhängig davon, wieviel Zeit bei einer Warnung noch bleibt, muss sofort entschieden werden, ob Maßnahmen notwendig und möglich sind, und welche Aktivitäten durchgeführt werden sollen. Wieder heißt es, möglichst schneller zu sein als die Konkurrenten um das Gut.

Aus dem Pool aller vorstellbaren Maßnahmen sind zunächst solche zu wählen, die möglichst sofort eine Wirkung erzielen. Die Entscheidung für eine Maßnahme erfolgt allerdings erst dann, wenn die Warnung geprüft wurde. Es muss festgestellt werden, ob es sich um eine reale Bedrohung mit Auswirkungen auf das Unternehmen handelt.

Beispiel: Echte Bedrohung?

Das Lieferkettencontrolling warnt vor einer geringeren Liefermenge von Bauteilen, da der chinesische Hersteller aufgrund eines Lockdowns wegen der Coronapandemie nicht ausreichend viele Mitarbeiter für die Fertigung zur Verfügung hat. Die Warnung erfolgt kurz vor Auslieferung der Bauteile an den Spediteur. Der gewarnte Einkäufer prüft die Relevanz der Bedrohung für das Unternehmen.

Stellt er fest, dass der Bedarf an diesen Bauteilen aufgrund der hohen Nachfrage nach den Produkten des Unternehmens leicht über den Planmengen liegt, muss er sofort und drastisch reagieren. Die verringerte Liefermenge führt sonst zu Ausfällen in der Produktion und im Vertrieb.

Stellt er fest, dass die Nachfrage nach den Produkten, in denen das Bauteil verbaut ist, unter den Planmengen liegt, ist die Bedrohung weniger hoch. Es werden aktuell auch weniger Bauteile benötigt. Zwar muss reagiert werden, es reichen aber weniger drastische Maßnahmen.

Bei der Wahl der durchzuführenden Maßnahme wird, oft intuitiv, eine Hierarchie eingehalten. Dabei müssen Wirkung und Kosten in ihrem Zusammenhang berücksichtigt werden. Das heißt, dass z. B. eine Maßnahme aus einer höher priorisierten Gruppe mit hohen Kosten weniger effizient sein kann als eine Maßnahme mit geringerer Priorität, aber mit geringeren Kosten. Die ersten Entscheidungen für sofort wirkende Maßnahmen werden in der Regel von den verantwortlichen Mitarbeitern intuitiv, ohne exakten Kostenvergleich, getroffen. Das ist in Ordnung, wenn an den entscheidenden Stellen Fachleute mit entsprechender Erfahrung sitzen. Der Controller überwacht diese Vorgänge, prüft oft im Nachhinein.

Die Maßnahmen mit sofortiger Wirkung sollten in der folgenden Reihenfolge auf ihre Wirkung und Effizienz hin geprüft werden:

Störung beseitigen: Die höchste Priorität haben die Maßnahmen, die direkt an der erwarteten oder aufgetretenen Störung ansetzen. Kann die Störung beseitigt werden, funktioniert die Lieferkette wieder wie geplant. Selbst wenn die Störung nur eingeschränkt wird, können oft Teile der Lieferungen aus dieser Lieferkette gerettet werden. Für die richtige Wahl der Maßnahmen sind tiefgreifende Kenntnisse über die Risiken und Abläufe in der Lieferkette notwendig. Die liefert das Lieferkettencontrolling. Darüber hinaus sind Beziehungen zu den Partnern in der Lieferkette wichtig, um solche Maßnahmen zu finden und erfolgreich umzusetzen.

Beispiele solcher Maßnahmen sind die Lieferung von Hilfsmitteln an Partner, die Beseitigung von Kommunikationsproblemen, die Umverteilung von Mengen mit einer Entzerrung der Liefertermine, die Akzeptanz höherer Kosten, die Beschaffung von Genehmigungen, der Verzicht auf begleitende Dokumente. Es gibt allerdings eine Vielzahl von Störungen, die sich nicht von den Inhabern der Lieferkette beeinflussen lassen, z. B. politische Aktionen, das Wetter oder Unfälle.

Lieferkette retten: Die nächste Priorität haben Maßnahmen, mit denen es gelingt, die Lieferung aus der Lieferkette trotz der Störung ins Unternehmen zu bringen. Die Vorteile liegen darin, dass bekannte und vorbereitete Abläufe genutzt werden können. Die Güter und Leistungen sind bekannt und müssen nicht erst neu definiert oder zertifiziert werden, wie das bei Lieferungen aus alternativen Quellen der Fall wäre. Die notwendigen Aktivitäten richten sich hier besonders nach der Art der Störung und dem Ort, an dem sie auftritt. Auch auf dieser Prioritätsstufe haben tiefgreifende Kenntnisse vom Funktionieren der Lieferkette und gute Beziehungen zu den Partnern innerhalb der Lieferkette großen Einfluss auf das Gelingen, vor allem bei den erwarteten und notwendigen sofortigen Erfolgen.

Typische Beispiele für Maßnahmen zur Rettung der Lieferung aus der Lieferkette sind das Akzeptieren höherer Kosten, das Akzeptieren längerer Lieferzeiten, der Austausch einzelner Stellen innerhalb der Lieferketten, der Ausgleich von Verzögerungen an einer Stelle durch die Beschleunigung von Abläufen an einer anderen Stelle in der Kette oder die Durchführung zusätzlicher Prozessschritte in der Kette zur Rettung von Qualität, Menge oder Begleitdokumenten.

Beispiel: Politische Unruhen

Direkt nach der Ernte eines Rohstoffes kommt es in der betreffenden Region zu politischen Unruhen. Die Regierung des Landes schickt Soldaten in das Gebiet, die Veredlung der geernteten Güter ist nicht mehr möglich. Mit einer schnellen Maßnahme werden die bereits geernteten Rohstoffe mit einem zusätzlichen Transport in eine benachbarte Region, die nicht von den Unruhen betroffen ist, gebracht. Dort kann der Veredler, der einen Teil seiner Mitarbeiter ebenfalls in diese Region in Sicherheit gebracht hat, die Rohstoffe wie geplant veredeln. Dadurch entstehen höhere Kosten, durch den zusätzlichen Transport und durch höhere Veredelungspreise, die an den Partner in der Kette zu zahlen sind.

Transporte durchführen: Nicht grundlos denken viele Menschen bei Problemen in der Lieferkette sofort an Transportprobleme. Viele Störungen in der Lieferkette entstehen auf Transportwegen entweder zwischen zwei beteiligten Stellen innerhalb der Kette oder auf der letzten Strecke zum Unternehmen. Darum gibt es zu Maßnahmen der zweiten Priorität eine Alternative, hier mit dritter Priorität, wenn es um Transportprobleme geht. Gleichzeitig sind Transportmaßnahmen oft geeignete Maßnahmen, um eine Störung auch außerhalb der Transportwege zu beseitigen. Aktivitäten zur Beeinflussung der Transporte zeigen in vielen Fällen eine sofortige Wirkung. Das muss nicht heißen, dass die Güter auf dem Transportweg trotz Störungen tatsächlich pünktlich ankommen. Die Lösung beginnt allerdings, sofort zu wirken.

Grundsätzlich gibt es bei Maßnahmen zur Beseitigung von Störungen auf dem Transportweg vier unterschiedliche Ansatzpunkte, die jeweils für die gesamte Menge oder aber für Teilmengen eine Lösung bringen können:

1. Die Verlegung des Transportes von Gütern ganz oder teilweise auf einen anderen **Termin** ist in vielen Fällen bereits eine ausreichende Lösung des Transportproblems. Meist wird eine Verschiebung auf einen späteren Termin geprüft, manchmal kann auch eine Verlegung nach vorne helfen. Die Auswirkungen innerhalb der Kette und im Unternehmen, wo die Güter entsprechend zeitlich verschoben ankommen, müssen geklärt werden.

Beispiel: Digitales Update

Die zentrale Anlage in der Fertigungsabteilung eines deutschen Unternehmens benötigt dringend ein Update der digitalen Steuerung, um wesentliche Fehler darin zu beseitigen. Geliefert wird die neue Steuerungssoftware vom südkoreanischen Hersteller der Anlage digital. Der Umfang der zu übertragenden digitalen Daten und vor allem der miserable Internetanschluss des Unternehmens in der deutschen Provinz lassen beim geplanten Termin erhebliche Probleme erwarten. Eine Warnung aus dem Lieferkettencontrolling vor entsprechenden Transportproblemen liegt vor.

Als Sofortmaßnahme wird der Termin der Übertragung des digitalen Updates von Montagvormittag auf den Samstagabend vorverlegt. Dann ist das Netz nicht durch andere Anwendungen belastet, auch die Nachbarunternehmen, die die gleichen digitalen Netzressourcen nutzen, arbeiten dann nicht. Gibt es dennoch Transportprobleme steht der Sonntag für einen erneuten Versuch zur Verfügung. Der Erfolg des Updates kann so am Montagmorgen bei Schichtbeginn sofort getestet werden. Der Ausfall der Anlage reduziert sich von einem Tag auf wenige Stunden. Dafür verlangt der Lieferant in Südkorea einen Aufschlag, da dessen Mitarbeiter außerhalb der dort üblichen Arbeitszeit verfügbar sein müssen.

2. Das Versenden von Gütern auf einem anderen **Weg** löst vor allem Transportprobleme, die lokale Ursachen haben. Eine Störung z. B. im Nord-Ostsee-Kanal kann durch eine Fahrt durch den Skagerrak umgangen werden. Auch Probleme durch Piraten vor Somalia oder gesperrte Autobahnbrücken in Deutschland werden so umgangen. Da der geplante Weg eine bewusste Entscheidung war, die unter Kosten- und Zeitvorgaben gefällt wurde, dürfte ein alternativer Transportweg negative Auswirkungen auf eben diese Kosten und Zeit haben. Solange der neue Weg wirtschaftlicher ist als der alte mit seiner Störung, ist die Entscheidung vernünftig.
3. Wird das **Mittel**, das zum Transport genutzt wird, verändert, hat das immer auch eine Veränderung des Transportweges zur Folge. Schiffe, Flugzeuge, Lkw oder die Bahn nutzen unterschiedliche Transportwege. Im Vordergrund steht bei den hier gemeinten Maßnahmen der Wechsel des Transportmittels. Dieser hat, wie andere Veränderungen des Transports auch, Auswirkungen auf Kosten und Dauer des Transports. Typisches Beispiel ist die Verlagerung eines Teils der erwarteten Güter auf den Lufttransport, wenn sich auf dem Seeweg ein Problem anbahnt. So kann die teurere, aber schnellere Luftfracht die Verfügbarkeit des Gutes so lange sichern, bis der verzögerte Seetransport ankommt.
4. Störungen auf dem Transportweg können u. U. durch den Wechsel von einem **Transporteur** zu einem anderen gelöst werden. Vor allem im Falle plötzlich fehlender Kapazitäten des bisher vorgesehenen Partners ist der Wechsel meist eine schnelle Lösung. Ursache dafür kann ein Unfall beim vorgesehenen Transportmittel sein oder eine Veränderung der Route von Containerschiffen.

Beispiel: Kostenproblem

In den Zeiten turbulenter globaler Lieferbeziehungen kommt es immer wieder zu starken Schwankungen der Transportkosten auf Containerschiffen. Der vorgesehene Reeder z. B. verzeichnet plötzlich eine hohe Nachfrage nach Transportkapazitäten zwischen Asien und Europa. Er erhöht daher den vorgesehenen Preis für die Sendung an das Unternehmen um mehr als 100 %. Das Lieferkettencontrolling warnt vor dem so entstehenden Kostenproblem. Als Sofortmaßnahme kann der Logistiker im Unternehmen aufgrund seiner Kontakte zu Frachtmaklern einen neuen Transporteur auf gleicher Strecke mit ähnlichen Terminen ausfindig machen. Dieser ist bereit, den Transport zu einem Preis, der um 10 % über dem geplanten und damit weit unter dem vom bisher vorgesehenen Partner liegt, durchzuführen.

Ein besonderes Problem auf den Transportwegen globaler Lieferketten sind Schwierigkeiten bei der Verzollung an Ländergrenzen. Vor allem bei neu eingerichteten Lieferwegen sind nicht immer alle Bestimmungen bekannt oder richtig interpretiert. So entsteht dann bei einem Grenzübertritt der Waren ein Problem, wenn Dokumente fehlen, Kennziffern falsch gewählt wurden oder inhaltliche Fehler in den Dokumenten auftreten. Als erste Maßnahme zur Reduzierung der Störungen hat sich immer wieder die Beauftragung von spezialisierten Dienstleistern erwiesen. Diese kennen nicht nur die Vorschriften aus ihrem Tagesgeschäft, sie kennen auch die korrekten und schnellen Abläufe bei den Grenzbehörden. So entstehen schnelle Erfolge.

Alternative Quellen nutzen: Mit der Wahl einer Lieferkette hat sich der Beschaffer für eine Quelle seiner Güter und Leistungen entschieden. Das hat in der Regel wirtschaftliche Gründe. Die Beschaffung aus alternativen Quellen ist daher immer teurer als die ursprünglich geplante Belieferung. Auf funktionierenden Märkten sind alternative Quellen meist eine schnell wirkende Lösung als Ersatz für gestörte Lieferketten. Es müssen nicht immer die gesamten Mengen über eine Alternative beschafft werden, es können auch mehrere Quellen genutzt und/oder nur eine Teilmenge aus der gestörten Lieferkette ersetzt werden.

Es gibt allerdings eine Vielzahl von Hindernissen, die diese Lösung der alternativen Quellen als wenig erfolgreich erscheinen lassen. So kann die Störung in der ursprünglichen Lieferkette darin bestehen, dass ein Gut knapp ist und daher nicht oder nicht vollständig geliefert werden kann. Das betrifft in der Regel den gesamten Markt, sodass auch andere Lieferanten Mengenprobleme haben werden. Oder das Gut ist kein Standardgut, sodass erst eine individuelle Fertigung erfolgen muss. Bei Störungen der globalen Transporte sind Alternativen nur dann sinnvoll, wenn der neue Lieferant nicht über die gleichen Transportwege liefern muss.

Maßnahmen zur Nutzung alternativer Quellen profitieren ganz besonders von bereits im Vorfeld getroffenen Vorbereitungen. Kontakte zu anderen Lieferanten, eventuell die Durchsetzung einer Zwei-Lieferanten-Strategie, beschleunigen den Erfolg einer solchen Maßnahme. In einer vorbereitenden Entwicklungsarbeit können auch die unbedingt notwendigen Eigenschaften des Gutes oder der Leistung in einem erweiterten Spektrum festgelegt werden. So ist es einfacher, alternative Lieferanten zu finden.

Hinweis: Nicht nur Lieferanten

Bei der Suche nach alternativen Quellen sollten nicht nur die typischen Händler und Hersteller berücksichtigt werden. Vor allem dann, wenn das Lieferkettenproblem nur das Unternehmen betrifft, nicht andere Abnehmer des Gutes, können auch die Konkurrenten um dieses Gut schnell aushelfen. Wenn gleiche Rohstoffe oder Bauteile von anderen Unternehmen genutzt werden, haben diese vielleicht einen Vorrat, den sie verkaufen könnten. Das müssen nicht unbedingt Mitbewerber im eigenen Verkaufsmarkt sein, könnten es aber sein. In Notsituationen helfen sich auch Unternehmen, die sonst gegeneinander kämpfen. Gute Kontakte in der Branche, die durch die Mitarbeit in Verbänden entstehen, helfen dabei, die richtige alternative Quelle außerhalb der üblichen Beschaffungswege zu finden.

Interne Auswirkungen verringern: Wenn trotz aller Maßnahmen zu befürchten ist, dass über die gestörte Lieferkette und aus alternativen Quellen keine oder nur Teile der geplanten Güter und Leistungen in das Unternehmen kommen, müssen die dadurch zu erwartenden Auswirkungen reduziert werden. Diese Maßnahmen beinhalten zum großen Teil eine Umplanung der internen Prozesse. Die Logistik hatte Warenannahmen, Kontrollen und Einlagerungen geplant. Als Sofortmaßnahmen müssen die Personalplanung neu gemacht und freie Lagerkapazitäten wirtschaftlich genutzt werden. Die Fertigung muss ihre Produktionsplanung anpassen, ein eventuell entstehender Leerlauf muss optimiert werden. In der Entwicklungsabteilung müssen Anpassungen von Stücklisten und Arbeitsplänen erfolgen.

Es sind auf dieser Prioritätsstufe viele Unternehmensbereiche beteiligt. Die in den jeweiligen Fachbereichen zu treffenden Maßnahmen müssen aufeinander abgestimmt sein. Damit nicht unnötig Arbeit für diese Abstimmung geleistet wird, wird mit diesen Maßnahmen dann begonnen, wenn davon ausgegangen wird, dass die möglichen Maßnahmen auf einer höheren Prioritätsstufe nicht zum Erfolg führen. Die Veränderung der internen Abläufe ziehen sich durch das gesamte Unternehmen, von der bereits angesprochenen Produktionsplanung bis in den Finanzbereich, der mit geringeren Einnahmen zu rechnen hat.

Hinweis: Zusatzbelastung

In vielen Unternehmensbereichen wird aufgrund der fehlenden Lieferungen eine neue Personalplanung durchgeführt. Das ist meist komplexer als gedacht. Es gibt eine Vielzahl von Maßnahmen, durch die sich zumindest Teile der Lieferung ersetzen oder Güter beschaffen lassen, deren Qualität von derjenigen der ursprünglich geplanten Güter abweicht. Solche Alternativen führen fast immer zu einem höheren Arbeitsbedarf, der in der Planung berücksichtigt werden muss.

Kunden informieren: Die Störung in der Lieferkette führt letztlich dazu, dass die Kunden des Unternehmens nicht, nicht vollständig oder nicht mit den gewohnten Produkten und Leistungen beliefert werden können. Je früher die Kunden informiert werden, desto früher wird deren Reaktion bekannt. Die Maßnahmen können angepasst werden. Es ist wichtig, in den Gesprächen eine Alternative anzubieten. Wenn es z. B. vergleichbare Produkte im Unternehmen gibt, können diese mit einem einmaligen Sonderrabatt als Ersatz verkauft werden. Anderen Kunden ist eine sich ergebende Qualitätsverschlechterung gleichgültig, wiederum andere können einen längeren Zeitraum auf die Waren warten. All das hat Einfluss darauf, mit welcher Intensität auf den vorherigen Prioritätsstufen nach sofort wirkenden Maßnahmen gesucht werden muss.

Beispiel: Sofortige Wirkung

An dieser Stelle noch einige Beispiele aus der Praxis, in denen eine schnelle Wirkung und damit eine Lösung des Lieferkettenproblems möglich war:

- In einem Entwicklungsland wurde Kinderarbeit bei der Ernte aufgedeckt. Das Marketing des Unternehmens hatte für die kommende Saison eine Kampagne mit Schwerpunkt auf Menschenrechte, Umweltschutz und Nachhaltigkeit entwickelt. Die Sofortmaßnahme war der Stopp der Belieferung über diese Lieferkette. Es wurde eine andere Region in einem anderen Staat für den Einkauf gewählt. Die Sicherheit zur Einhaltung der Vorgaben zu Menschenrechten und Umweltschutz musste mit höheren Einkaufspreisen bezahlt werden. Der Nachhaltigkeitsaspekt hat aufgrund der längeren Transportwege etwas gelitten. Dennoch wurde die Saison ein Erfolg.
- Die Blockade des Suezkanals durch die Ever Given löste eine Warnung für den anstehenden Transport der Jahresmenge an Bauteilen von China nach Deutschland aus. Als Sofortmaßnahme wurde die Verladung der Hälfte der Container auf das ausgewählte Frachtschiff gestoppt.

Die Container wurden zur Bahnverladung umgeleitet und über die neue Seidenstraße auf dem Landweg mit der Bahn nach Duisburg transportiert. Das dauerte zwar letztlich sogar länger als die Seefracht, gab aber der Lieferkette die notwendige Sicherheit. Als weitere Maßnahme wurde ein Wochenbedarf an Bauteilen zusätzlich zur geplanten Gesamtmenge per Luftfracht nach Deutschland geschickt.

- Die Lieferkette für ein Bauteil von einem russischen Hersteller stand bereits seit dem Beginn der aufgrund des Ukrainekrieges gegen Russland verhängten Sanktionen unter besonderer Beobachtung. Das Bauteil selbst fiel nicht unter die Sanktionen, Maschinenteile für dessen Herstellung jedoch schon. Daher wurde frühzeitig gewarnt, als der russische Lieferant ein technisches Problem in seiner Fertigung aufgrund fehlender sanktionierter Ersatzteile nicht lösen konnte. Die Produktion war gestoppt.
  Der Einkäufer hat noch immer gute Kontakte zu einem früheren Lieferanten in Russland, der die gleichen Bauteile gefertigt hatte. Der Wechsel der Lieferkette war notwendig geworden, da der bisherige Partner die Produktionslinie einstellte. Über die Kontakte konnte festgestellt werden, dass der frühere Hersteller noch alte Maschinen ungenutzt in seinen Hallen hatte. Diese konnten vom aktuellen russischen Lieferanten gekauft und in seine Fertigung eingebaut werden. Die Belieferung war gesichert. Aufgrund der Sanktionen hat sich die Gefährdung durch diese Lieferkette stark erhöht, sodass das deutsche Unternehmen nach Alternativen sucht.
- Die Hausbank eines Unternehmens war nicht bereit, das Akkreditiv für die Lieferung von Rohstoffen für die kommende Saison zu eröffnen. Ihr fehlten aktuell Sicherheiten. Die Sofortmaßnahme bestand aus Gesprächen mit den Gesellschaftern. Diese konnten dazu gebracht werden, einen Teil ihrer Darlehen an das Unternehmen mit einem Rangrücktritt zu versehen. Damit konnte die Bank diese Gesellschafterdarlehen wie Eigenkapital behandeln, die Sicherheiten waren ausreichend.
- Im Controlling waren durch die Kündigung einer Mitarbeiterin und die Elternzeit einer Kollegin dringend zwei Stellen mit gut ausgebildeten und erfahrenen Controllern zu besetzen. Die beiden Lieferketten über den regionalen Arbeitsmarkt und über einen Personaldienstleister zeigten schnell das gleiche Problem. Beide konnten aufgrund des aktuellen Fachkräftemangels keine Bewerber finden. Da die Budgetierung vor der Tür stand, war die Abhängigkeit des Unternehmens von diesen Lieferketten hoch, die Warnung war schnell ausgesprochen. Als Sofortlösung wurde einem pensionierten Mitarbeiter ein Angebot für eine auf 6 Monate befristete Zusammenarbeit unterbreitet. Durch die Zusage des Controllers war die Abhängigkeit schnell reduziert worden. Grundsätzlich war das Problem allerdings nur verschoben. Es wurde eine zusätzliche Lieferkette eröffnet, die Mitarbeiter aus den eigenen Reihen durch betriebliche Weiterbildung und Unterstützung von weitergehenden privaten Ausbildungswegen zu den notwendigen Controllern macht.

4.4.4 Mittelfristige Maßnahmen

Wenn eine Störung die Lieferkette tatsächlich gefährdet, kommt es zu einer anderen Sicht der verantwortlichen Entscheider auf diese Lieferbeziehung. Zumindest wird geprüft, was die Gefährdung durch die Lieferkette reduzieren kann. In der Praxis werden jetzt auch höhere Kosten für entsprechende Maßnahmen akzeptiert als beim grundsätzlichen Aufbau der Lieferkette. Die Überlegungen zu mittelfristig wirkenden Maßnahmen für die Verbesserung einer Lieferketten werden bereits parallel zur Lösung der aktuellen Störung angestrengt, spätestens jedoch nach dem Krisenende.

Damit beginnt im Lieferkettencontrolling der Planungsteil für die betroffene Lieferkette erneut. Die Risiken werden neu bewertet, die Ergebnisse von Maßnahmen einbezogen, die echten Kosten berechnet. Es ergibt sich eine neue Gefährdung durch die Lieferkette, die eine erneute Entscheidung notwendig macht. Wie auch bei den Sofortmaßnahmen gibt es bei den Maßnahmen zur mittelfristigen Verbesserung der Lieferkette Schwerpunkte:

Lieferkette retten: Zunächst wird versucht, die Lieferkette und die damit verbundenen Vorteile für das Unternehmen zu retten. Dabei wird versucht, das aufgetretene Risiko in den Griff zu bekommen. Gemeinsam mit den Partnern werden Maßnahmen ergriffen, um zukünftige Belieferungen sicherer zu machen. Welche Maßnahmen das sind, hängt selbstverständlich von der Art des Risikos ab. So kann z. B. der Hersteller von Zwischenprodukten dazu gebracht werden, seine Fertigung zu modernisieren, oder die Transporte werden durch neue Lkw zuverlässiger gemacht, um die entsprechenden Risiken zu reduzieren.

Selbst Risiken, die nicht beeinflussbar erscheinen, lassen sich verringern, um die Lieferkette insgesamt zu retten. So kann nach einer lokalen Missernte aufgrund fehlenden Regens die Beschaffung des Rohstoffes auf die gesamte Region ausgeweitet werden. Das verringert die Gefahr, dass lokale Wetterereignisse die Belieferung vollständig gefährden, verändert die Lieferkette aber nur am Anfang. Dadurch entsteht zwar grundsätzlich eine neue Lieferkette. Deren Risiken, Eintrittswahrscheinlichkeiten und Gefährdungen jedoch sind für die meisten Stufen der Kette bekannt.

Beispiel: Verbesserte Nachhaltigkeit

Das Unternehmen hat strategisch entschieden, die Nachhaltigkeit seiner Produkte wesentlich zu verbessern. Dadurch soll dem Druck der Konsumenten entsprochen werden, um keine Marktanteile zu verlieren. In der letzten Saison haben die Bemühungen um bessere Nachhaltigkeitswerte einen Rückschlag erlitten, als der Energieverbrauch bei der Veredelung eines Rohstoffes berechnet wurde. Leider wurden die Werte, die in der Werbung unberücksichtigt blieben, öffentlich gemacht. Die Lieferungen aus der betroffenen Lieferkette konnten nicht verarbeitet werden, ohne die Glaubwürdigkeit gegenüber den Kunden zu verlieren.

Die Quelle für den Rohstoff war und ist für das Unternehmen von großer Bedeutung. So wurde gemeinsam mit dem Veredler und mit dem letztlich liefernden Händler in der Kette eine Lösung gefunden. Der Energieverbrauch konnte durch eine neue Trocknungsanlage auf der Stufe der Veredelung dramatisch gesenkt werden. Das Unternehmen hat sich an der Investition beteiligt und langfristige Abnahmegarantien gegeben. Damit wird das Gut aus der Lieferkette nachhaltiger produziert.

Außerdem konnte das Unternehmen in seine interne Nachhaltigkeitsbilanz eine weitere Energieeinsparung einbeziehen. Der Veredler verarbeitet nicht nur die Güter des Unternehmens auf der

> Trocknungsanlage. Er hat auch andere, oft lokale Kunden, denen die Nachhaltigkeit gleichgültig ist. Auch hier sinkt der Energieverbrauch durch die Aktivitäten des deutschen Unternehmens am Ende der Lieferkette. Diesen Vorteil in der Nachhaltigkeitsbilanz rechnet sich das Unternehmen selbst zu.

Alternativen suchen: Wenn die Lieferkette aufgrund des erhöhten Risikos nach der Störung nicht mehr akzeptabel ist, müssen mittelfristig Alternativen gefunden werden. Dadurch entstehen vollständig neue Lieferketten mit neuen Gefährdungen. Diese müssen unterhalb der Gefährdung der gestörten Lieferkette liegen, da sonst ein Austausch nicht sinnvoll wäre. Die Suche nach alternativen Quellen für die Güter und Leistungen läuft wie bei der Entscheidung für die ursprüngliche Lieferkette ab.

> **Beispiel: Erfahrung gesammelt**
>
> Mehrere Untersuchungen haben gezeigt, dass die Lieferkettenprobleme der letzten Zeit viele Unternehmen zu neuen Überlegungen gebracht haben. Vor allem die Abhängigkeit von Lieferungen aus Asien, insbesondere aus China, soll reduziert werden. Lieferprobleme aufgrund von coronabedingt geschlossenen Fabriken und Häfen hatten zu entsprechenden Störungen geführt. So hat eine Umfrage der DZ-Bank Ende 2022 ergeben, dass etwa die Hälfte der deutschen mittelständischen Unternehmen nach neuen Lieferketten in Europa suchten.
>
> Die schlechten Erfahrungen mit den Störungen aktueller Lieferketten haben diesen Trend ausgelöst. Wie weit er tatsächlich umgesetzt wird, bleibt abzuwarten. Die aktuellen globalen Lieferketten haben auch Vorteile, die in regionalen oder gar lokalen Lieferketten nicht immer zu finden sind.

Abhängigkeiten verringern: Durch eine Störung in einer Lieferkette wird eine Abhängigkeit des Unternehmens von bestimmten Gütern und Leistungen praktisch erfahrbar. Es ist nicht leicht, mittelfristig solche Abhängigkeiten zu verringern. Diese sind oft begründet in der Spezialisierung des Unternehmens auf bestimmte Produkte, Qualitäten und Eigenschaften. Auch das Preisniveau spielt eine Rolle. Es gibt Fälle, in denen die Abhängigkeit verringert wird, wenn sich die Nachfrage verändert, also andere Produkte vermehrt verkauft werden. Durch entsprechende Maßnahmen im Marketing und/oder bei den Verkäufern oder bei der Gestaltung des Onlineshops kann die Nachfrage gesteuert werden. Das verlangt allerdings viel Erfahrung und eine gute Planung, damit die Veränderung des Produktmixes für das Unternehmen erfolgreich ist.

Mittelfristig wirkende Maßnahmen, die nach einer Störung in der Lieferketten ergriffen werden, ähneln sehr den Maßnahmen, die bei der grundsätzlichen Gestaltung der Lieferketten zur Beeinflussung von Risiken, Eintrittswahrscheinlichkeiten und Abhängigkeiten durchgeführt werden. Lediglich der Anlass, nämlich eine aktuelle Störung, unterscheidet sich von der grundsätzlichen Beeinflussung der Gefährdung.

4.4.5 Langfristige Maßnahmen

Wenn in einer Lieferketten signifikante Probleme aufgetreten sind oder Risiken für signifikante Störungen zugenommen haben, ist das immer auch ein Prüfauftrag für das Lieferkettencontrolling. Das betrifft die grundsätzlichen Entscheidungen für eine Lieferkette und reicht bis zur strategischen Gestaltung der Beschaffung im Unternehmen. So wird nach Störungen auf dem Transportweg oder durch politisch bedingte Aktivitäten mit Auswirkungen auf die Lieferbereitschaft die Nutzung globaler Beschaffungsmärkte immer wieder infrage gestellt.

Hinweis: Keine Emotionen

Die Diskussionen um grundlegende Veränderungen in den Lieferketten nach aufgetretenen Störungen ist sicher verständlich und notwendig. Sie muss aber ebenso nüchtern und emotionslos geführt werden wie die Diskussionen zur Einrichtung dieser jetzt infrage gestellten Lieferketten. Daher sollte eine grundsätzliche Prüfung der Lieferketten

- nicht während der Krise erfolgen. Zum einen wird die gesamte Aufmerksamkeit zunächst für die Lösung der aktuellen Probleme gebraucht. Zum anderen sind die Emotionen aufgrund der negativen Erfahrungen zu bewegt für eine subjektive Entscheidung.
- von einer nicht direkt betroffenen Person durchgeführt werden. Dazu bietet sich der Controller an. Dieser kennt die Lieferketten mit ihren Risiken, Eintrittswahrscheinlichkeiten und Abhängigkeiten und deren Alternativen. Wichtig ist, dass die unmittelbar von der Störung betroffenen Personen diese Entscheidung nicht allein treffen. Meist fehlt die Objektivität, wenn der Leidensdruck noch hoch ist.

Diskussionen über langfristige Veränderungen von Lieferketten finden nur dann statt, wenn die Störung wirklich wesentlich war und eine Bedrohung für das Unternehmen dargestellt hat. Störungen in unbedeutenden Lieferketten werden oft außerhalb des Beschaffungsbereiches gar nicht wahrgenommen. Darum sind von diesen grundsätzlichen Gesprächen in der Regel nur wichtige Güter und Leistungen betroffen, deren Beschaffung für das Unternehmen wichtig ist. Oft müssen dann sogar strategische Entscheidungen überdacht werden.

Die Veränderung einer Strategie im Beschaffungswesen bedeutet immer auch neue Abläufe und Konsequenzen für die betroffenen Unternehmensbereiche (z. B. Disposition, Fertigungsplanung, Entwicklungsabteilung). Es entstehen Kosten, die durch den Wechsel der Lieferketten verursacht werden. Es entstehen zudem Kosten, die für eine weitere Risikoreduktion und eine zusätzliche Verringerung der Abhängigkeit aufgebracht werden müssen. Es geht also nicht allein um strategische oder andere wichtige Entscheidungen zur Lieferkette:

Lieferquelle verändern: Kleine und mittlere Unternehmen haben meist lange und gründlich geprüft und diskutiert, bevor die Strategie zur globalen Beschaffung entschieden wurde. Diese Entscheidung steht nach Problemen in den globalen Lieferketten zur Diskussion. Die Lieferquellen könnten verändert werden, z. B. von Russland oder China nach Deutschland oder in das EU-Ausland. Diese Rückverlagerung der Beschaffungsmärkte wird immer dann zum Trend stilisiert, wenn die politische Lage eine Zusammenarbeit mit den globalen Lieferanten erschwert oder wenn Probleme in einzelnen Wirtschaftssektoren wie z. B. der Logistik auftreten. Zu prüfen ist, ob die Gefahr der jetzt aufgetretenen Störungen tatsächlich die Vorteile der Lieferkette aufwiegen.

Eigenproduktion: Eine besonders drastische Form der Veränderung der Lieferkette ist die eigene Produktion von bisher eingekauften Waren und Bauteilen. Tatsächlich können dabei relevante Risiken in die Eigenverantwortung übernommen werden. Große Risiken für komplexe Güter in einer Lieferkette werden verteilt auf mehrere kleinere Lieferketten, die für die jetzt benötigten Stoffe, Materialien und Leistungen aufgebaut werden müssen. Solche Entscheidungen zur Aufnahme der Eigenproduktion finden sich in den Unternehmen, die vor einiger Zeit gerade ihre Eigenproduktion zugunsten der globalen Beschaffung aufgegeben haben. Das Know-how für die Eigenfertigung wird als noch vorhanden angenommen. Die Probleme beim Aufbau der Eigenproduktion werden unterschätzt.

Eigenleistung: Schneller umsetzbar als der Aufbau einer eigenen Produktion von Waren oder Bauteilen ist es, Leistungen, die bisher von außen bezogen wurden, selbst zu erbringen. Die Investitionen für den Aufbau einer eigenen Instandhaltungsabteilung oder das eigene Hosting des Internetshops sind geringer, aber Lieferketten für die benötigten Mitarbeiter müssen aufgebaut werden. In Zeiten des Fachkräftemangels werden risikoreiche Lieferketten für Dienstleistungen durch risikoreiche Lieferketten für das Rekrutieren von Fachkräften ersetzt. Welches Risiko für das Unternehmen weniger bedrohlich ist, muss objektiv durch das Lieferkettencontrolling bestimmt werden.

Eigentransport: Viele Störungen der Lieferkette, von drohender Lieferungsverspätung bis hin zu steigenden Kosten, sind durch die Transporte verursacht. Die Übernahme dieser Leistung durch die eigene Logistik kann die Risiken reduzieren. Das gilt sicher nicht für den Seetransport in globalen Lieferketten, aber vielleicht für die letzte Etappe vom Hafen ins Unternehmen. Für Transporte innerhalb der EU können eigene Lkw zuverlässiger geplant und gesteuert werden. Voraussetzung dafür ist jedoch, dass es ausreichend Aufträge für solche Transportfahrten gibt. Außerdem sorgen die Vorgaben für den Werksverkehr dafür, dass hohe Kosten entstehen.

Produktveränderung: Wenn sich die Lieferkette nicht verändern lässt, weil z. B. der Rohstoff über diese Kette konkurrenzlos preisgünstig ist, dann muss der Blick der Controller auf interne Stellschrauben gehen. So kann eine Veränderung der eigenen Produkte den Verbrauch dieses Rohstoffs vielleicht reduzieren oder den Einsatz eines alternativen Rohstoffs ermöglichen. Auch die Abschwächung der Qualitätsanforderungen lässt die Abhängigkeit sinken. Eine grundsätzliche Entscheidung für eine Flexibilisierung der Stücklisten muss getroffen werden.

Produktionsveränderung: Durch die Veränderung der Produktion hin zu mehr Flexibilität und geringeren Anforderungen an die verarbeiteten Rohstoffe und Materialien wird ein ähnlicher Effekt wie bei den Produktveränderungen erzeugt. Die Bandbreite einsetzbarer Rohstoffe wird größer. Hinzu kommt, dass eine flexible Fertigung schneller bei Problemen mit der Verfügbarkeit von Rohstoffen und Bauteilen reagieren und sich umplanen kann. Die Veränderung in der Produktion setzt in der Regel neue Maschinen mit einem angepassten Steuerungskonzept voraus. Diese Maßnahme gehört zu denen, deren Ergebnisse erst nach langer Zeit sichtbar werden.

Programmveränderung: Ursächlich für den Bedarf an Gütern und Leistungen, die über Lieferketten beschafft werden müssen, sind die eigenen Produkte, die an die eigenen Kunden verkauft werden. Wenn es gelingt, das Produktportfolio des Unternehmens auch an die Bedrohungen der dazugehörigen Lieferketten anzupassen, können Störungen reduziert werden. So kann z. B. ein Produkt, dessen Bauteile in Bangladesch zusammengebaut werden, weniger aggressiv angeboten werden als ein vergleichbares Produkt, dessen Teile aus der EU stammen. So wird das Risiko der Verletzung von Menschenrechten bei der Herstellung der Bauteile, z. B. durch Kinderarbeit, verringert.

Hinweis: Echte Kosten

Werden die echten Kosten einer Lieferkette über die Materialkosten in die Kalkulation der Produkte übernommen, gelingt die Berücksichtigung der Kosten einer Störung im Vertrieb von allein: Die Deckungsbeiträge der Produkte, die von kritischen Lieferketten abhängig sind, verringern sich. Damit wird es für den Vertrieb weniger interessant, solche Produkte zu verkaufen. Der Absatz sinkt und damit die Abhängigkeit des Unternehmens von den Lieferketten.

Die Aufgabe des Lieferkettencontrollings besteht darin, die Entscheidungsfindung für langfristig wirkende Maßnahmen zur Störungsbehebung innerhalb von Lieferketten zu steuern. Trotz der gerade erfahrenen Krisensituation muss jede dieser Maßnahmen, die ja langfristig nicht nur positive Wirkung zeigen, sondern auch langfristige Nachteile haben, objektiv begründet werden. Dazu müssen für jede Maßnahme ihre Auswirkungen, Kosten und Chancen berechnet werden. Das macht der Controller und bietet so eine gewissen Neutralität.

Da die grundlegenden Entscheidungen nicht nur zur Beschaffung regelmäßig überprüft werden müssen, kann der Controller die Frage nach einer Überprüfung aufgrund einer Störung mit einem Hinweis auf die üblichen Zyklen beantworten. So werden die Lieferketten wichtiger Güter und Leistungen regelmäßig mit der Budgeterstellung überprüft und geplant. Grundsätzliche, vielleicht strategische Beschaffungsvorgaben sollten nach einer Laufzeit von drei bis fünf Jahren geprüft werden. Anlass zu einer Prüfung kann neben einer Störung in der Lieferkette auch der Ablauf eines Vertrages oder das Vorliegen eines interessanten Angebotes eines anderen Lieferanten sein. Sind solche Prüftermine abzusehen, sollte die langfristige Reaktion auf eine Störung der Lieferkette dort integriert werden.

4.4.6 Überwachung der Maßnahmen

Weil eine Störung in der Lieferkette, sei sie schon eingetreten oder nur zu erwarten, zu erheblicher Unruhe im Unternehmen führt, muss die Reaktion darauf reglementiert sein. Warnungen werden definiert ausgesprochen, Sofortmaßnahmen werden durchgeführt, es erfolgt eine Abstimmung mit den indirekt betroffenen Unternehmensbereichen. All das geschieht unter dem Druck einer Krise, Zeit für eine ausführliche Planung ist nicht vorhanden. Umso wichtiger ist es, den Erfolg der getroffenen Maßnahmen zu kontrollieren.

Auch die Überwachung der Erfolge der Maßnahmen ist von dem Zeitdruck betroffen. Es muss schnell reagiert werden, um das Risiko des Eintritts der Störung zu reduzieren oder die Auswirkungen der bereits eingetretenen Störung zu minimieren. Die Erfolge der Maßnahmen müssen daher ebenso schnell eintreten, um das zu erreichen. Wenn zu spät festgestellt wird, dass eine Maßnahme nicht oder nicht im ausreichenden Umfang die gewünschte Wirkung gezeitigt hat, muss erneut und wieder möglichst schnell reagiert werden.

Die Überwachung der Maßnahmen ist eine Aufgabe des Lieferkettencontrollings. Um diese zeitnah erledigen zu können, müssen einige Voraussetzungen erfüllt sein:

- Der Controller sollte an der Auswahl und Planung der Maßnahmen beteiligt werden. So kennt er die notwendigen Aktivitäten und kann sein Überwachungsschema unverzüglich darauf aufbauen. Gleichzeitig wird die Auswahl der Maßnahmen erleichtert, weil der Controller mit deiner Praxiserfahrung die Entwicklung planen kann und so Entscheidungshilfen liefert.
- Kann der Controller nicht an der Auswahl der Maßnahmen beteiligt werden, weil z. B. die Zeit dazu nicht ausreicht und sofortige Entscheidungen durch die Fachbereiche notwendig sind, muss er nach dem Start der Maßnahmen sofort unterrichtet werden.
- Die Parameter, die durch die Maßnahmen verändert werden sollten, müssen bekannt sein. Die gewünschte Veränderung muss geplant sein.
- Die tatsächliche Veränderung des Parameters nach der Maßnahme muss zeitnah festgestellt werden können.

Die Überwachung des Erfolges muss die gesamte Wirkungskette umfassen. So wirkt eine Maßnahme auf einen oder mehrere Parameter, die wiederum haben Einfluss auf die Störung in der Lieferkette. Es ist also nicht ausreichend, nur die Entwicklung der von der Maßnahme beeinflussten Parameter zu beobachten. Auch die angenommene Wirkung auf die Störung in der Lieferkette muss geprüft werden. Fehlt der Erfolg, verbessert sich die Störung also nicht, muss erneut reagiert werden.

Die Durchführung von Maßnahmen verursacht Kosten. Es gilt, bei der Entscheidung für eine bestimmte Reaktion ebenso die Kosten zu berücksichtigen. Werden die Aktivitäten zu vorsichtig, also kostengünstig, durchgeführt, ist der Erfolg vielleicht nicht ausreichend. Wird übertrieben reagiert, ist der Erfolg mehr als ausreichend und die Kosten sind zu hoch. Die zeitnahe Überwachung der Maßnahmen dient auch der Feinsteuerung der Aktivtäten.

Wird festgestellt, dass die Aktivitäten zwar Erfolge zeigen, diese allerdings nicht ausreichend sind, muss die Maßnahme intensiviert werden. Ist der Erfolg mehr als ausreichend, können die Aktivitäten zurückgenommen werden, um Kosten zu sparen. Eine typische Controllingaufgabe ist, die Situation entsprechend zu untersuchen, auf Misserfolge und Erfolge hinzuweisen und Vorschläge zu Veränderungen zu machen. Das geschieht grundsätzlich bereits laufend im Soll-Ist-Vergleich der geplanten Budgetparameter. Die Fachbereiche sind daran gewohnt, ihre Aktivitäten vom Controlling steuern zu lassen. Ungewohnt ist oft nur der Zeitdruck, sowohl für die Entscheidungen als auch für die Überwachung.

Schnelle Maßnahmen haben über die einzelne Störung hinaus Folgen. Sie verändern die Lieferketten, schaffen neue und haben Einfluss auf die internen Abhängigkeiten. Das zeigt sich auch in den Ergebnissen der regelmäßigen Überwachung der Lieferketten. Veränderungen in der Beurteilung einzelner Lieferketten oder der Gesamtsituation, die auf solche Maßnahmen zurückzuführen sind, müssen erläutert werden.

Überwachungsziel	Zeitpunkt der Überwachung	Inhalt der Überwachung
Parameter mit Einfluss auf Lieferkette	direkt nach Start der Maßnahme	Durchführung der Maßnahme Wirkung auf Parameter
Risiko/Störung in der Lieferkette	direkt nach Start der Maßnahme	Wirkung der veränderten Parameter auf Risiko/Störung
Lieferkette	nach Wirkung der Maßnahme/im Rahmen der üblichen Überwachung der Lieferketten	Risiken, Eintrittswahrscheinlichkeiten, Abhängigkeiten = Beurteilung
Überblick über die Gesamtsituation der Lieferketten	im Rahmen des üblichen Reportings der Gesamtsituation	Veränderungen in Gesamtsituation aufgrund der Maßnahmen

Tab. 30: Überwachung der Maßnahmen bzw. deren Auswirkungen

Beispiel: Permanente Überwachung

Mittels eines Dashboards erhält die Unternehmensleitung einen permanenten Überblick über die aktuelle Lage aller Lieferketten, dargestellt in einer Grafik aus der Portfolio-Analyse. Durch die Störung einer wichtigen Lieferkette verändert sich deren Lage dramatisch, hin zum kritischen Quadranten II. Zu diesem Zeitpunkt ist die Warnung an die operative Ebene bereits erfolgt. Im Dashboard wird die Lieferkette markiert.

Durch die permanente Beurteilung der gestörten Lieferkette und der zeitnahen Überwachung der Maßnahmen, die aufgrund der Störung ergriffen wurden, wird eine Verbesserung der Situation erkannt. Die Störung konnte behoben werden. Die Lieferkette verbessert ihre Lage in der grafischen Darstellung, allerdings nicht zurück auf die ursprüngliche, günstigere Lage. Das wird entsprechend der Definitionen für das Reporting von Störungen in der Lieferkette markiert.

Die Überwachung der Maßnahmen wird durch eine Dokumentation abgeschlossen. Diese schließt an die Dokumentation der Warnung an und beschreibt die ergriffenen Maßnahmen sowie die geplanten und die erreichten Wirkungen. Auch Veränderungen der Maßnahmen werden festgehalten. Das dient zum Nachweis des Verhaltens der verantwortlichen Stellen, vor allem aber zur Unterstützung von Entscheidungen in späteren erneuten Störungen.

4.5 Externe Helfer

Die Steuerung der Lieferketten ist eine ebenso komplexe wie Erfolg versprechende Aufgabe. Leider verfügen kleine und mittlere Unternehmen nur selten über die fachlichen Kompetenzen und die zeitlichen Ressourcen, die dafür notwendig sind. Doch gerade diese Unternehmen sind auf optimale Lieferketten mit konkurrenzfähigen Kosten, Innovationspotenzial und geringer Gefährdung angewiesen, damit sie gegen die global agierenden Konzerne wettbewerbsfähig bleiben.

Selbstverständlich kann in kleinen und mittleren Unternehmen das entsprechende Know-how geschaffen und zeitliche Kapazitäten freigemacht werden. Doch das kostet Zeit und Geld und ist aufgrund der oft geringen Anzahl an Lieferketten nicht immer wirtschaftlich. Daher ist es sinnvoll, über eine Beteiligung externer Stellen am Lieferkettencontrolling nachzudenken.

- Externe Berater für das Lieferkettencontrolling stehen sofort, ohne Zeitverzug zur Verfügung.
- Externe Berater verfügen über ein wesentliches Know-how, das von dem Unternehmen genutzt werden kann.

Hinweis: Branchenerfahrung

Vor der Auswahl eines externen Helfers muss immer geprüft werden, ob dessen Erfahrung tatsächlich dem Unternehmen nutzt. So sollten frühere Aktivitäten des Beraters auch in der Branche des Unternehmens stattgefunden haben. Nur so kann er ohne eigene Einarbeitung die Unterstützung im Lieferkettencontrolling gewährleisten. Auf die Erfahrungen des externen Partners in anderen Bereichen sollte dennoch nicht verzichtet werden. Diese ermöglichen eine andere Sicht auf die Situation der Lieferketten des Unternehmens. Das ist ein Grund, warum die Berater selbst dann hilfreich sein können, wenn das Unternehmen über ausreichendes Know-how und ausreichende Kapazitäten verfügt.

- Externe Berater sind in den betroffenen Märkten besser vernetzt und können so Entwicklungen in den Risikoparametern schneller erkennen.
- Externe Berater verfügen über bewährte Kommunikationswege, die im Krisenfall genutzt werden können.
- Die Kosten für externe Berater sind abhängig vom Umfang der ihnen im Rahmen des Lieferkettencontrollings übertragenen Aufgaben. Sie sind also variabel, da sie nur im Bedarfsfall entstehen. Der Dienstleister profitiert davon, dass er vergleichbare Aufgaben für viele andere Kunden erledigt und somit sein spezialisiertes Wissen und die Kosten dafür auf viele Partner verteilen kann.

Die steigende Bedeutung der Lieferketten, die an vielen Stellen zu beobachten ist, hat zu einer verstärkten Konzentration der Beratungsindustrie und anderer Einrichtungen auf das Thema Lieferkettencontrolling geführt. Nicht immer wird die Aufgabe so genannt, nicht immer werden alle Funktionen dazu angeboten. Vor allem die Entwicklung digitaler Plattformen zeigt die Bedeutung des Themas.

Berater: Schon immer haben Unternehmensberater den Bereich Einkauf und Beschaffung abgedeckt. Ebenso lange gibt es Berater, die sich auf eine Einkaufsberatung spezialisiert haben. Oft wird die Beschaffung mit der Logistik kombiniert, als Supply Chain bezeichnet und als Beratungsgebiet angeboten. Diese Dienstleister haben im Beratungsumfang auch das Lieferkettencontrolling. Dabei ist zwischen der reinen Beratung für die Strukturen und Prozesse und die externen Helfer zu unterscheiden, die auch operativ mitarbeiten.

Lieferanten: Selbstverständlich können Lieferanten und andere Partner in der Lieferkette selbst weitere Leistungen über ihre eigentlichen Aufgaben hinaus erbringen. Viele Unternehmen nutzen dazu bereits digitale Lösungen im Bereich von Industrie 4.0. Darüber können Informationen schnell und aktiv beschafft werden. Autonome Prozesse übernehmen einen großen Teil der Informationsbeschaffung und der Auswertung der Daten. Dazu wird, zusätzlich zum grundsätzlichen Know-how über die Lieferkettenstrukturen, das IT-Know-how zu Industrie 4.0 benötigt.

Hinweis: Standards

Industrie 4.0 ist nicht mehr nur den großen Konzernen mit großer IT-Kapazität und individueller Programmiermöglichkeit vorbehalten. Für viele wesentliche Funktionen sind Standards entwickelt worden, die eine Verbindung unterschiedlicher IT-Systeme für Industrie 4.0 auch ohne zusätzlichen Programmieraufwand ermöglichen. Nicht nur die Technik in den Logistik- und Fertigungsabteilungen verfügt über standardisierte Funktionen zu Industrie 4.0, auch viele IT-Standardsysteme bieten die dazu notwendigen Softwareteile an.

Plattformen: Wichtig für kleine und mittlere Unternehmen ist die Entwicklung von Plattformen im digitalen Netz, die zumindest im Bereich der Steuerung von Lieferketten eine wesentliche Unterstützung bieten. Sie helfen dabei, die eigenen Lieferketten zu strukturieren, passende Lieferanten zu finden und eine Überwachung aufzubauen. Da diese externen Helfer an Bedeutung zunehmen werden, z. B. für die Überwachung der Situation bzgl. des Lieferkettensorgfaltspflichtengesetzes, werden wir uns im Folgenden noch detailliert mit den diesbezüglichen Angeboten beschäftigen.

Hinweis: Neue Lieferketten

Durch die Nutzung externer Helfer im Lieferkettencontrolling entstehen neue Lieferketten, über die Beratung und Hilfe ins Unternehmen kommt. Auch hier gibt es Risiken und es entstehen Abhängigkeiten. Das muss bei der Entscheidung für solche Partner berücksichtigt werden. Besteht für die Lieferkette eines bestimmten Beraters ein hohes Risiko, überträgt sich dieses Risiko auf die Beurteilung der Lieferketten, die von dem Dienstleister betreut werden.

Plattformen als externe Helfer

Das Internet unterstützt die für das Lieferkettencontrolling Verantwortlichen vor allem durch die dort verfügbaren Daten und Kommunikationswege. Darüber hinaus sind Plattformen entstanden, die dem Einkäufer und dem Controller wesentliche Hilfen bei wichtigen Aufgaben in der Lieferkettensteuerung anbieten.

Beispiel: Plattformen

Zwei typische Beispiele für solche Plattformen finden sich unter www.achilles.com oder www.prewave.com. Darüber hinaus lassen sich mit etwas Aufwand für die Suche viele weitere externe Helfer finden, eventuell auch mit einem passenden Branchenbezug. Verbreitet ist die Spezialisierung von Plattformen auf Regionen und Länder.

Lieferanten finden: Viele Anbieter von Plattformen zur Unterstützung des Lieferkettencontrollings bieten ihre Erfahrungen mit Lieferanten an. Unternehmen, die auf der Plattform als Lieferanten auftreten wollen, müssen sich entsprechend anmelden. Sie werden geprüft, wobei die Prüfung je nach Größe, Produkten und Region unterschiedlich intensiv sein kann. Sie reicht von der Beantwortung eines Fragebogens (und dessen Auswertung seitens der Plattform) bis zur Durchführung eines Audits. Die Unternehmen, die Lieferanten suchen, erkennen, wenn diese auf der Plattform registriert sind, und wissen, dass sie den Standards dieser Plattform entsprechen. Einige Dienstleister werben damit, dass sie bereits mehrere 100.000 Lieferanten geprüft haben.

Hinweis: Vorteil für den Lieferanten

Was hat der Lieferant von Gütern und Leistungen davon, wenn er sich auf einer solchen Plattform registrieren und von ihr prüfen lässt? Der Aufwand kann sich lohnen, wenn z. B. ein großer Kunde eine solche Registrierung verlangt. Außerdem werden so viele Prüfungen kleiner Kunden mit dem Hinweis auf die bereits erfolgte Aufnahme in dieser Plattform vermieden.

Risiken finden: Die Anbieter von Plattform können mithilfe der Erfahrungen, die sie mit Lieferketten gesammelt haben, eine Risikoanalyse erstellen. Hinzu kommen weitere Informationen, die aus der intensiven Suche durch die Plattformen selbst und von ihren Kunden gewonnen wurden. Damit wird es für das Unternehmen als Nutzer einer Plattform einfacher, eine Gefährdungsbeurteilung durchzuführen. Da ein wichtiger Teil der Gefährdung, die Abhängigkeit des Unternehmens von dem Funktionieren der Lieferkette, von internen Gegebenheiten abhängt, muss diese Beurteilung von jedem Kunden selbst erledigt werden.

Störungen finden: Einen wichtigen Beitrag zum Lieferkettencontrolling liefern die Plattformen im Bereich der Steuerung und aktuellen Überwachung. Sie melden aktiv, je nach gesetzten Steuerungsparametern, Veränderungen in der Lieferkette und in den Risiken. Da diese spezialisierten Dienstleister über gute Verbindungen in die Regionen und zu den beteiligten Erzeugern, Veredlern, Herstellern und Transporteuren verfügen, sind sie in der Regel besser informiert als kleine und mittelständische Unternehmen. Die Meldungen sind in der Regel differenzierter als die bereits angesprochenen Information öffentlicher Stellen (z. B. im CSR-Risiko-Check).

Die Nutzung einer solche Plattformen bietet Chancen, aber auch Risiken für das Lieferkettencontrolling des Unternehmens:

- Es entstehen Kosten für die Nutzung der Plattform. Diese müssen gemessen werden an der Qualität des Lieferkettencontrollings, die durch die externe Hilfe erreicht werden kann.
- Es entsteht vor allem in der laufenden Überwachung eine Abhängigkeit des Unternehmens von dem Dienstleister. Das eigene Lieferkettencontrolling ist immer nur so gut, wie die Arbeit des externen Helfers es zulässt.
- Die Auswahl der Lieferanten ist beschränkt auf diejenigen, die auf der Plattform aktiv sind. Es wird nicht immer möglich sein, den eigenen Lieferanten zu bewegen, bei einer solchen Plattform mitzuarbeiten.

Hinweis: Prüfungsintensität

Die Plattform ist darauf angewiesen, dass sie eine Vielzahl von potenziellen Lieferanten zur Auswahl anbieten kann. Wichtige Lieferanten einer Branche haben dabei ein besonderes Gewicht. Es besteht daher die Gefahr, dass die Prüfungen mit einer an den Bedarf der Plattform angepassten Intensität durchgeführt werden, um die Lieferanten auf die Plattform zu holen bzw. dort zu halten. Die Qualität der Plattform muss daher vor einer Zusammenarbeit intensiv geprüft werden.

- Der Einkäufer des Unternehmens kann aus den registrierten Lieferanten auswählen. Es ist dabei sichergestellt, dass diese den Ansprüchen der Plattform genügen. Die Suche nach geeigneten Lieferanten auf dem jeweiligen Markt wird vereinfacht.

- Eigene Audits der ausgewählten Lieferanten können entfallen. Ob das die wirtschaftlichste Lösung für das Unternehmen ist, muss im Einzelfall geprüft werden.
- Das Lieferkettencontrolling profitiert von wesentlich besseren und aktuelleren Informationen über Risiken und Störungen. Die Qualität des Controllings steigt, die Reaktionen auf Störungen werden schneller und erfolgreicher.

Große Unternehmen aus der Chemie oder Automobilbranche nutzen die Plattformen bereits und konnten mit ihrer Marktmacht Lieferanten zur Teilnahme zwingen. Eine inhaltliche Einflussnahme auf die Prüfungen und Audits durch die Großunternehmen dürfte erfolgt sein. Kleine und mittlere Unternehmen müssen akzeptieren, was eine Plattform liefert. Sie können allerdings von den Ansprüchen der großen Plattformkunden profitieren.

Ob mit oder ohne externe Helfer, mit der Steuerung der Lieferketten ist das Lieferkettencontrolling nach dem Einrichten und der Analyse der Lieferketten abgeschlossen.

5 Lieferkettencontrolling in der Praxis

Das Lieferkettencontrolling ist eine ebenso wichtige wie komplexe Aufgabe zur Sicherung der Lieferbereitschaft der Unternehmen. Große, internationale Konzerne haben das schon lange erkannt und ein erfolgreich arbeitendes Lieferkettencontrolling installiert. Allerdings gibt es in der Praxis oft eine Beschränkung auf Lieferketten, die den Verantwortlichen wichtig erscheinen, also die Ketten mit hohen Abhängigkeiten und Risiken. Bei vielen fehlt meist der unternehmensweite Ansatz, der die für das Beschaffungscontrolling eher untypischen Bereiche wie Energie, Dienstleistungen, Mitarbeiter oder Kapital einschließt. Gleichzeitig wird das vorhandene Lieferkettencontrolling oft dezentral in den Fachbereichen durchgeführt. Die Einführung eines zentral gesteuerten Lieferkettencontrollings kann die Steuerung der Lieferketten weiter verbessern.

In kleinen und mittleren Unternehmen werden die Lieferketten eher intuitiv und dezentral gesteuert. Hier eröffnet sich die Chance, ein bewusst durchgeführtes, zentral angesiedeltes Lieferkettencontrolling zu installieren. In allen Unternehmen wird es Risikobetrachtungen für einzelne Lieferketten geben, wenn z. B. wichtige Bauteile in Europa nicht mehr zu haben sind und die Umstellung auf die globale Beschaffung notwendig ist. Solche intuitiv bereits erstellten Dokumentationen, gesammelten Informationen und aufgebauten Strukturen können einfach integriert werden, allerdings sind in der Regel Anpassungen notwendig.

Das Schaffen eines definierten, umfassenden und funktionierenden Lieferkettencontrollings im Unternehmen ist eine Gemeinschaftsaufgabe von Einkauf, Logistik, Unternehmensleitung und Controlling! Es kann notwendig werden, weitere Unternehmensbereiche daran zu beteiligen. Wie der Aufbau des Lieferkettencontrolling grundsätzlich erfolgen kann, wird in den folgenden Kapiteln beschrieben.

5.1 Problematik erkennen

Mit dem Lieferkettencontrolling kommt eine wesentliche Mehrbelastung auf die verantwortlichen Mitarbeiter zu. Dabei gehören alle Aktivitäten, um die Belieferung mit Gütern und Leistungen sicherzustellen, zur eigentlichen Aufgabe der Mitarbeiter im Einkauf, in der Logistik und den anderen beschaffenden Bereichen. Die Komplexität des Lieferkettencontrollings verlangt von allen Beteiligten, zumindest in der Einführungszeit, großes Engagement. Zeit muss investiert werden, Verantwortung wird übernommen.

Dieses Engagement entsteht nicht, indem die Unternehmensleitung das Lieferkettencontrolling als Aufgabe vorgibt. Das muss zwar auch sein, aber wichtiger ist, dass alle Beteiligten die Problematik und Notwendigkeit erkennen. Jedes Unternehmen ist abhängig vom Funktionieren seiner Lieferketten. Nur durch ein systematisches Lieferkettencontrolling mit allen betroffenen Stellen kann die für den Erfolg des Unternehmens notwendige Sicherheit geschaffen werden.

5.1.1 Unternehmensleitung

Das Engagement für ein Lieferkettencontrolling beginnt in der Hierarchie ganz oben, bei der Unternehmensleitung. Ein ordentlicher Kaufmann, dazu werden sich alle Geschäftsführer, Vorstände oder Einzelunternehmen zählen, muss sein Unternehmen vor Schäden schützen und für ein optimales wirtschaftliches Ergebnis sorgen. Zu den Aufgaben gehört auch die Sicherung einer ordnungsgemäßen Belieferung des Unternehmens mit den Produktionsfaktoren.

Die Leitung des Unternehmens muss sich also bereits mit den Anforderungen des Lieferkettensorgfaltspflichtengesetzes beschäftigt haben. Sie wird die sich ändernden politischen Situationen bemerkt und die technischen Risiken in den globalen Lieferketten zur Kenntnis genommen haben. Grundsätzliche strategische Entscheidungen, z. B. zur Beschaffung auf globalen Märkten, werden entsprechend gefallen sein. Im nächsten Schritt wird sich die Unternehmensleitung mit der Bedrohung auseinandersetzen. Jetzt muss das Engagement der leitenden Mitarbeiter im Unternehmen für das Lieferkettencontrolling von ganz allein kommen. In der Unternehmensstrategie wird die Sicherung der Lieferketten berücksichtigt.

Hinweis: Anstoß legitim

Nicht immer erkennt die Unternehmensleitung das Bedrohungspotenzial, das sich aus den Lieferketten ergibt. In den Fachbereichen wird dies oft früher gesehen, da hier das Wissen über Strukturen und Abläufe sehr detailliert vorhanden ist. Es ist legitim, die Unternehmensleitung darüber zu informieren und somit den Anstoß zur Integration eines Lieferkettencontrollings in die Unternehmensstrategie zu geben.

Hat die Unternehmensleitung die Problematik erkannt, wird sie die folgenden Schritte in der angegebenen Reihenfolge durchführen:

1. Die Unternehmensstrategie an die Notwendigkeit anzupassen, durch ein Lieferkettencontrolling die ordnungsgemäße Belieferung des Unternehmens mit Gütern und Leistungen sicherzustellen, ist der erste Schritt. Daraus lässt sich auch eine entsprechende Beschaffungsstrategie ableiten.
2. Die finanziellen Mittel für den Aufbau und den laufenden Betrieb des Lieferkettencontrollings werden von der Unternehmensleitung freigegeben, nachdem diese mit betroffenen Fachbereichen eine erste Schätzung durchgeführt hat.
3. Die Unternehmensleitung legt die Aufgabenverteilung für das Lieferkettencontrolling fest. Es wird bestimmt, wer für den Aufbau dieser Funktion verantwortlich ist. Das ist in der Regel das Controlling. Im laufenden Betrieb tragen die Fachbereiche die Verantwortung für die richtigen Entscheidungen, die aufgrund von Controllingberichten getroffen werden.
4. Notwendig ist ein offizieller Projektstart für den Aufbau eines Lieferkettencontrollings. Auch dieser wird von der Unternehmensleitung gegeben, womit die Bedeutung für das Unternehmen gezeigt wird.

Über diese Führungsfunktion hinaus ist die oberste Managementebene in vielen Unternehmen im Projekt operativ beteiligt. Eine Bedrohung kann auch von Lieferketten für die benötigten finanziellen Mittel ausgehen. In kleinen und mittleren Unternehmen liegt die Verantwortung für die Finanzierung oft direkt in den Händen der Unternehmensleitung. In dieser Situation wird die Aufgabe der Integration von Lieferketten für Finanzmittel von der Unternehmensleitung erfüllt. Das entsprechende Engagement auch auf operativer Ebene wird vorausgesetzt.

5.1.2 Einkauf

Der Einkauf ist der Fachbereich, der durch den Aufbau des Lieferkettencontrollings die größte Belastung erfährt. Dort sind die einzelnen Lieferketten bekannt, müssen wesentlich detaillierter und vor allem systematisch mit zusätzlich zu beschaffenden Daten beschrieben werden. Viele der zu planenden Maßnahmen werden hier zu verantworten sein. Darum ist gerade im Einkauf Engagement für das Lieferkettencontrolling notwendig.

Hinweis: Andere Beschaffer

Bekannt ist, dass neben dem Einkauf auch viele andere Stellen im Unternehmen mit der Beschaffung von Gütern und vor allem von Dienstleistungen beschäftigt sind. Wir haben die Fertigung kennengelernt, die Instandhaltungen beschafft, das Marketing beschafft Agenturleistungen, im Rechnungswesen werden Steuerberater beauftragt. Für all diese Stellen gilt grundsätzlich, dass ein ähnliches Engagement für das Lieferkettencontrolling wie im Einkauf vorhanden sein muss. Daher gelten die Ausführungen in diesem Kapitel auch für diese Unternehmensbereiche. Da die Personalbeschaffung aktuell einem stärkeren Wandel mit einer steigenden Problematik unterworfen ist, erhält diese ein eigenes Kapitel.

Trotz des hohen Aufwandes für den Aufbau des Lieferkettencontrollings gibt es in den Einkaufsabteilungen viel Einsatz dafür. Die Problematik der globalen und anderen wichtigen Lieferketten ist im Einkauf schon lange bekannt. Viele Störungen bei der Belieferung wurden bisher auch ohne die Controllingstrukturen von den Einkäufern gemeistert. Viele Einzelstrategien sorgen dafür, dass die gröbsten Risiken beherrschbar sind. Eine 2-Lieferanten-Strategie, ein Vorratslager beim Lieferanten, eigene Sicherheitsbestände und viele andere Maßnahmen sorgen bereits punktuell für eine geringere Bedrohung.

Das verursacht allerdings hohe Kosten, die technisch nicht den einzelnen Wareneinsätzen zugeordnet werden können. Die Kosten sind höher als notwendig, da sie meist nicht mit den indirekt betroffenen Unternehmensbereichen abgestimmt sind. Die meisten dieser Maßnahmen sind statisch, eine Überwachung der Wirksamkeit erfolgt nicht. Das weiß auch der Einkäufer. Es ist wichtig, dass im Einkauf akzeptiert wird, dass die eingeübten Vorgehensweisen nicht mehr in die aktuelle Situation auf globalen Märkten und in der Logistik passen.

Für den Controller ist die Einkaufsabteilung der wichtigste Partner im Projekt. Hier werden die meisten typischen Lieferketten betreut und beeinflusst, die wirksamsten Maßnahmen werden im Einkauf verantwortet. Das Lieferkettencontrolling kann nur erfolgreich aufgebaut und später betrieben werden, wenn der Einkauf die Notwendigkeit dazu erkennt und akzeptiert. Wenn die Einkäufer erkennen, dass sie zwar den größten Beitrag zum Lieferkettencontrolling liefern müssen, aber dafür auch die größten Nutznießer des späteren laufenden Betriebes sind, ist die notwendige Bereitschaft zur Mitarbeiter gegeben.

5.1.3 Personalwesen

Im Personalwesen ist der Gedanke an Lieferketten für die Beschaffung von Mitarbeitern neu. Wer aber den Prozess der Suche und Einstellung detailliert betrachtet, findet viele Parallelen zum Beschaffungswesen. Der Fachkräftemangel führt zu Situationen, in denen die bisher gewohnte Vorgehensweise Störungen aufweist. In vielen Personalabteilungen wird die Beschaffungsfunktion neu gedacht. Jetzt können auch diese Fachleute für die Mitarbeit im Lieferkettencontrolling gewonnen werden.

Hinweis: Unterschiede

Der Fachkräftemangel trifft alle Unternehmen. Dennoch gibt es Unterschiede, obwohl die Ausgangssituation vergleichbar ist. Das liegt an unterschiedlichen Wegen, die im Personalwesen beschritten werden, um neue Mitarbeiter zu beschaffen. Dabei handelt es sich um unterschiedliche Lieferketten für den Faktor Arbeit. Auch hier gibt es Risiken, Eintrittswahrscheinlichkeiten und Abhängigkeiten.

Die erste Aufgabe für das Personalwesen beim Aufbau eines Lieferkettencontrollings besteht darin, die Lieferketten zu identifizieren. Wer diese Prozesse als Lieferkette erkannt hat, ist bereit, den Aufwand für das Lieferkettencontrolling zu leisten. Der Zeitpunkt für die Überzeugung und Einbindung der Personalverantwortlichen ist aktuell günstig, da die Ansprüche an die zu findenden Mitarbeiter steigen und die Personalmärkte fast leer sind. Es bleibt noch, den betroffenen Kollegen im Personalwesen Hinweise für das Finden von Lieferketten zu geben. Darum an dieser Stelle einige Beispiele:

Auszubildende: Gerade kleine und mittlere Unternehmen haben aktuell große Probleme, die Ausbildungsstellen mit geeigneten jungen Menschen zu besetzen. Es gibt unterschiedliche Wege, neue Auszubildende zu finden. Diese entsprechen unterschiedlichen Lieferketten.

- Der traditionelle Weg über eine **Anzeige** in der Presse ist immer noch bedeutend, vor allem wenn es Schwerpunktausgaben zur Ausbildung gibt. Diese Lieferkette zielt auf den lokalen Markt für junge Mitarbeiter. Partner in der Lieferkette ist die lokale Presse, die gelieferte Leistung ist die Bewerbung.
- Auf Job- oder Ausbildungsmessen können Kontakte zu jungen Menschen geknüpft werden. Auch hier wird vorwiegend auf den lokalen Markt gezielt. Partner ist der Messeveranstalter, oft in Verbindung mit der Presse, die im Bericht über die **Messe** auch Anzeigen druckt. Auch hier besteht die gelieferte Leistung in den Bewerbungen.
- Ein anderer Partner ist das **Arbeitsamt**, das über eine digitale Plattform gemeldete Ausbildungsplätze an Interessenten weiterleitet. Die regionale Begrenzung des Marktes ist vergleichbar mit den anderen Lieferketten. Die Leistung kann gemessen werden, und zwar in Bewerbungen.
- In den meisten Lehrplänen der weiterführenden Schulen sind **Praktika** vorgesehen. Das Unternehmen kann die Schülerpraktikanten und potenziellen Auszubildenden unverbindlich kennenlernen, vor allem aber den entsprechenden Beruf präsentieren. Die Leistung dieser Lieferkette ist nur schwer zu messen, da viele Bewerbungen später durch andere Lieferketten das Unternehmen erreichen.

Es gibt sicherlich viele andere Lieferketten zur Beschaffung von Auszubildenden. So ist die Mundpropaganda in diesem Bereich sehr wichtig. Die Nutzung sozialer Medien unterstützt die Suche nach Auszubildenden, kann aber auch eine eigene Lieferkette darstellen.

Beispiel: Bedrohung bei der Suche

Die Suche nach Auszubildenden ist oft lokal begrenzt und beruht auf persönlichen Kontakten. In den Lieferketten über Ausbildungsmessen oder Praktika gibt es wesentliche Risiken, die eine Kontaktaufnahme in der Vergangenheit erschwert haben. Während der Coronapandemie wurden Messen abgesagt und Praktika waren unmöglich. Es kam zu wesentlichen Störungen in diesen Lieferketten.

Aushilfen: In vielen Branchen sind Aushilfen ein wesentlicher Bestandteil der Personalpolitik. Vor allem die Gastronomie leidet unter einem erheblichen Mangel an Aushilfen, was zur Kürzung von Öffnungszeiten führt oder zur Aufgabe von Betrieben. Entsprechend hoch ist die Abhängigkeit vieler Unternehmen vom Funktionieren der Lieferketten für Aushilfsarbeitskräfte.

- Aushilfen können über **Anzeigen** zu einer Bewerbung gebracht werden. Diese Lieferkette ist traditionell und lokal und liefert Bewerbungen.
- Ein wichtiger Partner in einer Lieferkette für Aushilfen sind die Dienstleister, die sich auf eine **Arbeitnehmerüberlassung** spezialisiert haben. Auf diesem Weg kommen tatsächlich Mitarbeiter ins Unternehmen.
- In speziellen Branchen wie z. B. der Landwirtschaft werden Aushilfskräfte auf internationalen Märkten gesucht. Aus dem **Ausland** kommen Erntehelfer, aber auch Mitarbeiter in der Baubranche. Neben einer Lieferkette, in der professionelle Vermittler als Partner beteiligt sind, gibt es Lieferketten, die durch Mundpropaganda ehemaliger oder aktueller ausländischer Mitarbeiter erfolgreich sind.

Gewerbliche Arbeitnehmer: In Industrieunternehmen sind gewerbliche Mitarbeiter eine große Gruppe. Sie werden durch lokale oder regionale Anzeigen, die Dienstleister der Arbeitnehmerüberlassung oder durch Aushänge gefunden. Einen wachsenden Anteil haben die gewerblichen Arbeitnehmer, die durch Lieferketten mit digitalen Vermittlern gefunden werden.

Kaufmännische Arbeitnehmer: Mitarbeiter für die Verwaltung im Unternehmen werden auf vergleichbaren Wegen gefunden wie die gewerblichen Arbeitnehmer. Die Lieferketten haben u. U. andere Partner, also Anzeigen nicht in der lokalen Presse, sondern in Fachzeitschriften, oder eine andere Plattform für die Jobsuche. Auch viele Arbeitnehmerüberlassungen haben sich auf gewerbliche oder kaufmännische Mitarbeiter spezialisiert. Die Lieferketten sind in der Struktur denen bei gewerblichen und kaufmännischen Berufen vergleichbar, unterscheiden sich aber im Hinblick auf die Partner.

Führungskräfte: Für die Suche nach Führungskräften können alle beschriebenen Lieferketten verwendet werden, wobei Zielmärkte und Partner andere sind. Hinzu kommt eine Lieferkette, die durch Personalberater oder Headhunter gekennzeichnet ist. Die aktive Suche und die direkte Ansprache bezieht sich meist nicht auf den lokalen oder regionalen Personalmarkt. Sie bezieht das gesamte Deutschland, vielleicht sogar darüber hinausgehende Gebiete ein.

Es zeigt sich, dass auch im Personalwesen Beschaffungswege existieren, die genauso vielfältig sind wie die im Einkauf. Darüber hinaus gibt es viele Risiken, die die Abläufe bei der Personalbeschaffung stören können. Die Pandemie, die persönliche Kontakte verhindert hat, ist nur eines davon. Negative Bewertungen des Unternehmens als Arbeitgeber auf digitalen Plattformen sind ebenso störend wie ein geringes Angebot auf lokalen oder regionalen Märkten, nicht in das Entgeltschema passende Entlohnungsgrößen oder die Konzentration junger Menschen auf eine Work-Life-Balance.

Störungen bei der Beschaffung von benötigten Mitarbeitern haben einen enormen Einfluss auf den Unternehmenserfolg. Im Personalbereich sind die Folgen sicher kurzfristig, in viele Fällen auch langfristig zu spüren. Darum lohnt sich die Integration der Personalabteilung in das Lieferkettencontrolling auf jeden Fall. Mit der Systematik der hier geschilderten unterschiedlichen Lieferketten sollte es möglich sein, die verantwortlichen Mitarbeiter im Personalwesen für die Mitarbeit im Lieferkettencontrolling zu gewinnen.

5.1.4 Bedrohte Bereiche

Im Lieferkettencontrolling müssen auch die Unternehmensbereiche beteiligt werden, die letztlich von den fehlenden oder ungeplanten Gütern und Leistungen betroffen sind. Diese Fachbereiche können zwar nicht bei der Definition der Lieferketten helfen, sie können aber die Auswirkungen von Störungen bewerten. Damit sind sie unverzichtbar beim Aufbau des Lieferkettencontrollings. Um diese Mitarbeiter für die Beteiligung zu motivieren, sollten ihnen die Auswirkungen möglicher Störungen vor Augen geführt werden.

Gemeinsam mit den Verantwortlichen in den verschiedenen Unternehmensbereichen wird festgehalten, welche Auswirkungen unterschiedliche Störungen einzelner Lieferketten haben können. Zum jetzigen Zeitpunkt, ganz zu Anfang des Projektes, ein Lieferkettencontrolling aufzubauen, diese Auswirkungen zumindest grob festzustellen, ist richtig, da so die Schwerpunkte beim Aufbau des Lieferkettencontrollings wirksam bestimmt werden können. Das Ergebnis geht als Abhängigkeit in die Beurteilung der Lieferketten ein.

Produktion: Bei den typischen Lieferketten für Güter ist in Fertigungsunternehmen als Erstes und sehr direkt die Produktionsabteilung von Störungen bei der Belieferung betroffen. Aber auch Störungen anderer Ketten haben Auswirkungen.

- Wenn tatsächlich eine Lieferkette für Güter, also Rohstoffe oder Bauteile, gestört ist und dadurch Güter fehlen, muss die Produktion reagieren. Mit Umplanungen sollen Stillstände vermieden werden, eventuell wird die Leistung der Maschinen gedrosselt, um den Verbrauch zu senken. Die Verwendung von alternativen Rohstoffen oder Bauteilen kann zu Störungen führen.
- Wenn eine Lieferkette für eine Dienstleistung nicht funktioniert, z. B. Instandhaltungsarbeiten nicht ausgeführt werden, ist die Produktion betroffen. Die Auswirkungen reichen vom Stillstand der Produktion oder einzelner Maschinen über die Umplanung in der Produktion bis zur Reduktion der Geschwindigkeiten, um die Maschinen zu entlasten. Auch die Beschaffung von Teilen, die eigentlich selbst hergestellt werden, ist eine Option.

- Über die Auswirkungen des Fehlens von Mitarbeitern können die Fachleute in der Produktion aus ihrer Erfahrung mit dem Fachkräftemangel und den Coronaerkrankungen berichten. Auch hier kommt es zu Stillstand, Umplanungen oder zu einer verringerten Leistung der Fertigungsabteilung. Unbedingt notwendige Abläufe werden durch Mehrarbeit der vorhandenen Mitarbeiter aufrechterhalten, was zu Zuschlägen bei der Entlohnung führt.
- Störungen bei der Beschaffung von Finanzmitteln wirken sich im Fertigungsbereich vor allem bei der Umsetzung von Investitionsvorhaben aus. Das kann sich kurzfristig auswirken, wenn die Produktionsplanung als Teil der Budgetplanung zusätzliche Kapazitäten eingeplant hat. Der Austausch alter Maschinen gegen neue Anlagen führt zu mehr Kapazitäten und/oder verbesserten Qualitäten bzw. niedrigeren Kosten. Diese Vorteile können nicht realisiert werden, wenn eine Störung in der Lieferkette für Kapital existiert.

Entwicklung: In der Entwicklungsabteilung wird zunächst an die indirekten Folgen von Störungen in Lieferketten gedacht. Wenn Güter fehlen, müssen Alternativen in Stücklisten und Arbeitsplänen genutzt werden. Es gibt aber auch Auswirkungen von gestörten Lieferketten, die direkt in der Entwicklungsabteilung entstehen.

- Als Reaktion auf fehlende Rohstoffe oder Bauteile werden in der Produktion alternative Güter eingesetzt. Das geht nicht ohne die Veränderung von Stücklisten in der Entwicklungsabteilung. Das gilt auch für den Fall, dass durch langsamere Fertigungsverfahren geringere Mengen von Rohstoffen oder Bauteilen eingesetzt werden sollen. Hier gibt es also eine indirekte Auswirkung auf diesen Unternehmensbereich.
- Kommt es zu Störungen von Lieferketten, die für die Beschaffung von Dienstleistungen für die Entwicklungsabteilung zuständig sind, kommt es zu direkten Auswirkungen. Externe Datenbanken können nicht genutzt werden, die Verlagerung von Entwicklungsprojekten auf Externe findet nicht statt. Eine steigende Abhängigkeit von Entwicklungsabteilungen zeigt sich in der Nutzung von Cloudservices von der Datenspeicherung bis zur Entwicklungssoftware.
- Die Lieferketten, über die Ingenieure und andere Fachkräfte für die Entwicklungsabteilung beschafft werden, sind immer wieder gestört. Es kommt zu Verzögerungen bei den Neuentwicklungen oder bei kundenbezogenen Entwicklungen. Mehrarbeit wird notwendig, ein Puffer für schnelle Reaktionen in Krisenzeiten ist nicht mehr vorhanden.

Logistik: Bei der Feststellung der Auswirkungen von Lieferkettenstörungen darf nicht nur die Verbindungsfunktion der Logistik für das Unternehmen mit den externen Stellen gesehen werden. Es gibt auch interne Funktion wie die Lagerhaltung und den internen Transport. Je nach Lieferkette sind bei Störungen unterschiedliche Auswirkungen zu erwarten.

- Wenn über die Lieferkette bestimmte Güter nicht mehr ins Unternehmens kommen, hat das indirekte Auswirkungen auf die Logistik. Transporte müssen abgesagt oder umgeplant werden, die Lagerkapazität ist neu zu planen oder es muss für Ersatzgüter und Ersatztermine von externen Spediteuren Transportkapazität gekauft werden.
- Direkt betroffen ist die Logistik, wenn für die Erfüllung der Aufgabe notwendige Güter wie z. B. Treibstoffe oder Lagerhilfsmittel fehlen, weil es eine Störung in der entsprechenden Lieferkette gibt.

Transporte fallen aus oder müssen durch externe Partner erledigt werden. Die Lagerhaltung muss sich anpassen.

- Die Logistik im Unternehmen benutzt auch viele Dienstleister, z. B., um Transportkapazitäten bei Spitzenbelastungen abzudecken oder um Lagerkapazitäten anzumieten. Wenn es Probleme in den entsprechenden Lieferketten gibt, kommt es zum Ausfall bzw. zur Umplanung von Transporten und zur Anpassung in der Lagerhaltung.
- Nicht nur Lkw-Fahrer sind schwer zu beschaffen, auch andere Berufsbilder in der Logistik leiden unter dem Fachkräftemangel. Dadurch kommt es zu Verspätungen bei den Transporten, sowohl innerhalb als auch außerhalb des Unternehmens. Es werden externe Dienstleister vor allem für die externen Transporte genutzt. Es kommt zu Mehrarbeit und zu mehr Fehlern aufgrund der zusätzlichen Belastung.
- Eine für die Logistik typische Störung in den Lieferketten ist die Blockade eines Transportweges. Dann muss schnell und spezifisch reagiert werden, z. B. mit anderen Transportwegen und mit anderen, eventuell externen Transporteuren. Es müssen Umwege und andere Transportmittel genutzt werden, zusätzliche Kosten entstehen.
- Ebenso wie die Produktion plant die Logistik permanent neue Investitionen für Transportmittel oder Lagerkapazitäten. Fehlen durch eine Lieferkettenstörung plötzlich die finanziellen Mittel dazu, kommt es zu Auswirkungen. Alte Lkw müssen mit hohen Kosten und Ausfallrisiken weiter genutzt werden, Transport- und Lagerkapazitäten können nicht wie geplant ausgebaut werden.

Vertrieb: Die Vertriebsabteilung des Unternehmens ist immer von ungelösten Lieferkettenproblemen betroffen. Manchmal ist das früher der Fall, wenn z. B. Handelsware betroffen ist, die sofort an Kunden geliefert werden müsste. Manchmal dauert es, wenn z. B. zunächst die Fertigung gestoppt wird und der Verzug erst verzögert bei den Kunden ankommt.

- Wenn durch die Störung in der Lieferkette die Fertigung nicht mehr pünktlich liefern kann, gleichgültig, ob dies aufgrund fehlender Güter, Dienstleistungen oder Mitarbeiter der Fall ist, kann das Unternehmen seine Kunden nicht mit seinen Produkten beliefern. Das kann auch bei Störungen in der Logistik so sein. Es kommt zu einer sinkenden Lieferbereitschaft und dadurch zu längeren Lieferzeiten. Zugesagte Termine müssen verschoben, den Kunden müssen Alternativen angeboten werden. Es droht ein kurz- und langfristiger Umsatzverlust, Marktanteile gehen verloren.
- Fehlen aufgrund einer Lieferkettenstörung die notwendigen Handelswaren, ist der Vertrieb direkter betroffen. Die Auswirkungen sind die gleichen wie bei der vorherigen Situation, da auch hier die Produkte fehlen. In der Regel ist die Vorbereitungszeit auf die Auswirkungen bei Handelswaren kürzer, da der Puffer aus den anderen Abteilungen fehlt.
- Auch im Vertrieb werden Dienstleister wie Marketingagenturen oder Partner zum Hosting des Onlineshops eingesetzt. Wenn diese ihre Leistungen nicht wie geplant liefern, entsteht mehr oder weniger zeitnah ein Problem. So geht Umsatz verloren, wenn der digitale Shop nicht funktioniert oder die Anzeigen nicht geschaltet werden. Selbst wenn eine Serviceagentur die Regalpflege vernachlässigt oder wenn Handelsvertreter als sehr spezielle Dienstleister ausfallen, ist immer der Umsatz betroffen.

- Nicht nur erfolgreiche Verkäufer sind schwer zu beschaffen, auch im Backoffice muss es spezialisierte Fachleute geben. Auswirkungen davon, dass Stellen nicht besetzt sind, sind ein verzögerter Verkaufsprozess, die schwieriger werdende Kundenbetreuung oder die Ausarbeitung individueller Angebote und die Begleitung der Abwicklung kundenspezifischer Produkte.
- Gibt es Probleme bei der Beschaffung von Kapital, kann sich das auf den Vertrieb auswirken. Messeteilnahmen können nicht mehr finanziert werden, Werbekampagnen fallen aus. Bei großen Aufträgen fehlt die Möglichkeit, diese vorzufinanzieren.

Finanzwesen: Im Finanzbereich bilden sich alle Störungen von Lieferketten ab, da diese Einfluss auf Kosten und damit auf den Erfolg haben. Darüber hinaus gibt es die Lieferketten, die für Kapital sorgen und gestört sein können.

- Gestörte Lieferketten im Finanzbereich bedeuten immer, dass Kapital nicht wie geplant ins Unternehmen kommt. Es fehlt an Liquidität. Eine nicht mehr mögliche Skontonutzung erhöht die Kosten, geplante Investitionen können nicht durchgeführt werden. Unter Umständen wird das Kapital teurer, wenn z. B. nicht das geplante Gesellschafterdarlehen genutzt werden kann, sondern ein Bankdarlehen notwendig wird.
- Neben dem Gut »Kapital« verantwortet der Finanzbereich auch Lieferketten für wichtige Dienstleistungen. Wenn Steuerberatung oder Wirtschaftsprüfung nicht funktionieren, kommt es zu Problemen im Jahresabschluss. Gutachten für die Bewertung von Leistungen werden nicht oder zu spät erstellt. Versicherungen, oft vom Finanzbereich betreut, können plötzlich verweigert werden.
- Wichtig für die ordnungsgemäße Arbeit im Rechnungswesen sind die notwendigen fachlich versierten Mitarbeiter. Fehlen diese, können interne und externe Termine nicht eingehalten werden. Die Qualität der Arbeit leidet, es kommt zu Fehlern aufgrund der hohen Belastung.

Beispiel: Terminprobleme

Die Geldgeber eines Unternehmens haben ein Recht auf Informationen. Dieses ist gesetzlich festgelegt für Gesellschafter und andere Anteilseigner, Fremdkapitalgeber lassen sich dies in der Regel in Darlehensverträgen zusichern. Kommt es aufgrund von fehlendem Personal im Rechnungswesen zu verspäteten Abschlüssen, können die vereinbarten Informationstermine nicht eingehalten werden. Das Rating des Unternehmens sinkt, Gesellschafter werden unruhig. Daher hat das Funktionieren der Lieferketten für das Personal im Rechnungswesen eine hohe Priorität.

Mit der Diskussion der hier angesprochenen beispielhaften Punkte wird nicht nur die Motivation der direkt oder indirekt betroffenen Unternehmensbereich zur Mitarbeit gestärkt. Es werden auch bereits erste Informationen für die spätere Beurteilung der Abhängigkeit und damit der Gefährdung durch Lieferkettenstörungen gesammelt. Da die Betroffenheit von Produktion, Entwicklung, Logistik, Vertrieb und Finanzbereich von sehr vielen individuellen Faktoren abhängt, können die vorgeschlagenen Inhalte nur Beispiele sein. In der folgenden Checkliste für die Arbeit mit den Fachbereichen sind daher für jede Störungsart und jeden Bereich noch zu füllende Leerzeilen vorhanden.

Bereich	Störung	Auswirkung	Ja	Nein
Produktion	Güter fehlen	Stillstand		
		Umplanung		
		reduzierte Leistung		
		alternative Güter		
		…		
		…		
	Dienstleistung fehlt	Stillstand		
		Umplanung		
		reduzierte Leistung		
		höherer Verschleiß der Maschinen		
		Zukauf		
		…		
		…		
	Mitarbeiter fehlen	Stillstand		
		Umplanung		
		reduzierte Leistung		
		Mehrarbeit mit Zuschlägen		
		…		
		…		
	Kapital fehlt	zusätzliche Kapazitäten fehlen		
		keine Verbesserung der Qualität		
		keine Verbesserung der Kosten		
		…		
		…		

Bereich	Störung	Auswirkung	Ja	Nein
Entwicklung	Güter fehlen	neue Stücklisten mit Alternativen		
		neue Stücklisten mit geringeren Mengen		
		…		
		…		
	Dienstleistung fehlt	keine externen Datenbanken		
		keine externen Projekte		
		fehlender Zugriff auf Cloudsysteme		
		…		
		…		
	Mitarbeiter fehlen	Verzögerungen bei Neuentwicklungen		
		Verzögerungen bei auftragsbezogener Entwicklung		
		Mehrarbeit mit Zuschlägen		
		kein Puffer für Krisenbeseitigung		
		…		
		…		
	Güter fehlen	Transporte absagen		
		Transporte umplanen		
		Lagerkapazitäten umplanen		
		externe Kapazitäten		
		…		
		…		
	Material für Logistik fehlt	Transporte absagen		
		externe Kapazitäten		
		Lagerhaltung anpassen		
		…		
		…		

Bereich	Störung	Auswirkung	Ja	Nein
Logistik	Dienstleistung fehlt	Transporte absagen		
		Transport umplanen		
		Lagerhaltung anpassen		
		…		
		…		
	Mitarbeiter fehlen	Verspätungen		
		externe Dienstleister		
		mehr Fehler		
		Mehrarbeit mit Zuschlägen		
		…		
		…		
	Transportweg blockiert	andere Transportwege		
		andere Transporteure		
		andere Transportmittel		
		Umwege		
		…		
		…		
	Kapital fehlt	alte Transportmittel hohe Kosten		
		alte Transportmittel Ausfallrisiko		
		fehlende Transportkapazitäten		
		fehlende Lagerkapazitäten		
		…		
		…		

Bereich	Störung	Auswirkung	Ja	Nein
Vertrieb	Störungen in anderen Bereichen	Lieferbereitschaft sinkt		
		Termine verschieben		
		Alternativen anbieten		
		Umsatzverlust kurzfristig		
		Umsatzverlust durch verlorene Marktanteile		
		...		
		...		
	Güter fehlen	Lieferbereitschaft sinkt		
		Termine verschieben		
		Alternativen anbieten		
		Umsatzverlust kurzfristig		
		Umsatzverlust durch verlorene Marktanteile		
		...		
		...		
	Dienstleistung fehlt	Umsatz sinkt		
		...		
		...		
	Mitarbeiter fehlen	Verkaufsprozess verzögert		
		Kundenbetreuung schwierig		
		kundenspezifische Produkte aufwendiger		
		Mehrarbeit mit Zuschlägen		
		...		
		...		
	Kapital fehlt	Messeteilnahme entfällt		
		Werbekampagne wird abgesagt		
		Vorfinanzierung von Großauftrag unmöglich		
		...		
		...		

Bereich	Störung	Auswirkung	Ja	Nein
Finanzbereich	Kapitel fehlt	Liquidität bedroht		
		Skontonutzung unmöglich		
		Kapital wird teurer		
		…		
		…		
	Dienstleistung fehlt	Steuerberatung fehlt		
		Wirtschaftsprüfung fehlt		
		Gutachten fehlen		
		Versicherungen unzureichend		
		…		
		…		
	Mitarbeiter fehlen	externe Termine nicht eingehalten		
		interne Termine nicht eingehalten		
		Fehler in der Arbeitsausführung		
		Mehrarbeit mit Zuschlägen		
		…		
		…		

Tab. 31: Checkliste für Problematiken in bedrohten Bereichen

Hinweis: Individualisieren

Obwohl die obige Checkliste bereits sehr lang ist, erhebt sie keinen Anspruch auf Vollständigkeit. Sie muss den individuellen Gegebenheiten im jeweiligen Unternehmen angepasst werden. Das beginnt mit zusätzlichen bedrohten Bereichen, die hier nicht ausgeführt sind. Das beinhaltet zusätzliche Störungen, die für die Lieferketten des Unternehmens wichtig sind. Und es endet bei den Auswirkungen, die in der Praxis den größten Bedarf an Individualisierung aufweisen.

5.1.5 Projektteam

Im ersten Schritt des Aufbaus eines systematischen Lieferkettencontrollings geht es darum, alle Beteiligten und Betroffenen für dieses Thema zu sensibilisieren. Das ist nicht immer einfach, da die bisherigen individuellen Strategien in den einzelnen Fachbereichen ja erfolgreich waren. Die schon angesprochenen Veränderungen auf den Märkten, die zunehmenden politischen Risiken und die Verlagerung der Nutzung problemloser und bewährter Lieferketten auf neue, globale Beschaffungsmärkte machen intensiveres und vor allem systematisches Lieferkettencontrolling notwendig. Hinzu kommen zusätzliche gesetzliche Anforderungen. Forderungen der Kunden nach Achtung der Menschenrechte, Umweltschutz, Klimaschutz oder Nachhaltigkeit schaffen ganz neue Anforderungen an die Lieferketten.

Alle, die berechtigte Bedenken durch die veränderte Situation haben, und alle, die Verantwortung in den betroffenen Bereichen tragen, müssen diese Aufgabe gemeinsam schultern. Wenn also der Vertrieb eine nachhaltige Beschaffung mit Einhaltung der Menschenrechte in Ernteregionen und kurze Lieferwege verlangt, muss er sich an der Planung von Maßnahmen und der objektiven Bestimmung von Abhängigkeiten beteiligen. Reicht die Aussicht auf weitestgehend ungestört arbeitende Lieferketten und schnelle Reaktionen bei dennoch eintretenden Störungen nicht zur Motivation, sich aktiv zu beteiligen, dann muss das Engagement der Unternehmensleitung für die entsprechenden Vorgaben sorgen.

Unter diesen Vorzeichen wird das Projektteam zum Aufbau eines Lieferkettencontrollings zusammengestellt. Folgende Mitglieder sollten im Team zusammenarbeiten:

- Der Controller trägt die Verantwortung für das Projekt.
- Einkäufer verantworten in der Regel die meisten und wichtigsten Lieferketten.
- Mitarbeiter aus anderen Unternehmensbereichen mit eigener Beschaffung sind in der Praxis temporäre Teammitglieder. Sie arbeiten bei der Festlegung der grundsätzlichen Strukturen im Lieferkettencontrolling mit und später bei der Integration ihren eigenen Lieferketten.
- Ein Logistiker kann wertvolle Hinweise zu den Risiken und Maßnahmen geben.
- Die von den Störungen einer Lieferkette betroffenen Abteilungen sollten je nach Gewicht der Abhängigkeit beteiligt werden.
- Da alle Entscheidungen für oder gegen eine Lieferkette, für oder gegen bestimmte Maßnahmen finanzielle Auswirkungen haben, muss ein Mitarbeiter aus dem Rechnungswesen dabei sein. Wenn die Fähigkeiten und Abläufe passen, kann diese Aufgabe auch vom Controller übernommen werden.

Hinweis: Kernteam

In kleinen und mittleren Unternehmen werden die Projektteams für den Aufbau eines Lieferkettencontrollings schnell zu groß im Verhältnis zur gesamten Mitarbeiterzahl in der Verwaltung. Eine pragmatische Lösung besteht dann darin, ein Kernteam, z. B. aus Controller, Einkäufer und Vertriebler, zu bilden und darüber hinaus notwendige Expertise nur temporär zu beanspruchen. Aufgabe des Projektleiters ist es dann, die korrekte Einbindung der Anforderungen anderer, jetzt nicht mehr direkt beteiligter Stellen zu gewährleisten.

Die folgende Checkliste kann eine Hilfe sein, um bei der Bildung des Projektteams systematisch die richtigen Teammitglieder zu bestimmten:

Entsendender Bereich	Stelle im Bereich	Person	Verantwortung	Erfahrung	Ja	Nein
Controlling	Controller					
Einkauf	Einkauf Rohstoffe					
Einkauf	Einkauf Handelswaren					
Logistik	Disponent					

Entsendender Bereich	Stelle im Bereich	Person	Verantwortung	Erfahrung	Ja	Nein
Fertigung	Instandhaltung					
Fertigung	Auftragsplanung					
Vertrieb	Leiter Innendienst					
Finanzen	Leiter Finanzen					

Tab. 32: Checkliste für Bildung Projektteam (Beispiel)

5.2 Lösungen skizieren

Als erste Aufgabe nach der Teambildung gilt es, eine Lösung für den Aufbau des Lieferkettencontrollings zu skizzieren. Das Projektteam muss den Weg hin zum Lieferkettencontrolling festlegen, nicht das Funktionieren des Lieferkettencontrollings selbst. Das Funktionieren im Lieferkettencontrolling folgt festen Regeln, die wir bereits kennengelernt haben. Im aktuellen Projekt werden nur variable Parameter festgelegt, die zu Beginn grob beschrieben werden.

- Es wird bestimmt, welche Lieferketten grundsätzlich einbezogen werden sollen. Es macht die Arbeit in der Praxis wesentlich einfacher, sich zunächst auf die Lieferketten für Güter zu konzentrieren und die für Dienstleistungen, Mitarbeiter und Kapital später hinzuzufügen. Auch die Bevorzugung der Lieferketten, die für wichtig erachtet werden, ist eine mögliche Vorgehensweise im Projekt.

Hinweis: Kein Widerspruch

Die Empfehlung, sich im Projekt zunächst auf einige Lieferketten zu konzentrieren, steht nicht im Widerspruch zur Forderung, alle Lieferketten im Lieferkettencontrolling zu steuern. Es muss lediglich sichergestellt sein, dass am Ende des Projektes alle Lieferketten des Unternehmens integriert werden. In der Praxis wird pragmatisch die Komplexität der Aufgabe reduziert, indem zunächst auf die vermeintlich wichtigen Lieferketten geschaut wird. Wie wir bereits gesehen haben, können allerdings auch bisher nicht beachtete Lieferbeziehungen schnell problematisch werden. Das muss das Projektteam bei der Auswahl der ersten Lieferketten berücksichtigen.

- In der erste Lösungsskizze werden die Vorgaben, die bei der Analyse der Lieferketten verwendet werden sollen, bestimmt. Das betrifft die grundsätzliche Risikobereitschaft, die akzeptablen Grenzwerte, das Akzeptieren von Alternativen, aber auch den Umgang mit zusätzlichen Kosten.
- Am Ende muss über die praktische Umsetzung des Lieferkettencontrollings entschieden werden. So könnte z. B. die Überwachung der Lieferketten durch das Controlling, aber auch durch die jeweiligen Fachbereiche erfolgen. Das Intervall der Überwachung wird ebenso bestimmt wie die Art der Warnung.
- Nicht zuletzt müssen bereits hier mögliche Maßnahmen für die Risikominimierung und für die Reaktion auf Störungen diskutiert und beschrieben werden.

Der Weg zu einem erfolgreichen Lieferkettencontrolling kann sehr vielfältig sein. Durch die Vorgabe einer Skizze der möglichen Lösung kann das Projektteam die Arbeit in eine gewünschte Richtung steuern.

5.2.1 Den Einkauf beteiligen

Der Einkauf ist in den meisten Unternehmen der Bereich, der die meisten Lieferketten zu betreuen hat. Für ihn bedeutet das systematische Lieferkettencontrolling eine große zusätzliche Belastung, wenn es mit der aktuellen Belastung der bisherigen Überwachung ohne systematische Strukturen verglichen wird. Daher erhält der Beschaffungsbereich ein wesentliches Mitspracherecht bei der Gestaltung des Lieferkettencontrolling.

- Der Einkauf ist von der Arbeit für das Lieferantencontrolling am stärksten betroffen. Er muss wesentliche Informationen liefern, Zusammenhänge feststellen und potenzielle Maßnahmen skizzieren.
- Das Lieferkettencontrolling legt zwar einen neuen Fokus auf die Steuerung der Lieferbeziehungen. Grundsätzlich sind die Aufgaben, Strukturen und Reaktionen aber nicht neu. Der Einkauf hat im Unternehmen die größte Erfahrung mit Lieferketten gesammelt und alle Probleme bisher mehr oder weniger gelöst.
- Viele Maßnahmen zur Verbesserung der Risikosituation in Lieferketten müssen von den Einkäufern bestimmt und umgesetzt werden. Der Erfolg potenzieller Maßnahmen, die bei auftretenden Störungen ergriffen werden müssen, hängt von den Aktivitäten im Einkauf ab.
- Der Einkauf kann den Erfolg des Projektes zur Einführung des systematischen Lieferkettencontrollings stark beeinflussen. Gegen den Willen der Einkäufer und ohne deren echtes Engagement dafür gibt es kein erfolgreiches Lieferkettencontrolling.

Hinweis: Hilfe in der Praxis

Jeder Einkäufer kennt die Risiken seiner Lieferkette. In der Praxis wird die durch das Lieferkettencontrolling angebotene Hilfe bei der Lieferkettenoptimierung vom Einkauf gerne angenommen. Sie hilft, die Risiken besser zu beherrschen und nimmt einen Teil der Verantwortung von den Schultern der Einkäufer. Wenn dann die Mitarbeit bei der Gestaltung des Systems gegeben ist, ist das Engagement aus diesem Bereich des Unternehmens gewährleistet.

5.2.2 Besondere Lieferketten

Trotz der Dominanz des Einkaufs bei der Gestaltung des Lieferkettencontrollings dürfen nicht nur die Lieferketten für Waren und im Einkauf beschaffte Dienstleistungen abgedeckt sein. Die aufzubauende Systematik muss sich auch den anderen Forderungen stellen:

- Lieferketten außerhalb des Einkaufs haben oft sehr spezielle Strukturen. So muss z. B. auch die Zusammenarbeit des Marketings mit entsprechenden Agenturen oder die Beschaffung einer Wirtschaftsprüfung im Rechnungswesen abgebildet werden können.
- Besondere Bedeutung erhalten die Lieferketten für Mitarbeiter, die ebenfalls einer besonderen Darstellung und Behandlung bedürfen.
- Sollte die Entscheidung fallen, auch die Kapitalbeschaffung in das Lieferkettencontrolling zu integrieren, gibt es eine weitere Form sehr spezieller Lieferketten, die berücksichtigt werden müssen.

Der Einkauf als Teil des Projektteams wird dafür sorgen, dass seine Lieferketten vor allem für Waren im aufzubauenden Lieferkettencontrolling korrekt abgebildet und bearbeitet werden können. Der Controller muss die übrigen Anforderungen berücksichtigen und so eine Allgemeingültigkeit schaffen. In der

Praxis zeigt sich, dass sich die meisten Sonderprozesse in den üblichen Abläufen für die Lieferung von Gütern wiederfinden, eine weite Auslegung bestimmter Bezeichnungen hilft oft auf dem Weg zur Allgemeingültigkeit des Lieferkettencontrollings.

Beispiel: Digitaler Transport

In der Fertigungsabteilung sind die Maschinen elektronisch steuerbar. Es gibt digitale Verbindungen mit den internen und externen Netzen. Darüber werden auch Inspektionen, die Wartung und Reparaturen ausgeführt, soweit sie die Steuerung selbst betreffen. Die Leistung wird also digital erbracht. Dabei kann der Weg der Leistung über das Internet als Transport definiert werden. Hier können Transportrisiken entstehen, Störungen auftreten, die strukturell denen auf Transportwegen für Güter vergleichbar sind.

Die üblichen Steuerungen von Lieferketten für Güter und Dienstleistungen konzentrieren sich auf die Lieferfähigkeit der Lieferkette und auf die Art der gelieferten Güter und Leistungen. Neben der Menge und der Qualität gibt es zunehmend andere Inhalte, die ebenfalls Teil der Steuerung sein müssen:

- Das Lieferkettensorgfaltspflichtengesetz verlangt für die gesamte Lieferkette die Einhaltung von Menschenrechten und Maßnahmen zum Umweltschutz. Das ist auch für Einkäufer eine neue Sichtweise auf die Lieferketten im Einkauf und deren Risiken.
- Besonders aktuell ist derzeit der Fokus auf den Energieverbrauch innerhalb der Lieferkette. Steigende Energiekosten lassen steigende Preise für die Güter und Leistungen erwarten. So kann die Minimierung des Energieverbrauchs innerhalb einer Lieferkette eine besondere Forderung, abgeleitet aus der Unternehmensstrategie, sein.
- Ein wichtiges Thema in der Kommunikation des Unternehmens mit privaten Verbrauchern ist die Nachhaltigkeit. Unternehmensinterne Vorgaben können Einfluss haben auf die Risiken einer Lieferkette, wenn z. B. Nachhaltigkeit in der Beschaffung besonders beobachtet werden muss, um Marketingaussagen beweisen zu können.

Die geforderte Allgemeingültigkeit des Lieferkettencontrollings bezieht sich auch auf diese Inhalte und Sichtweisen. In der Regel finden sich diese Anforderungen in der Definition von Risken und der Berechnung ihrer Eintrittswahrscheinlichkeiten.

Hinweis: Offen bleiben

Die neuen aktuellen Inhalte stammen aus einer ebenso aktuellen Diskussion gesellschaftspolitischer Themen. Diese können sich, wie wir täglich sehen, schnell ändern. Das Unternehmen muss darauf reagieren. Teil dieser Reaktion ist auch, die Themen in das Lieferkettencontrolling zu tragen. Die Definition von Risiken, Grenzwerten und Maßnahmen ist daher nie abgeschlossen. Sie bleibt offen für weitere, aktuell werdende Themen aus der Gesellschaft.

Die Forderung nach Allgemeingültigkeit des Lieferkettencontrollings darf nicht dazu führen, dass es keine festen Strukturen gibt. Die notwendigen Abläufe und Hierarchien müssen festgeschrieben werden. Die Allgemeingültigkeit wird geschaffen über die Möglichkeit, verschiedene Definitionen zu nutzen, unterschiedliche Risikoeinschätzungen einzusetzen, individuelle Grenzwerte festzulegen oder verschiedene Zeitfenster zu verwenden.

5.2.3 Lieferkettenübersicht

Die Arbeit des Projektteams für den Aufbau eines Lieferkettencontrollings basiert auf einer Lieferkettenübersicht. An dieser Stelle wird es notwendig, alle bekannten und möglichen Lieferketten zu finden und darzustellen. Auch eine erste Analyse ist notwendig, um das Projekt richtig steuern zu können, z. B., um besondere Schwerpunkte zu berücksichtigen. Diese Gesamtübersicht ist später der Ausgangspunkt für eine Priorisierung. Damit werden Lieferketten bestimmt, die im Projekt direkt behandelt werden.

Die Vorgehensweise bei der Feststellung und Analyse der Lieferketten ist aus den ersten Kapiteln bekannt. Um Zeit im Projekt zu sparen, wird vor allem die Bewertung der Risiken zunächst nur grob vorgenommen. Dennoch muss das Ergebnis dieser Lieferkettenübersicht die gefährdetsten Lieferbeziehungen erkennen lassen.

5.2.4 Zeitplan

Zu jedem Projekt gehört auch ein Zeitplan. Darin wird neben dem Endtermin festgehalten, zu welchen Terminen bestimmte Aufgaben erledigt sein müssen. Das gilt auch für den Aufbau des Lieferkettencontrollings.

Hinweis: Lieferkette für Projekt

Das Projekt »Aufbau eines Lieferkettencontrollings« kann wie eine interne Lieferkette betrachtet werden. Das zu liefernde Gut ist das funktionsfähige Lieferkettencontrolling. Die Quelle ist die Controllingabteilung, die mit vielen internen Partnern das Produkt erstellt. Es gibt Risiken, die es zu beachten gilt. So können Teammitglieder ausfallen, zeitliche Kapazitäten fehlen oder wichtige Schwerpunkte nicht erkannt werden. Es gibt Maßnahmen gegen diese Risiken und es gibt eine gewisse Abhängigkeit vom Erfolg der Lieferkette. Das Unternehmen kann durch mögliche Probleme in seinen externen Lieferketten wesentliche wirtschaftliche Nachteile erleiden.

Eine wichtige Maßnahme, um drohende Zeitverzögerungen in der Lieferung des Ergebnisses zu vermeiden, ist die Aufstellung eines Zeitplans.

Aktivität	Zeitpunkt Ende	Verantwortlichkeit
Projektstart	t0	Controlling
Lieferkettenübersicht	t0 + 8 Wochen	alle
Festlegung grundsätzliche Parameter	t0 + 9 Wochen	Controlling/Unternehmensleitung
Auswahl priorisierte Lieferketten	t0 + 9 Wochen	alle
Festlegung Parameter für Analyse	t0 + 10 Wochen	alle
Analyse der priorisierten Lieferketten	t0 + 12 Wochen	Inhaber priorisierter Lieferketten
Festlegung der Abläufe Analyse	t0 + 14 Wochen	alle
Festlegung Parameter für Überwachung	t0 + 14 Wochen	alle
Überwachung der ersten Lieferketten	t0 + 15 Wochen	Controlling

Aktivität	Zeitpunkt Ende	Verantwortlichkeit
Festlegung der Abläufe Überwachung	t0 + 15 Wochen	alle
Start der laufenden Überwachung	t0 + 15 Wochen	Controlling
Präsentation Gesamtsystem	t0 + 17 Wochen	alle/Unternehmensleitung
Freigabe des Lieferkettencontrollings	t0 + 17 Wochen	Unternehmensleitung
Ende der Integration aller Lieferketten	t0 + 60 Wochen	alle

Tab. 33: Zeitplan für Projekt (Beispiel)

Der Zeitplan kann und muss individuell an die Gegebenheiten im Unternehmen angepasst werden. Ein ambitionierter Zeitplan kann dafür sorgen, dass alle Verantwortlichen diszipliniert an ihren Aufgaben arbeiten. Wichtig ist, dass die Zeitvorgaben tatsächlich kontrolliert werden und bei Verzögerungen mit geeigneten Maßnahmen reagiert wird. Diese Vorgehensweise erinnert stark an das Lieferkettencontrolling selbst. Die dortigen Abläufe und Strukturen können übertragen werden.

5.2.5 Lösung: Details zur Umsetzung

Das Projekt zum Aufbau eines Lieferkettencontrollings muss eine große Bandbreite an unterschiedlichen Strukturen in den Ketten abbilden. Daher ist es nicht sinnvoll, bereits zu Beginn des Projektes abschließend alle Abläufe, Bedingungen und Strukturen zu planen und vorzugeben. Der theoretische Teil der Arbeit ist zu komplex, der Praxisbezug geht schnell verloren.

Es ist in der Praxis sinnvoller, zunächst nur grobe Strukturen vorzugeben und diese im Verlauf der Umsetzung den dann aktuell geltenden Bedingungen anzupassen. Die Details der Analyse und vor allem der Überwachung werden also erst bei der Umsetzung für die jeweiligen Lieferketten festgelegt und an die groben Vorgaben angepasst. In diesem Buch haben wir bereits viele grundsätzliche Vorgaben kennengelernt, die dann individualisiert und detailliert werden können.

Eine solche agile Projektarbeit hat weitere positive Wirkungen auf die Zukunft des Lieferkettencontrollings. Lieferketten ändern sich schnell, alte Risiken reduzieren sich, neue, bisher nicht berücksichtigte Risiken entstehen. Die Agilität des Projektes kann auf das entstehende Lieferkettencontrolling übertragen werden. So kann auf auftretende Veränderungen auch in grundsätzlichen Inhalten möglichst strukturiert und umgehend reagieren werden.

5.3 Erste Lieferketten

Für den Aufbau der Systematik im Lieferkettencontrolling ist es vorteilhaft, sich zunächst auf einige Lieferketten zu konzentrieren. Für diese werden der gesamte Prozess, von der Analyse bis zur Überwachung, und alle Definitionen, von den Risiken bis zu den Maßnahmen, festgelegt. Die Konzentration auf wenige Lieferketten hilft dabei, schnell Ergebnisse zu erzielen. Im Projekt halten sonst immer wieder langwierige Diskussionen über relativ unwichtige Lieferketten mit sehr spezifischen Anforderungen auf.

Hinweis: Wichtige Vorbereitung

Die Auswahl der Lieferketten für diese erste Beschreibung des Lieferkettencontrollings ist eine wichtige Vorbereitung der folgenden Projektarbeit. Die ausgewählten Ketten müssen repräsentativ sein für die Mehrzahl aller Lieferketten. Es ist Aufgabe des Controllers, der als Projektleiter fungiert, die Belange der nicht vertretenen »unwichtigen« Lieferketten im Auge zu behalten. Die Strukturen müssen so flexibel gestaltet werden, dass Erweiterungen für zunächst nicht beachtete Lieferketten möglich sind.

Die Auswahl der ersten Lieferketten bestimmt die Funktionalität des späteren Lieferkettencontrollings ganz wesentlich. Daher muss die Wahl sehr sorgfältig durchgeführt werden. In der Praxis werden typische Lieferketten für wichtige Waren um wenige für Dienstleistungen ergänzt. Falls die Themen Mitarbeiter- und Kapitalbeschaffung aktuell eine wichtige Rolle spielen oder in naher Zukunft spielen werden, sollte auch aus diesem Bereich jeweils mindestens eine Lieferkette ausgewählt werden.

Hinweis: 10 %

In der Praxis hat es sich bewährt, nicht mehr als 10 % aller Lieferketten aus der bereits ermittelten Gesamtheit für den Aufbau des Lieferkettencontrollings auszuwählen.

Mit den priorisierten Lieferketten wird das Lieferkettencontrolling aufgebaut.

5.3.1 Priorisierung von wichtigen Einkaufsteilen

Es wäre optimal, mit den Lieferketten zu beginnen, die für größte Gefährdungen und damit größte Auswirkungen im Falle einer Störung stehen. Diese Kennzahl wird aber erst im Laufe des Lieferkettencontrollings entwickelt und berechnet, daher müssen andere Kriterien für die Auswahl genutzt werden. Damit der Aufwand für den Aufbau des Lieferkettencontrollings möglichst bereits zu Beginn gut eingesetzt wird, sollten Ketten für wichtige Einkaufsteile priorisiert werden.

Hinweis: Mehr als 50 %

Bei vielen Projekten dieser Art konnte in der Praxis immer wieder eine Auswahl getroffen werden, mit der bei weniger als 10 % aller Lieferketten mehr als 50 % des Einkaufvolumens abgedeckt wurden. So kann das Lieferkettencontrolling schnell einen großen Teil der Beschaffung schützen. Doch das Einkaufsvolumen ist nicht das einzige Kriterium für die Auswahl.

Die Wichtigkeit von Einkaufsteilen oder auch einzukaufenden Dienstleistungen kann sich an verschiedenen Kriterien zeigen:

Einkaufsvolumen: Eine einfach zu messende Größe ist das Einkaufsvolumen der einzelnen Güter und Leistungen im Unternehmen. Das Volumen wird in Euro gemessen, damit Vergleichbarkeit gegeben ist. Unterstellt wird, dass ein Einkaufsteil mit großem Einkaufsvolumen bei einer Störung der Lieferkette auch großen

Schaden verursachen kann. Damit wäre ein schnell wirksames Lieferkettencontrolling für das Unternehmen gleichzeitig auch schnell effizient. Ein Gut mit hohem Einkaufsvolumen hat häufig mehrere Lieferquellen, daher muss für jede der Quellen eine eigene Lieferkette geschaffen und in das Controlling einbezogen werden.

Abhängigkeit: Ein Unternehmen kann von Gütern oder Leistungen mit geringem Einkaufsvolumen abhängig sein. Wenn z. B. eine geringe Menge pro eigenes Produkt verbraucht, dies aber unabdingbar ist, kann die Störung einer Lieferkette mit geringem Euro-Wert sehr schädlich sein. Solche Abhängigkeiten werden erst später im noch aufzubauenden Lieferkettencontrolling im Zusammenhang mit den möglichen Risiken berechnet. Bei der Auswahl der ersten Lieferketten muss daher die Abhängigkeit des Unternehmens geschätzt werden.

Dabei zeigt sich in der Praxis, dass die Fachleute in den Beschaffungsabteilungen und in den direkt betroffenen Unternehmensbereichen die Abhängigkeit von Gütern und Leistungen mit hohem Volumen meist überschätzen und die mit geringem Volumen entsprechend unterschätzen. Dennoch ist meist auch ohne die Berechnungen im Lieferkettencontrolling die Einschätzung der Abhängigkeiten durch die Fachleute ziemlich realitätsnah.

Erfahrung: Es gibt vor allem bei den Beschaffern Erfahrungen, die sie aus Störungen in der Vergangenheit gewonnen haben. Haben Lieferketten schon einmal Probleme gemacht oder konnten Störungen nur mit viel Aufwand verhindert werden, bieten sie sich für die Auswahl der ersten Lieferketten an. Jeder verantwortliche Mitarbeiter wird aufgrund seines Fachwissens Lieferketten benennen können, bei denen er eine Bedrohung vermutet. Auch hier ist das Potenzial hoch, durch das Lieferkettencontrolling schnelle Erfolge erzielen zu können.

Mehrfachnutzen: Viele unterschiedliche, aber vergleichbare Güter und Leistungen verwenden ähnliche Lieferketten. Vergleichbare Rohstoffe kommen aus der gleichen Region mit dem gleichen Transporteur und vom gleichen Lieferanten. Verschiedene Dienstleistungen, wie die Wartung unterschiedlicher Anlagen, werden vom gleichen Handwerker erledigt. In solchen Fällen wird ein Produkt oder eine Leistung ausgewählt, die Lieferkette wird bestimmt, das Ergebnis auf alle entsprechenden Güter oder Leistungen übertragen. So kann mit wenig Aufwand bereits während des Aufbaus des Lieferkettencontrollings eine schnelle Wirkung für viele Lieferketten erreicht werden.

Lieferkette	Einkaufsvolumen EUR/Jahr	Abhängigkeit	schlechte Erfahrung	Mehrfachnutzen für	erste Lieferkette
		O niedrig O mittel O hoch	O keine O ja O erwartet	....	O ja O nein
		O niedrig O mittel O hoch	O keine O ja O erwartet	....	O ja O nein
		O niedrig O mittel O hoch	O keine O ja O erwartet	....	O ja O nein

Lieferkette	Einkaufsvolumen EUR/Jahr	Abhängigkeit	schlechte Erfahrung	Mehrfachnutzen für	erste Lieferkette
		O niedrig O mittel O hoch	O keine O ja O erwartet	....	O ja O nein
		O niedrig O mittel O hoch	O keine O ja O erwartet	....	O ja O nein

Tab. 34: Auswahltabelle erste Lieferketten: Wichtige Einkaufsteile

5.3.2 Priorisierung von komplexen Lieferketten

Es ist verständlich, dass aus Sicht des Unternehmens solche Lieferketten für das Controlling priorisiert werden, die einen wesentlichen Einfluss auf den Erfolg des Unternehmens haben. So wird auch eine höhere Wirtschaftlichkeit des Lieferkettencontrollings bereits zu Anfang erreicht. Für die Entwicklung eines gut funktionierenden Lieferkettencontrollings ist darüber hinaus die frühe Integration von schwierig zu behandelnden Lieferketten notwendig.

Besonders komplexe Lieferketten oder solche mit hohen Risiken und geringen Möglichkeiten der Einflussnahme durch den Beschaffer sind von Beginn an abzubilden, zu analysieren und zu beobachten. In der Phase des Aufbaus können entsprechende Erfahrung gesammelt werden. Für komplexe Lieferketten muss eine möglichst gut handhabbare Lösung gefunden werden. Die folgenden Kriterien sind Anzeichen für eine hohe Komplexität der Lieferkette und damit für zu erwartende Probleme bei der Integration in das Lieferkettencontrolling:

Entfernung: Ein guter Indikator für erwartbar aufwendige Strukturen zur Behandlung der Lieferkette im Unternehmen ist die Entfernung zwischen der Quelle von Gütern und Leistungen und dem Unternehmen selbst. Große Entfernungen bedeuten immer lange Transportwege, fremde Sprachen und Mentalitäten. Die Beschaffung von Informationen wird schwierig, die Kommunikation ist problematisch. Der Einfluss der Beschaffer im Unternehmen auf die Partner in der Lieferkette schwindet mit wachsender Entfernung.

Vor allem dann, wenn das Unternehmen erst mit der Nutzung der globalen Beschaffungsmärkte begonnen hat, sind Lieferketten mit großen Entfernungen zum Unternehmen wichtig für den Aufbau des Lieferkettencontrollings. Es gibt noch keine Erfahrungen mit langen Lieferketten, gleichzeitig wird deren Wichtigkeit für das Unternehmen in Zukunft wachsen.

Hinweis: Gefühlte Entfernung

Bei der Feststellung der Entfernung zwischen Quelle und Ziel geht es nicht allein um reine Kilometer. Es geht um den kulturellen und gesellschaftlichen Unterschied sowie um die Möglichkeit der Einflussnahme. So ist z. B. die chinesische Stadt Qinhuangdao in der Provinz Hebei mehr als 1.300 Kilometer weiter von Deutschland entfernt als Shanghai. Dennoch dürften die Lieferketten vergleichbar sein. Es geht also bei der Gestaltung der Lieferketten weniger darum, wo sich die Quellen ganz exakt befinden, sondern allgemein darum, ob sie in China, dem Rest von Asien, im südlichen Afrika oder in Lateinamerika liegen.

Transportweg: Ein langer Transportweg ist anfälliger gegen Störungen als ein kurzer. Das betrifft aber nicht alle möglichen Risiken. So kann z. B. ein kurzer Transportweg mit vielen Wechseln der Transportmittel wesentliche Risiken beinhalten. Die Regionen, durch die ein Transportweg läuft, können bestimmend dafür sein, die Lieferkette als schwierig einzuschätzen. Es müssen also ganz bewusst Lieferketten mit schwierigen Transportwegen für den Aufbau des Lieferkettencontrollings priorisiert werden.

Anzahl der Partner: Je mehr Stellen in eine Lieferkette involviert sind, desto mehr Angriffspunkte für Risiken gibt es. Jeder der Partner kann Fehler machen oder sich anders als vereinbart verhalten. Die Kommunikation mit vielen Stellen ist meist unmöglich, Informationen über die Lieferungen und Entwicklungen in der Lieferkette sind nur schwer zu bekommen. Der direkte Einfluss der beschaffenden Stellen im Unternehmen auf die Kette ist nicht möglich. Nur indirekt, über den Vertragspartner am Ende der Kette, können Informationen angefordert werden oder Veränderungen versucht werden. Solche Zustände müssen im Lieferkettencontrolling abgebildet werden.

Neue Lieferketten: Grundsätzlich sollten alle Lieferketten, die während des Projektes neu entstehen, sofort in das aufzubauende Lieferkettencontrolling einbezogen werden. So können bereits bei der Entscheidung für die Lieferkette die zentralen Informationen aus dem Lieferkettencontrolling zur Verfügung gestellt werden. Gleichzeitig wird sichergestellt, dass mit den neuen Lieferketten verbundene neue Risiken und Abhängigkeiten erkannt und in die Analyse und Überwachung einbezogen werden.

Unbekannte Lieferketten: In jedem Unternehmen gibt es Lieferketten, die auch ohne detaillierte Kenntnisse über deren Strukturen funktionieren. Niemand hat sich in diesen Fällen bisher für die Quelle und den Transportweg der Güter und Leistungen interessiert. Das ist aus den bereits mehrfach diskutierten Gründen heraus nicht mehr sinnvoll. Die Abläufe in der Kette, die dort drohenden Risiken und die einzelnen Partner inklusive der Transporteure müssen bekannt gemacht werden, vor allem für Lieferketten, über die wichtige Güter und Leistungen bezogen werden. Damit die notwendigen Kenntnisse über die Strukturen gewonnen werden, sollten solche Lieferketten bevorzugt ins Lieferkettencontrolling einbezogen werden.

Lieferkette	Entfernung	Transportweg	Anzahl der Partner	Neu	Unbekannt	erste Lieferkette
	O Deutschland O EU O Rest Europa O Asien O RoW	O lang O viele Wechsel O Risikogebiete	O wenige O mittel O viele	O ja O nein	O ja O nein	O ja O nein
	O Deutschland O EU O Rest Europa O Asien O RoW	O lang O viele Wechsel O Risikogebiete	O wenige O mittel O viele	O ja O nein	O ja O nein	O ja O nein
	O Deutschland O EU O Rest Europa O Asien O RoW	O lang O viele Wechsel O Risikogebiete	O wenige O mittel O viele	O ja O nein	O ja O nein	O ja O nein

Lieferkette	Entfernung	Transportweg	Anzahl der Partner	Neu	Unbekannt	erste Lieferkette
	O Deutschland O EU O Rest Europa O Asien O RoW	O lang O viele Wech-sel O Risikoge-biete	O wenige O mittel O viele	O ja O nein	O ja O nein	O ja O nein
	O Deutschland O EU O Rest Europa O Asien O RoW	O lang O viele Wech-sel O Risikoge-biete	O wenige O mittel O viele	O ja O nein	O ja O nein	O ja O nein

Tab. 35: Auswahltabelle erste Lieferketten: Komplexe Lieferketten

Die obige Auswahltabelle für die Priorisierung von Lieferketten im Projekt zeigt nur beispielhaft einige der möglichen Kriterien. Sie muss an die individuellen Gegebenheiten im jeweiligen Projekt angepasst werden.

5.3.3 Analyse der ersten Lieferketten

Die Analyse der priorisierten Lieferketten ist die nächste Aufgabe, die im Rahmen des Projektes zum Aufbau des Lieferkettencontrollings durchgeführt wird. Dazu werden, wie beschrieben, die Risiken ermittelt, deren Eintrittswahrscheinlichkeit berechnet und die Abhängigkeit des Unternehmens festgestellt. Für die notwendigen Aktivitäten können die folgenden Hilfsmittel genutzt werden:

Checkliste Risiken: Risiken sind, wie Sie inzwischen erfahren haben, sehr differenziert und individuell zu behandeln. Um die Vollständigkeit aller Bedrohungen sicherzustellen, kann die in Abbildung 49 gezeigte Checkliste eingesetzt werden.

Projekt Lieferkettencontrolling			**Analyse der Lieferketten**			Aufgabe 1		**Risiken feststellen**				
	Risken wurden gesucht zum Thema:											
Lieferkette	Wetter	Pol1: Sanktionen	Pol2: Handelskrieg	Pol3: Gesundheit	Pol 4: Krieg	Pol 5: Nachhaltigkeit	Arbeitnehmer	Transportprobleme	Unfälle	Qualitätsprobleme	Digitalisierung	Liquidität
Test 1	✓	✓	✓	✓	✓			✓		✓	✓	✓

Abb. 49: Checkliste Risiken finden

Für jedes Feld in der Checkliste muss eine Prüfung stattfinden. Danach wird das Feld abgehakt, gleichgültig, ob ein Risiko gefunden wurde oder nicht. Für nicht abgehakte Felder muss es eine Begründung geben, da hier auf die Prüfung verzichtet wurde. Die Prüfung selbst wird mit den beschriebenen Hilfsmittel erledigt.

Checkliste Eintrittswahrscheinlichkeiten: Der Wert eines Risikos für das Lieferkettencontrolling wird durch dessen Eintrittswahrscheinlichkeit bestimmt. Wie diese zu errechnen ist, wurde detailliert beschrieben. Daher an dieser Stelle wieder eine Checkliste (vgl. Abbildung 50), mit deren Hilfe die korrekte Vorgehensweise überwacht werden kann.

Projekt Lieferkettencontrolling			**Analyse der Lieferketten**			Aufgabe 1		**Risiken feststellen**				
	Risken wurden gesucht zum Thema:											
Lieferkette	Wetter	Pol1: Sanktionen	Pol2: Handelskrieg	Pol3: Gesundheit	Pol 4: Krieg	Pol 5: Nachhaltigkeit	Arbeitnehmer	Transportprobleme	Unfälle	Qualitätsprobleme	Digitalisierung	Liquidität
Test 1	✓	✓	✓	✓	✓			✓		✓	✓	✓
Risiko 1	• mathem. • subjektiv 1 • subjektiv 2											
Risiko 2					• mathem. • subjektiv 1 • subjektiv 2							
Risiko 3								• mathem. • subjektiv 1 • subjektiv 2				

Abb. 50: Checkliste Eintrittswahrscheinlichkeit berechnen

Für jede Lieferkette wird für jedes Risiko eine Zeile in der Checkliste gefüllt. Jedes Risiko erhält in genau einer Spalte einen Eintrag, in dem abgehakt wird, ob es eine mathematische Berechnung gab oder ob eine oder zwei subjektive Einschätzungen verwendet wurden. Diese Informationen helfen bei der späteren Suche in der Dokumentation nach Gründen für eine aufgetretene Fehleinschätzung.

Arbeitsblatt Abhängigkeiten: Für jede priorisierte Lieferkette muss als dritte Aufgabe die Abhängigkeit des Unternehmens von deren Funktionieren bestimmt werden. Dazu werden für die jeweiligen Güter und Leistungen der Kette viele Informationen beschafft und bewertet. Damit dies systematisch geschieht, bietet es sich an, ein Arbeitsblatt als Vorgabe zu verwenden.

Projekt Lieferkettencontrolling				**Analyse der Lieferketten**		Aufgabe 3		**Abhängigkeit feststellen**				
Lieferkette / Gut	EK-Volumen in Euro	EK-Volumen Menge	Anteil an Gesamtvolumen	abhängiger Umsatz EUR/Jahr	Anteil am Gesamtumsatz	abhängiger Deckungsbeitrag EUR/Jahr	Anteil am Gesamt-DB	Kosten Weitergabe	Maßnahmen umgesetzt	Maßnahmen möglich	Kundenreaktion kurzfristig	Kundenreaktion langfristig
Test 1 / YYXf	570.000	685.400	21%	2.541.000	27%	597.400	34%	nein	ja	ja	warten	Konkurrenz

Abb. 51: Arbeitsblatt Feststellen Abhängigkeit

Auch dieses Arbeitsblatt kann und muss individuell angepasst werden, um die Arbeit zu optimieren. Es bietet eine sachliche Übersicht über die Parameter, die die Abhängigkeit des Unternehmens von einem Gut oder einer Leistung und damit von einer Lieferkette aufweist. Neben der Aufgabe der objektiven Ermittlung der Abhängigkeit ist das Arbeitsblatt in der Dokumentation auch eine Möglichkeit, aufgedeckte Fehleinschätzungen nachzuvollziehen.

Ergebnis der Lieferkettenanalyse ist die Gefährdungseinschätzung. Dazu können die im Kapitel 3.3.4.1 »Gefährdungskennzahlen« beschriebenen Kennzahlen verwendet werden. Oft wird die Gefährdung subjektiv eingeschätzt unter Einbezug der systematisch ermittelten Parameter. Die Erfahrungen bei der Analyse der ersten Lieferketten münden in den weiteren Aufbau des Lieferkettencontrollings. Datenquellen, Abläufe und Grenzwerte werden definiert.

5.3.4 Datenquellen

Die über die Lieferketten, ihre Risiken und Strukturen verfügbaren Informationen bestimmen die Ergebnisse der Analysen. Für wichtige Aufgaben im Lieferkettencontrolling müssen immer wieder die gleichen Daten mit aktuellen Inhalten beschafft werden. Daher werden im Projekt zum Aufbau des Lieferkettencontrollings die benutzten Datenquellen festgehalten. So lassen sich im späteren laufenden Betrieb, also der laufenden Bewertung und Überwachung, schnell und zuverlässig die notwendigen Daten finden.

Betreiber der Quelle: Wer die Datenquelle betreibt, bestimmt ihren Inhalt. Nicht jeder Betreiber verfolgt uneigennützige Ziele. Es ist ein Unterschied, ob z. B. eine Information über den durchschnittlichen Marktpreis vom Statistischen Bundesamt kommt oder vom wichtigsten Anbieter auf diesem Markt. Die Quelle wird dahin gehend eingeschätzt, ob sie die Informationen neutral, eher positiv oder eher negativ darstellt.

Verfügbarkeit: Der Weg zur Information sollte möglichst einfach sein. Für die zukünftige Entwicklung des Lieferkettencontrollings ist es wichtig zu wissen,

- ob diese Quelle nur analog verfügbar ist, z. B. in Form von schriftlichen Veröffentlichungen,
- ob digital zugegriffen werden kann, z. B. in Form einer Website oder eines Newsletters,
- oder ob eine digitale Verbindung hergestellt werden kann, über die digitale Daten in ein autonomes System übertragen werden können.

Zuverlässigkeit: Die Quelle muss bezüglich ihrer Qualität, also hinsichtlich der Zuverlässigkeit, beurteilt werden. Das kann durch einen Vergleich der Informationen aus der Vergangenheit mit den später gewonnenen Istwerten erfolgen. Je zuverlässiger die Quelle ist, desto wertvoller ist sie für das Lieferkettencontrolling.

Hinweis: Besser schlecht als gar nicht

Es ist besser, eine unzuverlässige Quelle zu haben, als gar keine Informationen zu erhalten. Wichtig ist nur, dass diese Unzuverlässigkeit bekannt ist. So können die Daten aus der Quelle richtig bewertet werden.

Aktualität: Nicht jede Quelle ist ständig aktuell, manche werden über viele Monate nicht aktualisiert, andere im Minutentakt. Dieser Rhythmus muss bekannt sein, damit der Abruf der Daten für eine Beobachtung von Lieferketten zeitgenau geplant werden kann. Eine besondere Rolle spielen die Datenquellen, die nur zu einem definierten Anlass aktualisiert werden. Solange diese ihre Informationen nicht verändern, ist auch nichts geschehen. Das muss unterschieden werden von solchen Datenquellen, die einfach nur langsam sind oder nicht mehr gepflegt werden.

Kosten: Ein wichtiger Aspekt bei der Auswahl von Datenquellen ist die Höhe der dabei entstehenden Kosten. Viele Quellen sind kostenlos, z. B. von staatlicher Seite. Andere verlangen eine Mitgliedschaft mit entsprechenden Beiträgen, z. B. Verbände. Professionelle Datenbanken verlangen oft eine Bezahlung der tatsächlich abgerufenen Daten. Die Kosten müssen in Zusammenhang gebracht werden mit der Qualität der Daten und dem Nutzen für das Lieferkettencontrolling.

Quelle	Betreiber	Wertung	Verfügbarkeit	Zuverlässigkeit	Aktualität	Kosten
		O negativ O neutral O positiv	O analog O digital O Schnittstelle		O permanent O anlassbezogen O Rhythmus ………	O keine O Beitrag O Abruf
		O negativ O neutral O positiv	O analog O digital O Schnittstelle		O permanent O anlassbezogen O Rhythmus ………	O keine O Beitrag O Abruf
		O negativ O neutral O positiv	O analog O digital O Schnittstelle		O permanent O anlassbezogen O Rhythmus ………	O keine O Beitrag O Abruf
		O negativ O neutral O positiv	O analog O digital O Schnittstelle		O permanent O anlassbezogen O Rhythmus ………	O keine O Beitrag O Abruf

Tab. 36: Dokumentation von Datenquellen

5.3.5 Verantwortung

Damit das Lieferkettencontrolling im laufenden Betrieb reibungslos funktioniert, müssen die Aufgaben darin von engagierten Personen verantwortet werden. Beim Aufbau der Strukturen werden die Verantwortungen für einzelne Aufgaben definiert und Mitarbeitern zugeordnet.

Lieferkette: Jede Lieferkette hat einen verantwortlichen »Besitzer«. Dieser sorgt für eine immer aktuelle Dokumentation der Kette und ist in vielen Fällen für die Beschaffung der für die Lieferkette spezifischen Informationen verantwortlichen. Außerdem ist dieser Verantwortliche in der Regel der erste Empfänger einer Warnung, wenn es zu Störungen kommt. Verantwortlich ist in der Regel der Beschaffer, der auch eine Bestellung auslöst. Bewährt hat es sich, darüber hinaus bestimmte Lieferketten zu einem Verantwortungsbereich zusammenzufassen. So können Lieferketten, deren Ursprung in einer Region liegt, zusammengefasst werden. Dann entsteht mehr Spezialwissen über diese Lieferketten, das zur Beurteilung und Überwachung genutzt werden kann.

Neue Lieferketten: Werden neue Güter oder Leistungen eingekauft, entstehen automatisch neue Lieferketten. Veranlasst wird dies häufig durch die Entwicklungsabteilung, die neue Bauteile oder Rohstoffe verwendet. Aber auch bei der Investition in neue Maschinen entstehen neue Lieferketten, z. B. für deren Wartung. Da sich der »Besitzer« dieser Lieferketten im Laufe der Zeit verändern kann, er wechselt z. B. vom Entwickler zum Einkäufer, ist es notwendig, dem Prozess, neue Lieferketten zu schaffen, einen eigenen Verantwortlichen zuzuordnen. Es ist häufig der Controller oder der Einkäufer, der für eine korrekte Integration der Lieferkette in das Controlling sorgt.

Veränderte Lieferketten: Wenn vorhandene Lieferketten verändert werden, z. B. durch neue Transportwege oder durch den Wechsel eines Lieferanten, bleibt der bisher zuständige Mitarbeiter in der Verantwortung. Der Prozess der Veränderung muss begleitet werden. Für diese Abläufe gibt es wiederum verantwortliche Mitarbeiter, die diese Veränderungen überwachen und mit den für die Lieferketten verantwortlichen Mitarbeitern abstimmen.

Überwachung: Für die regelmäßige Überwachung der Lieferketten ist in der Regel der Controller verantwortlich. Er ist allerdings auf die Mithilfe der für die einzelnen Lieferketten Verantwortlichen angewiesen, die für eine aktuelle Informationslage sorgen müssen. Die Überwachung mündet dann in das regelmäßige Reporting der Ergebnisse und in Warnungen, wenn die Grenzwerte überschritten werden.

Hinweis: Automatisierung

Um die Überwachung mit möglichst geringem Aufwand durchführen zu können, werden so viele Abläufe wie möglich automatisiert. Dazu gehört vor allem die Versorgung des Systems mit den notwendigen Informationen, aber auch die permanente Beurteilung der Gefährdung einer Lieferkette. Für diese autonomen Abläufe muss es, auch wenn mehrere Verantwortungsbereiche betroffen sind, eine einzelne verantwortliche Stelle geben. Dort werden die notwendigen Aufgaben der Automatisierung zentral gesteuert.

Reaktionen: Das Lieferkettencontrolling kann nur dann erfolgreich sein, wenn es dafür sorgt, dass Maßnahmen zur Verbesserung der jeweils aktuellen Situation erledigt werden. Die Entscheidung für eine Maßnahme und ihre Durchführung muss sichergestellt und überwacht werden. Die Verantwortung dafür ist geteilt: Entscheidungen werden von den für die Lieferkette Verantwortlichen getroffen und von den bei einer Störung direkt oder indirekt betroffenen Unternehmensbereichen initiiert. Die Durchführung erfolgt auf operationaler Ebene, die Überwachung im Controlling.

Auch bei der Verteilung der Verantwortung gilt, dass individuelle Gegebenheiten zu anderen Lösungen führen können als die hier skizzierte Vorgehensweise. Die Verteilung der Verantwortung muss auf jeden Fall dokumentiert und veröffentlicht werden.

5.3.6 Grenzwerte festlegen

Eine sehr unbeliebte Aufgabe beim Aufbau des Lieferkettencontrollings besteht darin, Grenzwerte festzulegen, über die Warnungen gesteuert werden. Die Erfahrung mit der Entwicklung von Parametern, Risiken oder anderen Einflussfaktoren auf die Störung einer Lieferkette muss erst noch gesammelt werden. Für jede Lieferkette auf Anhieb die richtigen Werte zu finden, ist unmöglich. Ein möglicher Weg zu sinnvollen Grenzwerten wird durch die folgenden Parameter bestimmt:

Beteiligung: Eine erste Bestimmung von Grenzwerten sollte unter Beteiligung der für die Lieferketten verantwortlichen Mitarbeiter geschehen. Diese sollten die Beziehungen zwischen Parametern, Risiko und dessen Eintritt am besten beurteilen können.

Gleiche Werte: Für vergleichbare Parameter oder Risiken in verschiedenen Lieferketten stehen bei der Einrichtung der Lieferkette gleiche Grenzwerte. So sollte für alle Transportrisiken in den Lieferketten eine Eintrittswahrscheinlichkeit von z. B. 10 % als Grenzwert gelten, für steigende Transportpreise eine Grenze von z. B. maximal 15 %. Im Laufe der Nutzung des Lieferkettencontrollings können diese Werte dann individuell je Lieferkette angepasst werden.

Prüfen: Mit hohem Aufwand kann ein Abgleich der Lieferkettensituation mit der Vergangenheit gemacht werden. Dabei werden bekannte Situationen aus der Vergangenheit untersucht. Die Berechnungen werden nachgestellt und die Entwicklung von Risiken wird ermittelt. Wenn z. B. in einer Lieferkette die Eintrittswahrscheinlichkeit für das Risiko eines Transportausfalls bereits in zwei Fällen bei 20 % lag, die Störung aber nicht eingetreten ist, kann der Grenzwert auf 20 % festgelegt werden.

Testen: Ein anderer Weg ist das Testen der Grenzwerte mit angenommenen Entwicklungen. Voraussetzung dafür ist es, dass der Einfluss der Parameter auf die Entwicklung von Risiken und Eintrittswahrscheinlichkeiten bekannt ist. Die Werte der Parameter werden variiert, die drohende Gefährdung wird berechnet. Aus den so ermittelten Werten können dann durch die Beteiligten sinnvolle Grenzwert für die Warnung festgelegt werden.

Ablauf: Es muss einen definierten Prozess geben, mit dem Grenzwerte durch die gesammelten Erfahrungen angepasst werden können. Mithilfe eines Ablaufs zur Veränderung der Grenzwerte wird mit der Zeit eine Optimierung erreicht, die Warnungen nicht zu spät kommen lässt, aber auch Warnungen ohne wirklichen Anlass vermeidet. Gleichzeitig regelt der Ablauf, wer die Grenzwerte verändern darf. Die Aktivitäten werden dokumentiert.

5.3.7 Lieferketten planen

Wenn Lieferketten eingerichtet werden, wird die aktuelle Situation dargestellt: Sie sind mit den aktuellen Daten zu Risiken, Eintrittswahrscheinlichkeiten und Abhängigkeiten bewertet. Das ist notwendig, damit die Lieferkette vonseiten der Beschaffung grundsätzlich akzeptiert wird. Gleichzeitig werden die aktuellen Werte genutzt, um notwendige Maßnahmen gegen nicht akzeptable Bedrohungen zu verbessern und so die Nutzung der Lieferkette überhaupt erst möglich zu machen. Für die zukünftige Nutzung ist das aber nicht ausreichend. Auch die Zukunft der Lieferketten muss berücksichtigt werden, die Fixierung auf den jetzigen Stand muss gelöst werden. Eine Planung der Lieferketten wird notwendig.

Aufbau Lieferkettencontrolling: Ein erster Anlass für eine Planung von Lieferketten ist der Aufbau des Lieferkettencontrollings. Um die Lieferkette richtig bewerten zu können, muss neben den aktuellen Werten zumindest die nähere Zukunft betrachtet werden. Dazu wird eine Planung der priorisierten Lieferketten durchgeführt. Im späteren regelmäßigen Lieferkettencontrolling wird jede neue Lieferkette für die Zukunft betrachtet. Nur so kann sie korrekt bewertet werden.

Grenzwertverletzungen: Kommt es im laufenden Betrieb des Lieferkettencontrollings zu einer Grenzwertverletzung, dann sind dazu aktuelle Werte interpretiert worden. Es kann auch zu einer Warnung kommen, wenn die Lieferketten in der Zukunft mit Störungen droht. Immer aber ist bei einer aktuellen Warnung die zukünftige Entwicklung zu prüfen, bevor Maßnahmen ergriffen werden.

Hinweis: Schwere der Störung

Wie schwer die Störung einer Lieferkette tatsächlich ist, hängt immer auch von ihrer Dauer ab. Wenn ein Lieferausfall nur einmalig ist, kann die Lieferkette weiter genutzt werden, wenn ein dauernder Ausfall droht, werden andere, weitergehende Maßnahmen über die betroffene Kette hinaus notwendig. Die Planung der Lieferkette zeigt die zu erwartende Entwicklung als notwendige Information für diese Entscheidung.

Veränderungen: Jede Veränderung der Parameter einer Lieferketten führt zu Veränderungen in der Beurteilung der Gefährdung. Neue Risiken entstehen, andere verschwinden. Eintrittswahrscheinlichkeiten verändern sich, Abhängigkeiten werden neu definiert. Die zu erwartenden Entwicklungen der Parameter, Risiken, Eintrittswahrscheinlichkeiten und Abhängigkeiten müssen geplant werden, um die Beurteilung der Zukunft einer Lieferkette möglich zu machen.

Budgetierung: Im jährlichen Budget werden die Aktivitäten jedes Unternehmensbereiches geplant. Dazu gehört, dass Lieferketten genutzt werden. Durch die Budgetierung werden die entsprechenden Einkaufspreise für Güter und Leistungen im kommenden Planjahr festgelegt. Außerdem müssen die erwarteten Kosten für die Maßnahmen zur Beeinflussung der Lieferkettenparameter festgelegt werden. Also müssen im Budgetprozess grundsätzlich alle Lieferketten geplant werden, um den Erfolg des Unternehmensbereiches und des gesamten Unternehmens vorhersagen zu können. Budgetwerte können auch indirekt dazu führen, dass die Planung einer Lieferkette notwendig wird. Durch neue Absatzplanungen werden so neue Bedarfe an Gütern und Leistungen vorgegeben. Es entstehen Veränderungen in den Abhängigkeiten, die neue Überlegungen bzgl. der Lieferkette erlauben bzw. notwendig machen.

Beispiel: Sinkender Bedarf

In der Absatzplanung entsteht eine Verschiebung zwischen zwei Produkten. Daraus ergeben sich geplante Bedarfe für das Planjahr, die für das weniger nachgefragte Produkt geringer sind. Das gilt auch für die sich daraus ergebenden Bedarfe an Rohstoffen, Bauteilen oder Waren. Damit sinkt die Abhängigkeit von der zuverlässigen Belieferung mit diesen Gütern. Das ermöglicht den Aufbau neuer Lieferketten. Wenn z. B. bisher aufgrund der hohen Abhängigkeit vorwiegend von deutschen Herstellern gekauft wurde, dann kann im neuen Jahr die globale Lieferkette ausgeweitet werden. Das hat signifikanten Einfluss auf die Kosten für das Produkt.

Hinweis: Planungsaufwand

Der Aufwand für die detaillierte Planung aller Lieferketten im Unternehmen ist immens. Er wird auf ein vernünftiges Maß reduziert, indem auch hier eine Priorisierung der Lieferketten durchgeführt wird. Geplant werden solche Beschaffungswege, die für kritische Güter und Leistungen genutzt werden müssen. Geplant werden auch komplexe Lieferketten mit schlechten Bewertungen in der Vergangenheit und Lieferketten, die hohe Bedrohungswerte an der Grenze zur Akzeptanz aufweisen. In der Praxis wird der größte Teil der Lieferketten unverändert in die Planung übernommen.

Im Rahmen des Projekts zum Aufbau eines Lieferkettencontrollings werden die für die Planung der Lieferketten notwendigen Strukturen erstellt. Die Planung der Lieferketten muss sowohl in das regelmäßige Planungssystem des Unternehmens integriert werden (Forecast, Budgetplanung, Strategieplanung) als auch eigenständig auf Veranlassung des Lieferkettencontrollings funktionieren.

In der Regel können für die Planung der Lieferketten vergleichbare Strukturen, die bei der Analyse der Lieferketten zu finden sind, genutzt werden. Eine Ausnahme bilden u. a. die Datenquellen. Die Informationen über die zu erwartende Zukunft kommen in vielen Fällen aus anderen Quellen als die Daten aus der Vergangenheit und der Gegenwart. Auch wird bei der Planung mit einem geringeren Grad an Detaillierung gearbeitet, subjektive Einschätzungen aus der Expertise der Fachleute in den Unternehmensbereichen werden ergänzt.

Die wichtigsten Parameter für die Planung von Lieferketten sind bereits aus der Feststellung und Analyse bekannt. Einige haben einen großen Einfluss auf viele Lieferketten, andere bestimmen nur die Werte einzelner Ketten.

Interne strategische Parameter: Die Einschätzung der Lieferkette hängt grundsätzlich ab von der Unternehmensstrategie und der sich darin manifestierenden Risikobereitschaft. Werden diese Vorgaben geändert, gleichgültig ob sie strenger oder weicher werden, verändert sich die Zukunft vieler Lieferketten.

Beispiel: Gleichteile

Eine strategische Vorgabe, möglichst viele Gleichteile zu verwenden, findet sich in fast allen Entwicklungsabteilungen. Wird diese geändert, hat das Einfluss auf viele Lieferketten. Die bisher verwendeten Teile verlieren an Bedarf, dazugehörige Lieferketten werden weniger wichtig, die Abhängigkeit sinkt. Der Beschaffungsrhythmus muss neu optimiert werden. In Zukunft haben die entsprechenden Lieferketten ganz andere Kennzahlen. Andere Teile gewinnen an Bedeutung, da der Bedarf steigt. Neue Lieferketten werden notwendig, vorhandene verändern ihre Werte aufgrund steigenden Bedarfs und einer stärkeren Abhängigkeit.

Interne wirtschaftliche Parameter: Bei der Planung der Lieferketten sind eine Vielzahl wirtschaftlicher Parameter zu berücksichtigen. Diese verändern sich geplant oder ungeplant in der Zukunft, was sich in den Planwerten der jeweils dazugehörigen Lieferketten widerspiegelt. Besonders anfällig für Veränderungen in den Lieferketten sind Veränderungen der Bedarfe, der Kapazitäten in der Logistik und in der Produktion oder die Kapazitäten und Fähigkeiten in der Einkaufsabteilung.

Externe wirtschaftliche Parameter: Traditionell werden in der Unternehmensplanung Werte wie Einkaufspreise, Transportkosten usw. vorhergesagt. Diese haben selbstverständlich Einfluss auf die Werte der Lieferketten in der Zukunft. So werden z. B. steigende Einkaufspreis tendenziell die Mengen reduzieren oder zusätzliche Lieferanten mit neuen Lieferketten notwendig machen. Die Beschaffungsmärkte verändern sich, bestimmte Regionen werden wichtiger, Transportwege mit knappen Kapazitäten werden unzuverlässiger. Selbst Wechselkursveränderungen haben durch ihren Einfluss auf die Einkaufspreise in Euro Einfluss auf die Zukunft der Lieferketten.

Externe politische Parameter: In jüngster Vergangenheit haben sich die politischen Parameter für die Lieferkettenplanung als besonders schwierig gezeigt. Kriege und darauffolgende Sanktionen, Exportverbote, Handelsauseinandersetzungen kommen immer überraschender, haben aber wesentlichen Einfluss auf die Zukunft vieler Lieferketten.

Alle Planwerte sind mit einer mehr oder weniger großen Ungewissheit versehen. Sie sind jedoch die Grundlage für wichtige Abläufe im Lieferkettencontrolling. Sie bestimmen die Einordnung der Lieferkette, da für eine wichtige Entscheidung für oder gegen einen Lieferanten nicht nur aktuelle Daten ausschlaggebend sind. Auch die erwartete Entwicklung muss eine Rolle spielen. Die Überwachung von Lieferketten und von gestarteten Maßnahmen vergleicht aktuelle Werte mit den geplanten.

Die Planungen werden im Projekt für die priorisierten Lieferketten durchgeführt, der Zeithorizont für die Planung sollte dort ca. 1 Jahr betragen. Wichtiger noch als die einzelne Planung ist es, im Projekt zum Aufbau des Lieferkettencontrollings Planungsstrukturen zu schaffen, also die Abläufe, Verantwortlichkeiten und Datenquellen zu benennen.

> **Hinweis: Überraschungen**
>
> In der Praxis zeigen Planwerte immer wieder überraschende Entwicklungen. So erweisen sich aktuell vorteilhafte Lieferketten bereits in der kurzfristigen Planung stark verändert. Andere, bisher abgelehnte Lieferketten verbessern ihre Werte aufgrund angenommener Veränderungen wichtiger Parameter. Das führt dazu, dass bereits aktuell andere Lieferketten bevorzugt werden, die erst in der Zukunft ihre Vorteile richtig ausspielen können. Wer diese Entwicklungen in den Lieferketten frühzeitig entdeck, hat am Markt wesentliche Vorteile.

5.3.8 Überwachung

Um das Lieferkettencontrolling zu vervollständigen, fehlt jetzt nur noch die Überwachung der Lieferketten. Da alle Inhalte für das laufende Monitoring vorhanden sind, wird anhand der priorisierten Lieferketten die Struktur der Überwachung erarbeitet. Dabei sind folgende Punkte zu beachten:

- Zunächst wird die Überwachung noch durch viel manuelle Arbeit unterstützt. Sie bleibt so flexibel, um sich auf neue Erkenntnisse während der Testphase einstellen zu können.
- Der Zeitrahmen für Reportings, Prüfungen und Warnungen wird festgelegt. Es wird definiert, unter welchen Umständen eine Lieferkette permanent überwacht wird oder ob ein bestimmter Rhythmus (z. B. monatlich, alle 3 Monate) ausreicht.
- Im Projekt werden die Parameter, die Risiken und die Abhängigkeiten festgelegt, die überwacht werden. Nicht immer muss die gesamte Gefährdung neu berechnet werden, oft reicht die Beobachtung eines Risikos oder eines Parameters.
- Während der ersten Tests der Überwachung werden die ausgewählten Grenzwerte überprüft. Wird rechtzeitig gewarnt? Wird zu früh gewarnt? Hier wird es auch in Zukunft, nach Abschluss des Projektes, immer wieder Anpassungen geben.
- Zur laufenden Überwachung der Lieferketten gehören auch die Reportings. In den ersten Abläufen mit den priorisierten Lieferketten wird festgestellt, ob die ausgewählte Darstellung die richtige ist oder ob Texte, Tabellen und Diagramme optimiert werden müssen.
- Die Verantwortung dafür, dass die Überprüfung durchgeführt wird, also Ergebnisse und die Reaktion auf Veränderungen geprüft werden, wird festgelegt.
- Nach ersten Erfahrungen mit den Prozessen der Überwachung kann damit begonnen werden, die Abläufe zu automatisieren. So wird wesentliche Arbeit gespart, was wiederum die Akzeptanz des Lieferkettencontrollings erhöht.

Hinweis: Zusammenarbeit

Der Aufbau der Überwachungsstrukturen muss in Zusammenarbeit mit allen Beteiligten geschehen. Einzelne Abläufe und Inhalte, z. B. die Art der Warnung oder der Aufbau der Diagramme, muss jeweils mit den einzelnen Verantwortlichen abgestimmt werden. So wird eine optimale Wahrnehmung der Ergebnisse der Überwachung erreicht. Das führt zu einer komplexen Struktur, die immer wieder auf die einzelnen Personen abgestimmt werden muss.

Gleichzeitig muss berücksichtigt werden, dass sich mit Veränderungen auf den Märkten, den Transportwegen und im Unternehmen auch Anpassungen in der Überwachung ergeben müssen. Schwerpunkte verlagern sich, Inhalte werden detaillierter. Um im Laufe des regulären Lieferkettencontrollings die Überwachung sicher und mit möglichst geringem Aufwand erledigen zu können, sind Regeln und Vereinbarungen notwendig. Aufgrund der Volatilität der Märkte und Gegebenheiten muss gleichzeitig eine gewisse Agilität erreicht werden, um schnell und sicher auf Veränderungen reagieren zu können.

Entsprechend sind im Projekt zum Aufbau des Lieferkettencontrollings die Überwachungsstrukturen sowohl geregelt als auch offen für Veränderungen anzulegen.

Die Warnungen als Ergebnis der laufenden Überwachung von Lieferketten sind ein wichtiger Parameter für den Erfolg des Lieferkettencontrollings. Es ist leider nicht ausreichend, die Abläufe und Strukturen dazu zu schaffen. Im Projekt müssen diese auch getestet werden. Dabei wird geprüft, ob die Inhalte des Reportings erkennbar sind und die Warnungen korrekt ausgegeben werden.

Einkauf: Im Einkauf wird ein Dashboard getestet, das alle detaillierten Werte über Bedarfe, Bestände, Bestellungen, offene Lieferungen und vorhandene Lieferverträge beinhaltet. Diese Daten werden mit Angaben über aktive oder demnächst benötigte Lieferketten kombiniert. Getestet werden Warnungen für Verzögerungen bei den Lieferungen, für nicht ausreichende Bestellungen, für Probleme bei schlechten Wetterbedingungen und für erwartbare politische Aktivitäten.

Logistik: Auch die Logistik testet ein Dashboard. Dargestellt werden dort die Bedarfe, Bestände je Lager, Kapazitäten je Lager, Kapazitäten der Transportmittel, Bestellungen, offene Lieferungen, Preise für externe Spediteure. Warnungen müssen vor allem für den Fall geprüft werden, dass sich Verzögerungen bei den Lieferungen ergeben, wenn Kapazitäten nicht ausreichen oder externe Transport sehr teuer werden.

Fertigung: Um die Lieferkettensituation einschätzen zu können, benötigt die Fertigung ein Reporting der Bedarfe und der erwartbaren verfügbaren Bestände. Gewarnt wird, wenn die verfügbaren Mengen den Bedarf weniger als zwei Wochen abdecken. Da die Verfügbarkeit von Gütern oder Leistungen nicht nur von den Lieferketten abhängt – es müssen auch Bestände und Kapazitäten berücksichtigt werden –, muss die Überwachung der Lieferketten in die allgemeine Berichterstattung für die Fertigung einfließen. Das ist eine besondere Aufgabe im Projekt für den Aufbau des Lieferkettencontrollings.

Vertrieb: Im Vertrieb existiert ein eigenes Vertriebscontrolling, über das die Mitarbeiter mit den notwendigen Informationen versorgt werden. Hier fließen Informationen über wichtige Lieferketten ein, vor allem bei Handelswaren. Eine Warnung muss erfolgen, wenn aufgrund von Störungen in der Lieferkette ein Lieferverzug droht und dieser Auswirkungen auf Mengen und Kosten im Vertrieb hat. Es muss getestet werden, ob diese Warnungen überhaupt entstehen und vom Vertrieb wahrgenommen werden.

Darüber hinaus gibt es spezielle Situationen, die eine individuelle Beobachtung der Lieferketten mit ebenso individuellen Warnungen erfordern. Das Lieferkettencontrolling muss so eingerichtet sein, dass solche Anforderungen erfüllt werden können. Diese Funktionalität muss in der Überwachung ebenfalls getestet werden.

Beispiel: Großkunden

Die bisherige Unternehmensstrategie, nur an viele kleine Kunden zu verkaufen, wird angepasst. Jetzt sollen auch ausgewählte Großkunden mit den Handelswaren aus Taiwan beliefert werden. Das verlangt nicht nur eine enge Preis- und Kostendisziplin, es drohen auch Konventionalstrafen, wenn nicht geliefert werden kann. Lieferstörungen müssen daher sehr frühzeitig erkannt werden, damit im Vertrieb darauf reagiert werden kann. Dazu wird eine Warnung ausgelöst, wenn die vertraglich vereinbarten Mengen für die Großkunden nicht spätestens 4 Wochen vor dem Liefertermin sicher verfügbar sind.

Um diese Warnung rechtzeitig ausgeben zu können, wird ein Überwachungssystem installiert, das auch dem Vertrieb wichtige Informationen über den Zustand der Lieferketten gibt. Herzstück in der Struktur ist ein Dashboard, das für die betroffenen Produkte die Vertragsmengen, die Bestände, Bestellungen und offenen Lieferungen angibt, sowie einen Auftragsbestand für die Belieferung der Kunden des Unternehmens anzeigt. Getestet wird, ob Warnungen ausgegeben werden, wenn die Bestellungen nicht ausreichen, die offenen Liefermengen sich verzögern oder Störungen im regionalen Umfeld des Lieferanten zu erwarten sind. Es wird eine Ausfallwahrscheinlichkeit für einzelne Perioden ermittelt.

Gleichzeitig mit dem Test der Überwachung einer solchen speziellen Situation kann die Wirksamkeit von Maßnahmen auch im Vertrieb getestet werden. So kann z. B. die Belieferung der Kleinkunden eingestellt werden, um die Mengen für die Vermeidung der Konventionalstrafen für den Großkunden einsetzen zu können.

Nachdem der Test für die Überwachung der priorisierten Lieferketten durchgeführt wurde, ist das Lieferkettencontrolling aufgebaut. Alle Prozesse sollten nun definiert sein, Verantwortungen sind geklärt und notwendige Informationen identifiziert. Für die ausgewählten Lieferketten kann das Controlling beginnen. Das Projekt ist allerdings noch nicht beendet. Jetzt muss die Ausweitung auf die bisher ausgeschlossenen Lieferketten erfolgen.

5.4 Vervollständigung des Lieferkettencontrollings

Bisher ist nur ein kleiner Teil der Lieferketten des Unternehmens in das Controlling integriert, nämlich die priorisierten Ketten. Die Integration der restlichen Lieferbeziehungen muss jetzt erfolgen. Da in den meisten Unternehmen noch immer eine Vielzahl von Lieferketten auf das Controlling wartet, ist eine Teilung in weitere Gruppen sinnvoll. In der ersten Gruppe befinden sich die priorisierten Lieferketten. In der neuen zweiten Gruppe befinden sich diese Lieferketten, deren Controlling schnell wirtschaftliche Vorteile bringt.

Hinweis: Parallele Arbeit

Um das Projekt zum Aufbau des Lieferkettencontrollings schnellstmöglich abschließen zu können, ist die parallele Ausführung von Aufgaben hilfreich. Soweit die zeitlichen Kapazitäten der Mitglieder im Projektteam vorhanden sind, kann z. B. mit der Beschreibung der Lieferketten für die zweite Gruppe bereits begonnen werden, wenn für die priorisierten Lieferketten die Überwachung eingerichtet wird. Damit wird das Erreichen der Projektergebnisse beschleunigt. Außerdem können neue, durch die Lieferketten der zweiten Gruppe entdeckten Erkenntnisse schneller in die Abläufe des Controllings integriert werden, da diese gerade erst gestaltet wurden.

5.4.1 Ausweitung auf eine zweite Gruppe

Bei der Auswahl von Lieferketten für diese zweite Gruppe sollte man sich wieder danach richten, dass man die Erfolge des Lieferkettencontrollings schon jetzt möglichst umfangreich nutzen kann. Es gibt drei Gründe, die für die Aufnahme einer Lieferkette in diese Gruppe sprechen.

1. Nutzen: Wie bei der ersten Priorisierung spielt der Nutzen, den die Beschaffer und das Unternehmen aus dem Lieferkettencontrolling ziehen können, eine Rolle bei der Auswahl. Mit Lieferketten, in denen große Risiken bestehen und es große Abhängigkeiten gibt oder mit denen es zu negativen Erfahrungen gekommen ist, dürfte die Einführung des Lieferkettencontrollings am Erfolg versprechendsten sein.

Hinweis: Lernen

Aus der Arbeit mit den priorisierten Lieferketten haben die Beteiligten gelernt, wo tatsächliche Risiken liegen, wie sich die Parameter dieser Risiken verhalten, wie Abhängigkeiten erkannt werden und wie Bedrohungen entstehen. Das hilft bei der Einschätzung der Bedrohung von Lieferketten, in denen sich ohne diese Kenntnisse in vielen Fällen ein anderes Bild ergeben hätte. Daher sollte diese zweite Gruppe von Lieferketten erst kurz vor deren Bearbeitung gebildet werden.

2. Aufwand: Um einen möglichst großen Teil der Lieferketten frühzeitig in das Controlling zu integrieren, werden die Ketten ausgewählt, die sich mit dem geringsten Aufwand integrieren lassen. Das sind vor allem einfache Ketten mit sicheren Wegen und bekannten Lieferanten und anderen Partnern. Gering eingeschätzte Risiken und geringe Abhängigkeiten erleichtern die Aufgabe ebenfalls. Wenn vergleichbare Lieferketten bereits in der Gruppe der Priorisierten enthalten sind, kann der notwendig Aufwand minimiert werden. Die notwendigen Definitionen und Abläufe sind bereits bekannt.

3. Planung: Neue Lieferketten, die gerade geplant werden, bieten sich ebenfalls für das Lieferkettencontrolling in frühem Stadium an. So kann bereits bei der Auswahl eines Lieferanten und bei der Gestaltung der Lieferkette auf Ergebnisse des Controllings zugegriffen werden.

Mit der zweiten Gruppe von Lieferketten, die in das Lieferkettencontrolling übernommen werden, beginnt das Tagesgeschäft im Umgang mit den Lieferketten. Die Aufnahme in das Controlling muss an dieser Stelle nicht mehr von der Projektgruppe erledigt werden, die Aufgaben können in den verantwortlichen Fachabteilungen durchgeführt werden. Selbstverständlich werden die Arbeiten vom Controlling überwacht, sowohl inhaltlich als auch die Ausführung an sich.

5.4.2 Restliche Lieferketten

In der Praxis gibt es an dieser Stelle oft eine Unterbrechung im Projekt zum Aufbau des Lieferkettencontrollings. Die wichtigsten Lieferketten sind bereits integriert, die wirtschaftlichen Vorteile sind weitestgehend gehoben. Der Rest der Lieferketten wird daher oft nur zögerlich oder gar nicht mehr integriert. Das ist ein Fehler.

- Auch Lieferketten, die bisher als unwichtig eingeschätzt wurden, können plötzlich wichtig werden, z. B. bei Veränderungen der Nachfrage nach Produkten des Unternehmens.
- Lieferketten, die bisher als unkritisch angesehen wurden, können plötzlich kritisch werden. Die Beschaffung von Energie war z. B. bisher, von Preisschwankungen abgesehen, unkritisch. Aktuell drohen Stromausfälle und Gasknappheit.
- Mit der Zeit geraten die nicht im Lieferkettencontrolling integrierten Ketten aus dem Fokus der verantwortlichen Beschaffer. Diese überlassen die Überwachung dem Controlling und erkennen so nicht, wenn sich eine der restlichen Lieferketten schleichend verändert.

Es gibt viele Gründe dafür, das Projekt erst dann abzuschließen, wenn tatsächlich alle Lieferketten im Lieferkettencontrolling betreut werden. Die Strukturen dazu sind vorhanden und durch die priorisierten Lieferketten und die Ketten der zweiten Gruppe getestet. Was folgt, ist eine Fleißarbeit, in der die verbliebenen Lieferketten erfasst und bewertet werden. Die Aufgabe wird von den Fachbereichen erledigt, der Controller als Projektleiter überwacht, dass dies korrekt getan wird.

Hinweis: Zeitvorgabe

Um die Aufgabe der Vervollständigung korrekt abzuschließen, wird im Zeitplan des Projektes ein Enddatum vorgegeben, bis zu dem alle Lieferketten im System sein müssen. In der Praxis hat das dazu geführt, dass die oft ungeliebte Arbeit der Integration der restlichen Lieferketten bis zuletzt aufgeschoben wird. Es ist daher Erfolg versprechender, zeitliche Vorgaben für die Integration zu geben. So sollte die Vorgabe z. B. nicht lauten, 120 Lieferketten in 6 Monaten zu integrieren, sondern monatlich 20 Ketten. Wird die Zeitvorgabe kontrolliert, wird eine gleichmäßige Verteilung der Arbeit und eine pünktliche Fertigstellung erreicht.

5.4.3 Permanente Rückkopplung

Mit der Integration der letzten Lieferketten in das Lieferkettencontrolling ist das Projekt zum Aufbau beendet. Damit stehen die Strukturen jedoch nicht unveränderbar fest. Die permanent laufende Aufgabe des Lieferkettencontrollings muss sich den vielen, teilweise strukturellen Veränderungen auf den Beschaffungsmärkten, im Kundenverhalten oder in der Einstellung des Unternehmens anpassen. Diese Möglichkeiten müssen beim Aufbau des Lieferkettencontrollings vorgesehen werden.

Hinweis: Erfahrung sammeln lassen

Grundsätzlich gilt es, mit der notwendigen Anpassung des Lieferkettencontrollings an sich verändernde Gegebenheiten sofort nach Abschluss des Projektes zu beginnen. Bevor aber grundsätzliche Veränderungen vorgenommen werden, sollte den gerade eingerichteten Strukturen die Chance gegeben werden, sich zu bewähren. Darum müssen Veränderungswünsche zunächst sehr kritisch geprüft werden. Alle Beteiligten sollten zunächst Erfahrungen sammeln.

Aufgabe des Controllers ist es, frühe Änderungswünsche einzuordnen. Es kann sich auch um notwendige Anpassungen von im Projekt nicht erkannten Bedingungen handeln, die sofort umzusetzen sind. Anpassungen, die sich aus leichten Veränderungen im Umfeld des Unternehmens oder im Unternehmen selbst ergeben, sollten zunächst aufgeschoben werden.

Nicht alle Veränderungen im Bereich der Beschaffung führen zu grundsätzlichen Veränderungen des Lieferkettencontrollings. Die vorhandenen Strukturen bilden viele Entwicklungen im Tagesgeschäft ab und können unverändert weitergeführt werden. Einige wichtige strategische und strukturelle Umgestaltungen verlangen zumindest eine Prüfung, ob das Lieferkettencontrolling diese Veränderungen abwickeln kann.

Einkaufsstrategie: Die Konzentration des Beschaffungswesens im Unternehmen auf bestimmte Märkte wird durch die Unternehmens- oder Einkaufsstrategie bestimmt. Wird diese Strategie verändert, muss u. U. das Lieferkettencontrolling angepasst werden. So ist z. B. die erstmalige Nutzung globaler Märkte zu begleiten: Es sollen neue Risiken und auch neue Datenquellen berücksichtigt werden, zudem gilt es, zusätzliche Kommunikationswege aufzubauen.

Logistikstrategie: Verändert sich die Strategie für den Transport oder die Lagerung von Gütern, hat das grundsätzliche Auswirkungen auf die Lieferketten. Werden Bestände reduziert, entstehen neue Abhängigkeiten und Risiken, die berücksichtigt werden müssen. Werden externe Spediteure durch eigene Kapazitäten ersetzt, verändert sich die Struktur vieler Lieferketten. Das muss abbildbar bleiben.

Grenzwerte: Die Grenzwerte bei der Überwachung von Lieferketten verändern sich ständig. Um das zu erfassen, gibt es eigene Abläufe. Inhaltlich neue Grenzwerte, die z. B. aufgrund eines jetzt erst erkannten Parameters für globale Risiken notwendig werden, müssen über neue Abläufe integriert werden.

Produkte: Neue Produkte verlangen neue Rohstoffe, Bauteile oder Leistungen. Das wiederum führt vielleicht zu neuen Märkten mit grundsätzlich anderen Strukturen. Auch in solchen muss das Lieferkettencontrolling zumindest geprüft werden.

Abhängigkeiten: Die Abhängigkeiten im Unternehmen können sich grundsätzlich ändern. Oft ist dies auf die Veränderung von Strategien in der Fertigung (flexible Fertigungsanlagen gegen kostengünstige Spezialisten) oder im Vertrieb (Großkunden gegen Kleinabnehmer) zurückzuführen. Das wiederum kann wesentliche Auswirkungen auf das Lieferkettencontrolling haben.

Diese Beispiele zeigen, dass es viele Ursachen für eine notwendige und wesentliche Anpassung des Lieferkettencontrollings geben kann. Darum ist eine permanente Rückkopplung zwischen dem Lieferkettencontrolling und den internen und externen Vorgaben notwendig. Eine Berücksichtigung des Lieferkettencontrollings im Changemanagement des Unternehmens ist notwendig. So kann das funktionierende Lieferkettencontrolling seine Aufgabe erfüllen und dem Unternehmen bei der Beschaffung eine größere Sicherheit bieten.

Stichwortverzeichnis

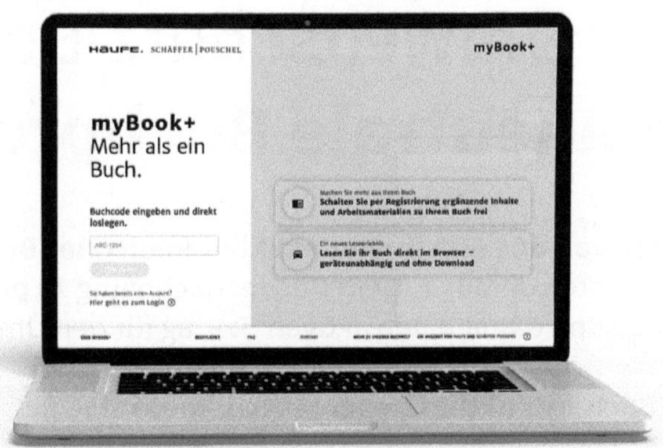

Ihre Online-Inhalte zum Buch: Exklusiv für Buchkäuferinnen und Buchkäufer!

▶ **https://mybookplus.de**

▶ Buchcode: `WCH-61270`